규　토
라이트
N　제

CONTENTS

해설편

빠른 정답   004p

1 지수함수와 로그함수

1. 지수
Guide Step   016p
Training_1 Step   017p
Training_2 Step   022p
Master Step   026p

2. 로그
Guide Step   028p
Training_1 Step   029p
Training_2 Step   033p
Master Step   040p

3. 지수함수와 로그함수
Guide Step   042p
Training_1 Step   048p
Training_2 Step   063p
Master Step   079p

4. 지수함수와 로그함수의 활용
Guide Step   092p
Training_1 Step   093p
Training_2 Step   099p
Master Step   107p

2 삼각함수

1. 삼각함수
Guide Step   112p
Training_1 Step   114p
Training_2 Step   121p
Master Step   124p

2. 삼각함수의 그래프
Guide Step   129p
Training_1 Step   132p
Training_2 Step   148p
Master Step   165p

3. 사인법칙과 코사인법칙
Guide Step   178p
Training_1 Step   180p
Training_2 Step   189p
Master Step   203p

3 수열

1. 등차수열과 등비수열
Guide Step   212p
Training_1 Step   214p
Training_2 Step   219p
Master Step   226p

2. 수열의 합
Guide Step   234p
Training_1 Step   235p
Training_2 Step   242p
Master Step   255p

3. 수학적 귀납법
Guide Step   262p
Training_1 Step   263p
Training_2 Step   267p
Master Step   278p

규토 라이트 N제

해설편

빠른정답

지수함수와 로그함수

삼각함수

수열

지수함수와 로그함수

지수 | Guide step

1	(1) $a^{11}b^{12}$ (2) a^2b^3 (3) $\dfrac{b^4}{a}$
2	(1) $-2,\ 1\pm\sqrt{3}\,i$ (2) $-2,\ 2,\ 2i,\ -2i$
3	(1) -3 (2) 2 (3) -2
4	(1) 3 (2) 2 (3) 4 (4) 5
5	(1) 1 (2) $\dfrac{1}{27}$ (3) $\dfrac{1}{16}$
6	(1) 25 (2) a^9 (3) $a^6b^3c^{-3}$
7	(1) $a^{\frac{2}{3}}$ (2) $\sqrt[5]{a^3}$ (3) $a^{-\frac{2}{7}}$
8	(1) 81 (2) $x^{-4}y^{-2}$
9	(1) $5^{2\sqrt{2}}$ (2) $2^{\sqrt{2}}$ (3) 3

지수 | Training - 1 step

1	ㄴ, ㅁ	13	726
2	6	14	54
3	-3	15	3
4	2	16	2
5	24	17	0
6	40	18	3
7	115	19	9
8	4	20	20
9	3	21	33
10	64	22	30
11	25	23	11
12	36	24	16

지수 | Training - 2 step

25	①	35	④
26	②	36	③
27	④	37	4
28	⑤	38	2
29	①	39	④
30	②	40	11
31	③	41	③
32	③	42	①
33	②	43	②
34	15		

지수 | Master step

44	15	46	⑤
45	⑤	47	24

로그 | Guide step

1	(1) $\log_5 25 = 2$ (2) $\log_2 \dfrac{1}{8} = -3$ (3) $3^4 = 81$
2	(1) $\dfrac{1}{2}$ (2) -3 (3) -2
3	(1) $\dfrac{3}{2}$ (2) $-\dfrac{1}{2}$ (3) 1 (4) 4 (5) 2
4	(1) $\dfrac{3}{2}$ (2) $-\dfrac{3}{2}$
5	(1) $a+2b$ (2) $\dfrac{2b}{3a}$ (3) $\dfrac{a+b}{2(1-a)}$
6	(1) 4 (2) $\dfrac{3}{2}$ (3) 256
7	(1) 4 (2) -2 (3) $\dfrac{3}{2}$
8	(1) 3.0531 (2) -0.9469

로그 | Training - 1 step

1	8	**12**	14
2	14	**13**	20
3	2	**14**	9
4	5	**15**	10
5	256	**16**	6
6	13	**17**	125
7	3	**18**	4
8	1	**19**	6
9	2	**20**	1.233
10	4	**21**	15
11	15		

로그 | Training - 2 step

22	①	**38**	①
23	②	**39**	②
24	①	**40**	9
25	③	**41**	②
26	②	**42**	①
27	⑤	**43**	③
28	②	**44**	①
29	④	**45**	①
30	16	**46**	①
31	④	**47**	④
32	13	**48**	75
33	⑤	**49**	④
34	④	**50**	426
35	8	**51**	①
36	15	**52**	13
37	③		

로그 | Master step

53	21	**55**	30
54	①	**56**	25

1	(1) $y = -2(x+2)^2 + 3$ (2) $y = 2x + 10$ (3) $(x+2)^2 + (y-4)^2 = 2$
2	3
3	풀이 참고
4	풀이 참고
5	(2), (3)
6	풀이 참고
7	풀이 참고
8	(1) 최댓값은 7, 최솟값은 3 (2) 최댓값은 4, 최솟값은 1
9	풀이 참고
10	풀이 참고
11	(1) 최댓값은 4, 최솟값은 1 (2) 최댓값은 -1, 최솟값은 -2

1	9	26	1
2	81	27	343
3	$\dfrac{1}{81}$	28	5
4	ㄱ, ㄴ, ㄷ, ㄹ, ㅅ	29	7
5	6	30	3
6	4	31	12
7	2	32	ㄱ, ㄷ, ㄹ, ㅂ
8	ㄹ, ㅁ	33	5
9	2	34	4
10	6	35	16
11	2	36	8
12	16	37	43
13	32	38	99
14	729	39	81
15	27	40	16
16	3	41	33
17	60	42	20
18	18	43	6
19	2	44	$A < C < B$
20	6	45	$b < a < a^b$
21	11	46	ㄱ, ㄴ
22	2	47	$A < B < C$
23	4	48	4
24	3	49	3
25	14	50	72

51	③	76	③
52	60	77	④
53	④	78	④
54	③	79	③
55	①	80	⑤
56	①	81	⑤
57	④	82	⑤
58	21	83	⑤
59	④	84	20
60	①	85	③
61	②	86	④
62	22	87	11
63	③	88	54
64	②	89	①
65	③	90	④
66	③	91	⑤
67	①	92	③
68	②	93	①
69	③	94	③
70	⑤	95	⑤
71	①	96	②
72	16	97	①
73	③	98	④
74	③	99	13
75	⑤	100	③

101	30	112	⑤
102	③	113	220
103	①	114	33
104	①	115	③
105	①	116	192
106	②	117	②
107	②	118	③
108	③	119	110
109	③	120	②
110	②	121	10
111	②		

지수함수와 로그함수의 활용 | Guide step

1	(1) $x = \dfrac{3}{2}$ (2) $x = 3$ (3) $x = \log_3 2$
2	(1) $x \leq 3$ (2) $x \geq -2$
3	(1) $x = 5$ (2) $x = 1$ (3) $x = -2$ or $x = 1$
4	(1) $0 < x \leq 16$ (2) $3 < x < 5$ (3) $x \geq 6$

지수함수와 로그함수의 활용 | Training － 1 step

1	-3	15	81
2	45	16	1
3	3	17	12
4	3	18	16
5	28	19	2
6	10	20	15
7	4	21	9
8	9	22	16
9	1	23	2
10	16	24	8
11	$k \leq 10$	25	16
12	2	26	4
13	8	27	7
14	-16		

지수함수와 로그함수의 활용 | Training － 2 step

28	4	47	③
29	③	48	①
30	④	49	④
31	14	50	②
32	1	51	①
33	3	52	81
34	6	53	15
35	2	54	①
36	7	55	15
37	10	56	①
38	12	57	4
39	③	58	⑤
40	10	59	②
41	32	60	⑤
42	②	61	31
43	27	62	①
44	128	63	①
45	6	64	71
46	63		

지수함수와 로그함수의 활용 | Master step

65	⑤	69	④
66	②	70	7
67	②	71	17
68	25		

삼각함수

삼각함수 | Guide step

1	풀이 참고
2	(1) $360° \times n + 60°$ (단, n은 정수) (2) $360° \times n + 80°$ (단, n은 정수) (3) $360° \times n + 260°$ (단, n은 정수)
3	(1) 제 4사분면 (2) 제 1사분면 (3) 제 2사분면
4	(1) $\dfrac{\pi}{4}$ (2) $120°$ (3) $-\dfrac{5}{12}\pi$
5	(1) $l = \pi$, $S = 2\pi$ (2) $\theta = \dfrac{5}{6}$, $S = 60$
6	(1) $\sin\theta = \dfrac{5}{13}$, $\cos\theta = -\dfrac{12}{13}$, $\tan\theta = -\dfrac{5}{12}$ (2) $\sin\theta = -\dfrac{\sqrt{2}}{2}$, $\cos\theta = -\dfrac{\sqrt{2}}{2}$, $\tan\theta = 1$
7	(1) $\sin\dfrac{12}{5}\pi > 0$, $\tan(-240°) < 0$ (2) 제 3사분면
8	(1) $\cos\theta = -\dfrac{2\sqrt{2}}{3}$, $\tan\theta = -\dfrac{1}{2\sqrt{2}}$ (2) $\sin\theta\cos\theta = \dfrac{3}{8}$, $\sin^3\theta - \cos^3\theta = \dfrac{11}{16}$

삼각함수 | Training - 1 step

1	⑤	16	3
2	④	17	②
3	제 1, 3사분면	18	③
4	$60°$	19	13
5	$\dfrac{12}{7}\pi$	20	3
6	$\dfrac{7}{6}\pi$	21	③
7	$120°$, $160°$	22	②
8	4	23	③
9	30	24	①
10	100	25	12
11	4	26	③
12	54	27	4
13	42	28	⑤
14	45	29	20
15	144	30	2

삼각함수 | Training - 2 step

31	27	39	①
32	④	40	②
33	3	41	①
34	④	42	①
35	①	43	③
36	②	44	⑤
37	②	45	80
38	④	46	④

삼각함수 | Master step

47	④	52	②
48	②	53	④
49	⑤	54	①
50	①	55	④
51	①	56	④

1	풀이 참고
2	풀이 참고
3	풀이 참고
4	(1) $-\dfrac{\sqrt{2}}{2}$ (2) $-\dfrac{\sqrt{3}}{2}$ (3) $\dfrac{\sqrt{3}}{3}$
5	(1) $x=\dfrac{\pi}{6}$ or $x=\dfrac{5}{6}\pi$ (2) $x=\dfrac{\pi}{4}$ or $x=\dfrac{5}{4}\pi$ (3) $x=\dfrac{2}{3}\pi$ or $x=\dfrac{4}{3}\pi$
6	(1) $\dfrac{\pi}{3}<x<\dfrac{5}{3}\pi$ (2) $0\le x<\dfrac{\pi}{4}$ or $\dfrac{\pi}{2}<x<\dfrac{5}{4}\pi$ or $\dfrac{3}{2}\pi<x<2\pi$

1	⑤	27	1
2	6	28	17
3	25	29	6
4	$B<A<C$	30	2
5	$B<A<C$	31	12
6	$A<B$	32	③
7	$y=-\sin x$	33	16
8	②	34	$\dfrac{4}{3}\pi$
9	2	35	$\dfrac{5}{2}\pi$
10	8	36	$\dfrac{\pi}{8}<x<\dfrac{5}{8}\pi$
11	10	37	$\dfrac{\pi}{6}\le x\le\dfrac{3}{2}\pi$
12	5	38	$-\dfrac{\pi}{3}\le x<0$ or $\dfrac{2}{3}\pi<x<\pi$
13	6	39	7
14	4	40	7π
15	32	41	$\dfrac{\pi}{2}$
16	7	42	$\dfrac{5}{4}\pi$
17	5	43	35
18	7	44	④
19	14	45	18
20	4	46	3
21	1	47	8
22	0	48	5
23	4	49	24
24	2	50	7
25	5	51	30
26	25		

삼각함수의 그래프 | Training – 2 step

52	③	75	8
53	48	76	③
54	⑤	77	②
55	④	78	10
56	②	79	9
57	①	80	32
58	②	81	②
59	③	82	③
60	①	83	③
61	①	84	①
62	③	85	⑤
63	④	86	③
64	②	87	③
65	②	88	③
66	⑤	89	③
67	④	90	③
68	②	91	6
69	8	92	③
70	32	93	10
71	③	94	④
72	①	95	②
73	⑤	96	①
74	③	97	③

삼각함수의 그래프 | Master step

98	①	107	②
99	⑤	108	3
100	256	109	④
101	5	110	169
102	13	111	③
103	24	112	37
104	②	113	②
105	②	114	⑤
106	$S = \left\{ -\dfrac{1}{2},\ \dfrac{1}{2} \right\}$	115	②

사인법칙과 코사인법칙 | Guide step

1	(1) 16 (2) $\dfrac{21}{4}$
2	3
3	사각형 APBO의 넓이는 60 $x = 13$
4	(1) $x = 35$, $y = 70$ (2) 50
5	20
6	40
7	$a = 2\sqrt{3}$, 외접원의 넓이 $= 4\pi$
8	$a = b$인 이등변삼각형
9	$a = \sqrt{21}$
10	$\cos C = \dfrac{1}{4}$
11	1
12	$3\sqrt{15}$
13	$\dfrac{25}{2}\sqrt{3}$

사인법칙과 코사인법칙 | Training – 1 step

1	②	18	3
2	⑤	19	5
3	$3 : 4 : 2$	20	21
4	1	21	23
5	60°	22	∠B가 직각인 직각삼각형
6	2	23	$b = c$인 이등변삼각형
7	125	24	5
8	51	25	196
9	④	26	29
10	12	27	12
11	③	28	27
12	69	29	7
13	⑤	30	25
14	①	31	112
15	18	32	7
16	109	33	②
17	35	34	69

사인법칙과 코사인법칙 │ Training - 2 step

35	⑤	53	21
36	21	54	98
37	③	55	①
38	10	56	②
39	①	57	27
40	④	58	③
41	32	59	①
42	⑤	60	②
43	41	61	84
44	①	62	③
45	25	63	13
46	①	64	③
47	②	65	⑤
48	50	66	6
49	②	67	①
50	5	68	①
51	⑤	69	①
52	①		

사인법칙과 코사인법칙 │ Master step

70	12	77	26
71	④	78	15
72	①	79	②
73	③	80	⑤
74	⑤	81	63
75	13	82	150
76	⑤		

수열

등차수열과 등비수열 │ Guide step

1	4, 6
2	1, 3, 5, 7
3	(1) 공차는 2, $x=7$ (2) 공차는 -3, $x=4$
4	(1) $a_n = 3n-2$ (2) $a_n = 2n-3$
5	(1) $a_n = -4n+15$ (2) $a_n = 3n-15$
6	$x=-5$, $y=-1$
7	(1) 185 (2) 12
8	$a_n = 4n-3$
9	(1) 공비는 4, $x=16$ (2) 공비는 -2, $x=-8$
10	(1) $a_n = 3\left(\dfrac{1}{3}\right)^{n-1}$ (2) $a_n = -2 \times 4^{n-1}$
11	$a_n = \dfrac{4}{9} \times 3^{n-1}$
12	$x=6$, $y=24$ or $x=-6$, $y=-24$
13	364

등차수열과 등비수열 │ Training - 1 step

1	34	17	4
2	6	18	54
3	13	19	8
4	30	20	5
5	9	21	15
6	1	22	16
7	5	23	42
8	3	24	62
9	10	25	105
10	94	26	4
11	392	27	600
12	122	28	15
13	371	29	64
14	39	30	279
15	10	31	12
16	5		

등차수열과 등비수열 | Training – 2 step

32	①	51	16
33	④	52	315
34	③	53	③
35	63	54	①
36	36	55	③
37	22	56	②
38	4	57	①
39	①	58	10
40	②	59	64
41	①	60	16
42	257	61	③
43	64	62	⑤
44	⑤	63	③
45	④	64	③
46	③	65	③
47	22	66	7
48	②	67	9
49	②	68	18
50	②	69	③

등차수열과 등비수열 | Master step

70	11	77	③
71	9	78	273
72	178	79	30
73	390	80	⑤
74	117	81	①
75	⑤	82	35
76	18	83	①

수열의 합 | Guide step

1	(1) $\sum_{k=1}^{10} 2k$ (2) $\sum_{k=1}^{n+1} 2^{k-1}$
2	(1) $6+11+16+21+26$ (2) $1+\dfrac{1}{2}+\dfrac{1}{2^2}+\dfrac{1}{2^3}$
3	(1) 23 (2) 61
4	(1) 204 (2) 1296
5	(1) $(n-1)n(2n+5)$ (2) $n(n+1)(n+2)$
6	(1) $\dfrac{8}{17}$ (2) $\dfrac{n}{n+2}$

수열의 합 | Training – 1 step

1	②	19	28
2	20	20	124
3	9	21	220
4	30	22	10
5	ㄱ, ㅂ	23	7
6	130	24	100
7	33	25	200
8	8	26	1771
9	45	27	690
10	130	28	15
11	57	29	20
12	10	30	18
13	340	31	79
14	6	32	256
15	25	33	50
16	441	34	11
17	95	35	6
18	10	36	115

수열의 합 | Training – 2 step

37	⑤	62	③
38	9	63	②
39	8	64	34
40	88	65	201
41	9	66	200
42	12	67	58
43	⑤	68	25
44	④	69	②
45	②	70	①
46	13	71	③
47	22	72	③
48	①	73	9
49	②	74	①
50	①	75	①
51	160	76	⑤
52	④	77	③
53	④	78	①
54	91	79	①
55	④	80	⑤
56	4	81	③
57	502	82	④
58	③	83	②
59	7	84	19
60	②	85	③
61	③		

수열의 합 | Master step

86	5	93	8
87	①	94	100
88	243	95	④
89	162	96	282
90	①	97	④
91	④	98	678
92	11	99	117

수학적 귀납법 | Guide step

1	(1) 15 (2) 2
2	10
3	42

수학적 귀납법 | Training – 1 step

1	39	11	30
2	6	12	16
3	85	13	120
4	31	14	2
5	64	15	21
6	50	16	11
7	19	17	15
8	32	18	17
9	6	19	10
10	37		

수학적 귀납법 | Training – 2 step

20	③	38	④
21	④	39	13
22	②	40	⑤
23	②	41	⑤
24	256	42	70
25	8	43	③
26	①	44	①
27	33	45	180
28	④	46	⑤
29	②	47	④
30	③	48	⑤
31	②	49	①
32	①	50	⑤
33	④	51	②
34	②	52	①
35	64	53	⑤
36	③	54	①
37	③		

수학적 귀납법 | Master step

55	142	63	④
56	5	64	①
57	13	65	①
58	③	66	②
59	②	67	③
60	④	68	⑤
61	③	69	②
62	17	70	③

지수함수와 로그함수

지수 | Guide step

1	(1) $a^{11}b^{12}$ (2) a^2b^3 (3) $\dfrac{b^4}{a}$
2	(1) $-2,\ 1\pm\sqrt{3}\,i$ (2) $-2,\ 2,\ 2i,\ -2i$
3	(1) -3 (2) 2 (3) -2
4	(1) 3 (2) 2 (3) 4 (4) 5
5	(1) 1 (2) $\dfrac{1}{27}$ (3) $\dfrac{1}{16}$
6	(1) 25 (2) a^9 (3) $a^6b^3c^{-3}$
7	(1) $a^{\frac{2}{3}}$ (2) $\sqrt[5]{a^3}$ (3) $a^{-\frac{2}{7}}$
8	(1) 81 (2) $x^{-4}y^{-2}$
9	(1) $5^{2\sqrt{2}}$ (2) $2^{\sqrt{2}}$ (3) 3

개념 확인문제 1

(1) $\left(a^2b^3\right)^4 \times a^3 = a^8b^{12} \times a^3 = a^{11}b^{12}$

(2) $a^3b^5 \div ab^2 = a^{3-1}b^{5-2} = a^2b^3$

(3) $\left(\dfrac{a}{b}\right)^2 \times \left(\dfrac{b^2}{a}\right)^3 = \dfrac{a^2}{b^2} \times \dfrac{b^6}{a^3} = \dfrac{b^4}{a}$

답 (1) $a^{11}b^{12}$ (2) a^2b^3 (3) $\dfrac{b^4}{a}$

개념 확인문제 2

(1) $x^3 = -8$
$x^3 + 8 = (x+2)(x^2-2x+4) = 0$
$x = -2$ or $x = 1 \pm \sqrt{3}\,i$

(2) $x^4 = 16$
$x^4 - 16 = (x^2+4)(x^2-4) = 0$
$x = -2$ or $x = 2$ or $x = 2i$ or $x = -2i$

답 (1) $-2,\ 1\pm\sqrt{3}\,i$ (2) $-2,\ 2,\ 2i,\ -2i$

개념 확인문제 3

(1) $\sqrt[3]{-27} = -3$

(2) $\sqrt[4]{16} = 2$

(3) $-\sqrt[5]{32} = -2$

답 (1) -3 (2) 2 (3) -2

개념 확인문제 4

(1) $\sqrt[3]{9} \times \sqrt[3]{3} = \sqrt[3]{27} = 3$

(2) $\dfrac{\sqrt[4]{48}}{\sqrt[4]{3}} = \sqrt[4]{16} = 2$

(3) $\left(\sqrt[10]{32}\right)^4 = \sqrt[10]{32^4} = \sqrt[10]{4^{10}} = 4$

(4) $\sqrt[3]{\sqrt[4]{25^6}} = \sqrt[12]{5^{12}} = 5$

답 (1) 3 (2) 2 (3) 4 (4) 5

개념 확인문제 5

(1) $(-2)^0 = 1$

(2) $3^{-3} = \dfrac{1}{27}$

(3) $(-4)^{-2} = \dfrac{1}{16}$

답 (1) 1 (2) $\dfrac{1}{27}$ (3) $\dfrac{1}{16}$

개념 확인문제 6

(1) $5^{-1} \times 5^3 = 5^2 = 25$

(2) $a^3 \div \left(a^{-2}\right)^3 = a^3 \times a^6 = a^9$

(3) $\left(a^{-2}b^{-1}c\right)^{-3} = a^6b^3c^{-3}$

답 (1) 25 (2) a^9 (3) $a^6b^3c^{-3}$

개념 확인문제 7

(1) $\sqrt[3]{a^2} = a^{\frac{2}{3}}$

(2) $a^{\frac{3}{5}} = \sqrt[5]{a^3}$

(3) $\sqrt[7]{a^{-2}} = a^{-\frac{2}{7}}$

답 (1) $a^{\frac{2}{3}}$ (2) $\sqrt[5]{a^3}$ (3) $a^{-\frac{2}{7}}$

개념 확인문제 8

(1) $3^{\frac{1}{2}} \times 3^{\frac{7}{2}} = 3^{\frac{8}{2}} = 3^4 = 81$

(2) $\left(x^{-1} \div y^{\frac{1}{2}}\right)^4 = \left(x^{-1} \times y^{-\frac{1}{2}}\right)^4 = x^{-4}y^{-2}$

답 (1) 81 (2) $x^{-4}y^{-2}$

개념 확인문제 9

(1) $5^{-\sqrt{2}} \times 5^{\sqrt{18}} = 5^{-\sqrt{2}+3\sqrt{2}} = 5^{2\sqrt{2}}$

(2) $8^{\sqrt{2}} \times \left(\frac{1}{2}\right)^{\sqrt{8}} = 2^{3\sqrt{2}-2\sqrt{2}} = 2^{\sqrt{2}}$

(3) $\left(2^2 \times 3^{\sqrt{3}}\right)^{\sqrt{3}} \times \left(4^{-\frac{\sqrt{3}}{6}} \div 3^{\frac{1}{3}}\right)^6$

$= \left(2^{2\sqrt{3}}3^3\right) \times \left(2^{-2\sqrt{3}}3^{-2}\right) = 3$

답 (1) $5^{2\sqrt{2}}$ (2) $2^{\sqrt{2}}$ (3) 3

1	ㄴ, ㅁ	13	726
2	6	14	54
3	-3	15	3
4	2	16	2
5	24	17	0
6	40	18	3
7	115	19	9
8	4	20	20
9	3	21	33
10	64	22	30
11	25	23	11
12	36	24	16

001

ㄱ. -81의 제곱근을 x라 하면
$x^2 = -81$이므로 $x = 9i$, $x = -9i$
따라서 ㄱ은 거짓이다.
(실수라는 말이 없으므로 허수도 고려해야 한다.)

ㄴ. $\sqrt[3]{(-8)^3} = -8$의 세제곱근을 x라 하면
$x^3 = -8$이므로 실수인 것은 -2이다.
따라서 ㄴ은 참이다.

ㄷ. -2의 세제곱근을 x라 하면
$x^3 = -2$이므로 허수인 것은 2개다.
따라서 ㄷ은 거짓이다.

ㄹ. $(-2)^4 = 16$의 네제곱근을 x라 하면
$x^4 = 16$이므로
$x = 2$ or $x = -2$ or $x = 2i$ or $x = -2i$이다.
따라서 ㄹ은 거짓이다.

(± 2뿐만 아니라 $\pm 2i$도 가능하기 때문이다.)

ㅁ. -5의 n제곱근(n은 홀수)을 x라 하면
$x^n = -5$이므로 실수인 것은 $\sqrt[n]{-5}$이다.
따라서 ㅁ은 참이다.

ㅂ. -2의 n제곱근(n은 짝수)을 x라 하면
$x^n = -2$이므로 실수인 것은 존재하지 않는다.
그래프를 그려보면 명백하다.
n이 짝수이므로 $y = x^2$와 같은 개형의 그래프와
$y = -2$의 교점의 개수로 판단하면 된다.
(교점의 개수 = 실근의 개수)
교점이 존재하지 않으므로 ㅂ은 거짓이다.

답 ㄴ, ㅁ

002

a의 n제곱근 중에서 실수인 것의 개수 $= f_n(a)$
$x^n = a$를 만족시키는 서로 다른 실수 x의 개수는
$y = x^n$과 $y = a$의 교점의 개수로 판단하면 된다.
$x^4 = 3 \Rightarrow f_4(3) = 2$
$x^5 = -2\sqrt{2} \Rightarrow f_5(-2\sqrt{2}) = 1$
$x^6 = 2\sqrt{2} \Rightarrow f_6(2\sqrt{2}) = 2$
$x^7 = 1 \Rightarrow f_7(1) = 1$
$x^8 = -3 \Rightarrow f_8(-3) = 0$

$f_4(3) + f_5(-2\sqrt{2}) + f_6(2\sqrt{2}) + f_7(1) + f_8(-3) = 6$

답 6

003

$x^3 = -3$
$(\sqrt{3})^4 = y$

$\dfrac{x^9}{y} = \dfrac{(x^3)^3}{9} = \dfrac{(-3)^3}{9} = -3$

답 -3

004

$\sqrt[n]{a^n} = a$ (n이 홀수), $\sqrt[n]{a^n} = |a|$ (n이 짝수) 이므로

$\sqrt[3]{(-3)^3} + \sqrt[4]{(-4)^4} + \sqrt[5]{(-5)^5} + \sqrt[6]{(-6)^6}$

$= -3 + 4 - 5 + 6 = 2$

답 2

005

$2 \le n \le 10$
$x^n = n^2 - 12n + 32$
$x < 0$인 실수 존재

n이 홀수인지 짝수인지 case분류하면

① n이 홀수
n이 홀수인 경우에는 $n^2 - 12n + 32$의 n제곱근 중에 음의
실수가 존재하려면 $n^2 - 12n + 32$이 음수이기만 하면 된다.
$n^2 - 12n + 32 < 0$
$(n-4)(n-8) < 0 \Rightarrow 4 < n < 8$

$n = 5, \ n = 7$

② n이 짝수
n이 짝수인 경우에는 $n^2 - 12n + 32$의 n제곱근 중에 음의
실수가 존재하려면 $n^2 - 12n + 32$이 양수이기만 하면 된다.
$n^2 - 12n + 32 > 0$
$(n-4)(n-8) > 0 \Rightarrow n < 4 \ \text{or} \ n > 8$

$n = 2, \ n = 10$

따라서 모든 n의 값의 합은 24이다.

답 24

006

512의 여섯제곱근 중 실수인 것은
$\sqrt[6]{2^9} = 2^{\frac{9}{6}} = 2^{\frac{3}{2}}$와 $-\sqrt[6]{2^9} = -2^{\frac{9}{6}} = -2^{\frac{3}{2}}$이므로
$a = 2^{\frac{3}{2}}, \ b = -2^{\frac{3}{2}}$이다.
-512의 세제곱근 중 실수인 것은 $-2^3 = c$이다.
따라서 $(a-b)^2 - c = \left(2 \times 2^{\frac{3}{2}}\right)^2 + 2^3 = 32 + 8 = 40$이다.

답 40

007

27의 여섯제곱근 중 음의 실수인 것은

$-\sqrt[6]{27} = -3^{\frac{1}{2}}$ 이다.

실수 a의 다섯제곱근 중 실수인 것이 $-3^{\frac{1}{2}}$ 이므로

$\left(-3^{\frac{1}{2}}\right)^5 = a \Rightarrow -3^{\frac{5}{2}} = a$

9의 세제곱근 중 실수인 것은 $\sqrt[3]{9} = 3^{\frac{2}{3}}$

양의 실수 b의 제곱근 중 양의 실수인 것이 $3^{\frac{2}{3}}$ 이므로

$\left(3^{\frac{2}{3}}\right)^2 = b \Rightarrow 3^{\frac{4}{3}} = b$

$-a \times b = 3^{\frac{5}{2}+\frac{4}{3}} = 3^{\frac{23}{6}} = 3^k \Rightarrow k = \frac{23}{6}$

따라서 $30k = 30 \times \frac{23}{6} = 115$ 이다.

답 115

008

$\sqrt[3]{2} \times 32^{\frac{1}{3}} = 2^{\frac{1}{3}} \times 2^{\frac{5}{3}} = 2^2 = 4$

답 4

009

$p^2 = 9^{\frac{1}{3}} \Rightarrow p = \left(3^{\frac{2}{3}}\right)^{\frac{1}{2}} = 3^{\frac{1}{3}}$

$p^5 \div \sqrt[3]{9} = 3^{\frac{5}{3}} \times 3^{-\frac{2}{3}} = 3$

답 3

010

$(\sqrt{5}-1)^3 \times \left(\dfrac{1}{\sqrt{5}+1}\right)^{-3} = (\sqrt{5}-1)^3 \times \left(\dfrac{\sqrt{5}-1}{4}\right)^{-3}$

$= \left(\dfrac{1}{4}\right)^{-3} = 64$

답 64

다르게 풀어보자.

$(\sqrt{5}-1)^3 \times \left(\dfrac{1}{\sqrt{5}+1}\right)^{-3} = (\sqrt{5}-1)^3 \times (\sqrt{5}+1)^3$

$= \{(\sqrt{5}-1)(\sqrt{5}+1)\}^3 = 4^3 = 64$

011

$\sqrt[4]{3} + \sqrt[4]{48} = 3^{\frac{1}{4}} + (3 \times 2^4)^{\frac{1}{4}} = 3^{\frac{1}{4}} + 2 \times 3^{\frac{1}{4}}$

$= 3 \times 3^{\frac{1}{4}} = 3^{\frac{5}{4}}$

따라서 $k = \dfrac{5}{4}$ 이므로 $20k = 25$ 이다.

답 25

012

방정식 $x^2 - \sqrt[3]{243}\, x + a = 0$의 두 근이 $\sqrt[3]{9}$ 과 b 이므로

$\sqrt[3]{9} = 3^{\frac{2}{3}}$ 을 x에 대입하면

$3^{\frac{4}{3}} - 3^{\frac{5}{3}} \times 3^{\frac{2}{3}} + a = 0$

$\Rightarrow a = 3^{\frac{7}{3}} - 3^{\frac{4}{3}} = 3^{\frac{4}{3}}(3-1) = 2 \times 3^{\frac{4}{3}}$

근과 계수의 관계에 의해서

$\sqrt[3]{9} \times b = a \Rightarrow 3^{\frac{2}{3}} \times b = 2 \times 3^{\frac{4}{3}} \Rightarrow b = 2 \times 3^{\frac{2}{3}}$

따라서 $ab = 2 \times 3^{\frac{4}{3}} \times 2 \times 3^{\frac{2}{3}} = 4 \times 3^2 = 36$ 이다.

답 36

013

$(x-y)^3 = x^3 - y^3 - 3xy(x-y)$

$\left(3^{\frac{4}{3}} - 3^{-\frac{1}{3}}\right)^3 = \left(3^{\frac{4}{3}}\right)^3 - \left(3^{-\frac{1}{3}}\right)^3 - 3 \times 3^{\frac{4}{3}} \times 3^{-\frac{1}{3}}\left(3^{\frac{4}{3}} - 3^{-\frac{1}{3}}\right)$

$= 3^4 - 3^{-1} - 9 \times \left(3^{\frac{4}{3}} - 3^{-\frac{1}{3}}\right) = \dfrac{242}{3} - 9 \times \left(3^{\frac{4}{3}} - 3^{-\frac{1}{3}}\right)$

따라서 $ab = \dfrac{242}{3} \times 9 = 726$ 이다.

답 726

014

$(x+y)^{-1} = \dfrac{1}{3}$, $x^{-1} + y^{-1} = -1$

$\dfrac{1}{x+y} = \dfrac{1}{3} \Rightarrow x+y = 3$

$\dfrac{1}{x} + \dfrac{1}{y} = \dfrac{x+y}{xy} = -1 \Rightarrow xy = -3$

$(x+y)^3 = x^3 + y^3 + 3xy(x+y) \Rightarrow 27 = x^3 + y^3 - 27$

따라서 $x^3 + y^3 = 54$ 이다.

답 54

015

$x = \sqrt[3]{3} + \sqrt[3]{\dfrac{1}{3}}$

$\sqrt[3]{3} = a$로 치환하면

$x = a + \dfrac{1}{a}$이므로

$x^3 = \left(a + \dfrac{1}{a}\right)^3 = a^3 + \dfrac{1}{a^3} + 3\left(a + \dfrac{1}{a}\right)$

$\Rightarrow x^3 = a^3 + \dfrac{1}{a^3} + 3x \Rightarrow x^3 - 3x = a^3 + \dfrac{1}{a^3}$

$a^3 = (\sqrt[3]{3})^3 = \left(3^{\frac{1}{3}}\right)^3 = 3$

따라서 $x^3 - 3x - \dfrac{1}{3} = a^3 + \dfrac{1}{a^3} - \dfrac{1}{3} = 3 + \dfrac{1}{3} - \dfrac{1}{3} = 3$이다.

답 3

016

$\sqrt{x} + \dfrac{1}{\sqrt{x}} = 2$

$\sqrt{x} = x^{\frac{1}{2}} = a$로 치환하면 $x = a^2$, $x^{\frac{3}{2}} = a^3$ 이므로

$\dfrac{x^{\frac{3}{2}} + x^{-\frac{3}{2}} + 2}{x + x^{-1}} = \dfrac{a^3 + \dfrac{1}{a^3} + 2}{a^2 + \dfrac{1}{a^2}}$ 이다.

$a + \dfrac{1}{a} = 2$ 이므로

$\left(a + \dfrac{1}{a}\right)^3 = a^3 + \dfrac{1}{a^3} + 3\left(a + \dfrac{1}{a}\right) \Rightarrow 8 = a^3 + \dfrac{1}{a^3} + 6$

$\Rightarrow a^3 + \dfrac{1}{a^3} = 2$

$\left(a + \dfrac{1}{a}\right)^2 = a^2 + \dfrac{1}{a^2} + 2 \Rightarrow 4 = a^2 + \dfrac{1}{a^2} + 2$

$\Rightarrow a^2 + \dfrac{1}{a^2} = 2$

따라서 $\dfrac{x^{\frac{3}{2}} + x^{-\frac{3}{2}} + 2}{x + x^{-1}} = \dfrac{a^3 + \dfrac{1}{a^3} + 2}{a^2 + \dfrac{1}{a^2}} = \dfrac{2+2}{2} = 2$이다.

답 2

017

$2^x = 5^y = \left(\dfrac{1}{100}\right)^z = k$ 라 하자.

$2 = k^{\frac{1}{x}}$, $5 = k^{\frac{1}{y}}$, $\dfrac{1}{100} = k^{\frac{1}{z}}$

$k^{\frac{1}{x} + \frac{1}{y} + \frac{1}{2z}} = 2 \times 5 \times \left(\dfrac{1}{100}\right)^{\frac{1}{2}} = 2 \times 5 \times \dfrac{1}{10} = 1$ 이므로

$\dfrac{1}{x} + \dfrac{1}{y} + \dfrac{1}{2z} = 0$이다. ($x, \ y, \ z \neq 0$ 이므로 $k \neq 1$)

답 0

018

$108^a = 27$, $4^b = 9$

$108 = 3^{\frac{3}{a}}$, $4 = 3^{\frac{2}{b}}$

$3^{\frac{3}{a} - \frac{2}{b}} = \dfrac{108}{4} = 27$ 이므로 $\dfrac{3}{a} - \dfrac{2}{b} = 3$이다.

답 3

019

$2^x = 5^y = 10^z = k$ 라 하자.

$2 = k^{\frac{1}{x}}$, $5 = k^{\frac{1}{y}}$, $10 = k^{\frac{1}{z}} \Rightarrow 10 = 2 \times 5 \Rightarrow k^{\frac{1}{z}} = k^{\frac{1}{x} + \frac{1}{y}}$

$\dfrac{1}{z} = \dfrac{1}{x} + \dfrac{1}{y}$ ($xyz \neq 0$ 이므로 $k \neq 1$)

$(x-2)(y-2) = 4 \Rightarrow xy - 2(x+y) = 0 \Rightarrow xy = 2(x+y)$

$$\frac{1}{z} = \frac{x+y}{xy} = \frac{x+y}{2(x+y)} = \frac{1}{2} \;\Rightarrow\; z=2 \text{ 이다.}$$

따라서 $3^z = 3^2 = 9$이다.

답   9

020

$3^x = 5$, $15^y = 4$

$15^y = (3 \times 5)^y = (3 \times 3^x)^y = 3^{y+xy} = 4$

따라서 $3^{xy+x+y} = 3^{xy+y} \times 3^x = 4 \times 5 = 20$이다.

답   20

021

어떤 자연수를 m이라 하면

$$\left(\sqrt[6]{25}\right)^n = 5^{\frac{n}{3}} = m$$

$5^{\frac{n}{3}}$ 이 자연수가 되려면 n은 3의 배수여야 한다.
따라서 100 이하의 3의 배수는 33개이므로 조건을
만족시키는 n의 개수는 33이다.

답   33

022

$a^5 = 2$, $b^3 = 3$, $c^6 = 5$

$(abc)^n = \left(2^{\frac{1}{5}} \times 3^{\frac{1}{3}} \times 5^{\frac{1}{6}}\right)^n = 2^{\frac{n}{5}} \times 3^{\frac{n}{3}} \times 5^{\frac{n}{6}}$ 이 자연수가

되려면 n은 3, 5, 6의 공배수여야 한다.
따라서 n의 최솟값은 3, 5, 6의 최소공배수이므로 30이다.

답   30

023

두 자연수 a, b에 대하여

$\sqrt{\dfrac{2^a \times 3^b}{2}} = \sqrt{2^{a-1} \times 3^b} = 2^{\frac{a-1}{2}} \times 3^{\frac{b}{2}}$ 이 자연수가 되려면

$a = 1,\ 3,\ 5,\ \cdots \Rightarrow a = 2m-1$ (m은 자연수)
$b = 2,\ 4,\ 6,\ \cdots \Rightarrow b = 2n$ (n은 자연수)
이어야 한다.

$\sqrt[3]{\dfrac{7^b}{2^{a+1}}} = \left(\dfrac{7^b}{2^{a+1}}\right)^{\frac{1}{3}} = \dfrac{7^{\frac{b}{3}}}{2^{\frac{a+1}{3}}}$ 이 유리수가 되려면

$a = 2,\ 5,\ 8,\ \cdots \Rightarrow a = 3M-1$ (M은 자연수)
$b = 3,\ 6,\ 9,\ \cdots \Rightarrow b = 3N$ (N은 자연수)
동시에 만족해야 하므로
$a = 5,\ 11,\ 17,\ \cdots$, $b = 6,\ 12,\ 18,\ \cdots$
따라서 $a+b$의 최솟값은 $5+6 = 11$이다.

답   11

024

$$f(x) = \left(x^2 \times \sqrt[3]{\frac{1}{x^2}}\right)^{\frac{1}{2}} = x \times \left(x^{-\frac{2}{3}}\right)^{\frac{1}{2}} = x \times x^{-\frac{1}{3}} = x^{\frac{2}{3}}$$

$(f \circ f)(n) = f(f(n)) = f\left(n^{\frac{2}{3}}\right) = \left(n^{\frac{2}{3}}\right)^{\frac{2}{3}} = n^{\frac{4}{9}}$ 이 자연수가

되려면 $n = k^9$ 이어야 한다. (k는 자연수)
$(f \circ f)(n)$가 최소가 되려면 k가 최소여야 하고
$n > 1$ 이므로 k의 최솟값은 2 이다.

따라서 $(f \circ f)(n)$의 최솟값은 $\left(2^9\right)^{\frac{4}{9}} = 16$이다.

답   16

25	①	35	④
26	②	36	③
27	④	37	4
28	⑤	38	2
29	①	39	④
30	②	40	11
31	③	41	③
32	③	42	①
33	②	43	②
34	15		

025

$$\sqrt[3]{24} \times 3^{\frac{2}{3}} = \left(2^3 \times 3\right)^{\frac{1}{3}} \times 3^{\frac{2}{3}} = 2 \times 3 = 6$$

답 ①

026

$2^{\sqrt{3}} \times 4 = 2^{\sqrt{3}} \times 2^2 = 2^{\sqrt{3}+2}$ 이므로

$$\left(2^{\sqrt{3}} \times 4\right)^{\sqrt{3}-2} = \left(2^{\sqrt{3}+2}\right)^{\sqrt{3}-2} = 2^{(\sqrt{3}+2)(\sqrt{3}-2)} = 2^{3-4} = \frac{1}{2}$$

답 ②

027

$$\left(\frac{2^{\sqrt{3}}}{2}\right)^{\sqrt{3}+1} = \left(2^{\sqrt{3}-1}\right)^{\sqrt{3}+1} = 2^{3-1} = 4$$

답 ④

028

$$\left(\frac{4}{2^{\sqrt{2}}}\right)^{2+\sqrt{2}} = \left(2^{2-\sqrt{2}}\right)^{2+\sqrt{2}} = 2^{4-2} = 4$$

답 ⑤

029

$a = \sqrt{2}$, $b^3 = \sqrt{3}$

$$(ab)^2 = \left(2^{\frac{1}{2}} \times 3^{\frac{1}{6}}\right)^2 = 2 \times 3^{\frac{1}{3}}$$

답 ①

030

$$\left(\sqrt{2\sqrt[3]{4}}\right)^3 = \left(\sqrt{2 \times 2^{\frac{2}{3}}}\right)^3 = \left\{\left(2^{\frac{5}{3}}\right)^{\frac{1}{2}}\right\}^3$$

$$= 2^{\frac{5}{3} \times \frac{1}{2} \times 3} = 2^{\frac{5}{2}}$$

$2^{\frac{5}{2}} < n \implies 32 < n^2$

따라서 $\left(\sqrt{2\sqrt[3]{4}}\right)^3$ 보다 큰 자연수 중 가장 작은 것은 6이다.

답 ②

031

$\left(a^{\frac{2}{3}}\right)^{\frac{1}{2}} = a^{\frac{1}{3}}$ 의 값이 자연수가 되려면 $a = k^3$ (k는 자연수)

이어야 하므로 $a = 1$, $a = 2^3$ ($\because$ a는 10 이하의 자연수)

따라서 모든 a의 값의 합은 9이다.

답 ③

032

$$\left(\sqrt[n]{a}\right)^3 = \left(a^{\frac{1}{n}}\right)^3 = a^{\frac{3}{n}}$$

$a^{\frac{3}{n}}$ 의 값이 자연수가 되도록 하는 n의 최댓값을 $f(a)$

$4^{\frac{3}{n}} = 2^{\frac{6}{n}}$ 이므로 $f(4) = 6$

$27^{\frac{3}{n}} = 3^{\frac{9}{n}}$ 이므로 $f(27) = 9$

따라서 $f(4) + f(27) = 15$이다.

답 ③

033

① n이 짝수

방정식 $x^{2n}=8$의 실근은 $x=2^{\frac{3}{2n}}$ or $x=-2^{\frac{3}{2n}}$ 이므로
두 실근의 곱은 음수이다.

방정식 $x^{n}=8$의 실근은 $x=2^{\frac{3}{n}}$ or $x=-2^{\frac{3}{n}}$ 이므로
두 실근의 곱은 음수이다.

즉, 모든 실근의 곱은 양수이므로 모순이다.

② n이 홀수

방정식 $x^{2n}=8$의 실근은 $x=2^{\frac{3}{2n}}$ or $x=-2^{\frac{3}{2n}}$ 이고
방정식 $x^{n}=8$의 실근은 $x=2^{\frac{3}{n}}$ 이므로
모든 실근의 곱은 $-2^{\frac{3}{n}}\times 2^{\frac{3}{n}}=-4 \Rightarrow 2^{\frac{6}{n}}=2^2$

따라서 n의 값은 3이다.

답 ②

034

모든 실수 x에 대하여 $\sqrt[3]{-x^2+2ax-6a}$ 가 음수가 되려면
모든 실수 x에 대하여 $-x^2+2ax-6a<0$ 이어야 한다.
$-x^2+2ax-6a<0 \Rightarrow x^2-2ax+6a>0$
모든 실수 x에 대하여 $x^2-2ax+6a>0$가 성립하려면
판별식 $\dfrac{D}{4}=a^2-6a<0$ 이어야 하므로
$a^2-6a<0 \Rightarrow a(a-6)<0 \Rightarrow 0<a<6$
따라서 모든 자연수 a의 값의 합은 $1+2+3+4+5=15$
이다.

답 15

> **Tip**
>
> 모든 실수 x에 대하여 $x^2-2ax+6a>0$를
> 함수의 관점에서 보면 함수 $y=x^2-2ax+6a$가
> x축보다 위에 있어야 하므로 $y=x^2-2ax+6a$와
> x축의 교점이 생기지 않아야 한다.
> 즉, 방정식 $x^2-2ax+6a=0$ 의 실근이 존재하지
> 않는다는 의미이므로 판별식 $D<0$ 이다.

035

$1 \le m \le 3$, $1 \le n \le 8$ 인 두 자연수 m, n에 대하여
$\sqrt[3]{n^m}=n^{\frac{m}{3}}=k$
m에 따라 case분류를 하면

① $m=1$

$n^{\frac{1}{3}}$ 이 자연수가 되려면 $n=k^3$ (k는 자연수)이어야 하므로
$n=1^3=1$, $n=2^3=8$

∴ 2가지

② $m=2$

$n^{\frac{2}{3}}$ 이 자연수가 되려면 $n=k^3$ (k는 자연수)이어야 하므로
$n=1^3=1$, $n=2^3=8$

∴ 2가지

③ $m=3$

$n^{\frac{3}{3}}=n$이므로 n이 자연수이면 된다.
$n=1$, $n=2$, $\cdots$, $n=8$

∴ 8가지

따라서 $\sqrt[3]{n^m}$ 이 자연수가 되도록 하는 순서쌍 (m, n)의
개수는 12이다.

답 ④

036

$m, n \ge 2$

$\sqrt[m]{64}\times \sqrt[n]{81}=2^{\frac{6}{m}}\times 3^{\frac{4}{n}}$ 이 자연수가 되려면
$m=2, 3, 6$ $(\because m \ge 2)$
$n=2, 4$ $(\because n \ge 2)$
이어야 하므로 모든 순서쌍 (m, n)의 개수는 $3\times 2=6$이다.

답 ③

037

$2n^2 - 9n$의 n제곱근 중에서 실수인 것의 개수 $= f(n)$

$x^n = 2n^2 - 9n$를 만족시키는 서로 다른 실수 x의 개수는

$y = x^n$ 과 $y = 2n^2 - 9n$의 교점의 개수로 판단하면 된다.

$x^3 = -9 \implies f(3) = 1$

$x^4 = -4 \implies f(4) = 0$

$x^5 = 5 \implies f(5) = 1$

$x^6 = 18 \implies f(6) = 2$

따라서 $f(3) + f(4) + f(5) + f(6) = 4$이다.

 4

038

넓이가 $\sqrt[n]{64} = 2^{\frac{6}{n}}$ 인 정사각형의 한 변의 길이는

$\left(2^{\frac{6}{n}}\right)^{\frac{1}{2}} = 2^{\frac{3}{n}} = f(n)$이다.

따라서 $f(4) \times f(12) = 2^{\frac{3}{4}} \times 2^{\frac{1}{4}} = 2$이다.

 2

039

$a > 0$

$15^x = 8$, $a^y = 2$, $\dfrac{3}{x} + \dfrac{1}{y} = 2$

$15 = 2^{\frac{3}{x}}$, $a = 2^{\frac{1}{y}}$ $\implies$ $2^{\frac{3}{x} + \frac{1}{y}} = 4 = 15a$ $\implies$ $a = \dfrac{4}{15}$

답 ④

040

$A = \{5, 6\}$, $B = \{-3, -2, 2, 3, 4\}$

집합 $C = \{x \mid x^a = b,\ x는\ 실수,\ a \in A,\ b \in B\}$

A 집합의 원소에 따라 case분류하면

① $a = 5 \implies x^5 = b$

  $b = -3,\ -2,\ 2,\ 3,\ 4$

  $\left\{\sqrt[5]{(-3)},\ \sqrt[5]{(-2)},\ \sqrt[5]{2},\ \sqrt[5]{3},\ \sqrt[5]{4}\right\}$

② $a = 6 \implies x^6 = b$

  $b = -3,\ -2,\ 2,\ 3,\ 4$

  $b < 0$인 것은 실근을 가질 수 없으므로

  $2,\ 3,\ 4$만 고려해주면 된다.

  $\left\{\sqrt[6]{2},\ \sqrt[6]{3},\ \sqrt[6]{4},\ -\sqrt[6]{2},\ -\sqrt[6]{3},\ -\sqrt[6]{4}\right\}$

따라서 $n(C) = 11$이다.

 11

> ### Tip
>
> 집합의 원소 중 중복된 것은 하나로
> 간주해야 하므로 유의해야 한다.
>
> ex) $A = \{1, 2, 2\}$ 이 아니라 $A = \{1, 2\}$
>   이므로 $n(A) = 2$이다.
> 혹시나 해서 중복된 것이 있나 확인했다면 good!

041

방정식 $x^n = n - 5$의 서로 다른 실근의 개수 $= f(n)$

① $2 \le n \le 4$일 때

  $n - 5 < 0$이므로 $f(2) = 0$, $f(3) = 1$, $f(4) = 0$

② $n = 5$일 때

  $n - 5 = 0$이므로 $f(5) = 1$

③ $6 \le n \le 10$일 때

  $n - 5 > 0$이므로

  $f(6) = 2$, $f(7) = 1$, $f(8) = 2$, $f(9) = 1$, $f(10) = 2$

따라서 $\displaystyle\sum_{n=2}^{10} f(n) = 0 + 1 + 0 + 1 + 2 + 1 + 2 + 1 + 2 = 10$

답 ③

k의 n제곱근을 x라 하면 $x^n = k$ 이므로

조건 (가) : $\left(\sqrt[3]{a}\right)^m = a^{\frac{m}{3}} = b$

조건 (나) : $\left(\sqrt{b}\right)^n = b^{\frac{n}{2}} = c$

조건 (다) : $c^4 = a^{12}$

$$c^4 = \left(b^{\frac{n}{2}}\right)^4 = b^{2n} = \left(a^{\frac{m}{3}}\right)^{2n} = a^{\frac{2mn}{3}} = a^{12}$$

$\dfrac{2mn}{3} = 12 \implies mn = 18$

조건을 만족시키는 순서쌍 $(m,\ n)$은

$(2,\ 9),\ (3,\ 6),\ (6,\ 3),\ (9,\ 2)\ (\because\ m \geq 2,\ n \geq 2)$이므로

모든 순서쌍 $(m,\ n)$의 개수는 4이다.

 ①

$\sqrt{3}^{f(n)}$의 네제곱근 중 실수인 것은

방정식 $x^4 = \sqrt{3}^{f(n)}$의 실근과 같다.

즉, 양의 실근을 a, 음의 실근을 $-a$라 하면

$a \times (-a) = -9$이므로 $a = 3$이다.

$81 = \sqrt{3}^{f(n)} \implies 81 = 3^{\frac{f(n)}{2}} \implies 3^4 = 3^{\frac{f(n)}{2}} \implies f(n) = 8$

이므로

$-(n-2)^2 + k = 8 \implies (n-2)^2 = k-8$를 만족시키는

자연수 n의 개수가 2이면 된다.

방정식 $(x-2)^2 = k-8$이 서로 다른 자연수를 근으로

가지려면 $k-8 = 1$이어야 한다.

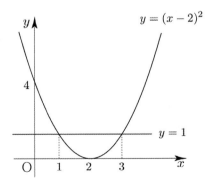

따라서 $k = 9$이다.

 ②

Tip

일반적으로 '자연수'는 문제에서 숨겨진 조건으로
출제되기 좋으니 주의하도록 하자.

지수 | **Master step**

44	15	46	⑤
45	⑤	47	24

044

$A = \{-7,\ -3,\ -2,\ 2,\ 3,\ 7\}$
$B = \{\sqrt{a^2} \mid a \in A\}$
$C = \{x \mid x = \sqrt[b]{a},\ a \in A,\ b \in B,\ x는\ 실수\}$
$\Rightarrow B = \{2,\ 3,\ 7\}$

$x = \sqrt[b]{a}$
a 에 따라 case분류하면

① $a = -7$
$x = \sqrt[b]{-7}$ 가 실수가 되려면
b 는 홀수여야 하므로

$\therefore \left\{ \sqrt[3]{-7},\ \sqrt[7]{-7} \right\}$

② $a = -3$
$x = \sqrt[b]{-3}$ 가 실수가 되려면
b 는 홀수여야 하므로

$\therefore \left\{ \sqrt[3]{-3},\ \sqrt[7]{-3} \right\}$

③ $a = -2$
$x = \sqrt[b]{-2}$ 가 실수가 되려면
b 는 홀수여야 하므로

$\therefore \left\{ \sqrt[3]{-2},\ \sqrt[7]{-2} \right\}$

④ $a = 2$
$x = \sqrt[b]{2}$

$\therefore \left\{ \sqrt{2},\ \sqrt[3]{2},\ \sqrt[7]{2} \right\}$

⑤ $a = 3$
$x = \sqrt[b]{3}$

$\therefore \left\{ \sqrt{3},\ \sqrt[3]{3},\ \sqrt[7]{3} \right\}$

⑥ $a = 7$
$x = \sqrt[b]{7}$

$\therefore \left\{ \sqrt{7},\ \sqrt[3]{7},\ \sqrt[7]{7} \right\}$

따라서 $n(C) = 15$ 이다.

답 15

> **Tip**
>
> 집합 C를 해석할 때, 조심해야한다.
>
> 〈잘못된 사고〉
> $x = \sqrt[b]{a}$ 의 양변에 b제곱을 해주면 $x^b = a$이니
> 만약 b가 짝수이고 a가 양수일 때,
> x가 서로 다른 2개의 값이 나온다고 착각하기 쉽다.
>
> 예를 들어 $b = 2$, $a = 2$라고 하자.
> 즉, $x = \sqrt{2}$ 를 양변에 제곱을 하여
> $x^2 = 2 \Rightarrow x = \sqrt{2}$ or $x = -\sqrt{2}$ 으로
> 해석한 것과 같다.
>
> 이렇게 잘못된 사고를 하게 된 이유는
> n제곱근 a와 a의 n제곱근을 헷갈렸기 때문이다.
> 만약 헷갈렸다면 가이드스텝을 다시 보도록 하자.
> cf) 44번 = n제곱근 a, 40번 = a의 n제곱근

045

$A_m = \left\{ (a,\ b) \mid 2^a = \dfrac{m}{b},\ a,\ b는\ 자연수 \right\}$

ㄱ. $2^a \times b = 4$를 만족시키는 순서쌍 $(a,\ b)$은
$(1,\ 2),\ (2,\ 1)$이다.
따라서 $A_4 = \{(1,\ 2),\ (2,\ 1)\}$이므로 ㄱ은 참이다.

ㄴ. $m = 2^k$ 이면
$2^a \times b = 2^k$ 를 만족시키는 순서쌍 $(a,\ b)$은
$(1,\ 2^{k-1}),\ (2,\ 2^{k-2}),\ (3,\ 2^{k-3}),\ \cdots,\ (k,\ 2^0)$이므로
$A_m = \{(1,\ 2^{k-1}),\ (2,\ 2^{k-2}),\ (3,\ 2^{k-3}),\ \cdots,\ (k,\ 2^0)\}$
이다.
따라서 $n(A_m) = k$ 이므로 ㄴ은 참이다.

ㄷ. 만약 b가 짝수이면 $b = 2n$ 이라 둘 수 있고
$2^a \times 2n = m \Rightarrow 2^{a+1} \times n = m$이므로

$(a,\ 2n)$와 $(a+1,\ n)$ 모두 A_m의 원소가 된다.
$n(A_m)=1$이 되기 위해서는 b는 홀수이어야 한다.
또 만약 $a \geq 2$이면 $b = \dfrac{m}{2^a} \Rightarrow 2b = \dfrac{m}{2^{a-1}}$ 이므로
$(a,\ b)$와 $(a-1,\ 2b)$ 모두 A_m의 원소가 된다.
따라서 $a=1$이어야 한다.

즉, $m = 2 \times$홀수를 만족시키는 두 자리 자연수는
$2 \times 5,\ 2 \times 7,\ \cdots,\ 2 \times 49$이므로 총 개수는 23이다.
따라서 ㄷ은 참이다.

답 ⑤

046

$A = \{3,\ 4\}$, $B = \{-9,\ -3,\ 3,\ 9\}$

$X = \{x \mid x^a = b,\ a \in A,\ b \in B,\ x \text{는 실수}\}$

a에 따라 case분류 하면

① $a = 3$
$x^3 = -9,\ x^3 = -3,\ x^3 = 3,\ x^3 = 9$
$x = \sqrt[3]{-9},\ x = \sqrt[3]{-3},\ x = \sqrt[3]{3},\ x = \sqrt[3]{9}$

② $a = 4$
$x^4 = b$
실근을 가지려면 $b > 0$이어야 하므로
$x^4 = 3,\ x^4 = 9$
$x = \sqrt[4]{3},\ x = \sqrt[4]{9},\ x = -\sqrt[4]{3},\ x = -\sqrt[4]{9}$

ㄱ. $\sqrt[3]{-9} \in X$이므로 ㄱ은 참이다.
ㄴ. $n(X) = 8$이므로 ㄴ은 참이다.
ㄷ. 집합 X의 원소 중 양수인 것은
$x = \sqrt[3]{3},\ x = \sqrt[3]{9},\ x = \sqrt[4]{3},\ x = \sqrt[4]{9}$
이므로 양수인 모든 원소의 곱은
$3^{\frac{1}{3}} \times 3^{\frac{2}{3}} \times 3^{\frac{1}{4}} \times 3^{\frac{2}{4}} = 3^{\frac{7}{4}} = \sqrt[4]{3^7}$이므로
ㄷ은 참이다.

답 ⑤

047

최고차항의 계수가 1인 이차함수 $f(x)$

(가) x에 대한 방정식 $(x^n - 64)f(x) = 0$은
    서로 다른 두 실근을 갖고, 각각 실근은 중근

n이 홀수이면 중근이 최대 1개 존재하므로 (가) 조건을
만족시킬 수 없다.
즉, n은 짝수이므로 방정식 $x^n - 64 = 0 \Rightarrow x^n = 64$의
두 실근은 $-\sqrt[n]{64},\ \sqrt[n]{64}$이다.

(가) 조건을 만족시키려면 $f(x) = (x-a)(x-b)\ (a < b)$라
할 때, $b = \sqrt[n]{64}$, $a = -\sqrt[n]{64}$이어야 한다.

(나) 함수 $f(x)$의 최솟값은 음의 정수

$f(x) = (x-a)(x-b)$는 $x = \dfrac{a+b}{2}$에서 최솟값을 가지므로

최솟값은 $f\left(\dfrac{a+b}{2}\right) = \left(\dfrac{b-a}{2}\right)\left(\dfrac{a-b}{2}\right) = -\dfrac{(b-a)^2}{4}$이다.

$-\dfrac{(b-a)^2}{4}$가 음의 정수이어야 하므로

$\dfrac{(b-a)^2}{4}$은 자연수이다.

$b = \sqrt[n]{64}$, $a = -\sqrt[n]{64}$이므로
$b - a = 2\sqrt[n]{64} = 2\left(8^{\frac{2}{n}}\right)$
$(b-a)^2 = 4\left(8^{\frac{4}{n}}\right) = 4\left(2^{\frac{12}{n}}\right)$
$\dfrac{(b-a)^2}{4} = 2^{\frac{12}{n}}$이 자연수이고, n은 짝수이므로
$n = 2,\ 4,\ 6,\ 12$이다.

따라서 모든 자연수 n의 값의 합은 $2 + 4 + 6 + 12 = 24$이다.

답 24

로그 | **Guide step**

1	(1) $\log_5 25 = 2$ (2) $\log_2 \frac{1}{8} = -3$ (3) $3^4 = 81$
2	(1) $\frac{1}{2}$ (2) -3 (3) -2
3	(1) $\frac{3}{2}$ (2) $-\frac{1}{2}$ (3) 1 (4) 4 (5) 2
4	(1) $\frac{3}{2}$ (2) $-\frac{3}{2}$
5	(1) $a+2b$ (2) $\frac{2b}{3a}$ (3) $\frac{a+b}{2(1-a)}$
6	(1) 4 (2) $\frac{3}{2}$ (3) 256
7	(1) 4 (2) -2 (3) $\frac{3}{2}$
8	(1) 3.0531 (2) -0.9469

개념 확인문제 1

(1) $5^2 = 25 \implies \log_5 25 = 2$

(2) $2^{-3} = \frac{1}{8} \implies \log_2 \frac{1}{8} = -3$

(3) $\log_3 81 = 4 \implies 3^4 = 81$

답 (1) $\log_5 25 = 2$ (2) $\log_2 \frac{1}{8} = -3$ (3) $3^4 = 81$

개념 확인문제 2

(1) $\log_3 \sqrt{3} = x$ 라 하면 $\sqrt{3} = 3^x$ 이므로 $x = \frac{1}{2}$

(2) $\log_5 \frac{1}{125} = x$ 라 하면 $\frac{1}{125} = 5^x$ 이므로 $x = -3$

(3) $\log_{\frac{1}{2}} 4 = x$ 라 하면 $4 = \left(\frac{1}{2}\right)^x$ 이므로 $x = -2$

답 (1) $\frac{1}{2}$ (2) -3 (3) -2

개념 확인문제 3

(1) $\log_3 \sqrt{27} = \log_3 3^{\frac{3}{2}} = \frac{3}{2}$

(2) $\log_5 \frac{1}{\sqrt{5}} = \log_5 5^{-\frac{1}{2}} = -\frac{1}{2}$

(3) $\log_{15} 3 + \log_{15} 5 = \log_{15} 15 = 1$

(4) $\log_2 96 - \log_2 6 = \log_2 16 = \log_2 2^4 = 4$

(5) $\log_3 \frac{9}{2} + \log_3 \frac{1}{\sqrt{5}} + \frac{1}{2}\log_3 20 = \log_3\left(\frac{9}{2} \times \frac{1}{\sqrt{5}} \times \sqrt{20}\right)$
$= \log_3 9 = \log_3 3^2 = 2$

답 (1) $\frac{3}{2}$ (2) $-\frac{1}{2}$ (3) 1 (4) 4 (5) 2

개념 확인문제 4

(1) $\log_{25} 125 = \frac{\log_5 125}{\log_5 25} = \frac{\log_5 5^3}{\log_5 5^2} = \frac{3}{2}$

(2) $\log_9 \frac{1}{27} = \frac{\log_3 \frac{1}{27}}{\log_3 9} = \frac{\log_3 3^{-3}}{\log_3 3^2} = -\frac{3}{2}$

답 (1) $\frac{3}{2}$ (2) $-\frac{3}{2}$

개념 확인문제 5

(1) $\log_{10} 18 = \log_{10}(3^2 \times 2) = 2\log_{10} 3 + \log_{10} 2 = 2b + a$

(2) $\log_8 9 = \frac{\log_{10} 9}{\log_{10} 8} = \frac{\log_{10} 3^2}{\log_{10} 2^3} = \frac{2\log_{10} 3}{3\log_{10} 2} = \frac{2b}{3a}$

(3) $\log_5 \sqrt{6} = \frac{\log_{10}\sqrt{6}}{\log_{10} 5} = \frac{\log_{10}(2\times3)^{\frac{1}{2}}}{\log_{10}\frac{10}{2}}$
$= \frac{\frac{1}{2}(\log_{10} 2 + \log_{10} 3)}{1 - \log_{10} 2} = \frac{\frac{1}{2}(a+b)}{1-a} = \frac{a+b}{2(1-a)}$

답 (1) $a+2b$ (2) $\frac{2b}{3a}$ (3) $\frac{a+b}{2(1-a)}$

개념 확인문제 6

(1) $\log_2 36 \cdot \log_6 4 = 2\log_2 6 \times \dfrac{2\log_2 2}{\log_2 6} = 4$

(2) $\log_8 27 + \log_2 \dfrac{2\sqrt{2}}{3} = \log_{2^3} 3^3 + \log_2 2^{\frac{3}{2}} - \log_2 3$

$\qquad = \log_2 3 + \dfrac{3}{2} - \log_2 3 = \dfrac{3}{2}$

(3) $9^{2\log_{\sqrt{3}} 2 + \log_9 4 + \log_{\frac{1}{3}} 2} = 9^{4\log_3 2 + \log_3 2 - \log_3 2} = 9^{\log_3 16}$

$\qquad = 16^{\log_3 9} = 16^2 = 256$

$\boxed{답}$ (1) 4 (2) $\dfrac{3}{2}$ (3) 256

개념 확인문제 7

(1) $\log 10000 = \log 10^4 = 4$

(2) $\log \dfrac{1}{100} = \log 10^{-2} = -2$

(3) $\log 10\sqrt{10} = \log 10^{\frac{3}{2}} = \dfrac{3}{2}$

$\boxed{답}$ (1) 4 (2) -2 (3) $\dfrac{3}{2}$

개념 확인문제 8

$\log 1.13 = 0.0531$

(1) $\log 1130 = 3 + \log 1.13 = 3.0531$

(2) $\log 0.113 = -1 + \log 1.13 = -0.9469$

$\boxed{답}$ (1) 3.0531 (2) -0.9469

로그 | Training - 1 step

1	8	12	14
2	14	13	20
3	2	14	9
4	5	15	10
5	256	16	6
6	13	17	125
7	3	18	4
8	1	19	6
9	2	20	1.233
10	4	21	15
11	15		

001

$\log_2 \dfrac{8}{a} = b \;\Rightarrow\; \dfrac{8}{a} = 2^b \;\Rightarrow\; 8 = a \times 2^b$

$\boxed{답}$ 8

002

$x = \log_2(2+\sqrt{3})$

$4^x + \dfrac{1}{4^x} = 4^{\log_2(2+\sqrt{3})} + \dfrac{1}{4^{\log_2(2+\sqrt{3})}}$

$= (2+\sqrt{3})^{\log_2 4} + \dfrac{1}{(2+\sqrt{3})^{\log_2 4}} = (2+\sqrt{3})^2 + \dfrac{1}{(2+\sqrt{3})^2}$

$= 7 + 4\sqrt{3} + \dfrac{1}{7 + 4\sqrt{3}} = 7 + 4\sqrt{3} + 7 - 4\sqrt{3} = 14$

$\boxed{답}$ 14

003

$\log_a 7 = 3 \;\Rightarrow\; 7 = a^3 \;\Rightarrow\; a = 7^{\frac{1}{3}}$

$\log_7 8 = b$

$a^b = \left(7^{\frac{1}{3}}\right)^{\log_7 8} = 7^{\frac{1}{3}\log_7 8} = 7^{\log_7 2} = 2$

$\boxed{답}$ 2

004

진수조건 $2a+15>0 \Rightarrow a>-\dfrac{15}{2}$

밑조건 $a>0,\ a \neq 1$

$\log_a(2a+15)=2 \Rightarrow 2a+15=a^2 \Rightarrow a^2-2a-15=0$

$(a-5)(a+3)=0 \Rightarrow a=5$

답 5

005

$\log_3(\log_2 a)=2 \Rightarrow \log_2 a=9 \Rightarrow a=2^9$

$\log_5(\log_2 b)=0 \Rightarrow \log_2 b=1 \Rightarrow b=2$

$\dfrac{a}{b}=\dfrac{2^9}{2}=2^8=256$

답 256

006

$\log_{(x-4)}(-x^2+11x-24)$ 가 정의되려면

밑조건에 의해서 $x-4 \neq 1,\ x-4>0$ 이고

진수조건에 의해서 $-x^2+11x-24>0$ 이어야 한다.

$-x^2+11x-24>0 \Rightarrow x^2-11x+24<0$

$\Rightarrow (x-3)(x-8)<0 \Rightarrow 3<x<8$

$x \neq 5,\ x>4,\ 3<x<8$ 이므로

조건을 만족시키는 정수 x는 $6,\ 7$이므로

모든 정수 x의 값의 합은 13이다.

답 13

007

모든 실수 x에 대하여

$\log_{|a-1|}(x^2+2ax+a+12)$ 가 정의되려면

밑조건에 의해서 $|a-1| \neq 1,\ |a-1|>0$ 이고

진수조건에 의해서 $x^2+2ax+a+12>0$ 이어야 한다.

$|a-1| \neq 1,\ |a-1|>0 \Rightarrow a \neq 0,\ a \neq 2,\ a \neq 1$

($|a-1|=0$ 이 아니므로 특히 $a \neq 1$ 조심)

모든 실수 x에 대하여 $x^2+2ax+a+12>0$ 이려면

판별식 $\dfrac{D}{4}=a^2-a-12<0$ 이어야 한다.

$(a-4)(a+3)<0 \Rightarrow -3<a<4$

조건을 만족시키는 정수 a는 $-2,\ -1,\ 3$이므로

정수 a의 개수는 3이다.

답 3

008

$\log_3 \sqrt[5]{162}+\dfrac{1}{5}\log_3\dfrac{3}{2}=\log_3(162)^{\frac{1}{5}}+\log_3\left(\dfrac{3}{2}\right)^{\frac{1}{5}}$

$=\log_3\left(162 \times \dfrac{3}{2}\right)^{\frac{1}{5}}=\log_3(243)^{\frac{1}{5}}=\log_3(3^5)^{\frac{1}{5}}=\log_3 3=1$

답 1

009

$\log_7(8+\sqrt{15})+\log_7(8-\sqrt{15})$

$=\log_7(8+\sqrt{15})(8-\sqrt{15})=\log_7(64-15)=\log_7 49=2$

답 2

010

$\log_2(\sqrt[3]{15}+1)+\log_2(\sqrt[3]{225}-\sqrt[3]{15}+1)$

$\sqrt[3]{15}=x$ 로 치환하면

$\sqrt[3]{225}=\sqrt[3]{15^2}=x^2,\ 15=x^3$ 이므로

$\log_2(x+1)+\log_2(x^2-x+1)=\log_2(x+1)(x^2-x+1)$

$=\log_2(x^3+1)=\log_2(15+1)=\log_2 16=4$

답 4

011

$$\log_3 \sqrt[3]{\frac{8}{3}} + \log_3 \sqrt[3]{9^k} - \log_3 2$$

$$= \log_3 \left(\frac{8}{3}\right)^{\frac{1}{3}} + \log_3 3^{\frac{2k}{3}} - \log_3 2$$

$$= \log_3 2 - \frac{1}{3} + \frac{2k}{3} - \log_3 2 = \frac{2k-1}{3}$$

이 자연수가 되도록 하는 10 이하의 자연수 k를 구하면

$$\frac{2k-1}{3} = n \implies k = \frac{3n+1}{2} (n은 자연수)$$

$n = 1 \implies k = 2$

$n = 3 \implies k = 5$

$n = 5 \implies k = 8$

따라서 조건을 만족시키는 10 이하의 모든 자연수 k의 값의 합은 $2+5+8 = 15$이다.

 15

012

$$a = 9^{21} = (3^2)^{21} = 3^{42}$$

$$\frac{1}{\log_a 27} = \log_{27} a = \frac{\log_3 a}{\log_3 27} = \frac{42}{3} = 14$$

아니면 $\log_{27} a = \log_{3^3} 3^{42} = \frac{42}{3} = 14$로 구해도 된다.

(필자가 실전에서 풀었다면 두 번째 방법으로 풀었을 것이다.)

 14

013

$\log_3 a = x$, $\log_3 b = y$라 하면

$\log_3 a \times \log_3 b = 2 \implies xy = 2$

$\log_a 3 + \log_b 3 = 5 \implies \frac{1}{x} + \frac{1}{y} = 5 \implies \frac{x+y}{xy} = 5$

이므로 $x + y = 10$이다.

따라서 $\log_{\sqrt{3}} ab = 2\log_3 ab = 2(\log_3 a + \log_3 b) = 2(x+y) = 20$ 이다.

답 20

014

1이 아닌 세 양수 a, b, c에 대하여

$$\log_a c = \frac{1}{2} \implies c = a^{\frac{1}{2}} \implies c^2 = a$$

$$\log_b c = \frac{1}{7} \implies c = b^{\frac{1}{7}} \implies c^7 = b$$

$ab = c^9$이므로

$$\frac{1}{\log_{ab} c} = \log_c ab = \log_c c^9 = 9$$

 9

015

$$3^{\log_9 2} = 3^{\frac{1}{2}\log_3 2} = 3^{\log_3 \sqrt{2}} = \sqrt{2} = 2^{\frac{1}{2}} = 8^a$$

$$2^{\frac{1}{2}} = 2^{3a} \implies a = \frac{1}{6}$$

따라서 $60a = 10$이다.

답 10

016

1보다 큰 세 실수 a, b, c에 대하여

$\log_a c : \log_b c = 3 : 1$

$$3\log_b c = \log_a c \implies \frac{3\log_a c}{\log_a b} = \frac{\log_a c}{\log_a a}$$

$$\implies \frac{3}{\log_a b} = 1 \implies \log_a b = 3$$

$$\frac{20}{\log_a b + \log_b a} = \frac{20}{\log_a b + \frac{1}{\log_a b}} = \frac{20}{3 + \frac{1}{3}} = \frac{60}{9+1} = 6$$

답 6

$2^{a+b} = 5 \Rightarrow a+b = \log_2 5$

$3^{a-b} = 8 \Rightarrow a-b = \log_3 8$

$3^{a^2 - b^2} = 3^{(a+b)(a-b)} = 3^{\log_2 5 \times \log_3 8} = 3^{\frac{\log_2 5}{\log_2 2} \times \frac{\log_2 8}{\log_2 3}}$

$= 3^{\frac{3\log_2 5}{\log_2 3}} = 3^{3\log_3 5} = 3^{\log_3 125} = 125$

답 125

Tip

위의 식에서는 밑이 2인 로그 형태로 바꼈지만 상용로그를
배웠다면 아래와 같이 변환할 수 있다.

$\log_2 5 \times \log_3 8 = \dfrac{\log 5}{\log 2} \times \dfrac{3\log 2}{\log 3} = \dfrac{3\log 5}{\log 3} = 3\log_3 5$

상용로그 형태로 변환하면 식이 간단해지기 때문에 계산하기
편하다.

018

1보다 큰 세 실수 $a,\ b,\ c$에 대하여
$\log_a b = \log_b \sqrt{c} = \log_c \sqrt[4]{a} = k$ 라 두면

$b = a^k$

$\sqrt{c} = b^k \Rightarrow c^{\frac{1}{2}} = b^k \Rightarrow c^{\frac{1}{2k}} = b$

$\sqrt[4]{a} = c^k \Rightarrow a^{\frac{1}{4}} = c^k \Rightarrow c^{4k} = a$

$b = a^k \Rightarrow c^{\frac{1}{2k}} = c^{4k^2} \Rightarrow \dfrac{1}{2k} = 4k^2 \Rightarrow k^3 = \dfrac{1}{8}$

$\Rightarrow k = \dfrac{1}{2}$ $(\because k$는 실수$)$

$a = c^2$, $b = c$ 이므로

$\dfrac{1}{\log_{abc} c} = \log_c abc = \log_c (c^2 \times c \times c) = \log_c c^4 = 4$

답 4

Tip

$\log_a b = k,\ \log_b c = 2k,\ \log_c a = 4k$에서 세 식을
곱하면 $8k^3 = 1$이므로 $k = \dfrac{1}{2}$

019

1보다 크고 10보다 작은 세 자연수 $a,\ b,\ c$에 대하여

$2\log_c b = \log_a b \Rightarrow \log_{\frac{1}{c^2}} b = \log_a b \Rightarrow c^{\frac{1}{2}} = a$

$3\log_b c = \log_a c \Rightarrow \log_{\frac{1}{b^3}} c = \log_a c \Rightarrow b^{\frac{1}{3}} = a$

1보다 크고 10보다 작은 세 자연수 $a,\ b,\ c$ 조건을
이용하면 $c = a^2,\ b = a^3$을 만족시키는 자연수 $a,\ b,\ c$는
$a = 2,\ b = 8,\ c = 4$ 이다.

따라서 $a + b - c = 2 + 8 - 4 = 6$이다.

답 6

020

$\log \sqrt[3]{5000} = \log(5000)^{\frac{1}{3}} = \dfrac{1}{3}\log 5000$

$= \dfrac{1}{3}(\log 5 + \log 1000) = \dfrac{1}{3}(\log 5 + 3) = \dfrac{1}{3}(1 - \log 2 + 3)$

$= \dfrac{1}{3}(4 - \log 2) = \dfrac{1}{3}(4 - 0.301) = \dfrac{1}{3} \times 3.699 = 1.233$

답 1.233

021

두 자연수 $a,\ b$에 대하여
$\log a + \log b = 2 + \log 4 \Rightarrow \log ab = \log 400$

$\Rightarrow ab = 400$
$ab = 400$을 만족시키는 모든 순서쌍 $(a,\ b)$의 개수는
400의 양의 약수의 개수와 같다.
400을 소인수분해하면 $400 = 2^4 \times 5^2$이므로
양의 약수의 개수는 $(4+1)(2+1) = 15$이다.

따라서 조건을 만족시키는 모든 순서쌍 $(a,\ b)$의 개수는
15이다.

답 15

Tip 1

$ab = 400$을 만족시키는 모든 순서쌍 (a, b)의 개수가 400의 양의 약수의 개수와 같은 이유가 무엇일까?

이런 문제들은 직접 해보면서 발견적 추론을 해보는 것이 좋다.

상황을 축소시키기 위해서 $ab = 10$이라 하자.
$a = 1$,　$b = 10$
$a = 2$,　$b = 5$
$a = 5$,　$b = 2$
$a = 10$,　$b = 1$
a가 결정되면 b가 자동으로 결정되므로
순서쌍 (a, b)의 개수는 a의 개수와 같다.
그런데 a의 개수는 10의 양의 약수의 개수와 같으므로
순서쌍 (a, b)의 개수는 10의 양의 약수의 개수와 같다.

한 번에 이해가 안 되면 $ab = 12$를 해보면서 감을 찾으면 된다.

Tip 2

자연수조건을 이용하여 순서쌍을 구하는 문제는 빈출되는 유형이니 기억해두자.
특히 예를 들어 $ab = 20$이라는 조건만 고려하고 자연수 조건은 고려하지 않아 문제가 풀리지 않는 경우도 있으니 유의하도록 하자.
즉, 문제를 잘 읽도록 하자!

22	①	38	①
23	②	39	②
24	①	40	9
25	③	41	②
26	②	42	①
27	⑤	43	③
28	②	44	①
29	④	45	①
30	16	46	①
31	④	47	④
32	13	48	75
33	⑤	49	④
34	④	50	426
35	8	51	①
36	15	52	13
37	③		

022

$\log 6.04 = 0.7810$

$\log \sqrt{6.04} = \dfrac{1}{2}\log 6.04 = \dfrac{1}{2} \times 0.7810 = 0.3905$

답 ①

023

$\log_2 5 = a \Rightarrow \dfrac{\log 5}{\log 2} = a \Rightarrow \dfrac{\log 2}{\log 5} = \dfrac{1}{a} \Rightarrow \log_5 2 = \dfrac{1}{a}$
$\log_5 3 = b$

$\log_5 12 = \log_5 (2^2 \times 3) = 2\log_5 2 + \log_5 3 = \dfrac{2}{a} + b$

답 ②

024

$(1, \log_2 5)$, $(2, \log_2 10)$를 지나는 직선의 기울기는
$\dfrac{\log_2 10 - \log_2 5}{2 - 1} = \log_2 \dfrac{10}{5} = \log_2 2 = 1$이다.

답 ①

025

$2^x = 24 \implies x = \log_2 24$

$3^y = 24 \implies y = \log_3 24$

$(x-3)(y-1) = \left(\log_2 24 - \log_2 8\right)\left(\log_3 24 - \log_3 3\right)$

$= \log_2 3 \times \log_3 8 = \dfrac{\log 3}{\log 2} \times \dfrac{3\log 2}{\log 3} = 3$

 ③

026

$\dfrac{1}{\log_4 18} + \dfrac{2}{\log_9 18} = \log_{18} 4 + 2\log_{18} 9 = \log_{18}(4 \times 81)$

$= \log_{18} 324 = \log_{18} 18^2 = 2$

 ②

027

$x^2 - 18x + 6 = 0$의 두 근이 α, β

근과 계수의 관계에 의해서 $\alpha + \beta = 18$, $\alpha\beta = 6$이다.

$\log_2(\alpha+\beta) - 2\log_2 \alpha\beta = \log_2 18 - 2\log_2 6 = \log_2 \dfrac{18}{36}$

$= \log_2 \dfrac{1}{2} = -1$

 ⑤

028

$2\log 12$를 $a = \log 1.44$로 표현하는 것이 목표이다.

$2\log 12 = \log 12^2 = \log 144$

$\log 144 = \log(1.44 \times 100) = \log 1.44 + \log 100$

$\quad = \log 1.44 + 2 = a + 2$

 ②

029

$ab = \log_3 5$, $b - a = \log_2 5$

$\dfrac{1}{a} - \dfrac{1}{b} = \dfrac{b-a}{ab} = \dfrac{\log_2 5}{\log_3 5} = \dfrac{\dfrac{\log 5}{\log 2}}{\dfrac{\log 5}{\log 3}} = \dfrac{\log 3}{\log 2} = \log_2 3$

답 ④

030

$\dfrac{\log_a b}{2a} = \dfrac{3}{4} \implies \dfrac{2}{3}\log_a b = a$

$\dfrac{18\log_b a}{b} = \dfrac{3}{4} \implies 24\log_b a = b$

$ab = \dfrac{2}{3}\log_a b \times 24\log_b a = 16 \times \dfrac{\log b}{\log a} \times \dfrac{\log a}{\log b} = 16$

답 16

031

$3a + 2b = \log_3 32 = 5\log_3 2$, $\quad ab = \log_9 2 = \dfrac{1}{2}\log_3 2$

$\dfrac{1}{3a} + \dfrac{1}{2b} = \dfrac{3a + 2b}{6ab} = \dfrac{5\log_3 2}{3\log_3 2} = \dfrac{5}{3}$

답 ④

032

세 양수 a, b, c에 대하여

$\begin{cases} \log_2 ab + \log_2 bc = 5 \\ \log_2 bc + \log_2 ca = 8 \\ \log_2 ca + \log_2 ab = 7 \end{cases}$

$\begin{cases} \log_2 ab^2 c = 5 \\ \log_2 abc^2 = 8 \\ \log_2 a^2 bc = 7 \end{cases}$

$ab^2 c = 2^5$, $abc^2 = 2^8$, $a^2 bc = 2^7$

$ab^2 c \times abc^2 \times a^2 bc = a^4 b^4 c^4 = (abc)^4 = 2^{5+8+7} = 2^{20}$

$abc = 2^5$ 이므로

$ab^2c = 2^5 \Rightarrow abc \times b = 2^5 \Rightarrow b = 1$

$abc^2 = 2^8 \Rightarrow abc \times c = 2^8 \Rightarrow c = 2^3 = 8$

$a^2bc = 2^7 \Rightarrow abc \times a = 2^7 \Rightarrow a = 2^2 = 4$

따라서 $a+b+c = 4+1+8 = 13$이다.

답   13

033

$\log_a 2 = \log_b 5 = \log_c 10 = \log_{abc} x = k$ 라 두면

$\log_a 2 = k \Rightarrow 2 = a^k$

$\log_b 5 = k \Rightarrow 5 = b^k$

$\log_c 10 = k \Rightarrow 10 = c^k$

$\log_{abc} x = k \Rightarrow x = (abc)^k$

따라서 $x = (abc)^k = a^k \times b^k \times c^k = 2 \times 5 \times 10 = 100$이다.

답   ⑤

034

$f(n) = 2^n - \log_2 n$

ㄱ. $f(2) = 2^2 - \log_2 2 = 4 - 1 = 3$ 이므로 ㄱ은 참이다.

ㄴ. $f(8) = -f(\log_2 8)$

$f(\log_2 8) = f(\log_2 2^3) = f(3)$이므로 $f(8) + f(3) = 0$인지 확인해보자.

$f(8) = 2^8 - \log_2 8 = 256 - 3 = 253$

$f(3) = 2^3 - \log_2 3 = 8 - \log_2 3$

$f(8) + f(3) = 253 + 8 - \log_2 3 \neq 0$

따라서 ㄴ은 거짓이다.

ㄷ. $f(2^n) + n = \{f(2^{n-1}) + n - 1\}^2$

$f(2^n) + n = 2^{2^n} - \log_2 2^n + n = 2^{2^n}$

$\{f(2^{n-1}) + n - 1\}^2 = \{2^{2^{n-1}} - \log_2 2^{n-1} + n - 1\}^2$

$= \left(2^{2^{n-1}}\right)^2 = 2^{2^{n-1} \times 2} = 2^{2^n}$

따라서 ㄷ은 참이다.

답   ④

035

$\log_{(a+3)}(-a^2 + 3a + 28)$이 정의되려면

밑조건에 의해서

$a+3 \neq 1,\ a+3 > 0 \Rightarrow a \neq -2,\ a > -3$

진수조건에 의해서

$-a^2 + 3a + 28 > 0 \Rightarrow a^2 - 3a - 28 < 0$

$\Rightarrow (a-7)(a+4) < 0 \Rightarrow -4 < a < 7$

따라서 조건을 만족시키는 정수는
$-1,\ 0,\ 1,\ 2,\ 3,\ 4,\ 5,\ 6$ 이므로 개수는 8이다.

답   8

036

$\log_{27} a = \log_{3^3} a = \dfrac{1}{3} \log_3 a$, $\log_3 \sqrt{b} = \log_3 b^{\frac{1}{2}} = \dfrac{1}{2} \log_3 b$

이므로 $\dfrac{1}{3} \log_3 a = \dfrac{1}{2} \log_3 b$

$\log_b a = \dfrac{\log_3 a}{\log_3 b} = \dfrac{3}{2}$

따라서 $20 \log_b \sqrt{a} = 10 \log_b a = 15$이다.

답   15

037

두 점 $(2,\ \log_4 a)$, $(3,\ \log_2 b)$을 지나는 직선의 기울기는

$\dfrac{\log_2 b - \log_4 a}{3 - 2} = \log_2 b - \log_4 a = \log_2 b - \dfrac{1}{2} \log_2 a = \log_2 \dfrac{b}{\sqrt{a}}$

직선의 방정식을 구하면

$y = \log_2 \dfrac{b}{\sqrt{a}} (x-3) + \log_2 b$

원점을 지나므로 직선의 방정식에 $(0,\ 0)$을 대입하면

$$0 = \log_2 \frac{b}{\sqrt{a}}(-3) + \log_2 b \Rightarrow 3\log_2 \frac{b}{\sqrt{a}} = \log_2 b$$

$$\Rightarrow \left(\frac{b}{\sqrt{a}}\right)^3 = b \Rightarrow \frac{b^2}{a^{\frac{3}{2}}} = 1 \ (\because b > 0)$$

$$\Rightarrow b^2 = a^{\frac{3}{2}} \Rightarrow b = a^{\frac{3}{4}}$$

따라서 $\log_a b = \log_a a^{\frac{3}{4}} = \frac{3}{4}$ 이다.

답 ③

038

$$\log_a b = \frac{1}{2}\log_b c = \frac{1}{4}\log_c a$$

$$\Rightarrow \log_a b = \log_b \sqrt{c} = \log_c \sqrt[4]{a}$$

$$\log_a b = \log_b \sqrt{c} = \log_c \sqrt[4]{a} = k \text{ 라 두면}$$

$$b = a^k$$

$$\sqrt{c} = b^k \Rightarrow c^{\frac{1}{2}} = b^k \Rightarrow c^{\frac{1}{2k}} = b$$

$$\sqrt[4]{a} = c^k \Rightarrow a^{\frac{1}{4}} = c^k \Rightarrow c^{4k} = a$$

$$b = a^k \Rightarrow c^{\frac{1}{2k}} = c^{4k^2} \Rightarrow \frac{1}{2k} = 4k^2 \Rightarrow k^3 = \frac{1}{8}$$

$$\Rightarrow k = \frac{1}{2} \ (k \text{는 실수})$$

$a = c^2$, $b = c$ 이므로

$$\log_a b + \log_b c + \log_c a = \log_{c^2} c + \log_c c + \log_c c^2$$
$$= \frac{1}{2} + 1 + 2 = \frac{7}{2}$$

답 ①

다르게 풀어보자.

$$\log_a b = \frac{1}{2}\log_b c = \frac{1}{4}\log_c a$$

$$\Rightarrow \log_a b = k, \ \log_b c = 2k, \ \log_c a = 4k$$

$$\log_a b \times \log_b c \times \log_c a = \frac{\log b}{\log a} \times \frac{\log c}{\log b} \times \frac{\log a}{\log c} = 1$$

이므로 $k \times 2k \times 4k = 1 \Rightarrow 8k^3 = 1 \Rightarrow k = \frac{1}{2}$ 이다.

039

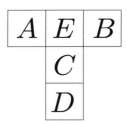

가로의 나열된 3개의 칸에 적힌 세 수의 합과
세로로 나열된 3개의 칸에 적힌 세 수의 합이 15로
서로 같아야 하므로 A, B 쌍에 들어가는 수들의 합과
C, D 쌍에 들어가는 수들의 합이 서로 같아야 한다.
$\log_a 2$, $\log_a 4$, $\log_a 8$, $\log_a 32$, $\log_a 128$에서
$\log_a 2 = x$로 치환하면 x, $2x$, $3x$, $5x$, $7x$로 볼 수 있다.
이때 $A + B + E = C + D + E$ 이어야 한다.
합이 같은 쌍이 $(x, 7x)$, $(3x, 5x)$이므로 E에는 $2x$가
들어가야 한다.
즉, $\log_a 2$, $\log_a 128$과 $\log_a 8$, $\log_a 32$로 분류하면 된다.
A, B 쌍에 들어갈 수들을 $\log_a 2$, $\log_a 128$라 하자.

가로의 나열된 3개의 칸에 적힌 세 수의 합은 15이므로
$$(\log_a 2 + \log_a 128) + \log_a 4 = 15$$

$$\Rightarrow \log_a 1024 = 15 \Rightarrow 10\log_a 2 = 15 \Rightarrow \log_a 2 = \frac{3}{2}$$

$$\Rightarrow a = 2^{\frac{2}{3}}$$

따라서 $a = 2^{\frac{2}{3}}$ 이다.

답 ②

040

$\log_x(-x^2 + 4x + 5)$이 정의되려면
밑조건에 의해서 $x \neq 1$, $x > 0$
진수조건에 의해서
$$-x^2 + 4x + 5 > 0 \Rightarrow x^2 - 4x - 5 < 0$$

$$\Rightarrow (x-5)(x+1) < 0 \Rightarrow -1 < x < 5$$
따라서 조건을 만족시키는 정수 x는
2, 3, 4이므로 합은 9이다.

답 9

041

두 양수 a, b ($b \neq 1$)

(가) $(\log_2 a)(\log_b 3) = 0$

$\log_b 3 \neq 0$ 이므로 $\log_2 a = 0 \Rightarrow a = 1$

(나) $\log_2 a + \log_b 3 = 2 \Rightarrow \log_b 3 = 2 \Rightarrow 3 = b^2$

$\Rightarrow b = \sqrt{3}$ $(\because b > 0)$

따라서 $a^2 + b^2 = 1 + 3 = 4$이다.

 ②

042

$n \geq 2$인 자연수 n에 대하여 $5\log_n 2$의 값이 자연수

$\log_n 2 \leq \log_2 2 = 1$이므로

$5\log_n 2 = m$ (m은 자연수)이 되려면 다음과 같이

5가지의 case로 분류할 수 있다.

① $\log_n 2 = \dfrac{1}{5} \Rightarrow 2 = n^{\frac{1}{5}} \Rightarrow 32 = n$

② $\log_n 2 = \dfrac{2}{5} \Rightarrow 2 = n^{\frac{2}{5}} \Rightarrow 2^{\frac{5}{2}} = n$

n은 자연수이어야 하므로 모순이다.

③ $\log_n 2 = \dfrac{3}{5} \Rightarrow 2 = n^{\frac{3}{5}} \Rightarrow 2^{\frac{5}{3}} = n$

n은 자연수이어야 하므로 모순이다.

④ $\log_n 2 = \dfrac{4}{5} \Rightarrow 2 = n^{\frac{4}{5}} \Rightarrow 2^{\frac{5}{4}} = n$

n은 자연수이어야 하므로 모순이다.

⑤ $\log_n 2 = \dfrac{5}{5} = 1 \Rightarrow 2 = n$

따라서 조건을 만족시키는 모든 n의 값의 합은 34이다.

 ①

043

a, $b > 1$

$\log_{\sqrt{3}} a = \log_9 ab = k$ 라 두면

$\log_{\sqrt{3}} a = k \Rightarrow a = (\sqrt{3})^k \Rightarrow a = 3^{\frac{k}{2}}$

$\log_9 ab = k \Rightarrow ab = 9^k \Rightarrow ab = 3^{2k}$

$\Rightarrow 3^{\frac{k}{2}} \times b = 3^{2k} \Rightarrow b = 3^{2k - \frac{k}{2}} = 3^{\frac{3k}{2}}$

따라서 $\log_a b = \log_{3^{\frac{k}{2}}} 3^{\frac{3k}{2}} = \dfrac{\frac{3k}{2}}{\frac{k}{2}} = \dfrac{6k}{2k} = 3$이다.

 ③

044

$n \geq 2$인 자연수 n에 대하여 $\log_n 4 \times \log_2 9$의 값이 자연수가 되도록 식을 설정해보자.

$\log_n 4 \times \log_2 9 = m$ (m은 자연수)

$\dfrac{2\log 2}{\log n} \times \dfrac{2\log 3}{\log 2} = \dfrac{4\log 3}{\log n} = 4\log_n 3 = m$

$n = 2$ 일 때, $4\log_2 3$ 은 자연수가 아니므로 모순이다.

$n \geq 3$일 때, $\log_n 3 \leq \log_3 3 = 1$ 이므로

$4\log_n 3 = m$ (m은 자연수)이 되려면 다음과 같이

4가지의 case로 분류할 수 있다.

① $\log_n 3 = \dfrac{1}{4} \Rightarrow 3 = n^{\frac{1}{4}} \Rightarrow 81 = n$

② $\log_n 3 = \dfrac{2}{4} = \dfrac{1}{2} \Rightarrow 3 = n^{\frac{1}{2}} \Rightarrow 9 = n$

③ $\log_n 3 = \dfrac{3}{4} \Rightarrow 3 = n^{\frac{3}{4}} \Rightarrow 3^{\frac{4}{3}} = n$

n은 자연수이어야 하므로 모순이다.

④ $\log_n 3 = \dfrac{4}{4} = 1 \Rightarrow 3 = n$

따라서 조건을 만족시키는 모든 n의 값의 합은 93이다.

 ①

$2^{\frac{1}{n}}=a,\ 2^{\frac{1}{n+1}}=b\ \Rightarrow\ \dfrac{1}{n}=\log_2 a,\ \ \dfrac{1}{n+1}=\log_2 b$

$$\left\{\dfrac{3^{\log_2 ab}}{3^{(\log_2 a)(\log_2 b)}}\right\}^5=\left\{\dfrac{3^{\log_2 a+\log_2 b}}{3^{(\log_2 a)(\log_2 b)}}\right\}^5=\left\{3^{\frac{\frac{1}{n}+\frac{1}{n+1}}{\frac{1}{n(n+1)}}}\right\}^5$$

$$=\left\{3^{\frac{1}{n}+\frac{1}{n+1}-\frac{1}{n(n+1)}}\right\}^5=\left\{3^{\frac{2}{n+1}}\right\}^5=3^{\frac{10}{n+1}}$$

$3^{\frac{10}{n+1}}$ 이 자연수가 되도록 하려면 $n+1$ 이 10의 약수이어야
한다.
따라서 조건을 만족시키는 $n=1,\ 4,\ 9$ 이므로 모든 n의
값의 합은 14이다.

답 ①

$\dfrac{1}{3}+\log\sqrt{a}=\dfrac{1}{3}+\dfrac{1}{2}\log a$의 값이 자연수가 되어야 한다.

$\dfrac{1}{2}<\log a<\dfrac{11}{2}\ \Rightarrow\ \dfrac{1}{4}<\dfrac{1}{2}\log a<\dfrac{11}{4}$

$\Rightarrow\ \dfrac{1}{3}+\dfrac{1}{4}<\dfrac{1}{3}+\dfrac{1}{2}\log a<\dfrac{1}{3}+\dfrac{11}{4}$

$\Rightarrow\ \dfrac{7}{12}<\dfrac{1}{3}+\dfrac{1}{2}\log a<\dfrac{37}{12}$

$\dfrac{1}{3}+\dfrac{1}{2}\log a$가 될 수 있는 값은 1, 2, 3뿐이다.

① $\dfrac{1}{3}+\dfrac{1}{2}\log a=1\ \Rightarrow\ \log a=\dfrac{4}{3}\ \Rightarrow\ a=10^{\frac{4}{3}}$

② $\dfrac{1}{3}+\dfrac{1}{2}\log a=2\ \Rightarrow\ \log a=\dfrac{10}{3}\ \Rightarrow\ a=10^{\frac{10}{3}}$

③ $\dfrac{1}{3}+\dfrac{1}{2}\log a=3\ \Rightarrow\ \log a=\dfrac{16}{3}\ \Rightarrow\ a=10^{\frac{16}{3}}$

따라서 모든 a의 값의 곱은
$10^{\frac{4}{3}}\times 10^{\frac{10}{3}}\times 10^{\frac{16}{3}}=10^{\frac{4}{3}+\frac{10}{3}+\frac{16}{3}}=10^{\frac{30}{3}}=10^{10}$이다.

답 ①

$\mathrm{P}(\log_5 3),\ \mathrm{Q}(\log_5 12)$
PQ를 $m:(1-m)$으로 내분하는 점의 좌표가 1이므로
$$\dfrac{(1-m)\mathrm{P}+m\mathrm{Q}}{1-m+m}=\dfrac{(1-m)\mathrm{P}+m\mathrm{Q}}{1}=1$$

$\Rightarrow\ (1-m)\log_5 3+m\log_5 12=1$

$\Rightarrow\ \log_5 3+m\left(-\log_5 3+\log_5 12\right)=1$

$\Rightarrow\ \log_5 3+m\log_5 4=1\ \Rightarrow\ m\log_5 4=1-\log_5 3$

$\Rightarrow\ m=\dfrac{\log_5\dfrac{5}{3}}{\log_5 4}=\log_4\dfrac{5}{3}$

따라서 $4^m=4^{\log_4\frac{5}{3}}=\dfrac{5}{3}$이다.

답 ④

$a,\ b,\ c,\ k>0$

$3^a=5^b=k^c=z$ 라 두면
$3=z^{\frac{1}{a}},\ 5=z^{\frac{1}{b}},\ k=z^{\frac{1}{c}}$

$\log c=\log(2ab)-\log(2a+b)$

$\Rightarrow\ \log c=\log\dfrac{2ab}{2a+b}\ \Rightarrow\ c=\dfrac{2ab}{2a+b}$

$\Rightarrow\ \dfrac{1}{c}=\dfrac{2a+b}{2ab}\ \Rightarrow\ \dfrac{1}{c}=\dfrac{1}{b}+\dfrac{1}{2a}$

$z^{\frac{1}{c}}=z^{\frac{1}{2a}+\frac{1}{b}}=z^{\frac{1}{2a}}\times z^{\frac{1}{b}}\ \Rightarrow\ k=\sqrt{3}\times 5=5\sqrt{3}$

따라서 $k^2=25\times 3=75$이다.

답 75

> **Tip**
>
> 놀랍게도 이 문제의 정답률이 9% 였다.
> $=k$ 을 쓰면 손쉽게 구할 수 있는 문제임에도 말이다.
> $a,\ b,\ c,\ d$가 아니라 $a,\ b,\ c,\ k$ 라는 문자를 쓴 것은
> $=k$ 테크닉을 쓸 때 약간의 당혹감을 주고자 하는
> 평가원의 의도로 보인다.
> 당황하지 말고 $=z$ 로 두면 된다.

049

두 양수 a, b ($a > b$)에 대하여

$9^a = 2^{\frac{1}{b}}$, $(a+b)^2 = \log_3 64$

$3^{2a} = 2^{\frac{1}{b}} \Rightarrow 3^{2ab} = 2 \Rightarrow 2ab = \log_3 2$

$(a+b)^2 = a^2 + b^2 + 2ab = \log_3 64$

a, $b > 0$이므로 $|a+b| = a+b = \sqrt{6\log_3 2}$

$(a+b)^2 = a^2 + b^2 + \log_3 2 = \log_3 64$

$\Rightarrow a^2 + b^2 = \log_3 32$

$(a-b)^2 = a^2 + b^2 - 2ab = \log_3 32 - \log_3 2 = \log_3 16$

$a > b$이므로 $|a-b| = a-b = \sqrt{4\log_3 2}$

따라서 $\dfrac{a-b}{a+b} = \sqrt{\dfrac{4\log_3 2}{6\log_3 2}} = \sqrt{\dfrac{2}{3}} = \dfrac{\sqrt{6}}{3}$ 이다.

 ④

050

$4\log_{2^6}\left(\dfrac{3}{4n+16}\right) = \dfrac{2}{3}\log_2\left(\dfrac{3}{4n+16}\right)$이 정수가 되려면

$\log_2\left(\dfrac{3}{4n+16}\right)$은 3의 배수이어야 한다.

즉, $\log_2\left(\dfrac{3}{4n+16}\right) = 3M$ (M은 정수)라 둘 수 있다.

$\log_2\left(\dfrac{3}{4n+16}\right) = 3M \Rightarrow \dfrac{3}{4n+16} = 2^{3M} \Rightarrow \dfrac{3}{2^{3M}} - 16 = 4n$

$\Rightarrow \dfrac{3}{2^{3M+2}} - 4 = n$

$1 \leq \dfrac{3}{2^{3M+2}} - 4 \leq 1000 \Rightarrow 5 \leq \dfrac{3}{2^{3M+2}} \leq 1004$

$\Rightarrow 5 \leq 3 \times 2^{-3M-2} \leq 1004$

를 만족하려면 가능한 $-3M-2$의 범위는

$1 \leq -3M-2 \leq 8 \Rightarrow 3 \leq -3M \leq 10 \Rightarrow -\dfrac{10}{3} \leq M \leq -1$

이므로 가능한 정수 M은 -3, -2, -1이다.

$M = -3 \Rightarrow n = 3 \times 2^7 - 4 = 380$
$M = -2 \Rightarrow n = 3 \times 2^4 - 4 = 44$
$M = -1 \Rightarrow n = 3 \times 2^1 - 4 = 2$

따라서 조건을 만족시키는 1000 이하의 모든 n의 값의 합은
$380 + 44 + 2 = 426$이다.

 426

051

$36 = 2^2 \times 3^2$이므로 36의 양의 약수는

1, 3, 3^2, 2, 2×3, 2×3^2, 2^2, $2^2 \times 3$, $2^2 \times 3^2$

$f(n)$는 자연수 n의 양의 약수의 개수이므로
$f(1)$, $f(3^2)$, $f(2^2)$, $f(2^2 \times 3^2)$는 홀수이고,
$f(3)$, $f(2)$, $f(2 \times 3)$, $f(2 \times 3^2)$, $f(2^2 \times 3)$은 짝수이다.

따라서

$\displaystyle\sum_{k=1}^{9}\left\{(-1)^{f(a_k)} \times \log a_k\right\}$

$= -\{\log 1 + \log 3^2 + \log 2^2 + \log(2^2 \times 3^2)\}$

$\quad + \{\log 3 + \log 2 + \log(2 \times 3) + \log(2 \times 3^2) + \log(2^2 \times 3)\}$

$= \log\dfrac{2^5 \times 3^5}{2^4 \times 3^4} = \log(2 \times 3) = \log 2 + \log 3$

이다.

 ①

> **Tip**
>
> $n = 9$이므로 당황하지 말고 침착하게 나열하자.

052

$\log_4 2n^2 - \log_4 \sqrt{n} = \log_4 \dfrac{2n^2}{\sqrt{n}} = m$ (m은 40 이하의 자연수)

$2n\sqrt{n} = 4^m \Rightarrow n^{\frac{3}{2}} = 2^{2m-1} \Rightarrow n = 2^{\frac{4m-2}{3}}$

n이 자연수가 되려면 $m = 2$, 5, 8, 11, $\cdots$ 이므로
$m = 3k - 1$ ($k = 1$, 2, $3 \cdots$)이다.
m은 40 이하이므로 $1 \leq k \leq 13$

m과 n은 일대일대응이므로
조건을 만족시키는 자연수 n의 개수는 13이다.

 13

53	21	**55**	30
54	①	**56**	25

053

$a,\ b>0$

$A=\left\{-1,\ \log_3\dfrac{a}{b}\right\},\ B=\left\{3,\ \log_3 a,\ \log_{\frac{1}{3}}\sqrt[3]{b^2}\right\}$

$A-B=\{2\}$이 되려면
$2\in A,\ -1\in B,\ 2\not\in B$ 이어야 한다.

$\log_3\dfrac{a}{b}=2 \Rightarrow \dfrac{a}{b}=9 \Rightarrow \dfrac{a}{9}=b$

$-1\in B$ 을 만족시키려면 두 가지 case가 가능하다.

① $\log_3 a=-1 \Rightarrow a=\dfrac{1}{3}$

$\dfrac{a}{9}=b$이므로 $b=\dfrac{1}{27}$이다.

$\log_{\frac{1}{3}}\sqrt[3]{b^2}=-\log_3 b^{\frac{2}{3}}=-\log_3(3^{-3})^{\frac{2}{3}}$
$=-\log_3 3^{-2}=2$

$2\in B$ 이므로 모순이다.

② $\log_{\frac{1}{3}}\sqrt[3]{b^2}=-1 \Rightarrow b^{\frac{2}{3}}=3 \Rightarrow b=3^{\frac{3}{2}}$

$\dfrac{a}{9}=3^{\frac{3}{2}} \Rightarrow a=3^{\frac{3}{2}}\times 3^2=3^{\frac{7}{2}}$

$B=\left\{3,\ \log_3 a,\ \log_{\frac{1}{3}}\sqrt[3]{b^2}\right\} \Rightarrow B=\left\{3,\ \dfrac{7}{2},\ -1\right\}$
조건을 만족한다.

따라서 $4(\log_3 a)(\log_3 b)=4\times\dfrac{7}{2}\times\dfrac{3}{2}=21$이다.

답 21

054

2 이상의 세 실수 $a,\ b,\ c$
(가) $\sqrt[3]{a}$는 ab의 네제곱근이다.
$(x=a$의 n 제곱근 $\Rightarrow x^n=a)$
$(\sqrt[3]{a})^4=ab \Rightarrow a^{\frac{4}{3}}=ab \Rightarrow a^{\frac{1}{3}}=b \Rightarrow a=b^3$

(나) $\log_a bc+\log_b ac=4$

$\log_{b^3}bc+\log_b b^3 c=\dfrac{1}{3}(\log_b bc)+\log_b b^3 c$

$=\dfrac{1}{3}+\dfrac{1}{3}\log_b c+3+\log_b c=\dfrac{10}{3}+\dfrac{4}{3}\log_b c=4$

$\Rightarrow \log_b c=\dfrac{1}{2} \Rightarrow c=b^{\frac{1}{2}}$

$a=\left(\dfrac{b}{c}\right)^k \Rightarrow b^3=\left(\dfrac{b}{b^{\frac{1}{2}}}\right)^k=\left(b^{\frac{1}{2}}\right)^k=b^{\frac{k}{2}} \Rightarrow 3=\dfrac{k}{2}$

$\Rightarrow k=6$

답 ①

055

$\log_2(-x^2+ax+4)=m(m$은 자연수$)$

$-x^2+ax+4=2^m$

$=y$를 붙여서 함수의 관점으로 생각해보면
$\log_2(-x^2+ax+4)$가 자연수가 되도록 하는 실수 x의
개수가 6이라는 것은
$y=-x^2+ax+4$와 $y=2^m(m$은 자연수$)$ 의 교점이
6개라는 것과 같다.

$y=-\left(x-\dfrac{a}{2}\right)^2+\dfrac{a^2}{4}+4$

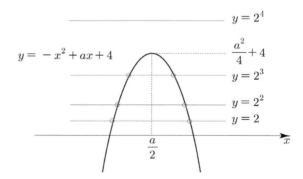

교점이 6개가 되려면 $2^3<\dfrac{a^2}{4}+4<2^4$이어야 한다.

$8 < \dfrac{a^2}{4} + 4 < 16 \Rightarrow 16 < a^2 < 48$을 만족시키는 자연수

a는 5, 6이므로 모든 자연수 a의 값의 곱은 30이다.

답 30

056

100 이하의 자연수 전체의 집합을 S, $n \in S$

$\{k \mid k \in S$이고 $\log_2 n - \log_2 k$는 정수$\}$

$\log_2 n - \log_2 k = m$ (m은 정수)

$\log_2 \dfrac{n}{k} = m \Rightarrow \dfrac{n}{k} = 2^m \Rightarrow \dfrac{n}{2^m} = k$

만약 $n = 10$이라고 가정해보자.

$\dfrac{10}{2^m} = k$이 자연수가 되려면 10의 양의 약수가 2^m이

되도록 하면 된다. 10의 약수 중 2^m (m은 정수)

을 만족시키는 약수는 1, 2이므로 $m = 0$, 1이다.

또한 $\dfrac{10}{2^m} \leq 100$이 되도록 하는 $m < 0$인 정수를

택하면 된다. $m = -1, -2, -3$

따라서 $f(10) = 5$이다.

마찬가지로 $n = 99$라고 가정해보자.

$\dfrac{99}{2^m} = k$이 자연수가 되려면 99의 양의 약수가 2^m이

되도록 하면 된다. 99의 약수 중 2^m (m은 정수)

을 만족시키는 약수는 1이므로 $m = 0$이다.

또한 $\dfrac{99}{2^m} \leq 100$이 되도록 하는 $m < 0$인 정수를

택하면 된다. 이는 존재하지 않는다.

따라서 $f(99) = 1$이다.

위의 예들을 통해 추론한 결과 $f(n) = 1$이 되도록 하려면

n의 약수 중 2^m (m은 정수)을 만족시키는 약수가 1뿐이어야

하고($m = 0$은 무조건 포함), $\dfrac{n}{2^m} \leq 100$이 되도록 하는

$m < 0$인 정수가 존재하지 않아야 한다.

n의 약수 중 2^m (m은 정수)을 만족시키는 약수가 1뿐이려면

n은 홀수이어야 한다. ··· 조건 ①

홀수 중에서 $\dfrac{n}{2^m} \leq 100$이 되도록 하는 $m < 0$인 정수가

존재하지 않는 것을 찾으면 된다. ··· 조건 ②

다시 말해 조건 ①, ②를 모두 만족시켜야한다.

만약 $n = 49$이면 $\dfrac{49}{2^m} \leq 100$을 만족시키는 음의 정수 m이

존재하므로 가능하지 않다. ($m = -1$)

따라서 n은 $51 \leq n \leq 99$인 홀수이다.

즉, $n = 51, 53, 55, 57, 59, 61, \cdots, 97, 99$이므로

25개다.

답 25

지수함수와 로그함수 | Guide step

1	(1) $y = -2(x+2)^2 + 3$ (2) $y = 2x + 10$ (3) $(x+2)^2 + (y-4)^2 = 2$
2	3
3	풀이 참고
4	풀이 참고
5	(2), (3)
6	풀이 참고
7	풀이 참고
8	(1) 최댓값은 7, 최솟값은 3 (2) 최댓값은 4, 최솟값은 1
9	풀이 참고
10	풀이 참고
11	(1) 최댓값은 4, 최솟값은 1 (2) 최댓값은 -1, 최솟값은 -2

개념 확인문제 1

x에 $x+2$를 대입하고 y에 $y-3$을 대입한다.

y축의 방향으로 a만큼 평행이동 : $y \rightarrow y-a$

$y-a = f(x)$보다는 $y = f(x) + a$와 같은 형태를 더 많이 쓴다.

(1) $y = -2x^2 \Rightarrow y = -2(x+2)^2 + 3$

(2) $y = 2x + 3 \Rightarrow y = 2(x+2) + 6 \Rightarrow y = 2x + 10$

(3) $x^2 + (y-1)^2 = 2 \Rightarrow (x+2)^2 + (y-4)^2 = 2$

답 (1) $y = -2(x+2)^2 + 3$ (2) $y = 2x + 10$
(3) $(x+2)^2 + (y-4)^2 = 2$

개념 확인문제 2

$2x - y + 1 = 0$을 원점에 대하여 대칭이동시키려면
$x \rightarrow -x,\ y \rightarrow -y$

$2x - y + 1 = 0 \Rightarrow -2x + y + 1 = 0$를 x축의 방향으로
2만큼 평행이동시키려면 $x \rightarrow x-2$
$-2x + y + 1 = 0 \Rightarrow -2(x-2) + y + 1 = 0$

직선 $y = 2(x-2) - 1 = 2x - 5$이
원 $(x-4)^2 + (y-a)^2 = 1$의 넓이를 이등분하려면

직선이 원의 중심을 지나면 된다.
원의 중심은 $(4,\ a)$이므로 직선의 식에 대입하면
$a = 8 - 5 = 3$이다.

답 3

개념 확인문제 3

(1) $y = |x| - 1$
① $y = x$를 기본함수로 두자.
② $y = |f(x)|$을 적용하면 $y = |x|$이다.

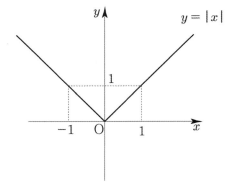

③ $y = |x|$의 그래프를 y축의 방향으로 -1만큼
평행이동하면 $y = |x| - 1$이다.

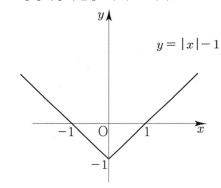

(2) $y = ||x| - 1|$
① $y = |x| - 1$를 기본함수로 두자.
② $y = |f(x)|$을 적용하면 $y = ||x| - 1|$이다.

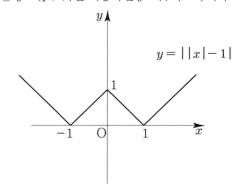

다르게 접근해도 된다.

① $y = |x-1|$을 기본함수로 두자.

② $x \rightarrow |x|$ (x가 양수인 부분을 y축 대칭) 하면
$y = ||x|-1|$이다.

(3) $|y-1| = x-1$

① $y = x-1$를 기본함수로 두자.

② $y \rightarrow |y|$ (y가 양수인 부분을 x축 대칭) 하면
$|y| = x-1$이다.

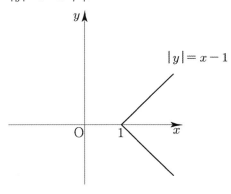

③ $|y| = x-1$의 그래프를 y축의 방향으로 1만큼
평행이동하면 $|y-1| = x-1$이다.

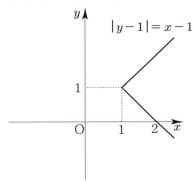

(4) $y = x^2 + |x| + 1$

① $y = x^2 + x + 1$을 기본함수로 두자.

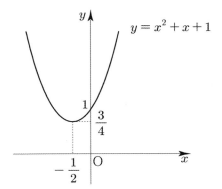

② $x \rightarrow |x|$ (x가 양수인 부분을 y축 대칭) 하면
$y = |x|^2 + |x| + 1$ 이 $|x|^2 = x^2$이므로
$y = x^2 + |x| + 1$이다.

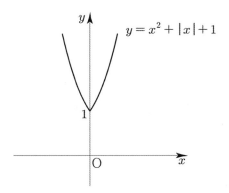

개념 확인문제 4

(1) $y = |x| + x$

$x \geq 0 \Rightarrow y = x + x = 2x$
$x < 0 \Rightarrow y = -x + x = 0$

$$f(x) = \begin{cases} 2x & (x \geq 0) \\ 0 & (x < 0) \end{cases}$$

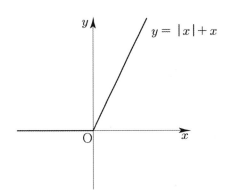

(2) $y = |x| + |x-1|$

절댓값이 걸려있는 식은 x, $x-1$ 이므로
$x \leq 0$인지 $0 < x \leq 1$인지 $1 < x$에 따라
case분류할 수 있다.

$x > 1 \Rightarrow y = x + x - 1 = 2x - 1$
$0 < x \leq 1 \Rightarrow y = x - (x-1) = 1$
$x \leq 0 \Rightarrow -x - (x-1) = -2x + 1$

$$f(x) = \begin{cases} 2x-1 & (x > 1) \\ 1 & (0 < x \leq 1) \\ -2x+1 & (x \leq 0) \end{cases}$$

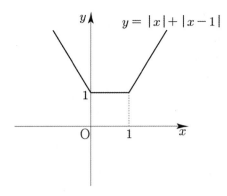

$y = |x| + |x - 1|$

개념 확인문제　5

(2), (3) 만 지수함수이다.
(1)은 다항함수, (4)는 유리함수이다.

답　(2),　(3)

개념 확인문제　6

(1) $y = 2^x$,　$y = 3^x$

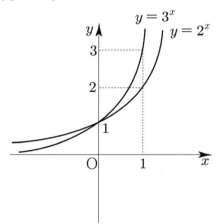

Tip 1

$(0,\ 1)$에서 교차됨에 유의하자.

Tip 2

한 좌표축 안에 지수함수를 여럿이 그릴 때는
$x = 1$을 대입하여 나오는 함숫값을 토대로
누가 위에 있고 아래에 있는지 판단할 수 있다.

(2) $y = \left(\dfrac{1}{2}\right)^x$,　$y = \left(\dfrac{1}{3}\right)^x$

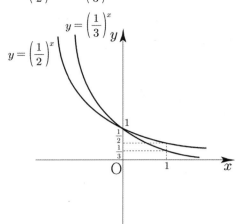

Tip

$(0,\ 1)$에서 교차됨에 유의하자.

개념 확인문제　7

(1) $y = 2^{x+1} - 3$

　① $y = 2^x$를 기본함수로 두자.

　② x축의 방향으로 -1만큼 y축의 방향으로 -3만큼
　　평행이동하면 $y = 2^{x+1} - 3$이다.

Tip

지수함수의 경우 x축 방향의 평행이동은 전체적인 그래프 개형에
영향을 주지 않으므로 y축 방향의 평행이동을 고려하면 된다.

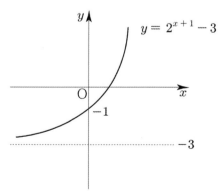

$y = 2^{x+1} - 3$

점근선 : $y = -3$

(2) $y = -3^{-x+1}$

　① $y = 3^{-x}$를 기본함수로 두자.

　② x축 방향으로 1만큼 평행이동하면
　　$y = 3^{-(x-1)} = 3^{-x+1}$ 이다.

③ x축에 대하여 대칭이동하면
$$y \rightarrow -y$$
$$y = f(x) \Rightarrow -y = f(x) \Rightarrow y = -f(x)$$
$y = -3^{-x+1}$이다.

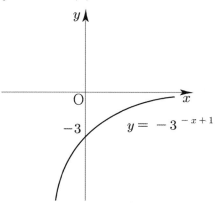

점근선 : $y = 0$

(3) $y = |2^x - 1|$

① $y = 2^x - 1$를 기본함수로 두자.
② $y = |f(x)|$을 적용하면 $y = |2^x - 1|$

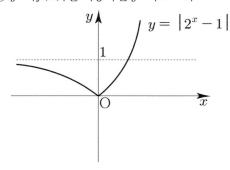

점근선 : $y = 1$
($x > 0$ 부분에서 $y = 1$과 교점이 생겨도 상관없다.
x의 값이 한없이 작아질 때, $y = |2^x - 1|$는 $y = 1$로
근접하므로 $y = 1$은 점근선이다.)

(4) $y = 2^{|x|}$

① $y = 2^x$를 기본함수로 두자.
② $x \rightarrow |x|$ (x가 양수인 부분을 y축 대칭) 하면
$y = 2^{|x|}$이다.

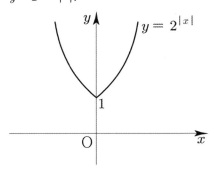

점근선은 존재하지 않는다.

(5) $y = \left(\dfrac{1}{2}\right)^{|x-1|} + 1$

① $y = \left(\dfrac{1}{2}\right)^x$을 기본함수로 두자.
② $x \rightarrow |x|$ (x가 양수인 부분을 y축 대칭) 하면
$y = \left(\dfrac{1}{2}\right)^{|x|}$이다.

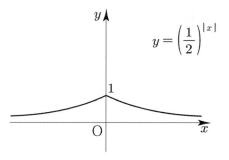

③ x축의 방향으로 1만큼, y축의 방향으로 1만큼 평행이동
하면 $y = \left(\dfrac{1}{2}\right)^{|x-1|} + 1$이다.

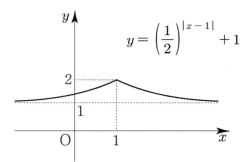

점근선 : $y = 1$

> **Tip**
>
> $y = \left(\dfrac{1}{2}\right)^{|x-1|}$의 그래프를 그릴 때,
> 많은 학생들이 실수하는 포인트는 다음과 같다.
>
> <실수하는 학생의 사고 과정>
>
> ① $y = \left(\dfrac{1}{2}\right)^x$을 기본함수로 두자.
>
> ② x축의 방향으로 1만큼 평행이동하면
> $y = \left(\dfrac{1}{2}\right)^{x-1}$이다.
>
> ③ $y = \left(\dfrac{1}{2}\right)^{|x-1|}$???
> 지수에 있는 $x - 1$에만 절댓값을 거는 행위는
> 배운 적이 없다. 만약 $y = \left(\dfrac{1}{2}\right)^{x-1}$에서

$x \rightarrow |x|$를 하면 $y = \left(\dfrac{1}{2}\right)^{|x|-1}$ 이 되지

$y = \left(\dfrac{1}{2}\right)^{|x-1|}$ 이 되지는 않는다.

따라서 우리가 배운 테두리 안에서 식을 설계해야한다.

개념 확인문제 8

(1) 정의역이 $\{x \mid 2 \le x \le 3\}$인 함수 $y = 2^x - 1$

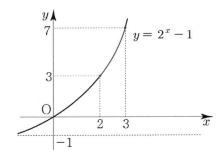

$x = 2$ 일 때, 최솟값은 $2^2 - 1 = 3$이다.

$x = 3$일 때, 최댓값은 $2^3 - 1 = 7$이다.

(2) 정의역이 $\{x \mid -1 \le x \le 1\}$인 함수 $y = -2^{x+1} + 5$

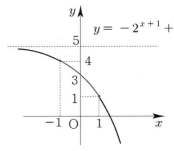

$x = 1$일 때, 최솟값은 $-2^2 + 5 = 1$이다.

$x = -1$일 때, 최댓값은 $-2^0 + 5 = 4$이다.

답 (1) 최댓값은 7, 최솟값은 3
(2) 최댓값은 4, 최솟값은 1

개념 확인문제 9

(1) $y = \log_2 x, \ y = \log_3 x$

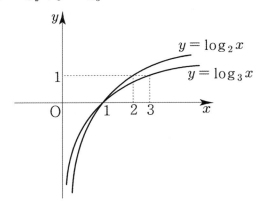

Tip 1

$(1, \ 0)$에서 교차됨에 유의하자.

Tip 2

한 좌표축 안에 로그함수를 여럿이 그릴 때는 $y = 1$의 그래프와 만나는 점의 x좌표를 토대로 누가 위에 있고 아래에 있는지 판단할 수 있다.

(2) $y = \log_{\frac{1}{2}} x, \ y = \log_{\frac{1}{3}} x$

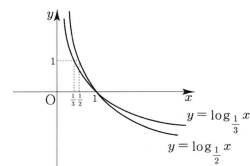

Tip

$(1, \ 0)$에서 교차됨에 유의하자.

(1) $y = \log_3(x+1) - 2$

   ① $y = \log_3 x$를 기본함수로 두자.

   ② x축의 방향으로 -1만큼 y축의 방향으로 -2만큼
     평행이동하면 $y = \log_3(x+1) - 2$이다.

Tip 1

로그함수를 그릴 때, 점근선부터 찾는 것이 좋다. 진수가 0이 되도록 하는 x값을 a라 했을 때, $x = a$가 점근선의 방정식이 된다.

Tip 2

로그함수의 경우 y축 방향의 평행이동은 전체적인 그래프 개형에 영향을 주지 않으므로 x축 방향의 평행이동을 고려하면 된다.

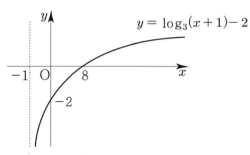

점근선 : $x = -1$

(2) $y = -\log_2(-x)$

   ① $y = \log_2 x$를 기본함수로 두자.

   ② $x \rightarrow -x$ (y축에 대하여 대칭)하면
     $y = \log_2(-x)$이다.

   ③ $y \rightarrow -y$ (x축에 대하여 대칭)하면
     $y = -\log_2(-x)$ 이다.

Tip

그래프가 익숙해지면 기본함수가
$y = -\log_2(-x)$가 되는 날이 온다.
익숙해질 때까지 많이 그려보자.

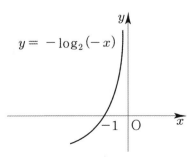

점근선 : $x = 0$

(3) $y = \log_{\frac{1}{2}}(-x-1)$

   ① $y = \log_{\frac{1}{2}} x$를 기본함수로 두자.

   ② $x \rightarrow -x$ (y축에 대하여 대칭)하면
     $y = \log_{\frac{1}{2}}(-x)$이다.

   ③ x축의 방향으로 -1만큼 평행이동하면
     $y = \log_{\frac{1}{2}}(-(x+1)) = \log_{\frac{1}{2}}(-x-1)$ 이다.

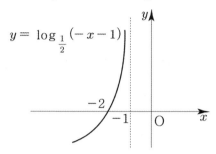

점근선 : $x = -1$

(4) $y = \log_2 |x|$

   ① $y = \log_2 x$을 기본함수로 두자.

   ② $x \rightarrow |x|$ (x가 양수인 부분을 y축 대칭) 하면
     $y = \log_2 |x|$이다.

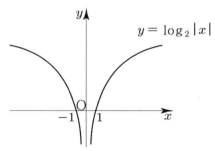

점근선 : $x = 0$

Tip

만약 $y = \log_2 x^2$의 그래프를 그리라고 했을 때,
$y = 2\log_2 x$ 가 아니라 $y = 2\log_2 |x|$ 임을 기억하자.
따라서 위와 같은 그래프형태가 그려진다.

---

(5) $y = |\log_2(x+1)|$

   ① $y = \log_2(x+1)$를 기본함수로 두자.

   ② $y = |f(x)|$를 적용하면 $y = |\log_2(x+1)|$이다.

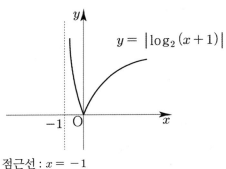

$$y = |\log_2 (x+1)|$$

점근선 : $x = -1$

개념 확인문제 **11**

(1) 정의역이 $\{x \mid 3 \le x \le 17\}$인 함수 $y = \log_2 (x-1)$

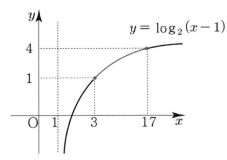

$$y = \log_2 (x-1)$$

$x = 3$일 때, 최솟값은 $\log_2 (3-1) = \log_2 2 = 1$이다.

$x = 17$일 때, 최댓값은 $\log_2 (17-1) = \log_2 16 = 4$이다.

(2) 정의역이 $\{x \mid 0 \le x \le 6\}$인 함수 $y = \log_{\frac{1}{3}} (x+3)$

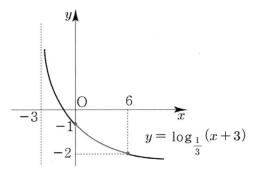

$$y = \log_{\frac{1}{3}} (x+3)$$

$x = 6$일 때, 최솟값은 $\log_{\frac{1}{3}} (6+3) = \log_{3^{-1}} 3^2 = -2$이다.

$x = 0$일 때, 최댓값은 $\log_{\frac{1}{3}} (0+3) = \log_{3^{-1}} 3 = -1$이다.

답 (1) 최댓값은 4, 최솟값은 1
(2) 최댓값은 -1, 최솟값은 -2

1	9	26	1
2	81	27	343
3	$\dfrac{1}{81}$	28	5
4	ㄱ, ㄴ, ㄷ, ㄹ, ㅅ	29	7
5	6	30	3
6	4	31	12
7	2	32	ㄱ, ㄷ, ㄹ, ㅂ
8	ㄹ, ㅁ	33	5
9	2	34	4
10	6	35	16
11	2	36	8
12	16	37	43
13	32	38	99
14	729	39	81
15	27	40	16
16	3	41	33
17	60	42	20
18	18	43	6
19	2	44	$A < C < B$
20	6	45	$b < a < a^b$
21	11	46	ㄱ, ㄴ
22	2	47	$A < B < C$
23	4	48	4
24	3	49	3
25	14	50	72

001

$y = a \times 2^{x-1}$ 가 $(2,\ 8)$, $(b,\ 64)$를 지나므로
두 점을 대입하면
$8 = 2a \implies a = 4$
$64 = 4 \times 2^{b-1} \implies 16 = 2^4 = 2^{b-1} \implies b = 5$
따라서 $a + b = 9$이다.

답 9

$f(x) = 3^{ax+b}$에서 $f(1) = 9$, $f(3) = 27$이므로

$f(1) = 3^{a+b} = 3^2 \Rightarrow a+b = 2$

$f(3) = 3^{3a+b} = 3^3 \Rightarrow 3a+b = 3$

$a+b = 2$, $3a+b = 3$ 을 연립하면 $a = \dfrac{1}{2}$, $b = \dfrac{3}{2}$ 이다.

$f(x) = 3^{\frac{1}{2}x + \frac{3}{2}}$

따라서 $f(a+3b) = f(5) = 3^{\frac{5}{2} + \frac{3}{2}} = 3^4 = 81$이다.

 81

$A(-2, 9)$, $B(b, k)$, $C(0, c)$라 하자.

$2\overline{AC} = \overline{CB}$ 라는 말은

선분 AB를 $1:2$로 내분하는 점이 C라는 뜻이다

$\dfrac{2 \times A + 1 \times B}{2+1} = \dfrac{2A+B}{3} = C$이므로

x좌표를 계산하면

$\dfrac{2A+B}{3} = \dfrac{2(-2)+b}{3} = 0 \Rightarrow -4+b = 0 \Rightarrow b = 4$

점 B가 함수 $y = \left(\dfrac{1}{3}\right)^x$ 위의 점이므로

$k = \left(\dfrac{1}{3}\right)^4 = \dfrac{1}{81}$ 이다.

 $\dfrac{1}{81}$

Tip

내분점을 구하는 것이 낯설었다면
아래강의를 참고하도록 하자.

내분점과 외분점 강의 (19분)

https://youtu.be/kAYtpoXFh24

$g(x) = 2^{-f(x)}$ 의 그래프를 그리면 다음과 같다.

$g(x) = \begin{cases} 2^{-x} & (x \geq 0) \\ 2^x & (x < 0) \end{cases}$

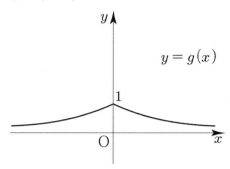

$y = g(x)$

ㄱ. 함수 $y = g(x)$의 그래프는 모든 실수 x에 대하여
$g(-x) = g(x)$이므로 y축에 대하여 대칭이다.
따라서 ㄱ은 참이다.

ㄴ. 모든 실수 x에 대하여 $g(x) \leq g(0)$는
함수 $y = g(x)$가 $x = 0$에서 최댓값을 갖는지 물어보는
것과 같다. 최댓값 $g(0) = 1$을 가지므로
따라서 ㄴ은 참이다.

ㄷ. x축을 점근선으로 가지므로 ㄷ은 참이다.

ㄹ. 치역은 $\{y \mid 0 < y \leq 1\}$이므로 ㄹ은 참이다.

ㅁ. $0 < x < 1$ 일 때, x값이 증가하면 y의 값은 감소하므로
ㅁ은 거짓이다.

ㅂ. $g(x_1) = g(x_2)$이면 $x_1 = x_2$ 또는 이것의 대우인
$x_1 \neq x_2$이면 $g(x_1) \neq g(x_2)$는
함수 $g(x)$가 일대일 함수인지 물어보는 것과 같다.
$y = k$ (가로선)을 그었을 때, $g(x)$와 2개 이상 만나는
점이 존재함으로 $g(x)$는 일대일함수가 아니다.
따라서 ㅂ은 거짓이다.

ㅅ. $\dfrac{1}{k+1} = a$라 하면 $k > 0$이면 $0 < a < 1$이므로
방정식 $g(x) = a$은 항상 서로 다른 2개의 실근을
갖는다. 따라서 ㅅ은 참이다.

답 ㄱ, ㄴ, ㄷ, ㄹ, ㅅ

005

$y = 5^{-x}$ 의 그래프를 x축의 방향으로 2만큼,
y축의 방향으로 3만큼 평행이동
$x \to x - 2, \ y \to y - 3$

$y = 5^{-(x-2)} + 3 = 5^{-x+2} + 3$

y축에 대하여 대칭이동
$x \to -x$

$y = 5^{-(-x)+2} + 3 = 5^{x+2} + 3 = 5^{ax+b} + c$
$a = 1, \ b = 2, \ c = 3$

따라서 $a + b + c = 1 + 2 + 3 = 6$이다.

 6

006

$y = 3^{3x}$ 의 그래프를 x축의 방향으로 m만큼,
y축의 방향으로 n만큼 평행이동
$x \to x - m, \ y \to y - n$

$y = 3^{3(x-m)} + n = 3^{-3m} \times 3^{3x} + n$
$m = -1, \ n = 5$
따라서 $m + n = 4$이다.

 4

007

$y = a^x$ 의 그래프를 y축에 대하여 대칭이동
$x \to -x$

$y = a^{-x}$

x축의 방향으로 5만큼, y축의 방향으로 4만큼 평행이동
$x \to x - 5, \ y \to y - 4$

$y = a^{-(x-5)} + 4 = a^{-x+5} + 4$ 가 $(3, \ 8)$을 지나므로

$8 = a^{-3+5} + 4 \Rightarrow 4 = a^2 \Rightarrow a = 2 \ (\because \ a > 0)$

답 2

008

$f(x) = 3^{2x-1} + 1$의 그래프를 그리면 다음과 같다.

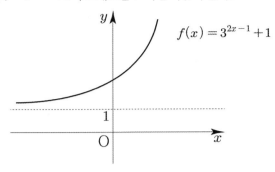

ㄱ. 치역은 $\{y \mid y > 1\}$이므로 ㄱ은 거짓이다.

ㄴ. $x_1 < x_2$이면 $f(x_1) > f(x_2)$는 감소함수라는 말이므로
    ㄴ은 거짓이다.

ㄷ. $y = 9^x$ 의 그래프를 x축의 방향으로 1만큼,
    y축의 방향으로 1만큼 평행이동
    $x \to x - 1, \ y \to y - 1$

    $y = 9^{x-1} + 1 = (3^2)^{x-1} + 1 = 3^{2x-2} + 1$
    이므로 ㄷ은 거짓이다.

ㄹ. 일대일함수이므로 ㄹ은 참이다.

ㅁ. $y = 1$을 점근선으로 가지므로 ㅁ은 참이다.

답 ㄹ, ㅁ

009

$y = 2^{2x+a} + b$의 그래프를 원점에 대하여 대칭이동
$x \to -x, \ y \to -y$

$-y = 2^{-2x+a} + b \Rightarrow y = -2^{-2x+a} - b$
따라서 $f(x) = -2^{-2x+a} - b$이다.
($y = 2^{2x+a} + b$가 $y = f(x)$가 아니다. 문제를 잘 읽자 !)

그림과 같이 $y = f(x)$는 $y = -1$에서 점근선을 가지므로
$b = 1$이다.
또한 $f(x) = -2^{-2x+a} - 1$이 점 $(-1, \ -9)$을 지나므로
$-9 = -2^{2+a} - 1 \Rightarrow 8 = 2^{2+a} \Rightarrow a = 1$

따라서 $a + b = 1 + 1 = 2$이다.

답 2

010

$y = 27\left(\dfrac{1}{3}\right)^x = 3^3 \times \left(\dfrac{1}{3}\right)^x = \left(\dfrac{1}{3}\right)^{-3} \times \left(\dfrac{1}{3}\right)^x = \left(\dfrac{1}{3}\right)^{x-3}$

두 함수 $y = \left(\dfrac{1}{3}\right)^x$, $y = \left(\dfrac{1}{3}\right)^{x-3}$ 의 그래프와 두 직선

$y = 1$, $y = 3$ 으로 둘러싸인 부분을 나타내면 다음과 같다.

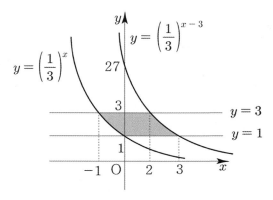

두 그래프는 x축 방향으로 평행이동한 관계이기 때문에
아래 색칠한 영역의 넓이가 서로 같으므로

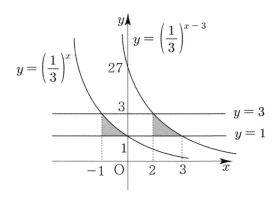

결국 직사각형의 넓이를 구하는 것과 동일하다.

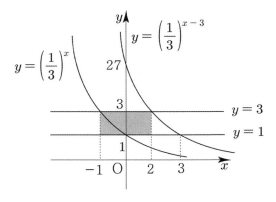

따라서 둘러싸인 부분의 넓이는 $3 \times 2 = 6$이다.

답 6

011

닫힌구간 $[-3, -1]$에서 함수 $f(x) = \left(\dfrac{1}{2}\right)^x - 4$

$y = \left(\dfrac{1}{2}\right)^x - 4$는 감소함수이므로

$x = -3$일 때, 최댓값 $\left(\dfrac{1}{2}\right)^{-3} - 4 = 8 - 4 = 4$이다.

$x = -1$일 때, 최솟값 $\left(\dfrac{1}{2}\right)^{-1} - 4 = 2 - 4 = -2$이다.

따라서 $M + m = 2$이다.

답 2

012

$0 < a < 1$인 실수 a에 대하여 $f(x) = a^x$은

닫힌구간 $[-3, 2]$에서 최솟값 $\dfrac{1}{4}$, 최댓값 M

$f(x)$는 감소함수이므로

$x = -3$일 때, 최댓값 $a^{-3} = M$이다.

$x = 2$일 때, 최솟값 $a^2 = \dfrac{1}{4} \Rightarrow a = \dfrac{1}{2}$ $(0 < a < 1)$이다.

따라서 $M = 8$이므로 $\dfrac{M}{a} = \dfrac{8}{\frac{1}{2}} = 16$이다.

답 16

013

$a > 0$이고 닫힌구간 $[-2, 1]$에서

함수 $f(x) = \left(\dfrac{4}{a}\right)^{x+1}$의 최댓값이 4

$\dfrac{4}{a}$의 값의 범위에 따라 case분류할 수 있다.

① $0 < \dfrac{4}{a} < 1 \Rightarrow a > 4$

$f(x)$는 감소함수이므로

$x = -2$일 때, 최댓값 $\left(\dfrac{4}{a}\right)^{-2+1} = \dfrac{a}{4} = 4$이다.

따라서 $a = 16$이다.

② $\dfrac{4}{a} > 1 \Rightarrow 0 < a < 4$

$f(x)$는 증가함수이므로

$x = 1$일 때, 최댓값 $\left(\dfrac{4}{a}\right)^{1+1} = \dfrac{16}{a^2} = 4$이다.

따라서 $a = 2\,(0 < a < 4)$ 이다.

따라서 조건을 만족시키는 모든 양수 a의 값의 곱은 32이다.

답 32

014

$-3 \le x \le 2$에서 함수 $y = 3^{x^2 - 2x - 4}$의 최댓값과 최솟값

$x^2 - 2x - 4 = t$라 치환하자. (치환하면 범위조심!)

$-3 \le x \le 2$에서 t의 범위를 구하면 $-5 \le t \le 11$

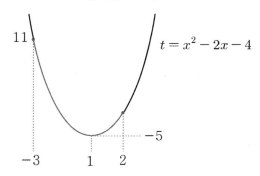

Tip

$x^2 - 2x - 4$의 그래프를 그리지 않고

$x = -3$일 때 최대이고 $x = 2$일 때 최소라고 함부로

판단해서는 안 된다.

위 그림처럼 $-3 \le x \le 2$에서 $x^2 - 2x - 4$는

$x = -3$에서 최댓값 11을 갖고

$x = 1$에서 최솟값 -5를 갖는다.

따라서 $-5 \le t \le 11$이다.

$-5 \le t \le 11$이므로 $y = 3^t$의 최댓값과 최솟값을 구하면

$y = 3^t$는 증가함수이므로

$t = -5$일 때, 최솟값 3^{-5}이다.

$t = 11$일 때, 최댓값 3^{11}이다.

따라서 최댓값과 최솟값의 곱은 $3^6 = 729$이다.

답 729

015

$f(x) = 3^{x^2} \times \left(\dfrac{1}{9}\right)^{x-2} = 3^{x^2} \times (3^{-2})^{x-2} = 3^{x^2 - 2x + 4}$

$x^2 - 2x + 4 = t$라 치환하자. (치환하면 범위조심!)

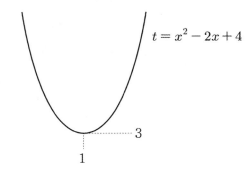

$t \ge 3$ 이므로 $y = 3^t$의 최솟값을 구하면

$y = 3^t$는 증가함수이므로

$t = 3$일 때, 최솟값 $3^3 = 27$이다.

답 27

016

두 곡선 $y = 3^{x+m}$, $y = 3^{-x}$이 y축과 만나는 점을

각각 A, B라 하면 $\text{A}(0,\ 3^m)$, $\text{B}(0,\ 1)$이다.

$\overline{\text{AB}} = 26$이므로 $\left|3^m - 1\right| = 26$이다.

① $3^m - 1 = 26 \Rightarrow 3^m = 27 \Rightarrow m = 3$

② $3^m - 1 = -26 \Rightarrow 3^m = -25$

$3^m > 0$ 이므로 모순이다.

따라서 $m = 3$이다.

답 3

Tip

비록 이 문제에서는 ②번 case가 모순이지만 길이를 계산할

때는 반드시 절댓값을 해줘야 한다는 것을 잊지 말자.

또한 점과 점 사이 공식을 사용하면 자연스럽게 절댓값이 붙는 것을 확인할 수 있다.

$$\sqrt{(0-0)^2+(3^m-1)^2}=|3^m-1| \ \left(\because \ \sqrt{a^2}=|a|\right)$$

$$3^t=9^{t-1} \Rightarrow 3^t=3^{2t-2} \Rightarrow t=2t-2 \Rightarrow t=2$$

따라서 $\overline{\mathrm{AB}}=18$, $\overline{\mathrm{OC}}=2$이므로 삼각형 AOB의 넓이는

$$\frac{1}{2}\times\overline{\mathrm{AB}}\times\overline{\mathrm{OC}}=\frac{1}{2}\times18\times2=18$$이다.

답 18

017

$\mathrm{A}\left(k,\ a^{-k}\right),\ \mathrm{B}\left(k+2,\ a^{-k-2}\right)$

선분 AB가 한 변의 길이가 2인 정사각형의 대각선이므로 높이는 2이다.

$$a^{-k}-a^{-k-2}=2 \Rightarrow a^{-k-2}(a^2-1)=2 \Rightarrow \frac{a^2-1}{2a^2}=a^k$$

$$k=\log_a5-2\log_a3-\log_a2 \Rightarrow k=\log_a\frac{5}{18} \Rightarrow a^k=\frac{5}{18}$$

이므로 $\dfrac{a^2-1}{2a^2}=\dfrac{5}{18} \Rightarrow 18a^2-18=10a^2 \Rightarrow a^2=\dfrac{9}{4}$

$$\Rightarrow a=\frac{3}{2} \ (\because \ a>1)$$

따라서 $40a=40\times\dfrac{3}{2}=60$이다.

답 60

018

두 곡선 $y=3^x$, $y=-9^{x-1}$이 y축과 평행한 직선과 만나는 서로 다른 두 점을 각각 A, B
점 A에서 x축에 내린 수선의 발을 C라 하자.

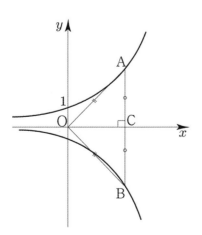

$\overline{\mathrm{OA}}=\overline{\mathrm{OB}}$이면 $\overline{\mathrm{AC}}=\overline{\mathrm{BC}}$이므로 점 $\mathrm{C}\left(t,\ 0\right)$라 하면
$\overline{\mathrm{AC}}=3^t$, $\overline{\mathrm{BC}}=9^{t-1}$

019

두 곡선 $y=3^x$, $y=-3^x+6$가 y축과 만나는 서로 다른 두 점을 각각 A(0, 1), B(0, 5)

$3^x=-3^x+6 \Rightarrow 2\times3^x=6 \Rightarrow x=1$이므로 두 곡선의 교점은 C(1, 3)이다.

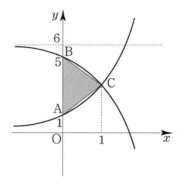

따라서 삼각형 ABC의 넓이는 $\dfrac{1}{2}\times4\times1=2$이다.

답 2

Tip

$y=f(x)$의 그래프를 $y=a$에 대하여 대칭하면
$y=2a-f(x)$ 이다. (Guide step 참고)
$f(x)=3^x$ 라 하고 $g(x)=-3^x+6$라 하면
$g(x)=6-f(x)$이므로
$f(x)$, $g(x)$는 $y=3$에 대하여 대칭이다.

020

두 곡선 $y=\left(\frac{1}{2}\right)^x$, $y=\left(\frac{1}{4}\right)^x$가 $y=2$와 만나는 서로
다른 두 점을 각각 A, B라 하고, $y=8$과 만나는 서로
다른 두 점을 각각 C, D라 하자.

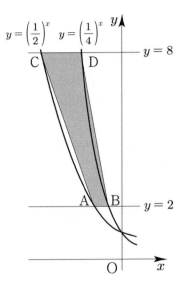

A$(-1,\ 2)$, B$\left(-\frac{1}{2},\ 2\right)$, C$(-3,\ 8)$, D$\left(-\frac{3}{2},\ 8\right)$ 이므로

$\overline{AB}=\frac{1}{2}$, $\overline{CD}=\frac{3}{2}$ 이다.

따라서 사각형 ABDC의 넓이는 $\frac{1}{2}\times\left(\frac{1}{2}+\frac{3}{2}\right)\times 6=6$이다.

답 6

$y=\log_3(x-2)+3$의 그래프가 $(a,\ 5)$를 지나므로
$5=\log_3(a-2)+3 \Rightarrow 2=\log_3(a-2) \Rightarrow a-2=9$
따라서 $a=11$이다.

답 11

좌표평면에서 두 곡선 $y=\log_3 x$, $y=\log_9 x$가 직선
$x=81$과 만나는 점을 각각 A, B라 하자.

A$(81,\ 4)$, B$(81,\ 2)$이므로
두 점 A, B 사이의 거리는 2이다.

답 2

함수 $f(x)=2^{x+a}+b$의 역함수인 $g(x)$를 구해보자.
$y \rightarrow x,\ x \rightarrow y$

$x=2^{y+a}+b \Rightarrow x-b=2^{y+a} \Rightarrow \log_2(x-b)=y+a$
따라서 $g(x)=\log_2(x-b)-a$이다.

함수 $y=g(x)$의 그래프는 점 $(7,\ 1)$를 지나므로
$\log_2(7-b)-a=1$

점근선이 직선 $x=3$이므로
$b=3$

$\log_2(7-3)-a=1 \Rightarrow a=1$
따라서 $a+b=4$이다.

답 4

$0<a<1$인 상수 a에 대하여 함수 $y=\log_a x$이 x축,
직선 $y=-2$와 만나는 점을 각각 A, B라 하고,
점 B에서 x축과 y축에 내린 수선의 발을 각각 C, D라 하자.

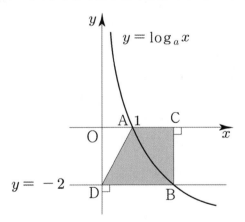

A$(1,\ 0)$, C$(a^{-2},\ 0)$, B$(a^{-2},\ -2)$, D$(0,\ -2)$이므로
$\overline{AC}=a^{-2}-1$, $\overline{DB}=a^{-2}$, $\overline{BC}=2$이다.

사각형 ACBD의 넓이는 17로 주어져 있으므로
$\frac{1}{2}\times(\overline{AC}+\overline{DB})\times\overline{BC}=\frac{1}{2}\times(2a^{-2}-1)\times 2=2a^{-2}-1=17$

$\Rightarrow \frac{2}{a^2}=18 \Rightarrow \frac{1}{a}=3$ ($\because\ 0<a<1$)

답 3

025

함수 $f(x) = \log_2(ax+b)$의 역함수를 $g(x)$

$y \rightarrow x, \ x \rightarrow y$

$x = \log_2(ay+b) \Rightarrow ay+b = 2^x \Rightarrow y = \dfrac{1}{a} \times 2^x - \dfrac{b}{a}$

함수 $y = g(x)$의 그래프는 점 $(4, \ 2)$를 지나므로

$2 = \dfrac{16}{a} - \dfrac{b}{a} \Rightarrow 2a = 16 - b \ (a \neq 0)$

점근선이 직선 $y = -6$이므로

$-\dfrac{b}{a} = -6 \Rightarrow b = 6a$

$2a = 16 - b, \ b = 6a \Rightarrow 8a = 16 \Rightarrow a = 2, \ b = 12$
따라서 $a + b = 14$ 이다.

답 14

역함수의 성질을 이용해서 풀어보자.
$g(x)$가 점 $(4, \ 2)$를 지나면 역함수인 $f(x)$는 점 $(2, \ 4)$를
지나고 $g(x)$가 $y = -6$을 점근선으로 가지면 역함수인
$f(x)$는 $x = -6$을 점근선으로 가진다.
$y = \log_2(ax+b)$ 에서 점근선이 $x = -6$이므로
$-6a + b = 0 \Rightarrow b = 6a$이고 함수가 점 $(2, \ 4)$를 지나므로
$4 = \log_2(2a+6a) \Rightarrow 8a = 16 \Rightarrow a = 2, \ b = 12$

026

점 A가 $y = \log_2(-x)$ 위에 있으므로
$A(t, \ \log_2(-t))$라 둘 수 있다.
점 $B(4, \ 0)$에 대하여 선분 AB를 $2:1$로 내분하는 점 C가
y축 위에 있으므로 점 $C(0, \ k)$ 이다.

$\dfrac{1 \times A + 2 \times B}{3} = \dfrac{A + 2B}{3} = C$이므로

점 A의 x좌표부터 구하면

$\dfrac{t+8}{3} = 0 \Rightarrow t = -8$

따라서 $A(-8, \ 3)$이므로 점 C의 y좌표를 구하면

$\dfrac{3+0}{3} = 1$이다.

답 1

027

그림과 같이 두 점 B, C가 x축 위에 있고, 점 D가
함수 $y = \log_3 x$의 그래프 위의 점이고, 한 변의 길이가
2인 정사각형 ABCD가 있다.
선분 AB가 함수 $y = \log_3 x$의 그래프와 만나는 점을 E라
하고, 함수 $y = \log_3 x$와 x축이 만나는 점을 F라 하자.

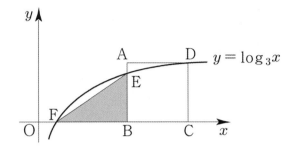

정사각형 ABCD의 한 변의 길이는 2이므로
$\overline{CD} = 2 \Rightarrow D(9, \ 2)$
$\overline{BC} = 2 \Rightarrow B(7, \ 0), \ E(7, \ \log_3 7)$
$F(1, \ 0)$이므로 $\overline{BF} = 6, \ \overline{BE} = \log_3 7$

삼각형 BEF의 넓이는
$\dfrac{1}{2} \times \overline{BF} \times \overline{BE} = \dfrac{1}{2} \times 6 \times \log_3 7 = 3\log_3 7 = \log_3 7^3$이다.

따라서 $k = \log_3 343$이고 $3^k = 3^{\log_3 343} = 343$이다.

답 343

028

$y = \log_3(x-2) + 3$의 그래프를 x축의 방향으로 a만큼,
y축의 방향으로 b만큼 평행이동
$x \rightarrow x-a, \ y \rightarrow y-b$

$y = \log_3(x-a-2) + 3 + b$
$y = \log_3(3x-27) = \log_3 3(x-9) = \log_3(x-9) + 1$

따라서 $a = 7, \ b = -2$이므로 $a + b = 5$이다.

답 5

029

$y = \log_{\frac{1}{2}} x$의 그래프를 x축의 방향으로 a만큼,

y축의 방향으로 b만큼 평행이동

$x \rightarrow x-a, \ y \rightarrow y-b$

$y = \log_{\frac{1}{2}}(x-a)+b$ 가 $(3, \ b-2), \ (7, \ 5)$를 지나므로

$b-2 = \log_{\frac{1}{2}}(3-a)+b \Rightarrow -2 = -\log_2(3-a)$

$\Rightarrow 3-a = 4 \Rightarrow a = -1$

$5 = \log_{\frac{1}{2}}(7+1)+b \Rightarrow 5 = -\log_2 8 + b \Rightarrow 8 = b$

따라서 $a+b = 7$이다.

답   7

030

$f(x) = \log_5(2a-x)+b$ 의 그래프의 점근선이

$x = -a^2-1$이므로

$2a = -a^2-1 \Rightarrow a^2+2a+1 = 0 \Rightarrow (a+1)^2 = 0$

$\Rightarrow a = -1$

$f(x) = \log_5(-2-x)+b$

$f(-7) = 5$ 이므로 $5 = \log_5 5 + b \Rightarrow b = 4$

따라서 $a+b = 3$이다.

답   3

031

$y = \log_2\left(1-\dfrac{x}{16}\right)$의 그래프는

함수 $y = \log_2(-x)$ 를 x 축의 방향으로 m 만큼,

y축의 방향으로 n만큼 평행이동시켜 구할 수 있다.

$x \rightarrow x-m, \ y \rightarrow y-n$

$y = \log_2(-(x-m))+n \Rightarrow y = \log_2(-x+m)+n$

$y = \log_2\left(1-\dfrac{x}{16}\right) = \log_2\left(\dfrac{16-x}{16}\right) = \log_2(16-x)-4$

이므로 $m = 16, \ n = -4$이다.

$y = \log_2\left(1-\dfrac{x}{16}\right)$의 그래프는

함수 $y = \log_2 x$ 를 $x = a$ 에 대하여 대칭시키고

y축의 방향으로 n 만큼 평행이동시켜 구할 수 있다.

$x \rightarrow 2a-x, \ y \rightarrow y-n$

$y = \log_2(2a-x)+n$

$y = \log_2\left(1-\dfrac{x}{16}\right) = \log_2\left(\dfrac{16-x}{16}\right) = \log_2(16-x)-4$

이므로 $a = 8, \ n = -4$이다.

따라서 $m-n-a = 16+4-8 = 12$이다.

답   12

032

$y = \log_2 4x$의 그래프를 평행이동 또는 대칭이동하여

겹쳐지는 함수의 그래프를 고르시오.

$y = \log_2 4x = \log_2 x + 2$

편의상 $f(x) = \log_2 x + 2$라 하자.

ㄱ. $y = \log_2 x + 5$는 $y = f(x)$를 y축의 방향으로 3만큼

평행이동하여 구할 수 있다. 따라서 ㄱ은 참이다.

ㄴ. $y = -2\log_2 x + 5$는 $y = f(x)$를

평행이동 또는 대칭이동하여 구할 수 없다.

따라서 ㄴ은 거짓이다.

ㄷ. $y = \log_{\frac{1}{2}} 4x - 1 = -\log_2 4x - 1 = -\log_2 x - 3$는

$y = f(x)$ 를 y축 방향으로 1만큼 평행이동시킨 후

$y = \log_2 x + 3$

x축에 대하여 대칭이동시켜서 구할 수 있다.

$y = -(\log_2 x + 3) = -\log_2 x - 3$

따라서 ㄷ은 참이다.

ㄹ. $y = -\log_2 5x + 3 = -(\log_2 5 + \log_2 x) + 3$

$= -\log_2 x - \log_2 5 + 3$

은 $y = f(x)$를 y축의 방향으로 $\log_2 5 - 5$만큼

평행이동시킨 후

$y = \log_2 x + \log_2 5 - 3$

x축에 대하여 대칭이동시켜서 구할 수 있다.

$y = -(\log_2 x + \log_2 5 - 3) = -\log_2 x - \log_2 5 + 3$

따라서 ㄹ은 참이다.

ㅁ. $y = \log_4 x^2 = \log_{2^2} x^2 = \log_2 |x|$이므로

$y = f(x)$를 평행이동 또는 대칭이동하여 구할 수 없다.

따라서 ㅁ은 거짓이다.

ㅂ. $y = \log_2 \frac{4}{x} = 2 - \log_2 x$ 는

$y = f(x)$ 를 x축에 대하여 대칭이동시킨 후

$y = -\log_2 x - 2$

y축의 방향으로 4만큼 평행이동시켜 구할 수 있다.

$y = -\log_2 x - 2 + 4 = 2 - \log_2 x$

따라서 ㅂ은 참이다.

답 ㄱ, ㄷ, ㄹ, ㅂ

033

정의역이 $\{x \mid 1 \leq x \leq 4\}$ 인
함수 $y = 2 + \log_5(x^2 - 4x + 5)$ 의 최댓값, 최솟값

지수함수와 마찬가지로 접근하면 된다.
$x^2 - 4x + 5 = t$ 라 치환하자. (치환하면 범위조심!)

$1 \leq x \leq 4$ 에서 t의 범위를 구하면 $1 \leq t \leq 5$ 이다.

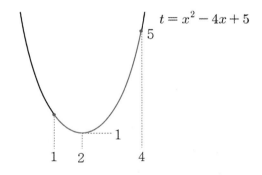

$1 \leq t \leq 5$ 에서 $y = 2 + \log_5 t$ 의 최댓값과 최솟값을 구하면
$y = 2 + \log_5 t$ 는 증가함수이므로

$t = 1$일 때, 최솟값 $2 + \log_5 1 = 2$ 이다.
$t = 5$일 때, 최댓값 $2 + \log_5 5 = 3$ 이다.

따라서 $M + m = 5$ 이다.

답 5

034

정의역이 $\left\{x \mid -\frac{3}{2} \leq x \leq 2\right\}$ 인 함수 $y = \log_{\frac{1}{2}}(x+a) + 3$
의 최솟값이 1

$y = \log_{\frac{1}{2}}(x+a) + 3$ 는 감소함수이므로

$x = 2$일 때, 최솟값 $\log_{\frac{1}{2}}(2+a) + 3 = 1$ 을 갖는다.

$\log_{\frac{1}{2}}(2+a) = -2 \Rightarrow -\log_2(2+a) = -2 \Rightarrow a = 2$

따라서 $y = \log_{\frac{1}{2}}(x+2) + 3$ 는 $x = -\frac{3}{2}$ 일 때,

최댓값 $\log_{\frac{1}{2}}\left(-\frac{3}{2}+2\right) + 3 = \log_{\frac{1}{2}}\frac{1}{2} + 3 = 4$ 이다.

답 4

035

$f(x) = 10 - x^2, \ g(x) = \log_{\frac{1}{3}} x$

$\left\{x \mid \frac{1}{3} \leq x \leq 9\right\}$ 인 함수 $h(x) = (f \circ g)(x)$ 의
최댓값과 최솟값

$h(x) = (f \circ g)(x) = f(g(x)) = f\left(\log_{\frac{1}{3}} x\right)$

$\log_{\frac{1}{3}} x = t$ 라고 치환하자.

$\frac{1}{3} \leq x \leq 9$ 에서 t 의 범위를 구하면

$g(x) = \log_{\frac{1}{3}} x$ 는 감소함수이므로

$g(9) \leq t \leq g\left(\frac{1}{3}\right) \Rightarrow -2 \leq t \leq 1$ 이다.

$-2 \leq t \leq 1$ 에서 $y = 10 - t^2$ 의 최댓값과 최솟값을 구하면

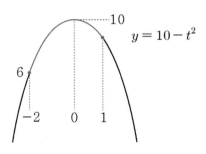

$t = -2$일 때, 최솟값 6이다.
$t = 0$일 때, 최댓값 10이다.

따라서 최댓값과 최솟값의 합은 16이다.

답 16

036

정의역이 $\{x \mid 1 \le x \le 27\}$인 함수
$f(x) = (\log_3 x)\left(\log_{\frac{1}{3}} x\right) + 2\log_3 x + 5$의 최댓값, 최솟값

$\log_3 x = t$라 치환하자.

$1 \le x \le 27$에서 t의 범위를 구하면 $0 \le t \le 3$이다.

$y = t(-t) + 2t + 5 = -t^2 + 2t + 5 = -(t-1)^2 + 6$

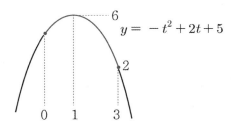

$t = 1$일 때, 최댓값 6이다.
$t = 3$일 때, 최솟값 2이다.

따라서 $M + m = 8$이다.

답 8

037

정의역이 $\left\{x \mid \frac{1}{16} \le x \le 4\right\}$인 함수

$f(x) = (\log_2 4x)\left(\log_2 \frac{2}{x^2}\right)$의 최댓값, 최솟값

$\log_2 x = t$라 치환하자.

$\frac{1}{16} \le x \le 4$에서 t의 범위를 구하면 $-4 \le t \le 2$이다.

$y = (2+t)(1-2t) = -2t^2 - 3t + 2$

> **Tip**
>
> 참고로
> $\log_2 \frac{2}{x^2} = \log_2 2 - \log_2 x^2 = 1 - 2\log_2 |x|$ 이지만
> 정의역이 $\frac{1}{16} \le x \le 4$이므로 $1 - 2\log_2 x$ 이다.

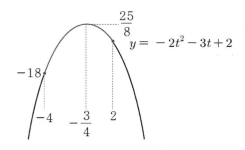

$t = -\frac{3}{4}$일 때, 최댓값 $\frac{25}{8}$이다.

$t = -4$일 때, 최솟값 -18이다.

따라서 $8M - m = 25 + 18 = 43$이다.

답 43

038

$x \ge 1$에서 정의된 함수 $f(x) = \dfrac{x^{\log x}}{x^2}$ 는

$x = a$일 때, 최솟값 b

$f(x) = \dfrac{x^{\log x}}{x^2}$ 양변에 상용로그를 취하면

$\log f(x) = \log \dfrac{x^{\log x}}{x^2} = (\log x)^2 - 2\log x \quad (x \ge 1)$

$\log x = t$라 치환하자.
$x \ge 1$에서 t의 범위를 구하면 $t \ge 0$이다.

$y = t^2 - 2t$

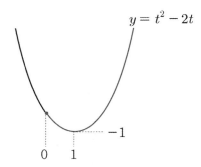

$t = 1$일 때, 최솟값 -1이다.

$\log f(x) = t^2 - 2t$
$y = \log x$는 증가함수이므로 $t^2 - 2t$가 최솟값을 가질 때, $f(x)$가 최솟값을 갖는다.

$t = 1 \implies \log x = 1 \implies x = 10$일 때,
$\log f(10) = -1$
최솟값 $f(10) = \dfrac{1}{10}$이다.

$a = 10, \ b = \dfrac{1}{10}$

따라서 $10(a - b) = 10\left(10 - \dfrac{1}{10}\right) = 100 - 1 = 99$이다.

답 99

039

$y=2^x+6$의 점근선은 $y=6$ 이므로

$y=6$과 $y=\log_3 x+2$의 교점의 x좌표는

$6=\log_3 x+2 \Rightarrow 4=\log_3 x \Rightarrow x=81$

답 81

040

$A(1,\ 0)$, $B(k,\ \log_3 k)$, $C\left(k,\ \log_{\frac{1}{3}} k\right)$의

무게중심의 좌표가 $\left(\dfrac{19}{3},\ 0\right)$ 이다.

무게중심을 G라 했을 때, $\dfrac{A+B+C}{3}=G$ 이므로

무게중심의 x좌표를 구하면

$\dfrac{1+k+k}{3}=\dfrac{19}{3} \Rightarrow 1+2k=19 \Rightarrow k=9$

$\overline{BC}=\log_3 9-\log_{\frac{1}{3}} 9=4$

따라서 삼각형 ABC의 넓이는

$\dfrac{1}{2}\times(9-1)\times\overline{BC}=\dfrac{1}{2}\times 8\times 4=16$ 이다.

답 16

041

n은 3 이상의 자연수

$A(2,\ 1)$, $B(n,\ 1)$, $C(4,\ 2)$, $D(n^2,\ 2)$

$\overline{AB}=n-2$, $\overline{CD}=n^2-4$이므로

사다리꼴 ABDC의 넓이는

$\dfrac{1}{2}\times(2-1)\times(\overline{AB}+\overline{CD})=\dfrac{n^2+n-6}{2}$ 이다.

$\dfrac{n^2+n-6}{2}\leq 33 \Rightarrow n^2+n-72\leq 0 \Rightarrow (n+9)(n-8)\leq 0$

$\Rightarrow -9\leq n\leq 8 \Rightarrow 3\leq n\leq 8 \ (\because\ n\geq 3)$

따라서 모든 자연수 n의 값의 합은

$3+4+5+6+7+8=33$이다.

답 33

042

좌표평면 위의 두 점 $A\left(0,\ \dfrac{5}{2}\right)$과 $B(a,\ 0)\ (a>1$인 상수$)$

를 지나는 직선이 두 곡선 $y=\log_2 x$, $y=\log_4 x$와

만나는 점을 각각 C, D라 하자.

$\overline{AC}=\overline{CD}$이므로 점 C의 x좌표를 t라 두면

점 D의 x좌표는 $2t$이다.

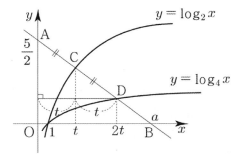

두 점 $A\left(0,\ \dfrac{5}{2}\right)$, $D(2t,\ \log_4 2t)$의 중점이 $C(t,\ \log_2 t)$

이므로 $\dfrac{\dfrac{5}{2}+\log_4 2t}{2}=\log_2 t \Rightarrow \dfrac{5}{2}+\dfrac{1}{2}\log_2 2t=2\log_2 t$

$\Rightarrow 5+1+\log_2 t=4\log_2 t \Rightarrow 6=3\log_2 t \Rightarrow t=4$

$t=4$이므로 $C(4,\ 2)$이다.

직선 AC의 방정식을 구하면

기울기 $=\dfrac{2-\dfrac{5}{2}}{4-0}=\dfrac{4-5}{8}=-\dfrac{1}{8}$이고 y절편이 $\dfrac{5}{2}$이므로

$y=-\dfrac{1}{8}x+\dfrac{5}{2}$ 이다. $B(a,\ 0)$을 대입하면

$0=-\dfrac{1}{8}a+\dfrac{5}{2} \Rightarrow a=20$

답 20

> **Tip**
>
> 042번은 보통 학생들이 어려워하는 문제 중 하나이다.
> 쉬운 문제와 어려운 문제를 가르는 요소 중 하나가 바로
> 미지수 놓기인데 이 문제에서는 점 C, D의 x좌표를
> 모두 모르기 때문에 미지수 놓기를 주저할 수 있다.
> $\overline{AC}=\overline{CD}$의 조건을 바탕으로 하나의 미지수로
> 통일하는 문제였다. 미지수를 놓는 것을 두려워하지 말자!

$y = \log_3(27x-27) = \log_3 27(x-1) = \log_3(x-1)+3$는
$y = \log_3 x$ 의 그래프를 x축의 방향으로 1만큼, y축의
방향으로 3만큼 평행이동하여 구할 수 있다.

점 A는 과연 어디로 평행이동할까?
점 $A(a,\ b)$를 x축의 방향으로 1만큼, y축의 방향으로
3만큼 평행이동시킨 점은 $A'(a+1,\ b+3)$이다.

$y = \log_3 x$ 의 그래프 위의 모든 점들을 x축의 방향으로
1만큼, y축의 방향으로 3만큼 평행이동시킨 점들의 자취가
$y = \log_3(27x-27)$의 그래프이므로 점 $A'(a+1,\ b+3)$은
$y = \log_3(27x-27)$ 위의 점인 것이 자명하다.
또한 직선 AA'는 기울기가 3이고 점 A를 지나므로
$y = 3x-6$과 같다.

점 A'는 $y = \log_3(27x-27)$ 위에도 있어야 하고
직선 $y = 3x-6$ 위에도 있어야 한다.

즉, 곡선 $y = \log_3(27x-27)$와 직선 $y = 3x-6$의 교점인
점 B가 점 $A'(a+1,\ b+3)$인 것을 알 수 있다.

두 점 C, D도 마찬가지 관계이다.

따라서 아래 그림에서 색칠한 두 영역은 합동이므로
넓이가 같다.

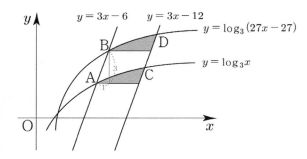

그러므로 두 선분 AB, CD와 두 곡선
$y = \log_3 x$, $y = \log_3(27x-27)$로 둘러싸인 부분의 영역의
넓이는 아래 그림의 평행사변형의 넓이와 같다.

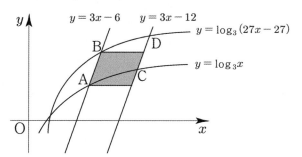

$y = 3x-6$의 그래프를 x축의 방향으로 2만큼
평행이동하면 $y = 3(x-2)-6 = 3x-12$이므로
평행사변형의 밑변의 길이는 2이다.

평행사변형의 높이가 3이므로
평행사변형의 넓이는 $2 \times 3 = 6$이다.

답 6

$A = \sqrt{3} = 3^{\frac{1}{2}},\ B = \sqrt[3]{9} = 3^{\frac{2}{3}},\ C = \sqrt[5]{27} = 3^{\frac{3}{5}}$
$\dfrac{1}{2} = \dfrac{15}{30},\ \dfrac{2}{3} = \dfrac{20}{30},\ \dfrac{3}{5} = \dfrac{18}{30}$

$f(x) = 3^x$는 증가함수이므로
$\dfrac{1}{2} < \dfrac{3}{5} < \dfrac{2}{3} \Rightarrow f\left(\dfrac{1}{2}\right) < f\left(\dfrac{3}{5}\right) < f\left(\dfrac{2}{3}\right)$
$\Rightarrow A < C < B$

답 $A < C < B$

$a = 2,\ b = \sqrt[3]{4} = 2^{\frac{2}{3}}\ a^b = 2^{2^{\frac{2}{3}}}$
$f(x) = 2^x$는 증가함수이므로
$\dfrac{2}{3} < 1 = 2^0 < 2^{\frac{2}{3}} \Rightarrow f\left(\dfrac{2}{3}\right) < f(1) < f\left(2^{\frac{2}{3}}\right)$
$\Rightarrow b < a < a^b$

답 $b < a < a^b$

$1 < a < b$인 두 실수 $a,\ b$

ㄱ. $\log_b a < \log_a b$
  $1 < a < b$에 밑이 a인 로그를 취해도 $a > 1$이므로 부등호
  방향은 변하지 않는다.
  ($y = \log_a x\ (a>1)$는 증가함수이므로)
  $\log_a 1 < \log_a a < \log_a b \Rightarrow 0 < 1 < \log_a b$
  마찬가지로 밑이 b인 로그를 취해도 부등호 방향은 변하지
  않는다.
  $\log_b 1 < \log_b a < 1 \Rightarrow 0 < \log_b a < 1$

따라서 $\log_b a < 1 < \log_a b$이므로 ㄱ은 참이다.

ㄴ. $\log_{\frac{1}{a}}\left(\dfrac{a+b}{2}\right) < \log_{\frac{1}{b}}\left(\dfrac{a+b}{2}\right)$

$-\log_a\left(\dfrac{a+b}{2}\right) < -\log_b\left(\dfrac{a+b}{2}\right)$

$\Rightarrow \log_a\left(\dfrac{a+b}{2}\right) > \log_b\left(\dfrac{a+b}{2}\right)$

를 보이자.

$y = \log_a x$ 와 $y = \log_b x$ 를 그려서 나타내면 다음과 같다.

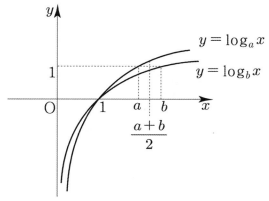

따라서 ㄴ은 참이다.

ㄷ. $\dfrac{\log a}{a} < \dfrac{\log b}{b}$

$\dfrac{\log x}{x} = \dfrac{\log x - 0}{x - 0}$ 는

$(x, \log x)$ 와 $(0, 0)$ 의 기울기와 같다.

$\dfrac{\log a}{a}$ 은 $(a, \log a)$ 와 $(0, 0)$의 기울기

$\dfrac{\log b}{b}$ 은 $(b, \log b)$ 와 $(0, 0)$의 기울기

아래 그림과 같은 경우에는 ㄷ이 참이지만

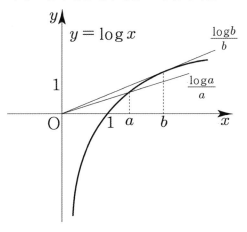

아래 그림과 같은 경우에는 $\dfrac{\log a}{a} > \dfrac{\log b}{b}$ 이므로

ㄷ은 거짓이다.

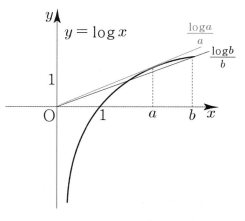

답 ㄱ, ㄴ

0⃣47

$A, \ B, \ C > 0$의 대소 관계

$-\left(\dfrac{1}{3}\right)^A = \log_{\frac{1}{2}} A$, $-\left(\dfrac{1}{3}\right)^B = \log_{\frac{1}{3}} B$, $-\left(\dfrac{1}{2}\right)^C = \log_{\frac{1}{3}} C$

$y = -\left(\dfrac{1}{3}\right)^x$, $y = -\left(\dfrac{1}{2}\right)^x$, $y = \log_{\frac{1}{2}} x$, $y = \log_{\frac{1}{3}} x$를

한 좌표축 안에 그려서 판단해보자.

$y = -\left(\dfrac{1}{3}\right)^x$ 와 $y = \log_{\frac{1}{2}} x$의 교점의 x 좌표를 A.

$y = -\left(\dfrac{1}{3}\right)^x$ 와 $y = \log_{\frac{1}{3}} x$의 교점의 x 좌표를 B.

$y = -\left(\dfrac{1}{2}\right)^x$ 와 $y = \log_{\frac{1}{3}} x$의 교점의 x 좌표를 C라 하자.

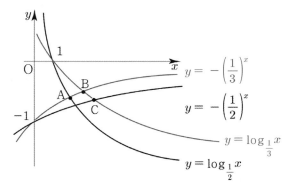

따라서 세 양수 $A, \ B, \ C$의 대소 관계는 $A < B < C$이다.

답 $A < B < C$

점 $A(0,\ 2^{0+2}-3) \Rightarrow A(0,\ 1)$
점 C의 y좌표가 1이므로
$\log_2(x+1)-1=1 \Rightarrow \log_2(x+1)=2 \Rightarrow x=3$
점 C$(3,\ 1)$이다.

점 $B(0,\ \log_2(0+1)-1) \Rightarrow B(0,\ -1)$
점 D의 y좌표가 -1이므로
$2^{x+2}-3=-1 \Rightarrow 2^{x+2}=2 \Rightarrow x=-1$
점 D$(-1,\ -1)$이다.

$\overline{AC}=3,\ \overline{BD}=1,\ \overline{AB}=2$이므로
사각형 ADBC의 넓이는
$\dfrac{1}{2}\times(\overline{AC}+\overline{BD})\times\overline{AB}=\dfrac{1}{2}\times(3+1)\times2=4$이다.

답 4

점 B의 x좌표를 t라 하면 $B(t,\ 2^{t-a})$이다.
$\overline{BC}=2$이므로 점 C의 y좌표는 $2\log_2 t=2+2^{t-a}$이다.

$\overline{AB}=2$이므로 점 A의 x좌표는 $t-2$이다.
점 A의 y좌표는 $2\log_2(t-2)$이다.
점 A의 y좌표는 점 B의 y좌표와 같으므로
$2\log_2(t-2)=2^{t-a}$이다.

$2\log_2 t=2+2^{t-a}$, $2\log_2(t-2)=2^{t-a}$를 연립하면
$2\log_2 t=2+2\log_2(t-2) \Rightarrow \log_2 t=1+\log_2(t-2)$
$\Rightarrow \log_2 t=\log_2 2(t-2) \Rightarrow t=2t-4 \Rightarrow t=4$

$2\log_2(4-2)=2^{4-a} \Rightarrow 2=2^{4-a} \Rightarrow a=3$

답 3

$3^{x-a}-1=0 \Rightarrow 3^{x-a}=1 \Rightarrow x=a$이므로
점 A$(a,\ 0)$이다.
점 B의 x좌표를 t라 하면 y좌표는 $3^{t-a}-1$이다.

삼각형 OAB의 넓이가 $4a$이고 밑변의 길이 $\overline{OA}=a$이므로
높이는 8이어야 한다.

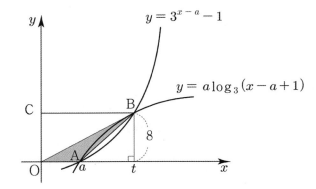

$3^{t-a}-1=8 \Rightarrow 3^{t-a}=9 \Rightarrow t-a=2 \Rightarrow t=a+2$

점 B의 y좌표가 $a\log_3(t-a+1)$이기도 하므로
$a\log_3(a+2-a+1)=8 \Rightarrow a\log_3 3=8 \Rightarrow a=8$

$\overline{OA}=8,\ \overline{BC}=10,\ \overline{OC}=8$이므로

따라서 사각형 OABC의 넓이는
$\dfrac{1}{2}\times(\overline{OA}+\overline{BC})\times\overline{OC}=\dfrac{1}{2}\times(8+10)\times8=72$이다.

답 72

51	③	76	③
52	60	77	④
53	④	78	④
54	③	79	③
55	①	80	⑤
56	①	81	⑤
57	④	82	⑤
58	21	83	⑤
59	④	84	20
60	①	85	③
61	②	86	④
62	22	87	11
63	③	88	54
64	②	89	①
65	③	90	④
66	③	91	⑤
67	①	92	③
68	②	93	①
69	③	94	③
70	⑤	95	⑤
71	①	96	②
72	16	97	①
73	③	98	④
74	③	99	13
75	⑤	100	③

051

$y = f(x)$의 그래프를 그리면

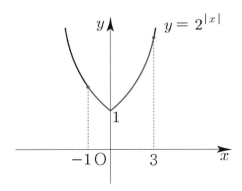

최댓값은 $f(3) = 8$이고 최솟값은 $f(0) = 1$이므로
최댓값과 최솟값의 합은 9이다.

답 ③

052

함수 $f(x) = 2^{x+p} + q$의 그래프의 점근선이
직선 $y = q$이므로 $q = -4$
$f(0) = 0$이므로 $2^p - 4 = 0$, $p = 2$
따라서 $f(4) = 2^6 - 4 = 64 - 4 = 60$이다.

답 60

053

$y = f(x)$의 그래프를 그리면

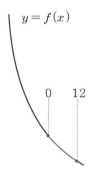

$x = 0$에서 최대, $x = 12$에서 최소이므로
$f(0) = -4 \Rightarrow 2\log_{\frac{1}{2}} k = -4 \Rightarrow \log_2 k = 2 \Rightarrow k = 4$
$f(12) = m \Rightarrow 2\log_{\frac{1}{2}} 16 = m \Rightarrow m = -8$

따라서 $k + m = 4 - 8 = -4$이다.

답 ④

054

$y = 2^x + 2$의 그래프를 x축의 방향으로 m만큼 평행이동
$x \rightarrow x - m$

$y = 2^{x-m} + 2$

$y = \log_2 8x$의 그래프를 x축의 방향으로 2만큼 평행이동
$x \rightarrow x - 2$

$y = \log_2 8(x-2) = \log_2 8 + \log_2 (x-2) = 3 + \log_2 (x-2)$

$y=2^{x-m}+2$와 $y=3+\log_2(x-2)$가 $y=x$대칭이므로

$y=2^{x-m}+2$를 $y=x$ 대칭하면

$x \rightarrow y,\ y \rightarrow x$

$x=2^{y-m}+2 \Rightarrow x-2=2^{y-m} \Rightarrow \log_2(x-2)=y-m$

$\Rightarrow y=m+\log_2(x-2)$ 이 $y=3+\log_2(x-2)$ 이므로

따라서 $m=3$이다.

답 ③

055

다음은 1이 아닌 세 양수 $a,\ b,\ c$에 대하여 세 함수

$y=\log_a x,\ y=\log_b x,\ y=c^x$

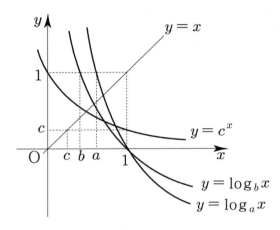

따라서 세 양수 $a,\ b,\ c$의 대소 관계는 $a>b>c$ 이다.

답 ①

056

$f(x)=2^x$의 그래프를 x축의 방향으로 m만큼,
y축의 방향으로 n만큼 평행이동하면 $g(x)$이므로
$g(x)=2^{x-m}+n$
이 평행이동에 의하여 점 $A(1,\ f(1))$이
점 $A'(3,\ g(3))$으로 이동한다.

$A(1,\ 2) \Rightarrow A'\left(3,\ 2^{3-m}+n\right)$

이는 x축의 방향으로 2만큼, y축의 방향으로 $2^{3-m}+n-2$
만큼 평행이동 시킨 것과 같으므로 $m=2$이다.
$g(x)=2^{x-2}+n$이고
$y=g(x)$가 $(0,\ 1)$을 지나므로
$1=2^{-2}+n \Rightarrow n=\dfrac{3}{4}$

따라서 $m+n=2+\dfrac{3}{4}=\dfrac{11}{4}$이다.

답 ①

057

$f(x)=-2^{4-3x}+k$의 그래프가 제 2사분면을
지나지 않도록 하는 자연수 k의 최댓값

$y=-2^{4-3x}$의 그래프를 그리면 다음과 같다.

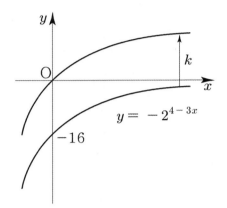

$f(x)=-2^{4-3x}+k$는 $y=-2^{4-3x}$를 y축의 방향으로
k만큼 평행한 것이므로 $f(x)$가 원점을 지날 때,
k는 최댓값을 갖는다.

따라서 $-2^4+k=0 \Rightarrow k=16$이다.

답 ④

058

닫힌구간 $[2,\ 3]$에서 함수 $f(x)=\left(\dfrac{1}{3}\right)^{2x-a}$의
최댓값은 27, 최솟값은 m

$f(x)$는 감소함수이므로

$x=2$일 때, 최댓값 $\left(\dfrac{1}{3}\right)^{4-a}=27$이다.

$3^{-4+a}=3^3 \Rightarrow a=7$

$x=3$일 때, 최솟값 $\left(\dfrac{1}{3}\right)^{6-7}=3$이다.

따라서 $a\times m=21$이다.

답 21

059

$A(1, 0)$, $B(4, 2)$, $C(4, \log_a 4)$
삼각형 ABC의 넓이는

$$\frac{1}{2} \times (4-1) \times (2 - \log_a 4) = \frac{9}{2}$$

$$\log_a 4 = -1 \implies a = \frac{1}{4}$$

답 ④

060

점 A의 좌표는 $\left(t, \, 3^{2-t} + 8\right)$, 점 B의 좌표는 $(t, \, 0)$,
점 C의 좌표는 $(t+1, \, 0)$, 점 D의 좌표는 $\left(t+1, \, 3^t\right)$이다.
사각형 ABCD가 직사각형이므로
점 A의 y좌표와 점 D의 y좌표가 같아야 한다.
즉, $3^{2-t} + 8 = 3^t$
$\left(3^t\right)^2 - 8 \times 3^t - 9 = 0$, $\left(3^t + 1\right)\left(3^t - 9\right) = 0$
$3^t + 1 > 0$이므로 $3^t = 9 \implies t = 2$
직사각형 ABCD의 가로의 길이는 1이고
세로의 길이는 $3^2 = 9$이다.
따라서 직사각형 ABCD의 넓이는 9이다.

답 ①

061

$y = -2^x$ 을 y축의 방향으로 m만큼 평행이동시킨 곡선이
$f(x)$이므로 $f(x) = -2^x + m$이다.

$-2^x + m = 0 \implies 2^x = m \implies x = \log_2 m$이므로
점 $A\left(\log_2 m, \, 0\right)$이다.

$\overline{OA} = 2\overline{BC}$ 이므로 점 B의 x좌표는 $\dfrac{\log_2 m}{2} = \log_2 \sqrt{m}$
이다.

점 B의 y좌표는 $f\left(\log_2 \sqrt{m}\right) = 2^{\log_2 \sqrt{m}}$ 이다.
$-2^{\log_2 \sqrt{m}} + m = 2^{\log_2 \sqrt{m}} \implies -\sqrt{m} + m = \sqrt{m}$
$\implies 2\sqrt{m} = m \implies 4m = m^2 \implies m = 4 \ (\because m > 2)$

답 ②

062

$2^x = k \implies x = \log_2 k$, $2^{x-2} = k \implies x - 2 = \log_2 k$
$P_k(\log_2 k, \, k)$, $Q_k(\log_2 k + 2, \, k)$이므로 $\overline{P_k Q_k} = 2$ 이다.
($y = 2^x$를 x축의 방향으로 2만큼 평행이동시키면 $y = 2^{x-2}$
이므로 $\overline{P_k Q_k} = 2$라고 판단해도 좋다.)

삼각형 $OP_k Q_k$의 넓이 A_k 는 $\dfrac{1}{2} \times \overline{P_k Q_k} \times k = k$이므로
따라서 $A_1 + A_4 + A_7 + A_{10} = 1 + 4 + 7 + 10 = 22$이다.

답 22

063

$A(\log_8 a, \, a)$, $B(\log_8 b, \, b)$, $C(\log_4 a, \, a)$, $D(\log_4 b, \, b)$
이므로

삼각형 AEB의 넓이는
$\dfrac{1}{2}(a-b)(\log_8 a - \log_8 b) = 20$이므로
$\dfrac{1}{2}(a-b)\dfrac{1}{3}\left(\log_2 \dfrac{a}{b}\right) = 20 \implies \dfrac{1}{2}(a-b)\left(\log_2 \dfrac{a}{b}\right) = 60$ 이다.

따라서 삼각형 CDF의 넓이는
$\dfrac{1}{2}(a-b)(\log_4 a - \log_4 b) = \dfrac{1}{2}(a-b)\dfrac{1}{2}\left(\log_2 \dfrac{a}{b}\right) = 30$이다.

답 ③

064

1보다 큰 양수 a에 대하여 두 곡선 $y = a^{-x-2}$과
$y = \log_a(x-2)$가 직선 $y = 1$과 만나는 두 점을 각각
A, B라 하자.

$a^{-x-2} = 1 \implies x = -2 \ (a > 1)$ 이므로
점 $A(-2, \, 1)$이다.
$\log_a(x-2) = 1 \implies x = 2 + a$이므로
점 $B(2+a, \, 1)$이다.
따라서 $\overline{AB} = 2 + a - (-2) = 4 + a = 8 \implies a = 4$이다.

답 ②

065

$\overline{AB} : \overline{AC} = 2 : 1$이고 점 C의 y좌표가 2, 점 B의 y좌표가 0 이므로 점 A y좌표는 $\dfrac{1B + 2C}{1+2} = \dfrac{0+4}{1+2} = \dfrac{4}{3}$이다.

$\dfrac{1}{3}\left(\dfrac{1}{2}\right)^{x-1} = \dfrac{4}{3} \Rightarrow 2^{-x+1} = 2^2 \Rightarrow x = -1$이므로

점 A의 좌표는 $\left(-1, \dfrac{4}{3}\right)$이다.

점 A는 직선 $y = mx + 2$ 위의 점이므로

$\dfrac{4}{3} = -m + 2 \Rightarrow m = \dfrac{2}{3}$이다.

답 ③

066

$A(1, 0)$, $B(3, 0)$, $R(k, 0)$

$Q\left(k, \log_2(k-2)\right)$, $P\left(k, \log_2 k\right)$

점 Q가 선분 PR의 중점이므로
$\log_2 k = 2\log_2(k-2) \Rightarrow k = (k-2)^2 \Rightarrow k^2 - 5k + 4 = 0$
$\Rightarrow (k-4)(k-1) = 0 \Rightarrow k = 4 \ (\because k > 3)$

사각형 ABQP의 넓이는
(삼각형 ARP의 넓이) − (삼각형 BRQ의 넓이) 이므로

사각형 ABQP의 넓이
$= \dfrac{1}{2} \times (4-1) \times 2 - \dfrac{1}{2} \times (4-3) \times 1 = 3 - \dfrac{1}{2} = \dfrac{5}{2}$이다.

답 ③

067

$y = 2^x - 1$ 와 $y = \log_2(x+1)$은 $y = x$에 대하여 대칭되어 있다. 즉, $y = 2^x - 1$ 위의 점을 $y = x$에 대하여 대칭이동하면 $y = \log_2(x+1)$ 위의 점이 된다.

이때 직선 AB의 기울기가 -1이므로 ($y = x$와 수직) 점 A와 B는 $y = x$에 대하여 대칭이다.
$A(2, 3) \Rightarrow B(3, 2)$

따라서 사각형 ACDB의 넓이는 $\dfrac{1}{2} \times (2+3) \times 1 = \dfrac{5}{2}$이다.

답 ①

068

상수 $a(a > 1)$에 대하여 함수 $y = |a^x - a|$의 그래프가 x축, y축과 만나는 점을 각각 A, B라 하자.
$B(0, |1-a|) \Rightarrow B(0, a-1) \ (a > 1)$
$A(1, 0)$ 이고 $\overline{AH} = 1$이므로 $H(2, 0)$이다.
$C(2, |a^2 - a|) \Rightarrow C(2, a^2 - a)$

$y = |a^x - a|$와 $y = a$의 교점이 C이므로
$a^2 - a = a \Rightarrow a = 2 \ (a > 1)$이다.

$B(0, 1)$, $C(2, 2)$이므로
따라서 $\overline{BC} = \sqrt{(2-0)^2 + (2-1)^2} = \sqrt{5}$이다.

답 ②

069

① $a > 1$일 때,

$y = -\log_a x$ 와 $y = 1$의 교점이 A이므로 $A\left(\dfrac{1}{a},\ 1\right)$이다.

$y = \log_a x$와 $y = 1$의 교점이 B이므로 $B(a,\ 1)$이다.

$C(1,\ 0)$이므로

직선 AC의 기울기 $= \dfrac{-1}{1 - \dfrac{1}{a}} = \dfrac{-a}{a-1}$

직선 BC의 기울기 $= \dfrac{1}{a-1}$

두 직선 AC, BC가 서로 수직이므로

$\dfrac{-a}{a-1} \times \dfrac{1}{a-1} = -1 \Rightarrow a = (a-1)^2 \Rightarrow a^2 - 3a + 1 = 0$

$\therefore a = \dfrac{3+\sqrt{5}}{2}\ (a > 1)$

② $0 < a < 1$일 때,

$y = \log_a x$ 와 $y = 1$의 교점이 A이므로 $A(a,\ 1)$이다.

$y = -\log_a x$ 와 $y = 1$의 교점이 B이므로 $B\left(\dfrac{1}{a},\ 1\right)$이다.

①과 마찬가지로 식을 세우면 $a^2 - 3a + 1 = 0$이므로

$\therefore a = \dfrac{3-\sqrt{5}}{2}\ (0 < a < 1)$

따라서 모든 양수 a의 값의 합은 3이다.

답 ③

070

$y = \log_3 9x = \log_3 x + 2$이므로 $y = \log_3 x$ 위의 점 B를 y축 방향으로 2만큼 평행이동하면 점 C이다.

$\overline{AB} = \overline{BC} = 2$이므로 $A(a,\ b) \Rightarrow B(a+2,\ \log_3(a+2))$

점 A는 $y = \log_3 9x$위의 점이므로 $b = \log_3 9a$ 이고
점 A와 점 B의 y좌표가 같으므로

$\log_3 9a = \log_3(a+2) \Rightarrow 9a = a+2 \Rightarrow a = \dfrac{1}{4}$

$b = \log_3 9a = \log_3 \dfrac{9}{4}$이므로

따라서 $a + 3^b = \dfrac{1}{4} + \dfrac{9}{4} = \dfrac{5}{2}$이다.

답 ⑤

071

두 곡선 $y = f(x)$, $y = g(x)$가 점 P에서
만나므로 $2^x + 1 = 2^{x+1} \Rightarrow 2^x = 1 \Rightarrow x = 0$
교점 P의 좌표는 $P(0,\ 2)$이다.
서로 다른 두 점 A, B의 중점이 P이므로
점 $A(a,\ 2^a + 1)$, $B(b,\ 2^{b+1})$에서

$\dfrac{a+b}{2} = 0,\ \dfrac{2^a + 1 + 2^{b+1}}{2} = 2$

$\Rightarrow \dfrac{2^a + 1 + 2^{-a+1}}{2} = 2 \Rightarrow 4^a - 3 \times 2^a + 2 = 0$

$\Rightarrow (2^a - 1)(2^a - 2) = 0 \Rightarrow 2^a = 1 \text{ or } 2^a = 2$

$\Rightarrow a = 0 \text{ or } a = 1$

① $a = 0$
   $a = 0$이면 $b = 0$이므로 모순이다. ($\because a \neq b$)

② $a = 1$
   $a = 1,\ b = -1$
   $A(1,\ 3),\ B(-1,\ 1)$
   따라서 $\overline{AB} = \sqrt{(1+1)^2 + (3-1)^2} = \sqrt{8} = 2\sqrt{2}$이다.

답 ①

072

$f(x) = \log_2 kx = \log_2 x + \log_2 k$

$\overline{OA} = \overline{AB}$

점 A의 x좌표를 t라 하면 $\overline{OA} = \overline{AB}$이므로
점 B의 x좌표는 $2t$이다.

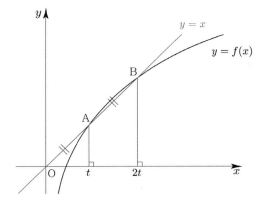

두 점 A, B는 직선 $y = x$ 위의 점이므로 $A(t,\ t)$, $B(2t,\ 2t)$
이고 두 점 A, B는 곡선 $y = f(x)$ 위의 점이기도 하므로

$f(t) = t \Rightarrow \log_2 kt = t \Rightarrow kt = 2^t$

$f(2t) = 2t \Rightarrow \log_2 2kt = 2t \Rightarrow 2kt = 2^{2t}$

위 두 식을 연립하면

$2 \times 2^t = 2^{2t} \Rightarrow 2^{t+1} = 2^{2t} \Rightarrow t+1 = 2t \Rightarrow t = 1$

$kt = 2^t \Rightarrow k \times 1 = 2^1 \Rightarrow k = 2$

$f(x) = \log_2 2x$이므로

$x = \log_2 2y \Rightarrow 2y = 2^x \Rightarrow y = 2^{x-1} \Rightarrow g(x) = 2^{x-1}$

따라서 $g(5) = 2^{5-1} = 16$이다.

답 16

073

점 P는 두 곡선 $y = \log_2(-x+k)$, $y = -\log_2 x$의
교점이므로

$\log_2(-x_1+k) = -\log_2 x_1 \Rightarrow -x_1+k = \dfrac{1}{x_1}$

$\Rightarrow x_1^2 - kx_1 + 1 = 0 \ \cdots \ \bigcirc$

점 R은 두 곡선 $y = -\log_2(-x+k)$, $y = \log_2 x$의 교점이므로

$-\log_2(-x_3+k) = \log_2 x_3 \Rightarrow \dfrac{1}{-x_3+k} = x_3$

$\Rightarrow x_3^2 - kx_3 + 1 = 0 \ \cdots \ \bigcirc$

$\bigcirc$, $\bigcirc$에 의하여 x_1, x_3은 이차방정식 $x^2 - kx + 1 = 0$의 서로
다른 두 실근이다.

근과 계수의 관계에 의해 $x_1 x_3 = 1$이고, $x_3 - x_1 = 2\sqrt{3}$이므로
$(x_1 + x_3)^2 = (x_1 - x_3)^2 + 4x_1 x_3 = 12 + 4 = 16$
$x_1 + x_3 = 4 \ (\because 0 < x_1 < x_3)$
따라서 $x_1 + x_3 = 4$이다.

답 ③

074

$y = \log_2(x-a)$의 그래프의 점근선은 $x = a$이므로

$A\left(a, \ \log_2 \dfrac{a}{4}\right)$, $B\left(a, \ \log_{\frac{1}{2}} a\right)$

$\Rightarrow A(a, \ \log_2 a - 2)$, $B(a, \ -\log_2 a)$

$\overline{AB} = |\log_2 a - 2 - (-\log_2 a)|$

$\qquad = |2\log_2 a - 2| = 2|\log_2 a - 1|$

$\qquad = 2(\log_2 a - 1) \ (\because \ a > 2)$

$\overline{AB} = 4 \Rightarrow 2(\log_2 a - 1) = 4 \Rightarrow \log_2 a - 1 = 2$

$\Rightarrow \log_2 a = 3 \Rightarrow a = 2^3 = 8$

따라서 $a = 8$이다.

답 ③

075

$x < 0$일 때의 교점 A의 x좌표는 방정식
$\log_3(-2x) = \log_3(x+3)$의 근이므로
$-2x = x+3 \Rightarrow x = -1$
따라서 점 A의 좌표는 $A(-1, \ \log_3 2)$

$x > 0$일 때의 교점 B의 x좌표는 방정식
$\log_3 2x = \log_3(x+3)$의 근이므로
$2x = x+3 \Rightarrow x = 3$
따라서 점 B의 좌표는 $B(3, \ \log_3 6)$
두 점 $A(-1, \ \log_3 2)$, $B(3, \ \log_3 6)$에 대하여
직선 AB의 기울기를 구하면

$\dfrac{\log_3 6 - \log_3 2}{3 - (-1)} = \dfrac{\log_3 3}{4} = \dfrac{1}{4}$이므로

점 A를 지나고 직선 AB와 수직인 직선의 방정식은
$y = -4(x+1) + \log_3 2$

$y = -4x - 4 + \log_3 2 \ \cdots \ \bigcirc$

직선 $\bigcirc$이 y축과 만나는 점 C의 좌표는
$C(0, \ -4 + \log_3 2)$이다.

$\overline{AB} = \sqrt{4^2 + (\log_3 6 - \log_3 2)^2} = \sqrt{17}$

$\overline{AC} = \sqrt{(-1)^2 + 4^2} = \sqrt{17}$

직각삼각형 ABC의 넓이를 S라 하면

$S = \dfrac{1}{2} \times \overline{AB} \times \overline{AC} = \dfrac{1}{2} \times \sqrt{17} \times \sqrt{17} = \dfrac{17}{2}$

답 ⑤

076

점 B의 좌표가 $B(0, \ 2^a)$이므로 $\overline{OB} = 2^a$

$\overline{OB} = 3 \times \overline{OH} \Rightarrow \overline{OH} = \dfrac{2^a}{3}$

점 A의 x좌표를 p라 하면 $A\left(p, \ \dfrac{2^a}{3}\right)$이고,

점 A는 곡선 $y = 2^{-x+a}$ 위의 점이므로

$2^{-p+a}=\dfrac{2^a}{3} \Rightarrow 2^{-p}=\dfrac{1}{3} \Rightarrow 2^p=3$

또한 점 A는 곡선 $y=2^x-1$ 위의 점이므로

$\dfrac{2^a}{3}=2^p-1 \Rightarrow \dfrac{2^a}{3}=2 \Rightarrow 2^a=6$이다.

따라서 $a=\log_2 6$이다.

답 ③

077

곡선 $y=|\log_2(-x)|$를 y축에 대하여 대칭이동하면
곡선 $y=|\log_2 x|$이고 이를 x축의 방향으로 k만큼
평행이동하면 곡선 $y=|\log_2(x-k)|$이므로
$f(x)=|\log_2(x-k)|$이다.

곡선 $y=f(x)$와 곡선 $y=|\log_2(-x+8)|$이
세 점에서 만나려면 다음 그림과 같아야 한다.
(만약 절댓값 함수를 그리는 것이 힘들었다면
가이드스텝 함수 그리기 기초편을 참고하도록 하자.)

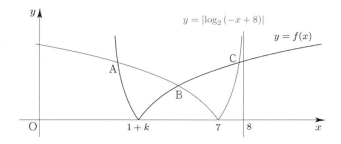

점 A의 x좌표는 다음 방정식의 근 중 하나이다.

$-\log_2(x-k)=\log_2(-x+8) \Rightarrow \dfrac{1}{x-k}=-x+8$

$\Rightarrow x^2-(8+k)x+8k+1=0$

점 C의 x좌표는 다음 방정식의 근 중 하나이다.

$\log_2(x-k)=-\log_2(-x+8) \Rightarrow x-k=\dfrac{1}{-x+8}$

$\Rightarrow x^2-(8+k)x+8k+1=0$

즉, 두 점 A, C의 x좌표의 합은 근과 계수의 관계에 의해
$8+k$이다.

점 B의 x좌표는 다음 방정식의 근이다.

$\log_2(x-k)=\log_2(-x+8) \Rightarrow x-k=-x+8 \Rightarrow x=4+\dfrac{k}{2}$

세 교점의 x좌표의 합이 18이므로

$8+k+4+\dfrac{k}{2}=18 \Rightarrow 12+\dfrac{3}{2}k=18 \Rightarrow k=4$이다.

답 ④

078

점 A에서 선분 BD에 내린 수선의 발을 E라 하자.
$\overline{AB}=6\sqrt{2}$ 이고 $\angle BAE=45°$이므로 $\overline{AE}=\overline{BE}=6$
점 A의 x좌표를 t라 하면 다음과 같다.

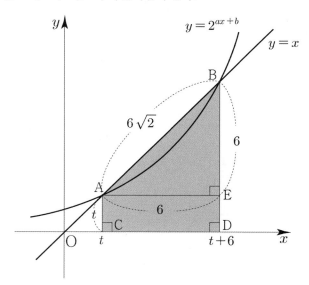

사각형 ACDB의 넓이가 30이므로

$\dfrac{1}{2}\times\overline{CD}\times(\overline{AC}+\overline{BD})=\dfrac{1}{2}\times 6\times(t+t+6)=6t+18=30$

$\Rightarrow t=2$

점 A(2, 2), B(8, 8)이므로

$2^{2a+b}=2 \Rightarrow 2a+b=1$

$2^{8a+b}=8 \Rightarrow 8a+b=3$

연립하면 $a=b=\dfrac{1}{3}$이다.

따라서 $a+b=\dfrac{2}{3}$이다.

답 ④

$f(x) = \log_a x$, $g(x) = \log_b x$가 $0 < x < 1$에서
$f(x) > g(x)$가 성립하기 위한 조건을 고르시오.

ㄱ. $1 < b < a$

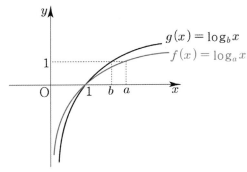

$0 < x < 1$에서 $f(x) > g(x)$이므로 ㄱ은 참이다.

ㄴ. $0 < a < b < 1$

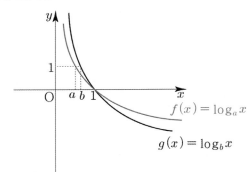

$0 < x < 1$에서 $f(x) < g(x)$이므로 ㄴ은 거짓이다.

ㄷ. $0 < a < 1 < b$

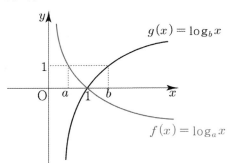

$0 < x < 1$에서 $f(x) > g(x)$이므로 ㄷ은 참이다.

답 ③

두 점 A, B의 좌표를 각각 (x_1, y_1), (x_2, y_2)라 하자.
$-\log_2(-x) = \log_2(x + 2a) \Rightarrow \log_2(x + 2a) + \log_2(-x) = 0$

$\Rightarrow \log_2\{-x(x + 2a)\} = 0 \Rightarrow -x(x + 2a) = 1$

$\Rightarrow x^2 + 2ax + 1 = 0 \cdots$ ㉠

㉠의 두 실근이 x_1, x_2이므로 근과 계수의 관계에 의해
$x_1 + x_2 = -2a$, $x_1 x_2 = 1$이다.

이때 $y_1 + y_2 = -\log_2(-x_1) - \log_2(-x_2)$
$$= -\log_2 x_1 x_2 = -\log_2 1 = 0$$

이므로 선분 AB의 중점의 좌표는 $\left(-\dfrac{2a}{2}, 0\right) \Rightarrow (-a, 0)$
이다. 선분 AB의 중점이 직선 $4x + 3y + 5 = 0$ 위에 있으므로
$-4a + 5 = 0 \Rightarrow a = \dfrac{5}{4}$이고, 이를 ㉠에 대입하면

$x^2 + \dfrac{5}{2}x + 1 = 0 \Rightarrow 2x^2 + 5x + 2 = 0 \Rightarrow (x + 2)(2x + 1) = 0$

$\Rightarrow x = -2$ or $x = -\dfrac{1}{2}$

즉, 두 교점의 좌표는 $(-2, -1)$, $\left(-\dfrac{1}{2}, 1\right)$이다.

따라서 $\overline{\text{AB}} = \sqrt{\left(\dfrac{3}{2}\right)^2 + 2^2} = \dfrac{5}{2}$이다.

답 ⑤

점 A의 좌표는 $\left(k, 2^{k-1} + 1\right)$이고 $\overline{\text{AB}} = 8$이므로
점 B의 좌표는 $\left(k, 2^{k-1} - 7\right)$이다.
직선 BC의 기울기가 -1이고 $\overline{\text{BC}} = 2\sqrt{2}$이므로 두 점
B, C의 x좌표의 차와 y좌표의 차는 모두 2이다.
즉, 점 C의 좌표는 $\left(k - 2, 2^{k-1} - 5\right)$이다.

점 C는 곡선 $y = 2^{x-1} + 1$ 위의 점이므로
$2^{k-3} + 1 = 2^{k-1} - 5 \Rightarrow \dfrac{1}{2} \times 2^k - \dfrac{1}{8} \times 2^k = 6$

$\Rightarrow 2^k = 16 \Rightarrow k = 4$
즉, A(4, 9), B(4, 1), C(2, 3)이다.
점 B가 곡선 $y = \log_2(x - a)$ 위의 점이므로
$1 = \log_2(4 - a) \Rightarrow 4 - a = 2 \Rightarrow a = 2$이다.

점 D의 x좌표는 $x - 2 = 1 \Rightarrow x = 3$
사각형 ACDB의 넓이는 두 삼각형 ACB, CDB의 넓이의

합과 같고, $\overline{BC} \perp \overline{BD}$ 이다.

따라서 사각형 ACDB의 넓이는

$\dfrac{1}{2} \times 8 \times 2 + \dfrac{1}{2} \times 2\sqrt{2} \times \sqrt{2} = 10$이다.

답 ⑤

082

A에서 점 B를 지나고 y측에 평행한 직선에 내린수선의 발을 D라 하자.

직선 l의 기울기가 $\dfrac{1}{2}$이므로 $\overline{BD} = x$라 하면

$\overline{AD} = 2x$, $\overline{BD} = x$이고 $\overline{AB} = 2\sqrt{5}$ 이므로 $x = 2$이다.

점 A의 x좌표를 t라 하면 점 D의 x좌표는 $t+4$이다.

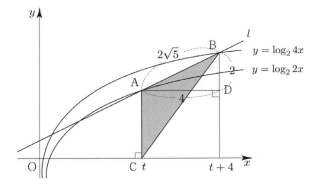

점 A의 y좌표는 $\log_2 2t$이고,

점 B의 y좌표는 $\log_2 4(t+4)$이므로

$\log_2 2t + 2 = \log_2 4(t+4) \Rightarrow \log_2 8t = \log_2(4t+16)$

$\Rightarrow 4t = 16 \Rightarrow t = 4 \Rightarrow \overline{AC} = \log_2 8 = 3$

따라서 삼각형 ACB의 넓이는

$\dfrac{1}{2} \times \overline{AC} \times \overline{AD} = \dfrac{1}{2} \times 3 \times 4 = 6$이다.

다르게 풀어보자.

두 점 A, B의 좌표를 각각

A$(a,\ \log_2 2a)$, B$(b,\ \log_2 4b)$ $(a < b)$라 하자.

직선 AB의 기울기가 $\dfrac{1}{2}$이므로

$\dfrac{\log_2 4b - \log_2 2a}{b-a} = \dfrac{1}{2} \Rightarrow \log_2 4b - \log_2 2a = \dfrac{1}{2}(b-a)$이다.

$\overline{AB} = \sqrt{(b-a)^2 + (\log_2 4b - \log_2 2a)^2}$

$= \sqrt{(b-a)^2 + \dfrac{1}{4}(b-a)^2}$

$= \dfrac{\sqrt{5}}{2} \times (b-a) = 2\sqrt{5}$

즉, $b-a = 4 \ \cdots$ ㉠이다.

$\log_2 4b - \log_2 2a = \dfrac{1}{2}(b-a) \Rightarrow \log_2 4b - \log_2 2a = 2$

$\Rightarrow \log_2 \dfrac{2b}{a} = 2 \Rightarrow \dfrac{2b}{a} = 4$

즉, $b = 2a \ \cdots$ ㉡이다.

㉠, ㉡에 의해 $a = 4$, $b = 8$이므로

A$(4,\ 3)$, B$(8,\ 5)$, C$(4,\ 0)$이다.

따라서 삼각형 ACB의 넓이는 $\dfrac{1}{2} \times 3 \times 4 = 6$이다.

답 ⑤

083

직선 l의 기울기가 1이므로 직선 l과 두 직선

$x = b$, $y = \log_2 a$로 둘러싸인 부분은 직각이등변삼각형

이다. 직각이등변삼각형의 넓이가 2이므로 밑변과 높이는

모두 2로 동일하다.

A$(a,\ \log_2 a)$, B$(b,\ \log_2 b)$ 이므로

직각삼각형의 밑변의 길이는 $b-a = 2$이고

높이는 $\log_2 b - \log_2 a = \log_2 \dfrac{b}{a} = 2$이다.

> **Tip**
>
> 여기서 조심해야 할 부분은 높이인데
> $\log_2 b + \log_2 a$가 아닌 이유는 $\log_2 a$가 음수이기
> 때문이다. 길이이므로 $\log_2 b$에 $-\log_2 a$를 더해줘야 한다.

$b-a = 2$, $b = 4a$를 연립하면 $a = \dfrac{2}{3}$, $b = \dfrac{8}{3}$이다.

따라서 $a+b = \dfrac{10}{3}$이다.

답 ⑤

084

점 P와 점 Q의 x좌표의 비가 $1:2$이므로
P 의 x좌표를 t, Q 의 x좌표를 $2t$라 두자.

$y=k\cdot3^x$의 그래프가 $y=3^{-x}$, $y=-4\cdot3^x+8$의
그래프와 만나는 점을 각각 P, Q라 했으므로
$k\times3^t=3^{-t}$, $-4\times3^{2t}+8=k\times3^{2t}$ 이다.

$k\times3^t=3^{-t}$ $\Rightarrow$ $k\times3^{2t}=1$이므로
$-4\times3^{2t}+8=1$ $\Rightarrow$ $\dfrac{7}{4}=3^{2t}$

따라서 $k=\dfrac{4}{7}$ $\Rightarrow$ $35k=20$ 이다.

답 20

085

$g(f(x))=x$는 $f(x)$ 와 $g(x)$가 서로 역함수 관계를
나타내는 식이므로
$f(x)=2^{-x+a}+1$를 $y=x$에 대하여 대칭하면
$x\to y,\ y\to x$

$x=2^{-y+a}+1$ $\Rightarrow$ $x-1=2^{-y+a}$ $\Rightarrow$ $\log_2(x-1)=-y+a$
$\Rightarrow$ $g(x)=-\log_2(x-1)+a$

$g(9)=-2$이므로 $-2=-\log_28+a$ $\Rightarrow$ $a=1$
따라서 $g(17)=-\log_216+1=-3$이다.

답 ③

086

$y=\log_3x$의 그래프를 x축의 방향으로 a만큼,
y축의 방향으로 2만큼 평행이동하면 $f(x)$
$x\to x-a,\ y\to y-2$
$f(x)=\log_3(x-a)+2$이므로
$f(x)$를 $y=x$에 대하여 대칭하면
$x\to y,\ y\to x$

$x=\log_3(y-a)+2$ $\Rightarrow$ $x-2=\log_3(y-a)$
$\Rightarrow$ $y=3^{x-2}+a$

따라서 $a=4$이다.

답 ④

087

$y=\log_3(5x-3)$위의 서로 다른 두 점 A, B
(가) 세 점 O, A, B는 한 직선 위에 있다.
(나) $\overline{OA}:\overline{OB}=1:2$
에 의해서 $\overline{OA}=\overline{AB}$이므로 점 A 의 x좌표를 t라 하면
B의 x좌표는 $2t$이다.

$A(t,\ \log_3(5t-3))$, $B(2t,\ \log_3(10t-3))$
점 O와 B의 중점이 A이므로
$\log_3(10t-3)=2\log_3(5t-3)$ $\Rightarrow$ $10t-3=(5t-3)^2$
$\Rightarrow$ $25t^2-40t+12=0$ $\Rightarrow$ $(5t-6)(5t-2)=0$
$\Rightarrow$ $t=\dfrac{6}{5}$ $\left(\because\ t>\dfrac{3}{5}\right)$

따라서 직선 AB의 기울기는 $\dfrac{\log_39-\log_33}{\dfrac{12}{5}-\dfrac{6}{5}}=\dfrac{1}{\dfrac{6}{5}}=\dfrac{5}{6}$

이므로 $p+q=11$이다.

답 11

088

$y=2$가 두 곡선 $y=\log_24x$, $y=\log_2x$와 만나는 점을
각각 A, B 라 하자. $\Rightarrow$ $A(1,\ 2)$, $B(4,\ 2)$

$y=k(k>2)$가 두 곡선 $y=\log_24x$, $y=\log_2x$와
만나는 점을 각각 C, D 라 하자. $\Rightarrow$ $C\left(\dfrac{1}{4}\times2^k,\ k\right)$, $D\left(2^k,\ k\right)$

점 B를 지나고 y축과 평행한 직선이 직선 CD와 만나는
점을 E $\Rightarrow$ E 의 x좌표는 4이다.

점 E는 선분 CD를 $1:2$로 내분하므로
점 E의 x좌표로 식을 세우면
$\dfrac{2C+D}{3}=E$ $\Rightarrow$ $\dfrac{\dfrac{1}{2}\times2^k+2^k}{3}=4$ $\Rightarrow$ $\dfrac{3}{2}\times2^k=12$
$\Rightarrow$ $k=3$

$\overline{AB}=3$, $\overline{CD}=6$이므로

따라서 $S = \frac{1}{2} \times (\overline{AB} + \overline{CD}) \times (k-2) = \frac{1}{2} \times (3+6) = \frac{9}{2}$

이고 $12S = 54$이다.

답 54

089

점 $A(4, 0)$을 지나고 y축에 평행한 직선이 곡선
$y = \log_2 x$와 만나는 점을 B라 하자. $\Rightarrow$ B$(4, 2)$

점 B를 $y = x$에 대하여 대칭이동한 점을 B′라 하면
B′$(2, 4)$이고 B′는 $y = 2^x$ 위에 있다.
($y = \log_2 x$와 $y = 2^x$는 서로 역함수 관계)

$y = 2^{x+1} + 1$은 $y = 2^x$를 x축의 방향으로 -1만큼
y축의 방향으로 1만큼 평행이동하여 구할 수 있다.
두 점 B′, C는 기울기가 -1인 직선 위에 있으므로
점 B′를 x축의 방향으로 -1만큼, y축의 방향으로 1만큼
평행이동하면 C이다.

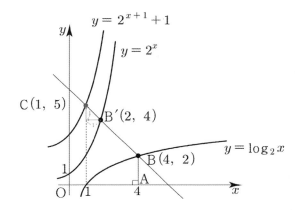

따라서 점 C$(1, 5)$이다.

물론 기울기가 -1이고 B$(4, 2)$를 지나는 직선의 방정식
$y = -x + 6$을 구한 후 방정식 $2^{x+1} + 1 = -x + 6$을
세워 점 C의 x좌표를 구할 수도 있다.
$2^{x+1} + 1 = -x + 6 \Rightarrow 2^{x+1} + x = 5 \Rightarrow x = 1$

> **Tip**
>
> 지수함수와 다항함수의 교점은 대입으로 구할 수밖에 없다.

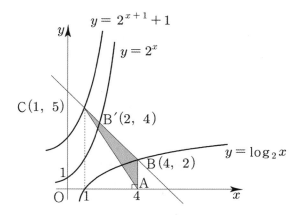

따라서 삼각형 ABC의 넓이는 $\frac{1}{2} \times 2 \times 3 = 3$이다.

답 ①

090

곡선 $y = \log_{\sqrt{2}}(x-a)$와 직선 $y = \frac{1}{2}x$가 만나는 점 중
한 점을 A라 하고, 점 A를 지나고 기울기가 -1인 직선이
곡선 $y = (\sqrt{2})^x + a$와 만나는 점을 B라 하자.

$y = \log_{\sqrt{2}}(x-a)$와 $y = (\sqrt{2})^x + a$는 서로 역함수 관계
이므로 ($y = x$에 대하여 대칭)
점 A$(2t, t)$라 하면 점 B$(t, 2t)$다.
$y = x$와 직선 AB와 만나는 교점을 C라 하면
C$\left(\frac{3}{2}t, \frac{3}{2}t\right)$이다.

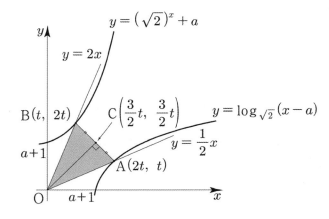

$\overline{AB} = \sqrt{(2t-t)^2 + (t-2t)^2} = \sqrt{2}\,t$

$\overline{OC} = \sqrt{\left(\frac{3}{2}t - 0\right)^2 + \left(\frac{3}{2}t - 0\right)^2} = \sqrt{\frac{9}{2}t^2} = \frac{3}{\sqrt{2}}t$

삼각형 OAB의 넓이는
$\frac{1}{2} \times \overline{AB} \times \overline{OC} = \frac{1}{2} \times \sqrt{2}\,t \times \frac{3}{\sqrt{2}}t = \frac{3}{2}t^2 = 6$ 이다.

따라서 $t = 2 \ (t > 0)$이다.

$y = \log_{\sqrt{2}}(x-a)$가 점 $A(4, \ 2)$를 지나므로

$2 = \log_{\sqrt{2}}(4-a) \Rightarrow 2 = 2\log_2(4-a) \Rightarrow a = 2$ 이다.

답 ④

091

$0 < a < \dfrac{1}{2}$인 상수 a에 대하여

$y = x$가 $y = \log_a x$와 만나는 점을 $(p, \ p)$,

$y = x$가 $y = \log_{2a} x$와 만나는 점을 $(q, \ q)$라 하자.

ㄱ. $p = \dfrac{1}{2}$이면 $a = \dfrac{1}{4}$이다.

$\log_a \dfrac{1}{2} = \dfrac{1}{2} \Rightarrow \dfrac{1}{2} = a^{\frac{1}{2}} \Rightarrow \dfrac{1}{4} = a$

따라서 ㄱ은 참이다.

ㄴ. $p < q$

그래프를 그려보면 아래와 같으므로 ㄴ은 참이다.

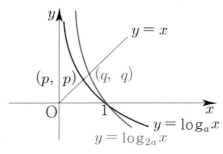

ㄷ. $a^{p+q} = \dfrac{pq}{2^q}$

$\log_a p = p \Rightarrow p = a^p$

$\log_{2a} q = q \Rightarrow q = (2a)^q \Rightarrow q = 2^q \times a^q \Rightarrow \dfrac{q}{2^q} = a^q$

따라서 $a^p \times a^q = a^{p+q} = \dfrac{pq}{2^q}$ 이므로 ㄷ은 참이다.

답 ⑤

092

ㄱ. $0 < a < 1$이면 $f(a) < a$ 이다.

아래 그림과 같으므로 ㄱ은 참이다.

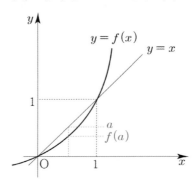

ㄴ. $b - a < 2^b - 2^a$

양변에 $\dfrac{1}{b-a}$를 곱하면

($0 < a < b$이므로 부등호 방향은 변하지 않는다.)

$1 < \dfrac{2^b - 2^a}{b-a} = \dfrac{2^b - 1 - (2^a - 1)}{b-a} = \dfrac{f(b) - f(a)}{b-a}$ 이므로

$\dfrac{2^b - 2^a}{b-a}$는 두 점 $(a, \ f(a))$, $(b, \ f(b))$을 지나는 직선의

기울기로 볼 수 있다.

다음 그림과 같은 경우는 $\dfrac{2^b - 2^a}{b-a} < 1$이므로

ㄴ은 거짓이다.

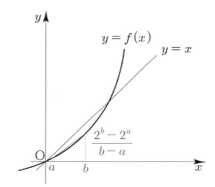

> **Tip**
>
> ㄴ에서
>
> $1 < \dfrac{2^b - 2^a}{b-a} = \dfrac{2^b - 1 - (2^a - 1)}{b-a} = \dfrac{f(b) - f(a)}{b-a}$
>
> 와 같은 사고(식을 변형해서 기울기로 보는 사고)는
> 2019학년도 고3 9월 평가원 가형 20번 보기 ㄷ에서도
> 사용되었다. 만약 미적분을 선택한 학생이라면 풀어보길
> 권한다.

ㄷ. $b(2^a-1) < a(2^b-1)$

양변에 $\dfrac{1}{ab}$ 를 곱하면 $\dfrac{2^a-1}{a} < \dfrac{2^b-1}{b}$ 이므로

$\dfrac{f(a)}{a} < \dfrac{f(b)}{b}$ 와 같다.

$\dfrac{f(a)}{a}$ 는 두 점 $(0,\ 0)$, $(a,\ f(a))$ 을 지나는 직선의
기울기로 볼 수 있다.

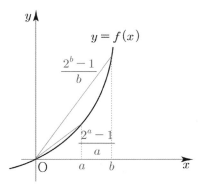

따라서 ㄷ은 참이다.

답 ③

ㄷ. $\dfrac{\log_2(x+1)}{x} < 1 \ (x \neq 0)$

(반례) $x=1$ 일 때, $\dfrac{\log_2 2}{1}=1$이므로 ㄷ은 거짓이다.

--- Tip ---

만약 ㄷ을 기울기로 봤다면?

$\dfrac{\log_2(x+1)}{x}$ 를 $\log_2(x+1)$ 위의 점과 원점 사이의

기울기로 해석하여 ㄷ을 판단하기 위해서는
$y = \log_2(x+1)$과 $y=x$의 위치 관계를 알아야 한다.

이를 위해서는 $\log_2(x+1)$의 $(0,\ 0)$에서의 접선의 기울기와
1를 비교해봐야 한다. 그러나 이는 미적분 범위이므로 ㄷ은
대입하여 반례로 가볍게 처리하고 넘어가도록 하자.
물론 대충 그려도 극단적인 상황을 가정하면 기울기로 ㄷ을 판단
하는데 큰 지장은 없지만 대입으로 처리하고 넘어가도록 하자.

답 ①

093

ㄱ. $\dfrac{\log_2 x}{x} < 1$

양변에 x를 곱하면 $\log_2 x < x$이다. ($\because x > 0$)

$y = \log_2 x$는 $y=x$ 보다 항상 아래에 있으므로
ㄱ은 참이다.

ㄴ. $\dfrac{\log_2 x}{x-1} < 1 \ (x \neq 1)$

$\dfrac{\log_2 x}{x-1}$ 는 두 점 $(x,\ \log_2 x)$, $(1,\ 0)$ 을 지나는 직선의
기울기로 볼 수 있다. 아래 그림과 같은 경우는

$\dfrac{\log_2 x}{x-1} > 1$이므로 ㄴ은 거짓이다.

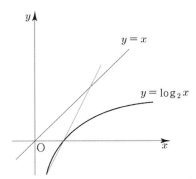

물론 $x = \dfrac{1}{2}$ 일 때, 반례로 거짓을 판단할 수 있다.

094

두 곡선 $y=2^x$, $y=\log_3 x$와 직선 $y=-x+5$가 만나는
점을 각각 $A(a_1,\ a_2)$, $B(b_1,\ b_2)$라 하자.

--- Tip ---

지수함수와 로그함수 단원에서 역함수 관계는
출제자입장에서 매우 매력적인 소재이다.
(참고로 교육과정에서 로그함수를 설명할 때, 지수함수의
역함수로 설명한다.)

$y=2^x$ 의 역함수 $y=\log_2 x$를 활용해보자.
문제의 그림에서 $y=\log_2 x$ 를 추가해서 그리면
아래 그림과 같다.

$A(a_1,\ a_2)$이므로 $y=\log_2 x$와 $y=-x+5$가
만나는 점을 A'라 하면 $A'(a_2,\ a_1)$이다.

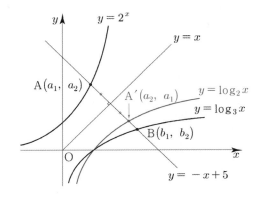

ㄱ. $a_1 > b_2$

점 A'의 y좌표와 점 B의 y좌표를 비교하면
ㄱ은 참이다.

ㄴ. $a_1 + a_2 = b_1 + b_2$

점 A와 점 B는 모두 $y = -x + 5$위에 있으므로
$a_1 + a_2 = b_1 + b_2 = 5$이다. 따라서 ㄴ은 참이다.

ㄷ. $\dfrac{a_1}{a_2} < \dfrac{b_2}{b_1}$

$\dfrac{a_1}{a_2}$은 두 점 $(0, 0)$, (a_2, a_1)를 지나는 직선의 기울기

로 볼 수 있다. 즉, 직선 OA'의 기울기와 직선 OB의

기울기를 비교하는 것이므로 ㄷ은 거짓이다.

답 ③

095

점 A의 x좌표를 t라 두면 점 $A(t, 2^{t-1}+1)$이다.

A와 B는 직선 $y = x$에 대하여 대칭이므로
$A(t, 2^{t-1}+1) \Rightarrow B(2^{t-1}+1, t)$

점 B는 $y = \log_2(x+1)$ 위의 점이므로
$t = \log_2(2^{t-1}+2) \Rightarrow 2^{t-1}+2 = 2^t \Rightarrow 2 = 2^t - 2^{t-1}$

$\Rightarrow 2 = 2^{t-1}(2-1) \Rightarrow t = 2$

즉, $A(2, 3)$, $B(3, 2)$

직선 AC는 x축과 평행하므로 점 C의 y좌표는 3이다.
$\Rightarrow C(7, 3)$

삼각형 ABC의 무게중심의 좌표는
$\left(\dfrac{2+3+7}{3}, \dfrac{3+2+3}{3} \right) = \left(\dfrac{12}{3}, \dfrac{8}{3} \right)$이므로

따라서 $p+q = \dfrac{20}{3}$이다.

답 ⑤

096

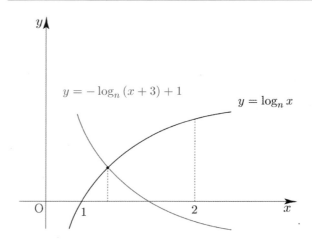

교점의 x좌표가 1보다 크려면
$-\log_n 4 + 1 > 0 \Rightarrow 1 > \log_n 4 \Rightarrow n > 4$

교점의 x좌표가 2보다 작으려면
$\log_n 2 > -\log_n 5 + 1 \Rightarrow \log_n 10 > 1 \Rightarrow n < 10$
따라서 모든 n의 값의 합은 $5+6+7+8+9 = 35$이다.

답 ②

097

$16^x = 2^{4x}$, $A(64, 2^{64})$
$2^{4x} = 2^{64} \Rightarrow x = 16$이므로 P_1의 x좌표는 16이다.
$P_1(16, 2^{64})$, $Q_1(16, 2^{16})$

마찬가지 방법으로 P_n, Q_n을 구하면 다음과 같다.
$P_2(4, 2^{16})$, $Q_2(4, 2^4)$
$P_3(1, 2^4)$, $Q_3(1, 2)$

이므로 x_n은 첫째항이 16이고 공비가 $\dfrac{1}{4}$인 등비수열과

같다. 즉, $x_n = 16 \left(\dfrac{1}{4} \right)^{n-1}$이다.

$x_n < \dfrac{1}{k} \Rightarrow 16 \left(\dfrac{1}{4} \right)^{n-1} < \dfrac{1}{k} \Rightarrow \left(\dfrac{1}{4} \right)^{n-3} < \dfrac{1}{k}$

$\Rightarrow n-3 > \log_{\frac{1}{4}} \dfrac{1}{k} \Rightarrow n-3 > \log_4 k$

$\Rightarrow n > \log_4 k + 3$

$n > \log_4 k + 3$을 만족시키는 n의 최솟값이 6이 되려면
$5 \leq \log_4 k + 3 < 6 \Rightarrow 2 \leq \log_4 k < 3 \Rightarrow 16 \leq k < 64$이다.

따라서 주어진 조건을 만족시키는 자연수 k의 개수는
$64 - 16 = 48$이다.

답 ①

098

$\overline{PQ} = \sqrt{5}$이고, 직선 PQ의 기울기가 2이므로
보조선을 그으면 다음 그림과 같다.

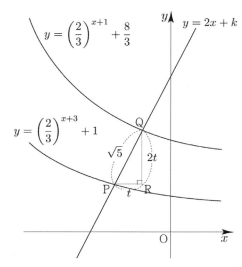

$\overline{PR}^2 + \overline{QR}^2 = \overline{PQ}^2 \Rightarrow t^2 + 4t^2 = 5$
$\qquad\qquad\qquad\qquad \Rightarrow 5t^2 = 5 \Rightarrow t = 1 \ (\because t > 0)$

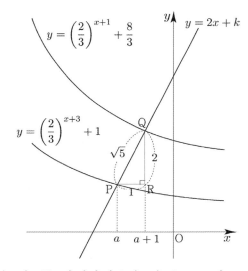

점 P의 x좌표를 a라 하면 점 Q의 x좌표는 $a+1$이고,
(점 P의 y좌표) + 2 = (점 Q의 y좌표)이므로

$$\left(\frac{2}{3}\right)^{a+3} + 1 + 2 = \left(\frac{2}{3}\right)^{a+2} + \frac{8}{3}$$

$$\Rightarrow \frac{1}{3} = \left(\frac{2}{3}\right)^{a+2} - \left(\frac{2}{3}\right)^{a+3} \Rightarrow \frac{1}{3} = \left(\frac{2}{3}\right)^{a+2}\left(1 - \frac{2}{3}\right)$$

$$\Rightarrow 1 = \left(\frac{2}{3}\right)^{a+2} \Rightarrow a = -2$$

직선 $y = 2x + k$가 점 P$\left(-2, \dfrac{5}{3}\right)$를 지나므로

$-4 + k = \dfrac{5}{3} \Rightarrow k = \dfrac{17}{3}$이다.

답 ④

--- Tip ---

〈잘못된 사고과정〉

문제를 보자마자 어? 이거 training-1step 043번에서
했었는데! 개꿀~

함수 $y = \left(\dfrac{2}{3}\right)^{x+1} + \dfrac{8}{3}$의 그래프는

함수 $y = \left(\dfrac{2}{3}\right)^{x+3} + 1$의 그래프를 x축의 방향으로

2만큼, y축의 방향으로 $\dfrac{5}{3}$만큼 평행이동한 것이니

training-1step 043번과 마찬가지로

$\overline{PR} = 2$, $\overline{QR} = \dfrac{5}{3}$ 아닐까? 라고 판단할 수 있다.

하지만 이는 잘못된 판단이다.

training-1step 043번 해설에서도 명시했듯이
043번에서는 기울기가 맞아 떨어졌기에 가능했지만

098번에서는 $\dfrac{\overline{QR}}{\overline{PR}} = \dfrac{\frac{5}{3}}{2} = \dfrac{5}{6} \neq 2$ 이므로

기울기가 같지 않아 성립하지 않는다.
초기접근에서 그렇게 생각할 수는 있으나
기울기를 확인해본 뒤 빠져나오는 것이 바람직하다.
만약 빠져나오지 않았다면 반성하도록 하자.
물론 기울기뿐만 아니라 $\overline{PQ} = \sqrt{5}$도 만족시키지 않는다.

099

점 D의 좌표를 $(t, 0)$ $(t > 0)$라 하자.
선분 CA를 5 : 3으로 외분하는 점이 D이므로

$D = \dfrac{3C - 5A}{3 - 5} \Rightarrow t = \dfrac{0 - 5A}{-2} \Rightarrow A = \dfrac{2}{5}t$

점 A의 좌표는 $\dfrac{2}{5}t$이고, 점 A는 $y = 3x$ 위의 점이므로

A$\left(\dfrac{2}{5}t, \dfrac{6}{5}t\right)$이다.

$D = \dfrac{3C - 5A}{3 - 5} \Rightarrow 0 = \dfrac{3C - 6t}{-2} \Rightarrow C = 2t$

점 C의 y좌표는 $2t$이므로 C$(0, 2t)$이다.

점 B는 두 직선 $y = 3x$, $y = -\dfrac{1}{3}x + 2t$의 교점이므로

$\mathrm{B}\left(\dfrac{3}{5}t,\ \dfrac{9}{5}t\right)$이다.

$\overline{\mathrm{AB}} = \overline{\mathrm{BC}} = \dfrac{\sqrt{10}}{5}t$이므로

삼각형 ABC의 넓이는

$\dfrac{1}{2} \times \overline{\mathrm{AB}} \times \overline{\mathrm{BC}} = \dfrac{1}{2} \times \left(\dfrac{\sqrt{10}}{5}t\right)^2 = \dfrac{t^2}{5} = 20 \Rightarrow t = 10$

$\mathrm{A}(4,\ 12)$, $\mathrm{B}(6,\ 18)$이고 두 점은 $y = 2^{x-m} + n$ 위의 점이므로

$12 = 2^{4-m} + n$, $18 = 2^{6-m} + n$

$18 - 2^{6-m} = 12 - 2^{4-m} \Rightarrow 2^{6-m} - 2^{4-m} = 6$

$\Rightarrow 64 \times 2^{-m} - 16 \times 2^{-m} = 6 \Rightarrow 48 \times 2^{-m} = 6$

$\Rightarrow 2^{-m} = \dfrac{1}{8} \Rightarrow m = 3,\ n = 10$

따라서 $m + n = 13$이다.

답   13

100

$y = \log_2 4x = \log_2 x + 2$이므로 정삼각형의 한 변의 길이는
2이다. $(\because \overline{\mathrm{AC}} = 2)$ 점 B에서 선분 AC에 내린 수선의
발을 D라 할 때, 정삼각형의 높이 $\overline{\mathrm{BD}} = \sqrt{3}$이다.

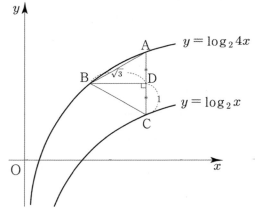

점 C의 x좌표를 t라 하면
$\mathrm{C}(t,\ \log_2 t) \Rightarrow \mathrm{D}(t,\ \log_2 t + 1)$

$\overline{\mathrm{BD}} = \sqrt{3}$이므로 점 B의 x좌표는 $t - \sqrt{3}$이므로
$\mathrm{B}(t - \sqrt{3},\ \log_2 4(t - \sqrt{3}))$이다.

점 D와 점 B의 y좌표가 같으므로

$\log_2 4(t - \sqrt{3}) = \log_2 t + 1$

$\Rightarrow 4t - 4\sqrt{3} = 2t \Rightarrow t = 2\sqrt{3}$

따라서 $\mathrm{B}(\sqrt{3},\ \log_2 4\sqrt{3})$이므로
$p^2 \times 2^q = 3 \times 2^{\log_2 4\sqrt{3}} = 12\sqrt{3}$이다.

답   ③

101	30	112	⑤
102	③	113	220
103	①	114	33
104	①	115	③
105	①	116	192
106	②	117	②
107	②	118	③
108	③	119	110
109	③	120	②
110	②	121	10
111	②		

101

$0 < a < 1$

정의역이 $\{x| -1 \le x \le 1\}$인 함수 $y = a^{x^2 - 2|x| + 3}$에 대하여

$x^2 - 2|x| + 3 = t$라 치환하자.

$y = x^2 - 2|x| + 3$의 그래프는 $y = x^2 - 2x + 3$를 그린 후 x가 양수인 부분을 y축 대칭해서 구할 수 있다.

$x \to |x|$

$-1 \le x \le 1$에서 t의 범위를 구하면 $2 \le t \le 3$이다.

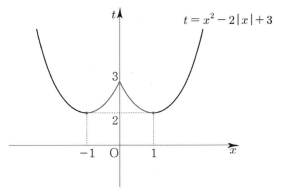

$$t = x^2 - 2|x| + 3$$

$0 < a < 1$이므로 $y = a^t$는 감소함수이므로

$t = 2$일 때, 최댓값 $a^2 = \dfrac{1}{9}$이므로 $a = \dfrac{1}{3}$ $(0 < a < 1)$

$t = 3$일 때, 최솟값 $a^3 = \left(\dfrac{1}{3}\right)^3 = \dfrac{1}{27}$이므로 $m = \dfrac{1}{27}$

따라서 $81(a + m) = 81\left(\dfrac{1}{3} + \dfrac{1}{27}\right) = 27 + 3 = 30$이다.

답 30

102

$f(x) = \left| \log_{\frac{1}{3}}(-x + 3) + 1 \right|$을 그려보자.

① $y = \log_{\frac{1}{3}}(-x)$를 기본 함수로 두자.

② x축의 방향으로 3만큼, y축의 방향으로 1만큼 평행이동하면

$y = \log_{\frac{1}{3}}(-(x-3)) + 1 = \log_{\frac{1}{3}}(-x + 3) + 1$

③ $y = |f(x)|$를 하면

$y = \left| \log_{\frac{1}{3}}(-x + 3) + 1 \right|$이다.

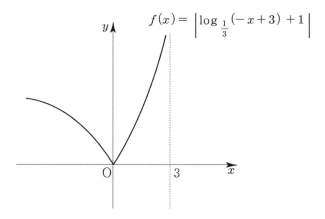

$$f(x) = \left| \log_{\frac{1}{3}}(-x + 3) + 1 \right|$$

ㄱ. $f(0) = 0$

$\left| \log_{\frac{1}{3}}(0 + 3) + 1 \right| = |-1 + 1| = 0$이므로

ㄱ은 참이다.

ㄴ. $x_1 < x_2 < 3$ 이면 $f(x_1) < f(x_2)$이다.

즉, $x < 3$에서 $f(x)$는 증가함수이다.

$x_1 < x_2 < 0$이면 $f(x_1) > f(x_2)$이므로

ㄴ은 거짓이다.

ㄷ. 임의의 양수 k에 대하여 방정식 $f(x) = k$는 항상 서로 다른 2개의 실근을 갖는다.

$y = k$와 $y = f(x)$는 반드시 서로 다른 두 점에서 만나므로 ㄷ은 참이다.

(출제 의도는 점근선이다. 지수함수와 착각 조심!)

$f(x)$의 점근선은 $x = 3$뿐이다.

따라서 ㄷ은 참이다.

답 ③

103

$f(x) = \log_2 (x-1)^2 = 2\log_2 |x-1|$ 을 그려보자.

① $y = 2\log_2 x$를 기본 함수로 두자.

② $x \to |x|$ 를 하면 (x가 양수인 부분을 y축 대칭)

$y = 2\log_2 |x|$

③ x축의 방향으로 1만큼 평행이동하면

$y = 2\log_2 |x-1|$

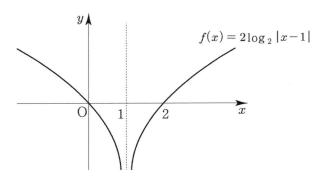

ㄱ. $f(-1) = f(2) + f(3)$

$f(-1) = \log_2(-2)^2 = 2$

$f(2) = \log_2 1^2 = 0$

$f(3) = \log_2 2^2 = 2$

$2 = 0 + 2$ 이므로 ㄱ은 참이다.

ㄴ. $x_1 \neq x_2$ 이면 $f(x_1) \neq f(x_2)$이다.

$f(x)$는 일대일 함수가 아니므로 ㄴ은 거짓이다.

ㄷ. $x > 1$ 인 임의의 실수 x 에 대하여

$f(x) < \log_2(x-1)^3$ 이다.

$x > 1$에서 $f(x) = 2\log_2(x-1)$ 이다.

$\log_2(x-1)^3 = 3\log_2(x-1)$이므로 ㄷ은 결국

$2\log_2(x-1) < 3\log_2(x-1)$와 같다.

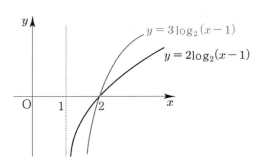

$1 < x < 2$에서는 $2\log_2(x-1) > 3\log_2(x-1)$

이므로 ㄷ은 거짓이다.

답 ①

104

함수 $y = a^x - 1 (a > 1)$의 그래프가 두 직선

$y = n, \; y = n+1$과 만나는 점을 각각 A_n, A_{n+1}

$a^x - 1 = n \Rightarrow a^x = n+1 \Rightarrow x = \log_a(n+1)$

이므로 $A_n(\log_a(n+1), \; n)$

$a^x - 1 = n+1 \Rightarrow a^x = n+2 \Rightarrow x = \log_a(n+2)$

이므로 $A_{n+1}(\log_a(n+2), \; n+1)$

$S_n = \{\log_a(n+2) - \log_a(n+1)\} \times \{(n+1) - n\}$

$= \log_a\left(\dfrac{n+2}{n+1}\right)$

$\displaystyle\sum_{n=1}^{14} S_n = \sum_{n=1}^{14} \log_a \frac{n+2}{n+1} = \log_a\left(\frac{3}{2} \times \frac{4}{3} \times \cdots \times \frac{16}{15}\right)$

$= \log_a 8 = 6 \Rightarrow 3\log_a 2 = 6$

$\Rightarrow \log_a 2 = 2 \Rightarrow 2 = a^2$

따라서 $a = \sqrt{2}$ 이다.

답 ①

105

두 함수 $f(x) = 2^x$, $g(x) = 2^{x-2}$의 그래프를 그리면

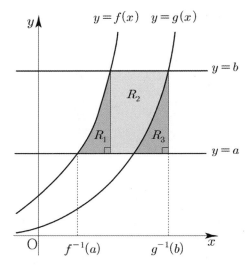

세 영역 R_1, R_2, R_3의 넓이를 각각 S_1, S_2, S_3이라 하자.

함수 $g(x)$의 그래프는 함수 $f(x)$의 그래프를 x축의

방향으로 2만큼 평행이동한 것이므로 $S_1 = S_3$이다.

(가) 조건에서
$$S_1 + S_2 = S_3 + S_2 = 2 \times (b-a) = 6$$
$$b-a = 3 \quad \cdots \quad \text{㉠}$$

(나) 조건에서
$f^{-1}(a) = p$, $g^{-1}(b) = q$ (p, q는 실수)라 하면
$$2^p = a, \quad 2^{q-2} = b$$
$$p = \log_2 a, \quad q = \log_2 b + 2 = \log_2 4b$$
$$q - p = \log_2 4b - \log_2 a = \log_2 \frac{4b}{a} = \log_2 6$$
$$2b = 3a \quad \cdots \quad \text{㉡}$$

㉠, ㉡을 연립하면 $a = 6$, $b = 9$이다.
따라서 $a + b = 15$이다.

답 ①

106

$y = |\log_2 x - n|$이 $y = 1$과 만나는 두 점을 각각 A_n, B_n라 하고, $y = |\log_2 x - n|$이 $y = 2$와 만나는 두 점을 각각 C_n, D_n라 하자.

$y = -(\log_2 x - n)$과 $y = 1$이 만나는 점이 A_n이므로
$$-\log_2 x + n = 1 \Rightarrow n - 1 = \log_2 x \Rightarrow x = 2^{n-1}$$
$A_n(2^{n-1}, 1)$이다.

$y = \log_2 x - n$과 $y = 1$이 만나는 점이 B_n이므로
$$\log_2 x - n = 1 \Rightarrow n + 1 = \log_2 x \Rightarrow x = 2^{n+1}$$
$B_n(2^{n+1}, 1)$이다.

$y = -(\log_2 x - n)$과 $y = 2$이 만나는 점이 C_n이므로
$$-\log_2 x + n = 2 \Rightarrow n - 2 = \log_2 x \Rightarrow x = 2^{n-2}$$
$C_n(2^{n-2}, 2)$이다.

$y = \log_2 x - n$과 $y = 2$이 만나는 점이 D_n이므로
$$\log_2 x - n = 2 \Rightarrow n + 2 = \log_2 x \Rightarrow x = 2^{n+2}$$
$D_n(2^{n+2}, 2)$이다.

ㄱ. $\overline{A_1 B_1} = 3$

$A_n(2^{n-1}, 1)$, $B_n(2^{n+1}, 1)$이므로
$A_1(1, 1)$, $B_1(4, 1)$이다

따라서 $\overline{A_1 B_1} = 3$이므로 ㄱ은 참이다.

ㄴ. $\overline{A_n B_n} : \overline{C_n D_n} = 2 : 5$

$A_n(2^{n-1}, 1)$, $B_n(2^{n+1}, 1)$이므로
$$\overline{A_n B_n} = 2^{n+1} - 2^{n-1} = 2^{n-1}(2^2 - 1) = 3 \times 2^{n-1}$$

$C_n(2^{n-2}, 2)$, $D_n(2^{n+2}, 2)$이므로
$$\overline{C_n D_n} = 2^{n+2} - 2^{n-2} = 2^{n-2}(2^4 - 1) = 15 \times 2^{n-2}$$
$$\overline{A_n B_n} = 3 \times 2^{n-1} = 6 \times 2^{n-2}$$

이므로 $\overline{A_n B_n} : \overline{C_n D_n} = 2 : 5$이다.
따라서 ㄴ은 참이다.

ㄷ. 사각형 $A_n B_n D_n C_n$의 넓이를 S_n이라 할 때, $21 \le S_k \le 210$을 만족시키는 모든 자연수 k의 합은 25이다.

$\overline{A_n B_n} + \overline{C_n D_n} = 21 \times 2^{n-2}$이므로
$$S_n = \frac{1}{2} \times (\overline{A_n B_n} + \overline{C_n D_n}) \times (2 - 1)$$
$$= \frac{1}{2} \times 21 \times 2^{n-2} = 21 \times 2^{n-3}$$
$$21 \le 21 \times 2^{k-3} \le 210 \Rightarrow 1 \le 2^{k-3} \le 10$$
를 만족시키는 자연수 k는 3, 4, 5, 6이므로
합은 $3 + 4 + 5 + 6 = 18$이다.
따라서 ㄷ은 거짓이다.

답 ②

107

$y = 2^x$와 $y = \log_2 x$는 서로 역함수 관계이므로
$y = x$에 대하여 대칭이다. 직선 AB의 기울기가 -1이므로
점 A와 점 B는 $y = x$에 대하여 대칭이다.

점 A의 x좌표가 a이므로 점 B의 y좌표도 a이다.
점 A에서 선분 BC에 내린 수선의 발을 A′라 하면
$A'(a, a)$이다.

$\overline{A'B} = \overline{A'A}$이고 $\overline{AB} = 12\sqrt{2}$이므로 $\overline{A'A} = 12$이다.

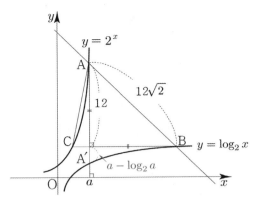

삼각형 ABC의 넓이는 $\frac{1}{2} \times \overline{BC} \times \overline{AA'} = 6 \times \overline{BC} = 84$

이므로 $\overline{BC} = 14 \Rightarrow \overline{CA'} + \overline{A'B} = 14 \Rightarrow \overline{CA'} = 2$

$a - \log_2 a$는 대칭성에 의해서 $\overline{CA'}$ 와 같으므로 2이다.

답 ②

108

$\frac{1}{4} < a < 1$ 이므로 $1 < 4a < 4$

두 곡선 $y = \log_a x$, $y = \log_{4a} x$을 그리면

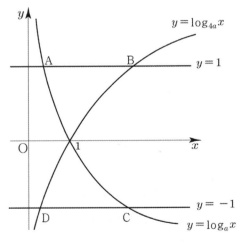

$A(a, \ 1)$, $B(4a, \ 1)$, $C\left(\frac{1}{a}, \ -1\right)$, $D\left(\frac{1}{4a}, \ -1\right)$

ㄱ. 선분 AB를 $1 : 4$로 외분하는 점은

$\frac{4A - B}{4 - 1} = \frac{4A - B}{3}$ 이므로

$\left(\frac{4a - 4a}{3}, \ \frac{4 - 1}{3}\right) \Rightarrow (0, \ 1)$

따라서 ㄱ은 참이다.

Tip

외분점을 구하는 것이 낯설었다면
아래강의를 참고하도록 하자.

내분점과 외분점 강의 (19분)

https://youtu.be/kAYtpoXFh24

ㄴ. 사각형 ABCD가 직사각형이라면
점 A의 x좌표와 점 D의 x좌표가 같아야 한다.

$a = \frac{1}{4a} \Rightarrow a = \frac{1}{2} \ \left(\because \frac{1}{4} < a < 1\right)$

따라서 ㄴ은 참이다.

ㄷ. $\overline{AB} < \overline{CD} \Rightarrow 4a - a < \frac{1}{a} - \frac{1}{4a} \Rightarrow 3a < \frac{3}{4a}$

$\Rightarrow a^2 < \frac{1}{4} \Rightarrow -\frac{1}{2} < a < \frac{1}{2}$

$\frac{1}{4} < a < 1$이므로 $\frac{1}{4} < a < \frac{1}{2}$이다.

따라서 ㄷ은 거짓이다.

답 ③

109

원의 중심을 A라 하면 $A\left(\frac{5}{4}, \ 0\right)$이다.

점 P에서 x축에 내린 수선의 발을 P'라 하고
점 Q에서 x축에 내린 수선의 발을 Q'라 하자.

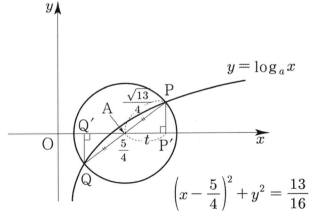

$\left(x - \frac{5}{4}\right)^2 + y^2 = \frac{13}{16}$

$\overline{AP'} = t$라 하면 $P\left(\frac{5}{4} + t, \ \log_a\left(\frac{5}{4} + t\right)\right)$이고

$Q\left(\frac{5}{4} - t, \ \log_a\left(\frac{5}{4} - t\right)\right)$이다.

대칭성에 의해서 $\overline{PP'} = \overline{QQ'}$이므로

$$\log_a\left(\frac{5}{4}+t\right)=-\log_a\left(\frac{5}{4}-t\right)$$

$$\Rightarrow \frac{5}{4}+t=\frac{1}{\frac{5}{4}-t}$$

$$\Rightarrow \frac{5+4t}{4}=\frac{4}{5-4t} \Rightarrow 25-16t^2=16$$

$$\Rightarrow t=\frac{3}{4}\ \ (t>0)$$

따라서 P의 y좌표는 $\log_a 2$ 이다.

반지름의 길이가 $\dfrac{\sqrt{13}}{4}$ 이므로 $\overline{\text{AP}}=\dfrac{\sqrt{13}}{4}$ 이고

(직각삼각형 APP′)피타고라스의 정리에 의해

$$\overline{\text{PP}'}=\sqrt{\frac{13}{16}-t^2}=\sqrt{\frac{13}{16}-\frac{9}{16}}=\frac{1}{2}\text{이다.}$$

이는 점 P의 y좌표이기도 하므로 $\log_a 2=\dfrac{1}{2}$ 이다.

따라서 $a=4$ 이다.

답 ③

110

ㄱ. 곡선 $y=\left|a^{-x-1}-1\right|$은 점 $(-1,\ 0)$을 지난다.

$\left|a^{1-1}-1\right|=|1-1|=0$이므로 ㄱ은 참이다.

ㄴ. $a=4$이면 두 곡선의 교점의 개수는 2이다.

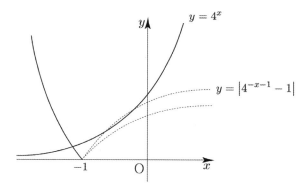

위 그림에서 알 수 있듯이 $x<-1$에서 하나의 교점이
생긴다는 사실을 알 수 있다.
$x>-1$에서 교점이 생기는지 식으로 확인해보자.
(두 곡선 $y=4^x$, $y=-4^{-x-1}+1$의 교점을 유무 파악)

$$4^x=-4^{-x-1}+1 \Rightarrow 4^{2x+1}-4^{x+1}+1=0$$

$4^x=t\ (t>0)$라 치환하면

$$4t^2-4t+1=0 \Rightarrow (2t-1)^2=0 \Rightarrow t=\frac{1}{2}$$

$$4^x=\frac{1}{2} \Rightarrow x=\log_4\frac{1}{2}=-\frac{1}{2}$$

이므로 $x=-\dfrac{1}{2}$에서 접한다.

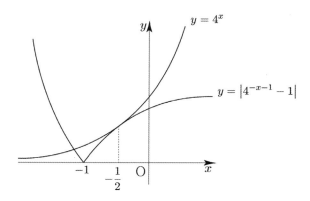

따라서 ㄴ은 참이다.

ㄷ. $a>4$이면 두 곡선의 모든 교점의 x좌표의 합은 -2보다
크다.

ㄴ과 마찬가지로 $x>-1$에서 교점이 생기는지
식으로 확인해보자.

$$a^x=-a^{-x-1}+1 \Rightarrow a^{2x+1}-a^{x+1}+1=0$$

$a^x=t\ (t>0)$라 하자.

방정식 $at^2-at+1=0$에서 판별식을 쓰면

$D=a^2-4a=a(a-4)>0\ (\because a>4)$이고,

근과 계수의 관계에 의해

$$t_1+t_2=-\frac{-a}{a}=1>0,\ t_1t_2=\frac{1}{a}>0$$

이므로 방정식 $at^2-at+1=0$은 서로 다른 두 양의
실근을 갖는다.

즉, $a^{x_1}=t_1$, $a^{x_2}=t_2$을 만족시키는 두 실수 x_1, x_2가
존재한다.

두 곡선 $y=a^x$, $y=-a^{-x-1}+1$의 서로 다른 교점의
개수가 2이면 두 교점의 x좌표는 -1보다 크기 때문에
x_1, x_2는 모두 -1보다 크다.

($x<-1$에서 $-a^{-x-1}+1<0$이고, $a^x>0$이므로
$x<-1$에서는 두 곡선 $y=a^x$, $y=-a^{-x-1}+1$의
교점이 존재하지 않는다.)

이때 편의상 $x_1<x_2$라 하고, $x<-1$에서
두 곡선 $y=a^x$, $y=\left|a^{-x-1}-1\right|$이 만나는 교점의
x좌표를 x_3라 하면 다음과 같다.

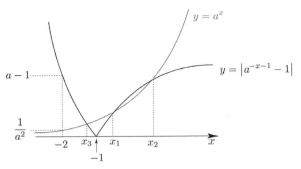

$$t_1 t_2 = \frac{1}{a} \Rightarrow a^{x_1 + x_2} = \frac{1}{a} \Rightarrow x_1 + x_2 = -1$$

$$a^{-(-2)-1} - 1 > a^{-2} \Rightarrow a - 1 > \frac{1}{a^2} \; (\because a > 4)$$

$-2 < x_3 < -1$ 이므로 $-3 < x_1 + x_2 + x_3 < -2$ 이다.

따라서 ㄷ은 거짓이다.

답 ②

111

A$(1, 0)$, C$(0, 1)$ 이므로 직선 AC의 기울기는 -1이다.
$\overline{\text{AC}} \perp \overline{\text{AD}}$ 이므로 직선 AD의 기울기는 1이다.
점 D의 y좌표를 t라 하면 D$(t+1, t)$이다.

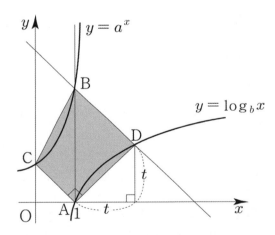

점 B를 지나고 직선 AC와 평행한
직선이 곡선 $y = \log_b x$와 만나는 점이 D이므로
직선 BD의 기울기는 -1이다.
B$(1, a)$, D$(t+1, t)$이므로 직선 BD의 기울기는
$\dfrac{t-a}{t+1-1} = -1$이므로 $2t = a$이다.

사각형 ADBC의 넓이는
(삼각형 ABC의 넓이) + (삼각형 ABD의 넓이)이다.

$$(삼각형 ABC의 넓이) = \frac{1}{2} \times \overline{\text{AB}} \times 1 = \frac{a}{2}$$

$$(삼각형 ABD의 넓이) = \frac{1}{2} \times \overline{\text{AB}} \times t = \frac{at}{2}$$

$$\frac{a}{2} + \frac{at}{2} = 6 \Rightarrow a + at = 12$$

$2t = a$이므로 $2t + 2t^2 = 12 \Rightarrow t^2 + t - 6 = 0$
$\Rightarrow (t+3)(t-2) = 0 \Rightarrow t = 2 \; (t > 0)$
$t = 2$이므로 $a = 4$이다.

점 D$(t+1, t) \Rightarrow$ D$(3, 2)$는 $y = \log_b x$ 위의 점이므로
$2 = \log_b 3 \Rightarrow 3 = b^2 \Rightarrow b = \sqrt{3}$
따라서 $a \times b = 4\sqrt{3}$ 이다.

답 ②

112

$y = 2^x$ 과 $y = -2x^2 + 2$를 그리면

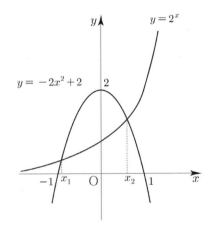

ㄱ. $x_2 > \dfrac{1}{2}$

ㄱ이 참이려면 $-2x^2 + 2$에 $x = \dfrac{1}{2}$을 대입한 값이

2^x에 $x = \dfrac{1}{2}$을 대입한 값보다 크면 된다.

$$2^{\frac{1}{2}} < -2\left(\frac{1}{2}\right)^2 + 2 \Rightarrow \sqrt{2} < \frac{3}{2} \Rightarrow 2 < \frac{9}{4}$$

따라서 ㄱ은 참이다.

ㄴ. $y_2 - y_1 < x_2 - x_1$

$y = -2x^2 + 2$ 위에 (x_1, y_1), (x_2, y_2)가 존재하므로
$y_1 = -2x_1^2 + 2$, $y_2 = -2x_2^2 + 2$
$y_2 - y_1 = -2x_2^2 + 2x_1^2 = -2(x_2 - x_1)(x_2 + x_1)$이므로
$y_2 - y_1 < x_2 - x_1 \Rightarrow -2(x_2 - x_1)(x_2 + x_1) < x_2 - x_1$
$x_2 - x_1 > 0$이므로

$-2(x_2 + x_1) < 1 \Rightarrow x_2 + x_1 > -\dfrac{1}{2}$

$x_2 > \dfrac{1}{2}$ (ㄱ조건 참)이고 $x_1 > -1$ 이므로

ㄴ은 참이다.

ㄷ. $\dfrac{\sqrt{2}}{2} < y_1 y_2 < 1$

$y = 2^x$ 위에 $(x_1,\ y_1)$, $(x_2,\ y_2)$가 존재하므로

$y_1 = 2^{x_1},\ y_2 = 2^{x_2}$

$y_1 y_2 = 2^{x_1 + x_2}$ 이므로

$2^{-\frac{1}{2}} < 2^{x_1 + x_2} < 2^0 \Rightarrow -\dfrac{1}{2} < x_1 + x_2 < 0$

$-\dfrac{1}{2} < x_1 + x_2$ 는 ㄴ조건에 의해 참이므로

$x_1 + x_2 < 0$만 고려하면 된다.

$y = -2x^2 + 2$는 우함수이므로 y축 대칭이다.
이를 이용하여 $-x_1$의 위치를 파악하면

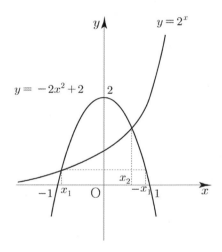

$x_2 < -x_1 \Rightarrow x_1 + x_2 < 0$
따라서 ㄷ은 참이다.

답 ⑤

─ Tip 1 ─

ㄱ, ㄴ, ㄷ 문제는 ㄱ, ㄴ, ㄷ이 유기적으로
연결되어 있다는 생각을 반드시 하도록 하자.

─ Tip 2 ─

$y = -2x^2 + 2$는 설계 단계에서 ㄷ을 풀 때,
대칭성을 물어보고자 선택한 우함수일 가능성이 높다.

113

직선 PQ가 x축과 만나는 점을 D라 하고,
두 점 P, Q에서 x축에 내린 수선의 발을 각각 R, H라 하자.

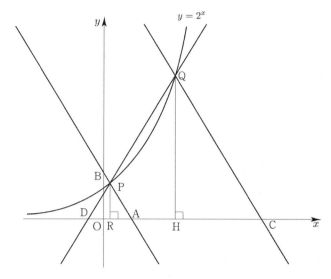

직선 PQ의 기울기가 m이고 직선 QC의 기울기가 $-m$
이므로 삼각형 CQD는 $\overline{DQ} = \overline{CQ}$인 이등변삼각형이다.
또한 직선 PA 역시 기울기가 $-m$이므로
삼각형 APD는 $\overline{DP} = \overline{AP}$인 이등변삼각형이다.

점 P의 x좌표가 a이므로 $\overline{OR} = a$이고,
$\overline{AB} = 4\overline{PB} \Rightarrow \overline{BP} : \overline{PA} = 1 : 3$이므로 $\overline{RA} = 3a$이다.

$\overline{CQ} = 3\overline{AB} \Rightarrow \overline{AB} : \overline{CQ} = 1 : 3$이므로
$\overline{AB} = 4k$라 하면 $\overline{CQ} = 12k$이고,
$\overline{AB} : \overline{AP} = 4 : 3$이므로 $\overline{AP} = 3k$이다.
즉, 두 삼각형 APD, CQD는 1 : 4 닮음이다.

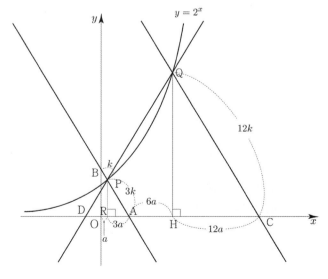

$\overline{RA} = 3a$이므로 $\overline{HC} = 12a$이고,

$$\overline{AH} = \overline{DH} - \overline{AD} = 12a - 2 \times 3a = 6a$$

점 Q의 x좌표가 b이므로 $\overline{OH} = b$이고,
$$\overline{OH} = \overline{OR} + \overline{RA} + \overline{AH} = a + 3a + 6a = 10a$$이다.
즉, $b = 10a$ $\cdots$ ㉠

$\overline{PR} = 2^a$, $\overline{QH} = 2^b$이고, 두 삼각형 APD, CQD는 $1:4$
닮음이므로 $\overline{PR} : \overline{QH} = 1 : 4 \Rightarrow 2^a \times 4 = 2^b$
$\Rightarrow 2^{a+2} = 2^b$이다.
즉, $a + 2 = b$ $\cdots$ ㉡

㉠, ㉡에 의해 $a = \dfrac{2}{9}$, $b = \dfrac{20}{9}$이다.

따라서 $90 \times (a+b) = 90 \times \left(\dfrac{2}{9} + \dfrac{20}{9}\right) = 220$이다.

 220

114

$h(x) = 3^{x+2} - n$, $j(x) = \log_2(x+4) - n$라 하면 다음과 같다.
$$f(x) = \begin{cases} |h(x)| & (x < 0) \\ |j(x)| & (x \geq 0) \end{cases}$$

방정식 $f(x) = t$의 서로 다른 실근의 개수의 최댓값이
4가 되도록 하려면 전제조건으로 방정식 $f(x) = t$의 서로
다른 실근의 개수가 4인 것이 존재해야 한다.

함수 $h(x)$의 그래프의 y절편이 0 이하라고 가정해보자.

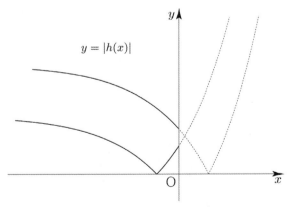

$x < 0$에서 직선 $y = t$와 함수 $y = f(x)$의 교점의
개수는 최대 1이므로 방정식 $f(x) = t$의 서로 다른 실근의
개수가 4인 것이 존재하려면 $x \geq 0$에서 직선 $y = t$와
함수 $y = f(x)$의 교점의 개수가 3인 것이 존재해야 한다.
하지만 n의 값을 어떻게 잡아도 $x \geq 0$에서 직선 $y = t$와
함수 $y = f(x)$의 교점의 개수는 2 이하이므로 모순이다.

즉, $h(x)$의 그래프의 y절편은 0보다 커야 하므로
$$9 - n > 0 \Rightarrow n < 9 \cdots$$ ㉠

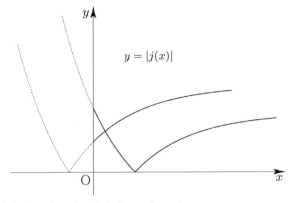

$h(x)$의 그래프의 y절편이 0보다 크면
$x < 0$에서 직선 $y = t$와 함수 $y = f(x)$의 교점의
개수는 최대 2이므로 방정식 $f(x) = t$의 서로 다른 실근의
개수가 4인 것이 존재하려면 $x \geq 0$에서 직선 $y = t$와
함수 $y = f(x)$의 교점의 개수가 2인 것이 존재해야 한다.
이를 만족시키려면 $j(x)$의 그래프의 y절편이 0보다 작아야
하므로 $2 - n < 0 \Rightarrow 2 < n \cdots$ ㉡

㉠, ㉡에 의해 조건을 만족시키는 n의 값의 범위는
$2 < n < 9$이므로 모든 자연수 n의 값의 합은
$3 + 4 + 5 + 6 + 7 + 8 = 33$이다.

 33

115

ㄱ. $x_2 = -2x_1$이면 $k = 3$이다.

$\log_2|kx_1| = \log_2(x_1 + 4)$에서 $x_1 < 0$이므로
$$-kx_1 = x_1 + 4 \Rightarrow x_1 = \dfrac{-4}{k+1}$$
$\log_2|kx_2| = \log_2(x_2 + 4)$에서 $x_2 > 0$이므로
$$kx_2 = x_2 + 4 \Rightarrow x_2 = \dfrac{4}{k-1}$$

$x_2 = -2x_1 \Rightarrow$
$$\dfrac{4}{k-1} = \dfrac{8}{k+1} \Rightarrow k+1 = 2k-2 \Rightarrow k = 3$$
따라서 ㄱ은 참이다.

ㄴ. ${x_2}^2 = x_1 x_3$

$\log_2|kx_2| = \log_2(-x_2 + m)$에서 $x_2 > 0$이므로

$$kx_2 = -x_2 + m \implies m = (k+1)x_2 = \frac{4(k+1)}{k-1}$$

$\log_2 |kx_3| = \log_2(-x_3 + m)$ 에서 $x_3 < 0$ 이므로

$$-kx_3 = -x_3 + m \implies x_3 = \frac{-m}{k-1} = \frac{-4(k+1)}{(k-1)^2}$$

이므로

$$x_1 x_3 = \frac{-4}{k+1} \times \frac{-4(k+1)}{(k-1)^2} = \left(\frac{4}{k-1}\right)^2 = x_2{}^2$$

따라서 ㄴ은 참이다.

ㄷ. 직선 AB의 기울기와 직선 AC의 기울기의 합이 0일 때, $m + k^2 = 19$이다.

세 점 A, B, C의 y좌표를 각각 y_1, y_2, y_3라 하면
두 직선 AB, AC의 기울기의 합이 0이므로

$$\frac{y_2 - y_1}{x_2 - x_1} + \frac{y_3 - y_1}{x_3 - x_1}$$

$$= \frac{\log_2 |kx_2| - \log_2 |kx_1|}{x_2 - x_1} + \frac{\log_2 |kx_3| - \log_2 |kx_1|}{x_3 - x_1}$$

$$= \frac{\log_2 \left|\frac{x_2}{x_1}\right|}{x_2 - x_1} + \frac{\log_2 \left|\frac{x_3}{x_1}\right|}{x_3 - x_1} = 0 \cdots \bigcirc$$

ㄴ에서 $x_2{}^2 = x_1 x_3 \implies \dfrac{x_2}{x_1} = \dfrac{x_3}{x_2}$

$$\frac{x_2}{x_1} = \frac{-k-1}{k-1} = -1 - \frac{2}{k-1} < -1$$

$\dfrac{x_2}{x_1} = \dfrac{x_3}{x_2} = p \ (p < -1)$라 하면 $x_2 = x_1 p$, $x_3 = x_1 p^2$

이므로 이를 $\bigcirc$에 대입하면

$$\frac{\log_2 \left|\frac{x_2}{x_1}\right|}{x_2 - x_1} + \frac{\log_2 \left|\frac{x_3}{x_1}\right|}{x_3 - x_1} = 0$$

$$= \frac{\log_2(-p)}{x_1(p-1)} + \frac{2\log_2(-p)}{x_1(p^2-1)} = 0$$

$$\implies 1 + \frac{2}{p+1} = 0 \implies p = -3$$

$x_2 = x_1 p$에서

$\dfrac{4}{k-1} = \dfrac{12}{k+1} \implies k+1 = 3k-3 \implies k = 2$이고,

$m = \dfrac{4(k+1)}{k-1} = 12$이므로 $m + k^2 = 16$이다.

따라서 ㄷ은 거짓이다.

답 ③

점 A의 x좌표를 t라 하자.
$\overline{AB} = 2\sqrt{2}$이고, 직선 AB의 기울기가 -1이므로
보조선을 그으면 다음과 같다.

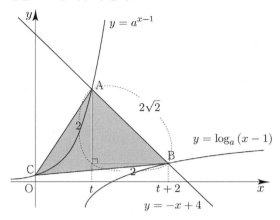

점 B의 x좌표는 $t+2$이고, 점 B는 직선 $y = -x+4$ 위에
있으므로 점 B$(t+2, \ -t+2)$이다.

함수 $y = \log_a(x-1)$의 역함수는 $y = a^x + 1$이다.
곡선 $y = a^x + 1$과 직선 $y = -x+4$가 만나는 점을 P라 하면
점 B는 점 P와 $y = x$에 대하여 대칭이므로
점 P$(-t+2, \ t+2)$이다.

함수 $y = a^{x-1}$의 그래프는 함수 $y = a^x + 1$의 그래프를
x축의 방향으로 1만큼, y축의 방향으로 -1만큼 평행이동
하여 구할 수 있다. 두 점 A, P는 기울기가 -1인 위에
있으므로 점 P를 x축의 방향으로 1만큼, y축의 방향으로
-1만큼 평행이동하면 점 A이다.
보조선을 그리면 다음과 같다.

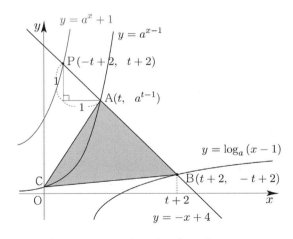

(점 P의 x좌표) $+ \ 1 = \ $(점 A의 x좌표)이므로

$$-t + 2 + 1 = t \implies t = \frac{3}{2}$$

점 A의 y좌표는 $-\dfrac{3}{2}+4=\dfrac{5}{2}$이므로

$$a^{\frac{3}{2}-1}=\dfrac{5}{2} \;\Rightarrow\; a^{\frac{1}{2}}=\dfrac{5}{2} \;\Rightarrow\; a=\dfrac{25}{4}$$

점 $\mathrm{C}\left(0,\ \dfrac{4}{25}\right)$와 직선 $y=-x+4\ (x+y-4=0)$의

거리 d를 구하면

$$d=\dfrac{\left|\dfrac{4}{25}-4\right|}{\sqrt{2}}=\dfrac{1}{\sqrt{2}}\times\dfrac{96}{25}=\dfrac{96}{25\sqrt{2}}$$

삼각형 ABC의 넓이 $S=\dfrac{1}{2}\times d\times\overline{\mathrm{AB}}=\dfrac{1}{2}\times\dfrac{96}{25\sqrt{2}}\times2\sqrt{2}$

$$=\dfrac{96}{25}$$

따라서 $50\times S=50\times\dfrac{96}{25}=192$이다.

답 192

> **Tip**
>
> training-2step 089번과 핵심 아이디어가 똑같은 문제이다.

다르게 풀어보자.

$y=a^x$와 $y=\log_a x$는 $y=x$에 대하여 대칭이므로
$y=a^{x-1}$과 $y=\log_a(x-1)$는 $y=x-1$에 대하여 대칭이다.

$y=x-1$과 $y=-x+4$의 교점을 P라 하자.

$x-1=-x+4 \;\Rightarrow\; x=\dfrac{5}{2}$이므로 점 P의 좌표는 $\mathrm{P}\left(\dfrac{5}{2},\ \dfrac{3}{2}\right)$

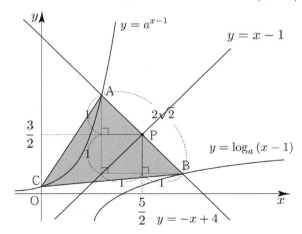

$\mathrm{P}\left(\dfrac{5}{2},\ \dfrac{3}{2}\right)$이므로 $\mathrm{A}\left(\dfrac{3}{2},\ \dfrac{5}{2}\right)$이고, 이후 풀이는 동일하다.

$$y=\dfrac{\log_2 b-\log_2 a}{b-a}(x-a)+\log_2 a$$

$$=\dfrac{\log_2 b-\log_2 a}{b-a}x+\dfrac{-a\log_2\dfrac{b}{a}}{b-a}+\log_2 a$$

$$y=\dfrac{\log_4 b-\log_4 a}{b-a}(x-a)+\log_4 a$$

$$=\dfrac{\log_4 b-\log_4 a}{b-a}x+\dfrac{-a\log_2\dfrac{b}{a}}{2(b-a)}+\dfrac{1}{2}\log_2 a$$

두 점 $(a,\ \log_2 a)$, $(b,\ \log_2 b)$를 지나는 직선의 y절편과
두 점 $(a,\ \log_4 a)$, $(b,\ \log_4 b)$를 지나는 직선의 y절편이
서로 같으므로

$$\dfrac{-a\log_2\dfrac{b}{a}}{b-a}+\log_2 a=\dfrac{-a\log_2\dfrac{b}{a}}{2(b-a)}+\dfrac{1}{2}\log_2 a$$

$$\Rightarrow -\dfrac{a\log_2\dfrac{b}{a}}{2(b-a)}=-\dfrac{1}{2}\log_2 a \;\Rightarrow\; \dfrac{a\log_2\dfrac{b}{a}}{b-a}=\log_2 a$$

$$\Rightarrow a\left(\log_2 b-\log_2 a\right)=(b-a)\log_2 a$$

$$\Rightarrow a\log_2 b-a\log_2 a=b\log_2 a-a\log_2 a$$

$$\Rightarrow \dfrac{a}{b}=\dfrac{\log_2 a}{\log_2 b} \;\Rightarrow\; \dfrac{a}{b}=\log_b a$$

$$\Rightarrow a=b^{\frac{a}{b}} \;\Rightarrow\; a^b=b^a$$

$f(1)=40 \;\Rightarrow\; a^b+b^a=40 \;\Rightarrow\; 2a^b=40 \;\Rightarrow\; a^b=20$
따라서 $f(2)=a^{2b}+b^{2a}=\left(a^b\right)^2+\left(b^a\right)^2=20^2+20^2=800$이다.

답 ②

곡선 $y=2^x$의 점근선의 방정식은 $y=0$이고,

곡선 $y=\left(\dfrac{1}{4}\right)^{x+a}-\left(\dfrac{1}{4}\right)^{3+a}+8$의 점근선의 방정식은

$y=-\left(\dfrac{1}{4}\right)^{3+a}+8$이므로

함수 $y=f(x)$의 그래프를 그리면 다음과 같다.

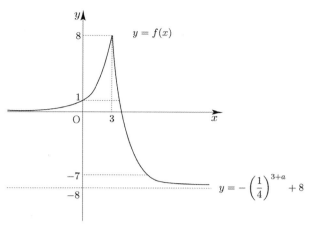

$$y = -\left(\frac{1}{4}\right)^{3+a} + 8$$

곡선 $y = f(x)$ 위의 점 중에서 y좌표가 정수인 점의 개수가 23인데 $y > 0$에서 y좌표가 정수인 점의 개수가 15이므로 (1부터 7까지 2개 + 8일 때 1개 = $2 \times 7 + 1 = 15$) $y \le 0$에서 y좌표가 정수인 점의 개수는 8이다.

이를 만족시키려면 $-8 \le -\left(\frac{1}{4}\right)^{3+a} + 8 < -7$ 이어야 한다.

$15 < \left(\frac{1}{4}\right)^{3+a} \le 16 \Rightarrow 15 < 4^{-3-a} \le 4^2$

$\Rightarrow \log_4 15 < -3 - a \le 2$

$\Rightarrow 3 + \log_4 15 < -a \le 5$

$\Rightarrow -5 \le a < -3 - \log_4 15$

따라서 정수 a의 값은 -5이다.

 ③

119

$y = t - \log_2 x$와 $y = 2^{x-t}$가 만나는 점의 x좌표가 $f(t)$

ㄱ. $f(1) = 1$이고 $f(2) = 2$이다.

$y = t - \log_2 x$는 감소함수이고 $y = 2^{x-t}$는 증가함수이므로 한 점에서 만난다.
이때 $f(1) = 1$, $f(2) = 2$이면 다음이 성립한다.
$1 - \log_2 f(1) = 2^{f(1) - 1}$
$2 - \log_2 f(2) = 2^{f(2) - 2}$

따라서 ㄱ은 참이다.

ㄴ. 실수 t의 값이 증가하면 $f(t)$의 값도 증가한다.

$t_1 < t_2$라고 했을 때 그림을 그리면 다음과 같다.

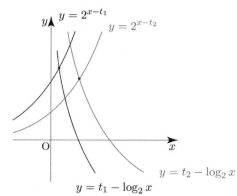

t의 값이 증가할수록 교점의 x좌표가 커지므로 ㄴ은 참이다.

ㄷ. 모든 양의 실수 t에 대하여 $f(t) \ge t$이다.

t에 상관없이 $y = 2^{x-t}$는 $(t, 1)$을 지나고, $y = t - \log_2 x$는 $(1, t)$를 지난다.

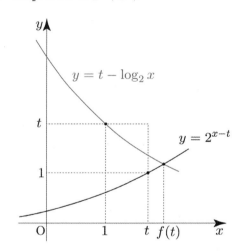

위와 같은 그림에서는 $f(t) \ge t$가 성립한다.

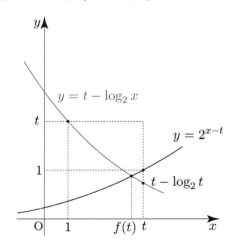

만약 위와 같은 그림이 가능하다면 $f(t) < t$인 t가
존재하므로 ㄷ은 거짓이 된다.
지난 문제들에서 배웠듯이 함숫값의 범위를 이용하여
이를 증명해보자.
$h(t) = t - \log_2 x$라 하고 $g(t) = 2^{x-t}$라 하면
$f(t) < t$가 성립하기 위해서는 $x = t$를 대입한 함숫값의
범위가 $g(t) > h(t)$이어야 하므로
$1 > t - \log_2 t \implies \log_2 t > t - 1$
이때 아래 그림과 같이 $1 < t < 2$에서는
$\log_2 t > t - 1$가 성립한다.

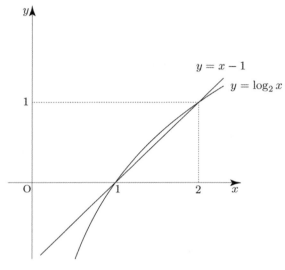

따라서 ㄷ은 거짓이다.

ㄱ, ㄴ, ㄷ에 의하여 $A = 100$, $B = 10$, $C = 0$이므로
$A + B + C = 110$이다.

답 110

120

범위에 따라 $f(x)$를 그리면 다음과 같다.
$f(x) = 2^{x+a} + b \ (x \le -8)$

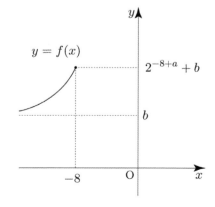

$f(x) = -3^{x-3} + 8 \ (x > -8)$

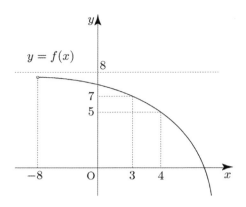

집합 $\{f(x) \mid x \le k\}$의 원소 중 정수인 것의 개수가 2가
되도록 하는 모든 실수 k의 값의 범위가 $3 \le k < 4$이고,
$x > -8$에서 $3 \le k < 4$일 때, 이를 만족시키는 정수 $f(x)$는
$f(x) = 6$ or $f(x) = 7$이다.

집합의 원소 중 정수인 것의 개수가 2가 되려면
$x \le -8$에서 정수 $f(x)$는 $f(x) = 6$ 뿐이어야 한다.
(만약 $x \le -8$에서 정수 $f(x)$가 $f(x) = 6$만이 아니라
$f(x) = 5$도 가능하다면 집합 $\{f(x) \mid x \le k\}$의 원소 중 정수인
것의 개수가 3이 되어 모순이다.)

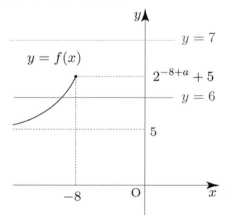

즉, $b = 5$이고 $6 \le f(-8) < 7$이어야 하므로
$6 \le f(-8) < 7 \implies 6 \le 2^{-8+a} + 5 < 7$

$\implies 1 \le 2^{-8+a} < 2 \implies 0 \le -8 + a < 1$

$\implies 8 \le a < 9 \implies a = 8$
따라서 $a + b = 13$이다.

답 ②

$$f(x) = \begin{cases} -x^2 + 6x & (-1 \le x < 6) \\ a\log_4(x-5) & (x \ge 6) \end{cases}$$

$t=0$일 때, $-1 \le x \le 1$에서 $f(x)$의 최댓값은 5이므로 $g(0)=5$이다. 구간 $[0, \infty)$에서 함수 $g(t)$의 최솟값이 5가 되도록 하려면 어떻게 해야 할지 t의 값을 조금씩 증가시켜보면서 감을 찾아보자. t의 값과 상관없이 구간 $[t-1, t+1]$의 길이가 항상 2로 일정함을 바탕으로 판단해보자.

$t=0$부터 $t=3$까지 t의 값이 조금씩 증가함에 따라 구간 $[t-1, t+1]$에서의 $f(x)$의 최댓값은 5보다 크고, $y = -x^2 + 6x$가 $x=3$에 대칭되어 있으므로 $0 \le t \le 5$일 때, $g(t) \ge 5$이다.

구간 $[0, \infty)$에서 함수 $g(t)$의 최솟값이 5가 되려면 $t=6$일 때, $5 \le x \le 7$에서 $f(x)$의 최댓값이 5보다 크거나 같아야 한다. 즉, $g(6) \ge 5$가 성립해야 한다.

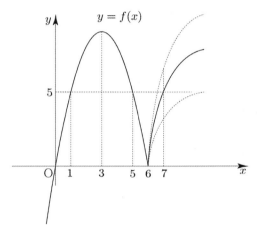

만약 $f(7) < 5$이면 구간 $[t-1, t+1]$에서의 $f(x)$의 최댓값이 5보다 작아지도록 하는 $t > 6$인 어떤 t가 존재하므로 $g(t)$의 최솟값이 5가 될 수 없어 모순이다.

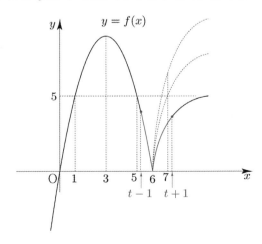

즉, $f(7) \ge 5$이어야 한다.

$$a\log_4(7-5) \ge 5 \Rightarrow \frac{1}{2}a \ge 5$$

$$\Rightarrow a \ge 10$$

따라서 양수 a의 최솟값은 10이다.

답 10

지수함수와 로그함수의 활용 | Guide step

1	(1) $x = \dfrac{3}{2}$ (2) $x = 3$ (3) $x = \log_3 2$
2	(1) $x \leq 3$ (2) $x \geq -2$
3	(1) $x = 5$ (2) $x = 1$ (3) $x = -2$ or $x = 1$
4	(1) $0 < x \leq 16$ (2) $3 < x < 5$ (3) $x \geq 6$

개념 확인문제 1

(1) $2^{-x+2} = 2^{\frac{1}{2}} \Rightarrow -x+2 = \dfrac{1}{2} \Rightarrow x = \dfrac{3}{2}$

(2) $4^x = 8^{2x-4} \Rightarrow 2^{2x} = 2^{6x-12} \Rightarrow 12 = 4x$

  $\Rightarrow x = 3$

(3) $9^x - 2 \times 3^x = 0$

  $3^x = t \, (t > 0)$로 치환하면

  $t^2 - 2t = 0 \Rightarrow t(t-2) = 0 \Rightarrow t = 2 \, (t > 0)$

  $3^x = 2 \Rightarrow x = \log_3 2$

  📋 답 (1) $x = \dfrac{3}{2}$ (2) $x = 3$ (3) $x = \log_3 2$

개념 확인문제 2

(1) $3^{2x} \leq 27^{-x+5}$

  $3^{2x} \leq 3^{-3x+15} \Rightarrow 2x \leq -3x + 15 \Rightarrow 5x \leq 15 \Rightarrow x \leq 3$

(2) $\left(\dfrac{1}{5}\right)^{2x} \geq \left(\dfrac{1}{25}\right)^{3x+4}$

  $\left(\dfrac{1}{5}\right)^{2x} \geq \left(\dfrac{1}{5}\right)^{6x+8} \Rightarrow 2x \leq 6x + 8 \Rightarrow -8 \leq 4x$

  $\Rightarrow -2 \leq x$

  📋 답 (1) $x \leq 3$ (2) $x \geq -2$

개념 확인문제 3

(1) $\log_2(2x-2) = 3$

  진수 조건 $2x - 2 > 0 \Rightarrow x > 1$

  $2x - 2 = 8 \Rightarrow 2x = 10 \Rightarrow x = 5$

(2) $\log_3(x+2) + \log_3 x = 1$

  진수 조건 $x + 2 > 0$, $x > 0 \Rightarrow x > 0$

  $\log_3(x+2)x = \log_3 3 \Rightarrow x^2 + 2x = 3 \Rightarrow x^2 + 2x - 3 = 0$

  $\Rightarrow (x+3)(x-1) = 0 \Rightarrow x = 1 \, (x > 0)$

(3) $\log_2(x^2 - x + 2) = \log_2 2x^2$

  진수 조건 $x^2 - x + 2 > 0 \Rightarrow D = 1^2 - 8 < 0$ 이므로
  실수 전체 집합에서 성립
  진수 조건 $2x^2 > 0 \Rightarrow x \neq 0$

  $x^2 - x + 2 = 2x^2 \Rightarrow x^2 + x - 2 = 0 \Rightarrow (x+2)(x-1) = 0$

  $\Rightarrow x = -2$ or $x = 1$

  📋 답 (1) $x = 5$ (2) $x = 1$ (3) $x = -2$ or $x = 1$

개념 확인문제 4

(1) $\log_4 x \leq 2$

  진수 조건 $x > 0$

  $\log_4 x \leq \log_4 16 \Rightarrow x \leq 16$

  따라서 $0 < x \leq 16$이다.

(2) $\log_{\frac{1}{2}} 2 < \log_{\frac{1}{2}} (x-3)$

  진수 조건 $x - 3 > 0 \Rightarrow x > 3$

  $2 > x - 3 \Rightarrow 5 > x$

  따라서 $3 < x < 5$이다.

(3) $\log_4(x-2) \leq \log_2(x-4)$

  진수 조건 $x - 2 > 0$, $x - 4 > 0 \Rightarrow x > 4$

  $\dfrac{1}{2}\log_2(x-2) \leq \log_2(x-4)$

  $\Rightarrow \log_2(x-2) \leq \log_2(x-4)^2$

  $\Rightarrow x - 2 \leq x^2 - 8x + 16 \Rightarrow x^2 - 9x + 18 \geq 0$

  $\Rightarrow (x-6)(x-3) \geq 0 \Rightarrow x \leq 3$ or $x \geq 6$
  따라서 $x \geq 6$이다.

  📋 답 (1) $0 < x \leq 16$ (2) $3 < x < 5$ (3) $x \geq 6$

1	-3	**15**	81
2	45	**16**	1
3	3	**17**	12
4	3	**18**	16
5	28	**19**	2
6	10	**20**	15
7	4	**21**	9
8	9	**22**	16
9	1	**23**	2
10	16	**24**	8
11	$k \leq 10$	**25**	16
12	2	**26**	4
13	8	**27**	7
14	-16		

001

$$\frac{8^x}{2} = 4^{2x+1} \implies 2^{3x-1} = 2^{4x+2} \implies -3 = x$$

답 -3

002

$$3^{\frac{1}{9}x-2} = 27 \implies 3^{\frac{1}{9}x-2} = 3^3 \implies \frac{1}{9}x = 5 \implies x = 45$$

답 45

003

$4^x - 6 \times 2^x - 16 = 0$

$2^x = t \, (t > 0)$라 치환하면

$t^2 - 6t - 16 = 0 \implies (t-8)(t+2) = 0 \implies t = 8 \, (t > 0)$

따라서 $2^x = 8 \implies x = 3$이다.

답 3

004

$3^x + 3^{3-x} = 12$

$3^x = t \, (t > 0)$라 치환하면

$t + \dfrac{27}{t} = 12 \implies t^2 - 12t + 27 = 0 \implies (t-9)(t-3) = 0$

$\implies t = 9 \text{ or } t = 3$

따라서 $3^x = 9 \text{ or } 3^x = 3 \implies x = 1 \text{ or } x = 2$이므로

모든 실근의 합은 3이다.

답 3

005

$4^x - 2^{x+2} + 3 = 0$의 두 근을 α, β

$2^x = t \, (t > 0)$라 치환하면

$t^2 - 4t + 3 = 0 \implies (t-3)(t-1) = 0 \implies t = 1 \text{ or } t = 3$

$2^\alpha = 1$이라 하면 $2^\beta = 3$이다.

$8^\alpha + 8^\beta = 2^{3\alpha} + 2^{3\beta} = 1 + 27 = 28$이다.

답 28

Tip

방정식 $4^x - 2^{x+2} + 3 = 0$의 두 근 α, β에서

$2^x = t \, (t > 0)$라고 치환하면 $t^2 - 4t + 3 = 0$

이 새로운 방정식의 두 근을 각각 t_α, t_β라고 하면

근과 계수의 관계에 의하여 $t_\alpha + t_\beta = 4$, $t_\alpha t_\beta = 3$이고,

$t_\alpha = 2^\alpha$, $t_\beta = 2^\beta$라고 할 수 있으므로

$8^\alpha + 8^\beta = (2^\alpha + 2^\beta)^3 - 3 \cdot 2^{\alpha+\beta}(2^\alpha + 2^\beta)$

$= 4^3 - 3 \cdot 3 \cdot 4 = 28$

이 방법은 위와 같은 지수방정식의 해가 깔끔하지

않을 때 유용하다.

006

$\left(\dfrac{1}{3}\right)^{x-6} \geq 9$

$3^{-x+6} \geq 3^2 \implies -x+6 \geq 2 \implies 4 \geq x$

따라서 모든 자연수 x의 값의 합은 $1+2+3+4 = 10$이다.

답 10

007

$$\left(\frac{1}{2}\right)^{x^2+4} < 4^{-x^2}$$

$$2^{-x^2-4} < 2^{-2x^2} \Rightarrow -x^2-4 < -2x^2 \Rightarrow x^2 < 4$$

$$\Rightarrow (x-2)(x+2) < 0 \Rightarrow -2 < x < 2$$

따라서 $\beta-\alpha=4$이다.

답 4

008

$$4^x - 5\times 2^{x+2} + 64 \leq 0$$

$2^x = t \ (t > 0)$라 치환하면

$$t^2 - 20t + 64 \leq 0 \Rightarrow (t-16)(t-4) \leq 0 \Rightarrow 4 \leq t \leq 16$$

$$4 \leq 2^x \leq 16 \Rightarrow 2^2 \leq 2^x \leq 2^4 \Rightarrow 2 \leq x \leq 4$$

따라서 모든 자연수 x의 합은 $2+3+4=9$이다.

답 9

009

$$\frac{1}{9^x} - \frac{4}{3^{x-1}} + 27 \leq 0$$

$$\left(\frac{1}{3}\right)^x = t \ (t > 0)$$

$$t^2 - 12t + 27 \leq 0 \Rightarrow (t-9)(t-3) \leq 0 \Rightarrow 3 \leq t \leq 9$$

$$3 \leq \left(\frac{1}{3}\right)^x \leq 9 \Rightarrow 3^1 \leq 3^{-x} \leq 3^2 \Rightarrow 1 \leq -x \leq 2$$

$$\Rightarrow -2 \leq x \leq -1$$

따라서 $\beta-\alpha=1$이다.

답 1

010

모든 실수 x에 대하여 $-4^x - 2^{x+1} + 5 < n$

$2^x = t \ (t > 0)$라 치환하면

$$-t^2 - 2t + 5 < n \quad (t > 0)$$

$= y$를 붙여서 함수로 생각해보자.

$$y = -t^2 - 2t + 5, \ y = n$$

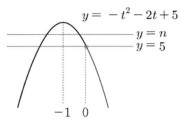

$n \geq 5$이면 모든 양수 t에 대하여
$-t^2 - 2t + 5 < n$를 만족시킨다.

따라서 20 이하의 모든 자연수 n의 개수는
$20 - 5 + 1 = 16$이다.

답 16

> **Tip**

위 풀이가 이해가 잘 안 된다면
아래 해설강의를 참고하도록 하자.

t1 010번 해설강의

https://youtu.be/qZ9q1PRWoEI

011

모든 실수 x에 대하여 부등식 $25^x - k \times 5^x + 25 \geq 0$

$5^x = t \ (t > 0)$라 치환하면

$$t^2 - kt + 25 \geq 0 \Rightarrow t^2 + 25 \geq kt \ (t > 0)$$

$= y$를 붙여서 함수로 생각해보자.

$$y = t^2 + 25, \ y = kt \ (t > 0)$$

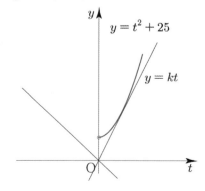

$y = kt$ 는 k와 관계없이 지나는 점이 $(0,\ 0)$이므로
여기서 k는 정점 $(0,\ 0)$을 지나고 빙글빙글 돌아가는 직선의
기울기로 해석할 수 있다. (정점 테크닉)
$t > 0$에서 항상 $t^2 + 25 \geq kt$ 를 만족시키려면 k의 값이
$y = kt$ 가 $y = t^2 + 25$와 접할 때의 k보다 작거나 같으면 된다.

여기서 **주의해야할 점**은 $t > 0$에서 주어진 부등식이
성립하면 되기 때문에 $k \leq 0$이어도 된다는 사실이다.
(여기서 k는 직선 $y = kt$ 의 기울기를 의미한다.)

접할 때 k를 구하면
$t^2 + 25 = kt \implies t^2 - kt + 25 = 0 \implies D = k^2 - 100 = 0$
$\implies k = 10$
(우리가 구하고 싶은 접할 때 k는 양수이므로 -10이
아니라 10이어야 한다.)
따라서 실수 k의 범위는 $k \leq 10$이다.

답 $k \leq 10$

───(Tip 1)───

이 문제에서 나오는 정점 테크닉은 모의고사에 자주 출제되는
테크닉 중 하나이니 반드시 기억하자.
만약 $y = k(x-2) + 1$이라면 k와 관계없이 항상 지나는
정점은 $(2,\ 1)$이 된다.

───(Tip 2)───

질문이 매우 자주 나오는 문제인데 정의역이 양수라는 사실을
절대 놓치면 안 된다.
즉, $t > 0$에서만 부등식 $t^2 + 25 \geq kt$ 을 만족시키면 된다.

───(Tip 3)───

〈범위가 있을 때, 판별식 유의사항〉
아마 판별식 $D \leq 0$이라고 푼 학생이 있을 수 있다.
범위가 $t > 0$이므로 판별식을 쓸 수 없다.

도대체 왜 그럴까?

판별식은 단순 무식해서 정의역이 실수 전체라고
가정하고 서로 다른 실근의 개수를 알려주기 때문이다.

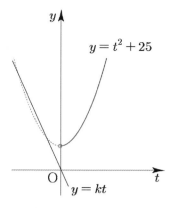

위와 같이 $k < -10$일 때, 판별식을 쓰면 서로 다른
두 실근을 갖는다고 알려주지만 실제로는 정의역이
$t > 0$이므로 실근을 갖지 않는다.

$t > 0$에서 $y = kt$와 $y = t^2 + 25$가 접할 때의 k의 값을
구하기 위해서 판별식을 쓸 수 없을까?

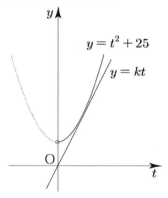

정답은 "쓸 수 있다" 이다. $t > 0$이지만 정의역이
실수 전체일 때와 상황이 동일하기 때문이다.

〈요약〉
1. 범위가 있을 때는 판별식 사용에 각별히 유의해야하고 함수
   의 그래프를 그려 접근하도록 하자.
2. 범위가 있어도 정의역이 실수 전체일 때와 상황이 같다면 판
   별식을 쓸 수 있다.

이번에는 다른 방식으로 풀어보자.
$t^2 - kt + 25 \geq 0$ $(t > 0)$이므로 곡선 $y = t^2 - kt + 25$와
t축$(y = 0)$의 위치관계를 이용하여 풀어보자.

이차함수의 대칭축이 $t = \dfrac{k}{2}$이므로
k의 범위에 따라 case분류하면 다음과 같다.

① $\dfrac{k}{2}<0 \Rightarrow k<0$일 때

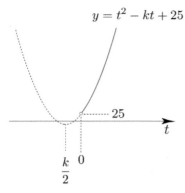

$t>0$에서 곡선 $y=t^2-kt+25$가 t축보다 위에 있으므로 조건을 만족시킨다.

② $\dfrac{k}{2}=0 \Rightarrow k=0$일 때

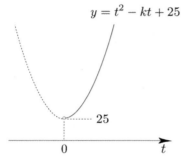

$t>0$에서 곡선 $y=t^2-kt+25$가 t축보다 위에 있으므로 조건을 만족시킨다.

③ $\dfrac{k}{2}>0 \Rightarrow k>0$일 때

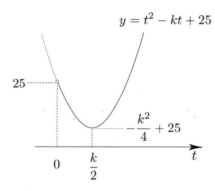

꼭짓점의 y좌표가 $-\dfrac{k^2}{4}+25$이므로

$-\dfrac{k^2}{4}+25 \geq 0 \Rightarrow k^2-100 \leq 0 \Rightarrow (k-10)(k+10) \leq 0$

$\Rightarrow -10 \leq k \leq 10 \Rightarrow 0<k \leq 10\ (\because\ k>0)$

①, ②, ③ 에 의해서 $k \leq 10$이다.

012

$0 \leq x \leq 1$인 모든 실수 x에 대하여
$9^x-6 \times 3^x \geq 9^k-10 \times 3^k$

$3^x=t\ (t>0)$라 치환하면
$0 \leq x \leq 1$에서 t의 범위는 $1 \leq t \leq 3$이다.

$1 \leq t \leq 3$에서 $t^2-6t \geq 9^k-10 \times 3^k$가 항상 성립하려면
$t^2-6t\ (1 \leq t \leq 3)$의 최솟값보다 $9^k-10 \times 3^k$가
작거나 같으면 된다.

여기서 조심해야할 점은 문자만 놓고 봤을 때,
x와 k는 서로 독립이라는 점이다.

$t=3$이 $(1 \leq t \leq 3)$에 포함되므로
$t^2-6t=(t-3)^2-9$은 $t=3$ 일 때, 최솟값 -9이다.

$-9 \geq 9^k-10 \times 3^k$
$3^k=a\ (a>0)$라 치환하면
$-9 \geq a^2-10a \Rightarrow a^2-10a+9 \leq 0 \Rightarrow (a-9)(a-1) \leq 0$
$\Rightarrow 1 \leq a \leq 9 \Rightarrow 1 \leq 3^k \leq 9 \Rightarrow 0 \leq k \leq 2$

따라서 $M+m=2$이다.

답 2

$\log_3(x-2)=\log_9 36$
진수 조건 $x-2>0 \Rightarrow x>2$
$\log_3(x-2)=\dfrac{1}{2}\log_3 36=\log_3 6 \Rightarrow x-2=6 \Rightarrow x=8$

답 8

$\log_3(5-x)+\log_3(5+x)=2$
진수 조건 $5-x>0,\ 5+x>0 \Rightarrow -5<x<5$
$\log_3(5-x)(5+x)=\log_3 9 \Rightarrow 25-x^2=9 \Rightarrow 16=x^2$
$\Rightarrow x=4\ or\ x=-4$

따라서 모든 실수 x의 곱은 -16이다.

답 -16

015

$\log_2(\log_3 x) = 2$

진수 조건 $\log_3 x > 0,\ x > 0 \Rightarrow x > 1,\ x > 0 \Rightarrow x > 1$

$\log_2(\log_3 x) = \log_2 4 \Rightarrow \log_3 x = 4 \Rightarrow x = 81$

답 81

016

$\log_4(12x - 3) = \log_2(2x + 1)$

진수 조건

$12x - 3 > 0,\ 2x + 1 > 0 \Rightarrow x > \dfrac{1}{4},\ x > -\dfrac{1}{2} \Rightarrow x > \dfrac{1}{4}$

$\dfrac{1}{2}\log_2(12x - 3) = \log_2(2x + 1)$

$\Rightarrow \log_2(12x - 3) = \log_2(2x + 1)^2$

$\Rightarrow 12x - 3 = 4x^2 + 4x + 1$

$\Rightarrow 4x^2 - 8x + 4 = 0 \Rightarrow x^2 - 2x + 1 = 0$

$\Rightarrow (x - 1)^2 = 0 \Rightarrow x = 1$

답 1

017

$(\log_3 x)^2 - 3\log_3 x + 2 = 0$의 두 근을 $\alpha,\ \beta$라 하였다.

$\log_3 x = t$ 라 치환하면

$t^2 - 3t + 2 = 0 \Rightarrow (t - 2)(t - 1) = 0 \Rightarrow t = 1\ \text{or}\ t = 2$

$\log_3 x = 1\ \text{or}\ \log_3 x = 2 \Rightarrow x = 3\ \text{or}\ x = 9$

따라서 $\alpha + \beta = 12$이다.

답 12

018

$x^2 - 6x + 2 = 0$ 의 두 근이 $\log a,\ \log b$이므로

근과 계수의 관계에 의해 $\log a + \log b = 6,\ \log a \log b = 2$

$(\log a + \log b)^2 = (\log a)^2 + (\log b)^2 + 2\log a \log b$

$\Rightarrow 36 = (\log a)^2 + (\log b)^2 + 4 \Rightarrow (\log a)^2 + (\log b)^2 = 32$

이므로

$\log_a b + \log_b a = \dfrac{\log b}{\log a} + \dfrac{\log a}{\log b} = \dfrac{(\log b)^2 + (\log a)^2}{\log a \log b}$

$= \dfrac{32}{2} = 16$

답 16

019

$(\log_3 x)^2 - 2\log_3 x - 2 = 0$ 의 두 근을 $\alpha,\ \beta$ 라 하였다.

$\log_3 x = t$라 치환하면

$t^2 - 2t - 2 = 0$ 이다.

두 근을 $t_1,\ t_2$ 라 하면 근과 계수의 관계에 의해

$t_1 + t_2 = \log_3 \alpha + \log_3 \beta = 2$

$t_1 t_2 = \log_3 \alpha \log_3 \beta = -2$

$(\log_3 \alpha + \log_3 \beta)^2 = (\log_3 \alpha)^2 + (\log_3 \beta)^2 + 2\log_3 \alpha \log_3 \beta$

$4 = (\log_3 \alpha)^2 + (\log_3 \beta)^2 - 4 \Rightarrow (\log_3 \alpha)^2 + (\log_3 \beta)^2 = 8$

$(\log_\alpha 3)^2 + (\log_\beta 3)^2 = \left(\dfrac{1}{\log_3 \alpha}\right)^2 + \left(\dfrac{1}{\log_3 \beta}\right)^2$

$= \dfrac{(\log_3 \alpha)^2 + (\log_3 \beta)^2}{(\log_3 \alpha)^2 (\log_3 \beta)^2} = \dfrac{8}{4} = 2$

답 2

020

$\log_3 x \leq \log_3(x + 10) - 1$

진수 조건 $x > 0,\ x + 10 > 0 \Rightarrow x > 0$

$\log_3 x \leq \log_3\left(\dfrac{x + 10}{3}\right) \Rightarrow x \leq \dfrac{x + 10}{3}$

$\Rightarrow 3x \leq x + 10 \Rightarrow 2x \leq 10 \Rightarrow x \leq 5$

$0 < x \leq 5 \Rightarrow x = 1,\ 2,\ 3,\ 4,\ 5$

따라서 정수 x의 값의 합은 $1 + 2 + 3 + 4 + 5 = 15$이다.

답 15

021

$\log_{\frac{1}{3}}(x^2-2x-3) \geq \log_{\frac{1}{3}}(2x+2)$

진수 조건 $x^2-2x-3>0,\ 2x+2>0$

$\Rightarrow (x-3)(x+1)>0,\ x>-1$

$\Rightarrow x<-1 \text{ or } x>3,\ x>-1 \Rightarrow x>3$

$x^2-2x-3 \leq 2x+2 \Rightarrow x^2-4x-5 \leq 0$

$\Rightarrow (x-5)(x+1) \leq 0 \Rightarrow -1 \leq x \leq 5$

$3 < x \leq 5 \Rightarrow x=4,\ 5$

따라서 정수 x의 값의 합은 $4+5=9$이다.

📋 9

022

$\log_2 x \leq \log_4(13x+30)$

진수 조건 $x>0,\ 13x+30>0 \Rightarrow x>0$

$\log_2 x \leq \frac{1}{2}\log_2(13x+30) \Rightarrow \log_2 x^2 \leq \log_2(13x+30)$

$\Rightarrow x^2 \leq 13x+30 \Rightarrow x^2-13x-30 \leq 0$

$\Rightarrow (x-15)(x+2) \leq 0 \Rightarrow -2 \leq x \leq 15$

$0 < x \leq 15 \Rightarrow x=1,\ 2,\ 3,\ \cdots,\ 15$

따라서 최솟값과 최댓값의 합은 $1+15=16$이다.

📋 16

023

$\log_{\frac{1}{3}}(x+1)+\log_{\frac{1}{3}}(x+5) \geq \log_{\frac{1}{3}}12$

진수 조건 $x+1>0,\ x+5>0 \Rightarrow x>-1$

$\log_{\frac{1}{3}}(x+1)(x+5) \geq \log_{\frac{1}{3}}12 \Rightarrow x^2+6x+5 \leq 12$

$\Rightarrow x^2+6x-7 \leq 0 \Rightarrow (x+7)(x-1) \leq 0$

$\Rightarrow -7 \leq x \leq 1$

$-1 < x \leq 1 \Rightarrow x=0,\ 1$

따라서 정수 x는 2개다.

📋 2

024

$\log_2(\log_3 x) \leq 1$

진수 조건 $\log_3 x>0,\ x>0 \Rightarrow x>1$

$\log_2(\log_3 x) \leq \log_2 2 \Rightarrow \log_3 x \leq 2 \Rightarrow x \leq 9$

$1 < x \leq 9 \Rightarrow x=2,\ 3,\ \cdots,\ 9$

따라서 자연수 x의 개수는 8이다.

📋 8

025

$4\log_3|x| < 4-\log_{\frac{1}{3}}x^2$

진수 조건 $|x|>0,\ x^2>0 \Rightarrow x \neq 0$

$4\log_3|x| < 4+\log_3 x^2 \Rightarrow 4\log_3|x| < 4+2\log_3|x|$

$\Rightarrow \log_3|x|<2 \Rightarrow \log_3|x|<\log_3 9 \Rightarrow |x|<9$

$\Rightarrow -9<x<9$

$-9<x<9,\ x \neq 0$ 이므로 정수 x의 개수는 16이다.

📋 16

026

$\log_2 P = C+\log_3 D-\log_9 S$ (단, C는 상수)

수요량 27배, 공급량 9배 $\Rightarrow$ 판매가격 k배

$\log_2 P' = C+\log_3 27\,D-\log_9 9\,S$

$= C+3+\log_3 D-1-\log_9 S = C+\log_3 D-\log_9 S+2$

$= \log_2 P+2 = \log_2 4P$

따라서 $P'=4P$이므로 $k=4$이다.

📋 4

027

$Q(t) = Q_0 \left(1 - 2^{-\frac{t}{a}}\right)$ (단, a는 양의 상수이다.)

$$\frac{Q(4)}{Q(2)} = \frac{Q_0\left(1 - 2^{-\frac{4}{a}}\right)}{Q_0\left(1 - 2^{-\frac{2}{a}}\right)} = \frac{1 - 2^{-\frac{4}{a}}}{1 - 2^{-\frac{2}{a}}} = \frac{3}{2}$$

$2 - 2 \times 2^{-\frac{4}{a}} = 3 - 3 \times 2^{-\frac{2}{a}}$

$2^{-\frac{2}{a}} = t \ (t > 0)$라 치환하면

$2 - 2t^2 = 3 - 3t \Rightarrow 2t^2 - 3t + 1 = 0 \Rightarrow (2t-1)(t-1) = 0$

$\Rightarrow t = 1$ or $t = \frac{1}{2}$

a는 양의 상수이므로 $2^{-\frac{2}{a}} \neq 1$

$2^{-\frac{2}{a}} = \frac{1}{2} \Rightarrow a = 2$ 이다.

$$a^2 \times \frac{Q(6)}{Q(2)} = 4 \times \frac{Q_0\left(1 - 2^{-3}\right)}{Q_0\left(1 - 2^{-1}\right)} = 4 \times \frac{1 - \frac{1}{8}}{1 - \frac{1}{2}} = 4 \times \frac{7}{4} = 7$$

답 7

28	4	47	③
29	③	48	①
30	④	49	④
31	14	50	②
32	1	51	①
33	3	52	81
34	6	53	15
35	2	54	①
36	7	55	15
37	10	56	①
38	12	57	4
39	③	58	⑤
40	10	59	②
41	32	60	⑤
42	②	61	31
43	27	62	①
44	128	63	①
45	6	64	71
46	63		

028

$3^{-x+2} = \frac{1}{9}$

$3^{-x+2} = 3^{-2} \Rightarrow -x+2 = -2 \Rightarrow x = 4$

답 4

029

$5^{2x-7} \leq \left(\frac{1}{5}\right)^{x-2}$

$5^{2x-7} \leq 5^{-x+2} \Rightarrow 2x-7 \leq -x+2 \Rightarrow x \leq 3$
따라서 자연수 x의 개수는 3이다.

답 ③

030

$$\frac{27}{9^x} \geq 3^{x-9}$$

$3^{3-2x} \geq 3^{x-9} \Rightarrow 3-2x \geq x-9 \Rightarrow 4 \geq x$

따라서 모든 자연수 x의 개수는 4이다.

답 ④

031

$$\log_8 x - \log_8 (x-7) = \frac{1}{3}$$

진수 조건 $x > 0$, $x-7 > 0 \Rightarrow x > 7$

$\frac{1}{3}\log_2 \frac{x}{x-7} = \frac{1}{3} \Rightarrow \frac{x}{x-7} = 2 \Rightarrow x = 2x-14$

$\Rightarrow 14 = x$

답 14

032

$$2\log_4 (5x+1) = 1$$

진수 조건 $5x+1 > 0 \Rightarrow x > -\frac{1}{5}$

$2\log_4 (5x+1) = 1 \Rightarrow \log_2 (5x+1) = 1 \Rightarrow 5x+1 = 2$

$\Rightarrow x = \frac{1}{5}$

따라서 $\log_5 \frac{1}{\alpha} = \log_5 5 = 1$이다.

답 1

033

$$2^{x-6} \leq \left(\frac{1}{4}\right)^x$$

$2^{x-6} \leq 2^{-2x} \Rightarrow x-6 \leq -2x \Rightarrow 3x \leq 6 \Rightarrow x \leq 2$

따라서 모든 자연수 x의 값의 합은 $1+2 = 3$이다.

답 3

034

$$\log_2 (x-1) = \log_4 (13+2x)$$

진수 조건 $x-1 > 0$, $13+2x > 0 \Rightarrow x > 1$

$\log_2 (x-1) = \frac{1}{2}\log_2 (13+2x)$

$\Rightarrow 2\log_2 (x-1) = \log_2 (13+2x)$

$\Rightarrow \log_2 (x-1)^2 = \log_2 (13+2x)$

$\Rightarrow (x-1)^2 = 13+2x$

$x^2 - 4x - 12 = 0 \Rightarrow (x-6)(x+2) = 0$

$\Rightarrow x = 6 \ (\because \ x > 1)$

답 6

035

$$3^{x-8} = \left(\frac{1}{27}\right)^x$$

$3^{x-8} = 3^{-3x} \Rightarrow x-8 = -3x \Rightarrow 4x = 8 \Rightarrow x = 2$

답 2

036

진수조건 $x > 4$, $x+2 > 0 \Rightarrow x > 4$

$\log_9 (x+2) = \frac{1}{2}\log_3 (x+2)$이므로

$\log_3 (x-4) = \log_9 (x+2)$

$\Rightarrow \log_3 (x-4) = \frac{1}{2}\log_3 (x+2)$

$\Rightarrow 2\log_3 (x-4) = \log_3 (x+2)$

$(x-4)^2 = x+2 \Rightarrow x^2 - 9x + 14 = 0$

$\Rightarrow (x-7)(x-2) = 0 \Rightarrow x = 2 \text{ or } x = 7$

$x > 4$이므로 조건을 만족시키는 실수 $x = 7$이다.

답 7

037

진수조건 $3x+2>0,\ x-2>0 \Rightarrow x>2$

$\log_2(3x+2)=2+\log_2(x-2)$

$\Rightarrow \log_2(3x+2)=\log_2 4(x-2)$

$3x+2=4x-8 \Rightarrow x=10$

답 10

038

진수조건 $x>0,\ 2x-3>0 \Rightarrow x>\dfrac{3}{2}$

$\log_2 x=2\log_4 x$이므로

$2\log_4 x=\log_4 4+\log_4(2x-3)$

$\Rightarrow \log_4 x^2=\log_4(8x-12)$

$x^2=8x-12 \Rightarrow x^2-8x+12=0$

$\Rightarrow (x-6)(x-2)=0 \Rightarrow x=2 \text{ or } x=6$

2와 6 모두 $\dfrac{3}{2}$ 보다 크므로 진수조건을 만족시킨다.

따라서 모든 실수 x값의 곱은 12이다.

답 12

039

진수조건

$x^2-7x>0 \Rightarrow x(x-7)>0 \Rightarrow x<0 \text{ or } x>7$

$x+5>0 \Rightarrow x>-5$

$\therefore\ -5<x<0 \text{ or } x>7$

$\log_2\dfrac{x^2-7x}{x+5}\le \log_2 2 \Rightarrow \dfrac{x^2-7x}{x+5}\le 2$

$\Rightarrow x^2-7x\le 2x+10\ (\because x+5>0)$

$\Rightarrow x^2-9x-10\le 0$

$\Rightarrow (x-10)(x+1)\le 0 \Rightarrow -1\le x\le 10$

진수조건을 고려하면

$-1\le x<0 \text{ or } 7<x\le 10$이므로

조건을 만족시키는 모든 정수 x의 합은

$-1+8+9+10=26$이다.

답 ③

040

$\log x^3-\log\dfrac{1}{x^2}=3\log x-(-2\log x)=5\log x$

$10\le x<1000$

$1\le \log x<3 \Rightarrow 5\le 5\log x<15$

따라서 $5\log x$의 값이 자연수가 되도록 하는 x의

개수는 10이다.

답 10

041

$\left(\log_2\dfrac{x}{2}\right)(\log_2 4x)=4$의 서로 다른 두 실근 α, β

$\log_2 x=t$로 치환하면

$(t-1)(t+2)=4 \Rightarrow t^2+t-6=0 \Rightarrow (t+3)(t-2)=0$

$\Rightarrow t=-3 \text{ or } t=2$

$\log_2 x=-3 \Rightarrow x=\dfrac{1}{8}$

$\log_2 x=2 \Rightarrow x=4$

따라서 $64\alpha\beta=32$이다.

답 32

042

$2\log_2|x-1|\le 1-\log_2\dfrac{1}{2}$

진수 조건 $|x-1|>0 \Rightarrow x\ne 1$

$2\log_2|x-1|\le 2 \Rightarrow \log_2|x-1|\le 1 \Rightarrow |x-1|\le 2$

$\Rightarrow -2\le x-1\le 2 \Rightarrow -1\le x\le 3$

$-1\le x\le 3,\ x\ne 1$이므로 $x=-1,\ 0,\ 2,\ 3$

따라서 모든 정수 x의 개수는 4이다.

답 ②

043

$(\log_3 x)^2-6\log_3\sqrt{x}+2=0$의 서로 다른 두 실근 α, β

$\log_3 x=t \Rightarrow t^2-3t+2=0 \Rightarrow (t-2)(t-1)=0$

$\Rightarrow t=1 \text{ or } t=2$

$\log_3 x=1 \Rightarrow x=3$

$\log_3 x = 2 \Rightarrow x = 9$

따라서 $\alpha\beta = 27$이다.

$\boxed{\text{답}}$ 27

044

$a^{2x} - a^x = 2 \ (a > 0, \ a \neq 1)$

$a^x = t \ (t > 0)$라 치환하면

$t^2 - t = 2 \Rightarrow t^2 - t - 2 = 0 \Rightarrow (t-2)(t+1) = 0$

$\Rightarrow t = 2 \ (t > 0)$

방정식의 해가 $\dfrac{1}{7}$이므로

$a^x = 2 \Rightarrow a^{\frac{1}{7}} = 2 \Rightarrow a = 2^7 = 128$

$\boxed{\text{답}}$ 128

045

모든 실수 x에 대하여 $3x^2 - 2(\log_2 n)x + \log_2 n > 0$

판별식을 쓰면

$\dfrac{D}{4} = (\log_2 n)^2 - 3\log_2 n < 0 \Rightarrow \log_2 n(\log_2 n - 3) < 0$

$\Rightarrow 0 < \log_2 n < 3 \Rightarrow 1 < n < 8$

따라서 자연수 n의 개수는 6이다.

$\boxed{\text{답}}$ 6

046

$2^{2x+1} - (2n+1)2^x + n \leq 0$

$2^x = t \ (t > 0)$ 라 치환하면

$2t^2 - (2n+1)t + n \leq 0 \Rightarrow (2t-1)(t-n) \leq 0$

$\Rightarrow \dfrac{1}{2} \leq t \leq n \Rightarrow 2^{-1} \leq 2^x \leq n$

정수 x의 개수가 7개가 되려면

$-1, \ 0, \ 1, \ 2, \ 3, \ 4, \ 5$ 을 포함해야하므로

$2^5 \leq n < 2^6 \Rightarrow 32 \leq n < 64$이다.

따라서 자연수 n의 최댓값은 63이다.

$\boxed{\text{답}}$ 63

047

$\log_3(x-1) + \log_3(4x-7) \leq 3$

진수 조건 $x - 1 > 0, \ 4x - 7 > 0 \Rightarrow x > \dfrac{7}{4}$

$\log_3(x-1)(4x-7) \leq \log_3 27 \Rightarrow 4x^2 - 11x + 7 \leq 27$

$\Rightarrow 4x^2 - 11x - 20 \leq 0 \Rightarrow (4x+5)(x-4) \leq 0$

$\Rightarrow -\dfrac{5}{4} \leq x \leq 4$

진수 조건까지 고려하면 $\dfrac{7}{4} < x \leq 4$이므로 조건을 만족시키는

$x = 2, \ 3, \ 4$이다.

따라서 정수 x의 개수는 3이다.

$\boxed{\text{답}}$ ③

048

$\log_5(x-1) \leq \log_5\left(\dfrac{1}{2}x + k\right)$

진수 조건

$x - 1 > 0, \ \dfrac{1}{2}x + k > 0 \Rightarrow x > 1, \ x > -2k \Rightarrow x > 1$

$\log_5(x-1) \leq \log_5\left(\dfrac{1}{2}x + k\right) \Rightarrow x - 1 \leq \dfrac{1}{2}x + k$

$\Rightarrow \dfrac{1}{2}x \leq k + 1 \Rightarrow x \leq 2k + 2$

진수 조건까지 고려하면 $1 < x \leq 2k+2$이므로

정수 x의 개수가 3개가 되려면 $x = 2, \ 3, \ 4$ 이다.

따라서 $k = 1$이다.

$\boxed{\text{답}}$ ①

049

$4^x - k \times 2^{x+1} + 16 = 0$이 오직 하나의 실근 α를 갖는다.

$2^x = t \ (t > 0)$라 치환하면

$t^2 - 2kt + 16 = 0 \ (t > 0) \Rightarrow t^2 + 16 = 2kt \ (t > 0)$

양변에 $= y$를 붙여서 함수로 생각하면

$t > 0$인 범위에서 $y = t^2 + 16$와 $y = 2kt$의 교점이

오직 하나 존재해야 한다는 것과 같다.

t1 11번에서 배웠듯이 정점 테크닉으로 처리하면 된다.

(직선 $y = 2kt$은 $(0, \ 0)$을 반드시 지나고 빙글빙글 도는

직선이고 기울기는 $2k$이다.)

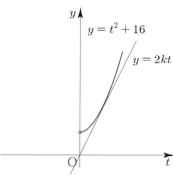

즉, 접해야 하므로 판별식을 쓰면

$\dfrac{D}{4} = k^2 - 16 = 0 \Rightarrow k = 4 \ (k > 0)$

$k = 4$일 때, $t^2 - 8t + 16 = (t-4)^2 = 0 \Rightarrow t = 4$

$2^\alpha = 4 \Rightarrow \alpha = 2$

따라서 $k + \alpha = 4 + 2 = 6$ 이다.

답 ④

050

$|a - \log_2 x| \leq 1$

진수 조건 $x > 0$

$|a - \log_2 x| \leq 1 \Rightarrow -1 \leq a - \log_2 x \leq 1$

$\Rightarrow -1 \leq \log_2 x - a \leq 1 \Rightarrow a - 1 \leq \log_2 x \leq a + 1$

$\Rightarrow \log_2 2^{a-1} \leq \log_2 x \leq \log_2 2^{a+1}$

$\Rightarrow 2^{a-1} \leq x \leq 2^{a+1}$

x의 최댓값과 최솟값의 차가 18이므로

$2^{a+1} - 2^{a-1} = 2^{a-1}(2^2 - 1) = 3 \times 2^{a-1} = 18$

$\Rightarrow 2^a = 12$

답 ②

051

$\begin{cases} 2^{x+3} > 4 \\ 2\log(x+3) < \log(5x+15) \end{cases}$

진수 조건 $x + 3 > 0,\ 5x + 15 > 0 \Rightarrow x > -3$

$2^{x+3} > 2^2 \Rightarrow x + 3 > 2 \Rightarrow x > -1$

$\log(x+3)^2 < \log(5x+15) \Rightarrow x^2 + 6x + 9 < 5x + 15$

$\Rightarrow x^2 + x - 6 < 0 \Rightarrow (x+3)(x-2) < 0 \Rightarrow -3 < x < 2$

$x > -1,\ -3 < x < 2,\ x > -3 \Rightarrow -1 < x < 2$

따라서 $x = 0$, 1이므로 정수 x의 개수는 2이다.

답 ①

052

$(\log_3 x)(\log_3 3x) \leq 20$

진수 조건 $x > 0$

$\log_3 x = t$라 치환하면

$t(t+1) \leq 20 \Rightarrow t^2 + t - 20 \leq 0 \Rightarrow (t+5)(t-4) \leq 0$

$\Rightarrow -5 \leq t \leq 4$

$-5 \leq \log_3 x \leq 4 \Rightarrow \log_3 3^{-5} \leq \log_3 x \leq \log_3 3^4$

$\Rightarrow 3^{-5} \leq x \leq 3^4$

따라서 자연수 x의 최댓값은 $3^4 = 81$이다.

답 81

053

$\log_3 f(x) + \log_{\frac{1}{3}} (x-1) \leq 0$

진수 조건

$f(x) > 0,\ x - 1 > 0 \Rightarrow 0 < x < 7,\ x > 1 \Rightarrow 1 < x < 7$

$\log_3 f(x) - \log_3 (x-1) \leq 0 \Rightarrow \log_3 f(x) \leq \log_3 (x-1)$

$\Rightarrow f(x) \leq x - 1$

양변에 $= y$를 붙여 그래프로 비교해보자.

$y = f(x)$가 $y = x - 1$보다 같거나

작은 범위를 찾으면 된다.

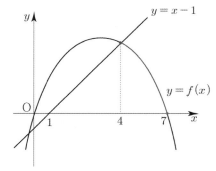

진수 조건까지 고려하면 조건을 만족시키는 x의 범위는

$4 \leq x < 7$이다. $x = 4$, 5, 6이므로

따라서 모든 자연수 x의 값의 합은 $4 + 5 + 6 = 15$이다.

답 15

$$\begin{cases} \left(\dfrac{1}{2}\right)^{1-x} > \left(\dfrac{1}{16}\right)^{x-1} \\ \log_2 4x < \log_2(x+k) \end{cases}$$

$$\left(\dfrac{1}{2}\right)^{1-x} > \left(\dfrac{1}{16}\right)^{x-1} \Rightarrow \left(\dfrac{1}{2}\right)^{1-x} > \left(\dfrac{1}{2}\right)^{4x-4}$$

$$\Rightarrow 1-x < 4x-4 \Rightarrow 5 < 5x \Rightarrow 1 < x$$

진수조건 $x > 0$, $x > -k \Rightarrow x > 0 \; (\because k > 0)$
$\log_2 4x < \log_2(x+k) \Rightarrow 4x < x+k$

$$\Rightarrow 3x < k \Rightarrow x < \dfrac{k}{3}$$

진수조건까지 고려하면

$$\therefore 0 < x < \dfrac{k}{3}$$

$1 < x$와 $0 < x < \dfrac{k}{3}$ 가 겹치지 않으려면

$\dfrac{k}{3} \le 1$ 이어야 하므로 $k \le 3$

따라서 양수 k의 최댓값은 3이다.

답 ①

$y = f(x)$는 $(-5, \ 0)$을 반드시 지나므로
$f(x) = a(x+5)$라고 둘 수 있다.

$$2^{f(x)} \le 8 \Rightarrow 2^{a(x+5)} \le 2^3 \Rightarrow a(x+5) \le 3$$

$$\Rightarrow x+5 \le \dfrac{3}{a} \Rightarrow x \le \dfrac{3}{a} - 5$$

($a > 0$이므로 부등호 방향은 변하지 않는다.)

부등식 $2^{f(x)} \le 8$의 해가 $x \le -4$이므로
$\dfrac{3}{a} - 5 = -4 \Rightarrow \dfrac{3}{a} = 1 \Rightarrow a = 3$
따라서 $f(x) = 3(x+5) \Rightarrow f(0) = 15$ 이다.

답 15

$$\left(2^x - 32\right)\left(\dfrac{1}{3^x} - 27\right) > 0$$

다음과 같이 case분류해서 구할 수 있다.

① $2^x - 32 > 0$, $\dfrac{1}{3^x} - 27 > 0$

$2^x > 2^5 \Rightarrow x > 5$

$3^{-x} > 3^3 \Rightarrow x < -3$

$x > 5$, $x < -3$을 동시에 만족할 수 없으므로 모순이다.

② $2^x - 32 < 0$, $\dfrac{1}{3^x} - 27 < 0$

$2^x < 2^5 \Rightarrow x < 5$

$3^{-x} < 3^3 \Rightarrow x > -3$

$-3 < x < 5 \Rightarrow x = -2, \ -1, \ 0, \ 1, \ 2, \ 3, \ 4$ 이므로
따라서 모든 정수 x의 개수는 7이다.

답 ①

$x^{\log_2 x} = 8x^2$
진수 조건 $x > 0$

양변에 밑이 2인 로그를 취하면
$$\log_2 x^{\log_2 x} = \log_2 8x^2 \Rightarrow (\log_2 x)^2 = 3 + 2\log_2 x$$

(여기서 $\log_2 x^2 = 2\log_2 |x|$ 이 아니라 $\log_2 x^2 = 2\log_2 x$인
이유는 진수 조건 $x > 0$ 때문이다.)

$\log_2 x = t$ 라 치환하면

$$t^2 - 2t - 3 = 0 \Rightarrow (t-3)(t+1) = 0 \Rightarrow t = -1 \ \text{or} \ t = 3$$

$$\log_2 x = -1 \Rightarrow x = \dfrac{1}{2}$$

$$\log_2 x = 3 \Rightarrow x = 8$$
이므로 $\alpha\beta = 4$이다.

답 4

058

정수 n에 대하여
$A(n) = \{ x \mid \log_2 x \leq n \}$, $B(n) = \{ x \mid \log_4 x \leq n \}$

진수 조건 $x > 0$ 조심!
$A(n) = \{ x \mid \log_2 x \leq \log_2 2^n \} = \{ x \mid 0 < x \leq 2^n \}$
$B(n) = \{ x \mid \log_4 x \leq \log_4 4^n \} = \{ x \mid 0 < x \leq 4^n \}$

ㄱ. $A(1) = \{ x \mid 0 < x \leq 1 \}$
    $A(1) = \{ x \mid 0 < x \leq 2 \}$이므로 ㄱ은 거짓이다.

ㄴ. $A(4) = B(2)$
    $A(4) = \{ x \mid 0 < x \leq 16 \}$, $B(2) = \{ x \mid 0 < x \leq 16 \}$
    따라서 $A(4) = B(2)$이므로 ㄴ은 참이다.

ㄷ. $A(n) \subset B(n)$이려면 $2^n \leq 4^n$이므로
    $n \geq 0$이어야 한다.
    $-n \leq 0$이므로 $4^{-n} \leq 2^{-n}$이다.
    따라서 $B(-n) \subset A(-n)$이므로 ㄷ은 참이다.

답 ⑤

059

직선 $x = k$가 두 곡선 $y = \log_2 x$, $y = -\log_2(8-x)$와
만나는 점을 각각 A, B (단, $0 < k < 8$)

두 점 A, B의 좌표는 A$(k, \log_2 k)$, B$(k, -\log_2(8-k))$

$\overline{AB} = 2$이므로
$\overline{AB} = | \log_2 k - \{ -\log_2(8-k) \} | = | \log_2 k + \log_2(8-k) |$
이다.

여기서 주의할 점은 두 점 A와 B 중 어떤 점의 y좌표가
더 큰지 모르기 때문에 절댓값을 해줘야 한다는 점이다.

$| \log_2 k + \log_2(8-k) | = 2 \Rightarrow | \log_2 k(8-k) | = 2$
$\log_2 k(8-k) = 2$ 또는 $\log_2 k(8-k) = -2$ 이므로
case분류 하면

① $\log_2 k(8-k) = 2$
   $k(8-k) = 4 \Rightarrow k^2 - 8k + 4 = 0$

근의 공식을 쓰면 $k = 4 - 2\sqrt{3}$ or $k = 4 + 2\sqrt{3}$
$0 < k < 8$을 만족시키므로 방정식의 해가 된다.

② $\log_2 k(8-k) = -2$
   $k(8-k) = \dfrac{1}{4} \Rightarrow 4k^2 - 32k + 1 = 0$

   근의 공식을 쓰면 $k = \dfrac{8 - 3\sqrt{7}}{2}$ or $k = \dfrac{8 + 3\sqrt{7}}{2}$
   $0 < k < 8$을 만족시키므로 방정식의 해가 된다.

따라서 구하는 모든 실수 k의 값의 곱은

$(4 - 2\sqrt{3})(4 + 2\sqrt{3}) \left(\dfrac{8 - 3\sqrt{7}}{2} \right) \left(\dfrac{8 + 3\sqrt{7}}{2} \right)$

$= 4 \times \dfrac{1}{4} = 1$

이다.

답 ②

> **Tip**
>
> 근과 계수의 관계를 써도 되지만 이때에는 방정식의 서로 다른
> 실근들이 $0 < k < 8$인지 확인하고 써야하므로 유의해야한다.
> 방정식의 서로 다른 실근들이 $0 < k < 8$인지 확인하는 과정에
> 근과 계수와의 관계를 이용해보자.
> **case**①에서 $k^2 - 8k + 4 = 0$에서 두 근의 합은 $8 > 0$,
> 두 근의 곱은 $4 > 0$이므로 두 실근은 양수이고, 양수인 두 근이
> 더해져서 8이 되었으므로 두 근은 모두 $0 < k < 8$의 조건을
> 만족한다.
> **case**②에서도 $4k^2 - 32k + 1 = 0$에서 같은 원리로 두 근이
> 모두 $0 < k < 8$의 조건을 만족한다.

060

$\log \dfrac{b}{a} = -1 + k \log c$ (단, k는 상수이다.)

10g의 활성탄 A를 염료 B의 농도가 8%인 용액에
충분히 오래 담가 놓을 때 활성탄 A에 흡착되는
염료 B의 질량은 4g

$\log \dfrac{4}{10} = -1 + k \log 8 \Rightarrow 2 \log 2 = 3k \log 2 \Rightarrow k = \dfrac{2}{3}$

20g의 활성탄 A를 염료 B의 농도가 27%인 용액에
충분히 오래 담가 놓을 때 활성탄 A에 흡착되는
염료 B의 질량 x(g)

$$\log \frac{x}{20} = -1 + \frac{2}{3}\log 27$$

$$\Rightarrow \log x - \log 2 - 1 = -1 + \log 9$$

$$\Rightarrow \log x = \log 18 \Rightarrow x = 18$$

답 ⑤

061

$$C = B \times \log_2(1+x)$$

신호의 주파수 대역폭이 일정할 때, 신호잡음전력비를
a에서 $33a$로 높였더니 신호의 최대 전송 속도가 2배

$$C = B \times \log_2(1+a)$$
$$2C = B \times \log_2(1+33a)$$
이므로
$$2\log_2(1+a) = \log_2(1+33a) \Rightarrow 1 + 2a + a^2 = 1 + 33a$$
$$\Rightarrow a^2 - 31a = 0 \Rightarrow a(a-31) = 0 \Rightarrow a = 31 \; (\because \; a > 0)$$

답 31

062

$$A = \{x \mid x^2 - 5x + 4 \leq 0\},$$
$$B = \{x \mid (\log_2 x)^2 - 2k\log_2 x + k^2 - 1 \leq 0\}$$

$$A = \{x \mid x^2 - 5x + 4 \leq 0\}$$
$$(x-4)(x-1) \leq 0 \Rightarrow 1 \leq x \leq 4$$

$$B = \{x \mid (\log_2 x)^2 - 2k\log_2 x + k^2 - 1 \leq 0\}$$
진수 조건 $x > 0$
$\log_2 x = t$라 치환하면

$$t^2 - 2kt + k^2 - 1 \leq 0 \Rightarrow (t-(k-1))(t-(k+1)) \leq 0$$
$$\Rightarrow k - 1 \leq t \leq k + 1$$
$\log_2 x = t$이므로
$$k - 1 \leq \log_2 x \leq k + 1 \Rightarrow 2^{k-1} \leq x \leq 2^{k+1}$$

$$A = \{x \mid 1 \leq x \leq 4\}, \; B = \{x \mid 2^{k-1} \leq x \leq 2^{k+1}\}$$
$A \cap B \neq \varnothing$ 을 만족시키는 정수 k는
$k = -1, \; 0, \; 1, \; 2, \; 3$이다.
따라서 정수 k의 개수는 5이다.

답 ①

063

$$S(x) = \frac{1}{2} \times \overline{AB} \times \overline{AC} = \frac{1}{2} \times 2\log_2 x \times \log_4 \frac{16}{x}$$

$$= \log_2 x \times (2 - \log_4 x) = 2\log_4 x \times (2 - \log_4 x)$$

$$= 4\log_4 x - 2(\log_4 x)^2$$

$\log_4 x = t$라 치환하면
(치환하면 범위조심 $1 < x < 16 \Rightarrow 0 < t < 2$)
$0 < t < 2$에서 $4t - 2t^2$는 $t = 1$에서 최댓값 2를 가지므로
$M = 2$이고 $t = 1 \Rightarrow a = 4$
따라서 $a + M = 6$이다.

답 ①

064

$$f(x) = \begin{cases} -3x + 6 & (x < 3) \\ 3x - 12 & (x \geq 3) \end{cases}$$
$$2^{f(x)} \leq 4^x$$
$$2^{f(x)} \leq 2^{2x} \Rightarrow f(x) \leq 2x$$
양변에 $= y$를 붙여 그래프로 비교해보자.
$y = f(x)$가 $y = 2x$보다 같거나
작은 범위를 찾으면 된다.

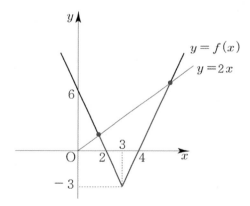

$y = f(x)$와 $y = 2x$의 교점을 찾기 위해서 x의 범위에
따라 case분류 하면

① $x < 3$

$$-3x + 6 = 2x \Rightarrow 6 = 5x \Rightarrow x = \frac{6}{5}$$

즉, $m = \frac{6}{5}$이다.

② $x > 3$

$3x - 12 = 2x \Rightarrow x = 12$

즉, $M = 12$이다.

따라서 $m = \dfrac{6}{5}$, $M = 12$이므로 $M + m = \dfrac{66}{5}$ 이고,

$p + q = 71$이다.

 71

65	⑤	69	④
66	②	70	7
67	②	71	17
68	25		

065

방정식 $4^x - a \times 2^{x+1} + a^2 - a - 6 = 0$이 서로 다른 두 실근을 갖도록 하는 상수 a의 값의 범위를 구해보자.

$2^x = t \;\; (t > 0)$라 치환하면
$t^2 - 2at + a^2 - a - 6 = 0$ 이다.

$t > 0$인 실수 t가 결정되면 $2^x = t$를 만족시키는 x는 오직 하나 존재한다.
예를 들어 $t = 2$라면 $2^x = 2$를 만족시키는 x는 오직 1뿐이다.

다시 말해
방정식 $4^x - a \times 2^{x+1} + a^2 - a - 6 = 0$이 서로 다른 두 실근을 갖도록 하는 상수 a의 값의 범위를 물어보는 것은

방정식 $t^2 - 2at + a^2 - a - 6 = 0$이 서로 다른 두 양의 실근을 갖도록 하는 상수 a의 값의 범위를 물어보는 것과 같다. ($t > 0$ 이므로 양의 실근이다.)

$t^2 - 2at + a^2 - a - 6 = 0$이 서로 다른 두 개의 양의 실근이 나오기 위해서는

① $\dfrac{D}{4} = a^2 - (a^2 - a - 6) > 0 \Rightarrow a > -6$

② 두 근의 합이 양수
근과 계수의 관계에 의해
$2a > 0 \Rightarrow a > 0$

③ 두 근의 곱이 양수
근과 계수의 관계에 의해
$a^2 - a - 6 > 0 \Rightarrow (a-3)(a+2) > 0$
$\Rightarrow a < -2 \;\; \text{or} \;\; a > 3$

따라서 ①, ②, ③을 동시에 만족하는 a의 값의 범위는
$a > 3$이다.

답 ⑤

Tip 1

물론 66번과 같이 함판대를 이용하여 구해도 된다.

① 함숫값
$$f(0) > 0 \Rightarrow a^2 - a - 6 > 0$$
$$\Rightarrow (a-3)(a+2) > 0$$
$$\Rightarrow a < -2 \text{ or } a > 3$$

② 판별식
$$\frac{D}{4} = a^2 - (a^2 - a - 6) > 0 \Rightarrow a > -6$$

③ 대칭축
대칭축은 $t = a$이므로 $a > 0$

따라서 ①, ②, ③을 동시에 만족하는
a의 값의 범위는 $a > 3$이다.

Tip 2

위 풀이가 이해가 잘 안 된다면
아래 해설강의를 참고하도록 하자.
(함판대를 쓰는 이유까지 설명)

065번 해설강의

https://youtu.be/tP5ZmA2LWyY

066

$5^{2x} - 5^{x+1} + k = 0$이 서로 다른 두 개의 양의 실근을
갖도록 하는 정수 k의 개수

$5^x = t \, (t > 0)$라 치환하면
$t^2 - 5t + k = 0$이다.

$5^x = t$의 관계에서
$x > 0$이 되려면 $t > 1$이어야 한다.

다시 말해
방정식 $5^{2x} - 5^{x+1} + k = 0$이 서로 다른 두 양의 실근을

갖도록 하는 정수 k의 개수를 물어보는 것은

방정식 $t^2 - 5t + k = 0$이 1보다 큰 서로 다른 두 실근을
갖도록 하는 정수 k의 개수를 물어보는 것과 같다.

방정식 $t^2 - 5t + k = 0$의 두 실근이 모두 1보다 크려면
함숫값, 판별식, 대칭축을 따지면 된다.
$f(t) = t^2 - 5t + k$라 하면 아래 그림과 같다.

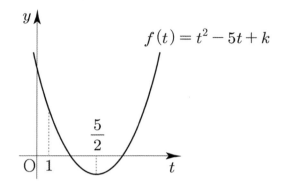

① 함숫값
$$f(1) > 0 \Rightarrow -4 + k > 0 \Rightarrow k > 4$$

② 판별식
$$D = 25 - 4k > 0 \Rightarrow \frac{25}{4} > k$$

③ 대칭축

대칭축은 $t = \frac{5}{2}$이므로

$$1 < \frac{5}{2}$$

따라서 $4 < k < \frac{25}{4} \Rightarrow k = 5, \ 6$이므로

정수 k의 개수는 2이다.

답 ②

067

임의의 실수 x에 대하여 부등식 $2^{x+1} - 2^{\frac{x+4}{2}} + a \geq 0$이
성립하도록 하는 실수 a의 최솟값을 구해보자.

$2^{\frac{x}{2}} = t \, (t > 0)$라 치환하면
$2t^2 - 4t + a \geq 0 \Rightarrow a \geq -2t^2 + 4t$
양변에 $= y$를 취해서 함수로 보면
$t > 0$에서 $y = a$가 $y = -2t^2 + 4t$보다 크거나 같으면 된다.

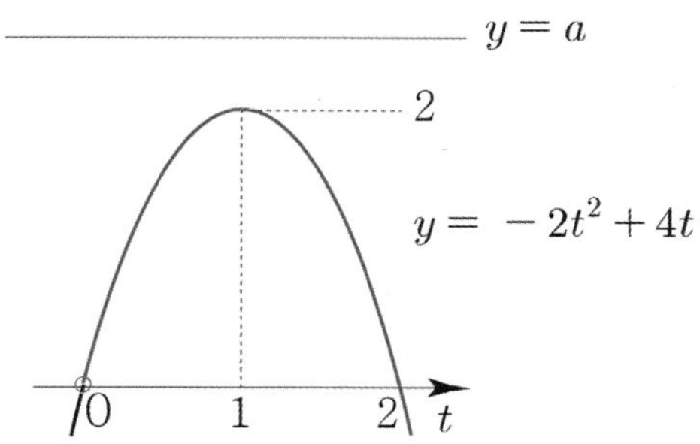

따라서 실수 a의 최솟값은 2이다.

답 ②

068

x에 대한 로그방정식
$(\log x+\log 2)(\log x+\log 4)=-(\log k)^2$이 서로 다른
두 실근을 갖도록 하는 양수 k의 값의 범위가 $\alpha<k<\beta$

$\log x=t$라 치환하면
$(t+\log 2)(t+2\log 2)=-(\log k)^2$

$\Rightarrow t^2+(3\log 2)t+2(\log 2)^2+(\log k)^2=0$

실수 t가 결정되면 $\log x=t$를 만족시키는 x는
오직 하나 존재한다.
즉, x값이 서로 다른 두 개가 존재하려면
t값도 서로 다른 두 개가 존재해야한다.

방정식 $t^2+(3\log 2)t+2(\log 2)^2+(\log k)^2=0$이
서로 다른 두 실근을 갖도록 하려면 판별식
$D=9(\log 2)^2-8(\log 2)^2-4(\log k)^2>0$ 를
만족해야한다.

$(\log 2)^2-4(\log k)^2>0$

$\Rightarrow (\log 2-2\log k)(\log 2+2\log k)>0$

$\Rightarrow (2\log k-\log 2)(2\log k+\log 2)<0$
($2\log k=X$로 치환해서 범위를 구해도 된다.)
$\Rightarrow -\log 2<2\log k<\log 2$

$\Rightarrow -\frac{1}{2}\log 2<\log k<\frac{1}{2}\log 2$

$\Rightarrow \log\frac{1}{\sqrt{2}}<\log k<\log\sqrt{2}$

따라서 $10(\alpha^2+\beta^2)=10\left(\frac{1}{2}+2\right)=25$이다.

답 25

069

이차함수 $y=f(x)$의 그래프와 일차함수 $y=g(x)$

$\left(\frac{1}{2}\right)^{f(x)g(x)}\geq\left(\frac{1}{8}\right)^{g(x)}$

$\left(\frac{1}{2}\right)^{f(x)g(x)}\geq\left(\frac{1}{2}\right)^{3g(x)}\Rightarrow f(x)g(x)\leq 3g(x)$

$\Rightarrow g(x)\{f(x)-3\}\leq 0$

다음과 같이 case분류해서 구할 수 있다.

① $g(x)\leq 0,\ f(x)\geq 3$
$g(x)\leq 0\Rightarrow x\leq 3$
$f(x)\geq 3\Rightarrow x\leq 1$ or $x\geq 5$
동시에 만족시키는 x의 범위는 $x\leq 1$이므로
자연수 x는 1이다.

② $g(x)\geq 0,\ f(x)\leq 3$
$g(x)\geq 0\Rightarrow x\geq 3$
$f(x)\leq 3\Rightarrow 1\leq x\leq 5$
동시에 만족시키는 x의 범위는 $3\leq x\leq 5$이므로
자연수 x는 3, 4, 5이다.

따라서 모든 자연수 x의 값의 합은 $1+3+4+5=13$ 이다.

답 ④

070

실수 k에 대하여 방정식 $\left|2^{-|x-1|}-\frac{1}{2}\right|=k$ 의
서로 다른 실근의 개수를 $f(k)$ 라 한다.

$y=\left|2^{-|x-1|}-\frac{1}{2}\right|$을 그려서 그래프로 판단해보자.

① $y=2^{-x}$를 기본함수로 두자.

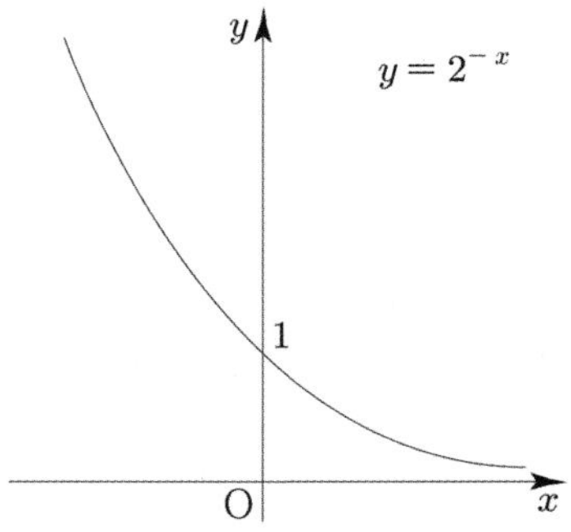

② $x \to |x|$ (x가 양수인 부분을 y축 대칭)하면

$y = 2^{-|x|}$

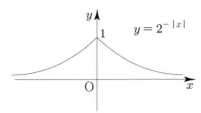

③ x축의 방향으로 1만큼, y축의 방향으로 $-\dfrac{1}{2}$만큼

평행이동하면

$y = 2^{-|x-1|} - \dfrac{1}{2}$

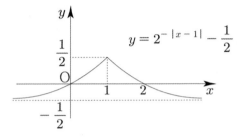

④ $y = |g(x)|$ ($g(x)$가 음수인 부분을 x축 대칭) 하면

$y = \left| 2^{-|x-1|} - \dfrac{1}{2} \right|$

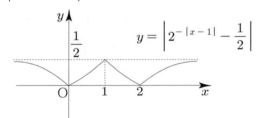

$y = \left| 2^{-|x-1|} - \dfrac{1}{2} \right|$와 $y = k$의 교점의 개수가 $f(k)$이므로

$f(0) = 2$, $f(2^{-2}) = 4$, $f(2^{-1}) = 1$, $f(1) = 0$이다.

따라서 $f(0) + f(2^{-2}) + f(2^{-1}) + f(1) = 7$이다.

답 7

$\log_{f(x)} g(x) \geq 1$

진수 조건 $g(x) > 0$

밑 조건 $f(x) > 0$, $f(x) \neq 1$

$\log_{f(x)} g(x) \geq \log_{f(x)} f(x)$

$f(x)$의 범위에 따라 case분류할 수 있다.

① $1 < f(x)$ 이면 $g(x) \geq f(x)$

$1 < f(x) \Rightarrow x < 1 \text{ or } x > 7$

$g(x) \geq f(x) \Rightarrow 4 \leq x \leq 7 \text{ or } 8 \leq x$

동시에 만족시키는 8 이하의 자연수 x는 8이다.

② $0 < f(x) < 1$ 이면 $g(x) \leq f(x)$

$0 < f(x) < 1 \Rightarrow 1 < x < 7$

$g(x) \leq f(x) \Rightarrow x \leq 4 \text{ or } 7 \leq x \leq 8$

동시에 만족시키는 x의 범위는 $1 < x \leq 4$이므로

자연수 x는 2, 3, 4이다.

따라서 모든 자연수 x의 값의 합은 $2 + 3 + 4 + 8 = 17$ 이다.

답 17

삼각함수

삼각함수 | **Guide step**

1	풀이 참고
2	(1) $360° \times n + 60°$ (단, n은 정수) (2) $360° \times n + 80°$ (단, n은 정수) (3) $360° \times n + 260°$ (단, n은 정수)
3	(1) 제 4사분면 (2) 제 1사분면 (3) 제 2사분면
4	(1) $\dfrac{\pi}{4}$ (2) $120°$ (3) $-\dfrac{5}{12}\pi$
5	(1) $l = \pi$, $S = 2\pi$ (2) $\theta = \dfrac{5}{6}$, $S = 60$
6	(1) $\sin\theta = \dfrac{5}{13}$, $\cos\theta = -\dfrac{12}{13}$, $\tan\theta = -\dfrac{5}{12}$ (2) $\sin\theta = -\dfrac{\sqrt{2}}{2}$, $\cos\theta = -\dfrac{\sqrt{2}}{2}$, $\tan\theta = 1$
7	(1) $\sin\dfrac{12}{5}\pi > 0$, $\tan(-240°) < 0$ (2) 제 3사분면
8	(1) $\cos\theta = -\dfrac{2\sqrt{2}}{3}$, $\tan\theta = -\dfrac{1}{2\sqrt{2}}$ (2) $\sin\theta\cos\theta = \dfrac{3}{8}$, $\sin^3\theta - \cos^3\theta = \dfrac{11}{16}$

개념 확인문제 **1**

(1) $80°$

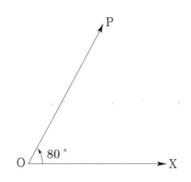

(2) $100°$

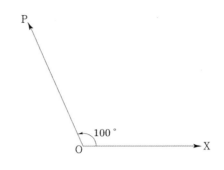

(3) $-200°$

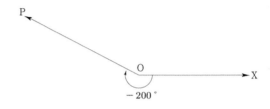

개념 확인문제 **2**

(1) $60° = 360° \times n + 60°$ (단, n은 정수)

(2) $440° = 360° \times n + 80°$ (단, n은 정수)

(3) $-100° = 360° \times n + 260°$ (단, n은 정수)

> **답** (1) $360° \times n + 60°$ (단, n은 정수)
> (2) $360° \times n + 80°$ (단, n은 정수)
> (3) $360° \times n + 260°$ (단, n은 정수)

개념 확인문제 **3**

(1) $310°$

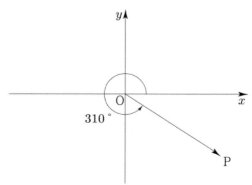

따라서 제 4사분면이다.

(2) 800°

800° = 360° × 2 + 80° 이므로 80° 와 동경이 같다.

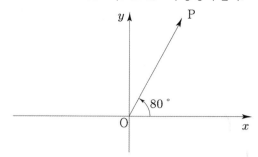

따라서 제 1사분면이다.

(3) −240°

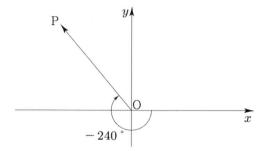

따라서 제 2사분면이다.

답 (1) 제 4사분면 (2) 제 1사분면 (3) 제 2사분면

개념 확인문제 4

$\pi = 180°$

(1) $45° = \dfrac{\pi}{4}$

(2) $\dfrac{2}{3}\pi = 120°$

(3) $-75° = -75 × \dfrac{\pi}{180} = -\dfrac{5}{12}\pi$

답 (1) $\dfrac{\pi}{4}$ (2) 120° (3) $-\dfrac{5}{12}\pi$

개념 확인문제 5

(1) $r = 4$, $\theta = \dfrac{\pi}{4}$ 이므로

부채꼴의 호의 길이를 l, 부채꼴의 넓이를 S라 하면

$l = 4 × \dfrac{\pi}{4} = \pi$, $S = \dfrac{1}{2} × 4^2 × \dfrac{\pi}{4} = 2\pi$

(2) $r = 12$, $l = 10$

부채꼴의 중심각을 θ, 부채꼴의 넓이를 S라 하면

$r\theta = l \implies \theta = \dfrac{10}{12} = \dfrac{5}{6}$

$S = \dfrac{1}{2} × r × l = \dfrac{1}{2} × 12 × 10 = 60$

답 (1) $l = \pi$, $S = 2\pi$ (2) $\theta = \dfrac{5}{6}$, $S = 60$

개념 확인문제 6

(1) 반지름이 $\overline{OP} = \sqrt{(-12)^2 + 5^2} = \sqrt{169} = 13$인
원 위에 점 P가 있다고 생각해보자. $r = 13$이므로
삼각함수의 정의를 사용하면 다음과 같다.

$\sin\theta = \dfrac{5}{13}$, $\cos\theta = -\dfrac{12}{13}$, $\tan\theta = -\dfrac{5}{12}$

(2) $\theta = -\dfrac{3}{4}\pi$ 를 나타내는 동경과 단위원의 교점을 P라 하자.

정의를 사용하기 위해서 P 의 좌표만 구해주면 된다.

$P\left(-\dfrac{\sqrt{2}}{2}, -\dfrac{\sqrt{2}}{2}\right)$ 이므로

삼각함수의 정의를 사용하면 다음과 같다.

$\sin\theta = -\dfrac{\sqrt{2}}{2}$, $\cos\theta = -\dfrac{\sqrt{2}}{2}$, $\tan\theta = 1$

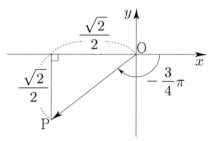

답 (1) $\sin\theta = \dfrac{5}{13}$, $\cos\theta = -\dfrac{12}{13}$, $\tan\theta = -\dfrac{5}{12}$

  (2) $\sin\theta = -\dfrac{\sqrt{2}}{2}$, $\cos\theta = -\dfrac{\sqrt{2}}{2}$, $\tan\theta = 1$

개념 확인문제 7

(1) $\dfrac{12}{5}\pi = 2\pi + \dfrac{2}{5}\pi$ 이므로 동경이 $\dfrac{2}{5}\pi$와 같다.

$\dfrac{2}{5}\pi$는 예각이므로 $\sin\dfrac{12}{5}\pi > 0$이다.

−240° 의 동경은 제 2사분면에 위치하므로
$\tan(-240°) < 0$이다.

(2) $\cos\theta < 0$, $\tan\theta > 0$를 만족시키는 각 θ는
제 3사분면의 각이다.

답 (1) $\sin\dfrac{12}{5}\pi > 0$, $\tan(-240°) < 0$ (2) 제 3사분면

개념 확인문제 8

(1) 각 θ가 제 2사분면의 각이므로 $\cos\theta < 0$, $\tan\theta < 0$
$\cos^2\theta + \sin^2\theta = 1$를 이용하면
$$\sin\theta = \frac{1}{3} \Rightarrow \cos\theta = -\frac{2\sqrt{2}}{3}$$

$$\tan\theta = \frac{\dfrac{1}{3}}{-\dfrac{2\sqrt{2}}{3}} = -\frac{1}{2\sqrt{2}}$$

(2) $0 < \theta < \dfrac{\pi}{2}$, $\sin\theta - \cos\theta = \dfrac{1}{2}$

$$(\sin\theta - \cos\theta)^2 = \frac{1}{4} \Rightarrow 1 - 2\sin\theta\cos\theta = \frac{1}{4}$$

$$\Rightarrow \sin\theta\cos\theta = \frac{3}{8}$$

$\sin^3\theta - \cos^3\theta = (\sin\theta - \cos\theta)(\sin^2\theta + \sin\theta\cos\theta + \cos^2\theta)$

$$= \frac{1}{2} \times \left(1 + \frac{3}{8}\right) = \frac{11}{16}$$

답 (1) $\cos\theta = -\dfrac{2\sqrt{2}}{3}$, $\tan\theta = -\dfrac{1}{2\sqrt{2}}$

(2) $\sin\theta\cos\theta = \dfrac{3}{8}$, $\sin^3\theta - \cos^3\theta = \dfrac{11}{16}$

삼각함수 | Training - 1 step

1	⑤	16	3
2	④	17	②
3	제 1, 3사분면	18	③
4	$60°$	19	13
5	$\dfrac{12}{7}\pi$	20	3
6	$\dfrac{7}{6}\pi$	21	③
7	$120°$, $160°$	22	②
8	4	23	③
9	30	24	①
10	100	25	12
11	4	26	③
12	54	27	4
13	42	28	⑤
14	45	29	20
15	144	30	2

001

① $300° = $ 제 4사분면

② $-50° = $ 제 4사분면

③ $\dfrac{7}{4}\pi = $ 제 4사분면

④ $-380° = -360° - 20°$ 이므로 $-20°$와
동경이 동일하다. 따라서 제 4사분면이다.

⑤ $\dfrac{8}{3}\pi = 2\pi + \dfrac{2}{3}\pi$ 이므로 $\dfrac{2}{3}\pi$와
동경이 동일하다. 따라서 제 2사분면이다.

답 ⑤

002

① $-750° = 360° \times (-2) - 30°$ 이므로 $-30°$ 와
동경이 동일하다. 따라서 제 4사분면이다.

② $245° = $ 제 3사분면

③ $1000° = 360° \times 2 + 280°$ 이므로 $280°$ 와
동경이 동일하다. 따라서 제 4사분면이다.

④ $-\frac{5}{4}\pi = -\pi - \frac{\pi}{4} = $ 제 2사분면

⑤ $\frac{10}{3}\pi = 2\pi + \frac{4}{3}\pi$ 이므로 $\frac{4}{3}\pi$ 와
동경이 동일하다. 따라서 제 3사분면이다.

 ④

003

θ 가 제 1 사분면의 각이므로
$360° \times n < \theta < 360° \times n + 90°$ (n은 정수)이다.
$180° \times n < \frac{\theta}{2} < 180° \times n + 45°$

① $n = 2k$(k는 정수)

$360° \times k < \frac{\theta}{2} < 360° \times k + 45°$ 이므로

$\frac{\theta}{2}$ 는 제 1 사분면의 각이다.

② $n = 2k+1$(k는 정수)

$360° \times k + 180° < \frac{\theta}{2} < 360° \times k + 225°$ 이므로

$\frac{\theta}{2}$ 는 제 3사분면의 각이다.

 제 1, 3사분면

Tip

n에 정수들을 대입해보고 규칙을 파악하면 된다.

004

$4\theta - \theta = 3\theta = 360° \times n + 180° \Rightarrow \theta = 120° \times n + 60°$
(n은 정수)

$0° < \theta < 90°$ 이므로 $\theta = 60°$ 이다.

답 $60°$

005

$8\theta - \theta = 7\theta = 2\pi \times n \Rightarrow \theta = \frac{2}{7}n\pi$ (n은 정수)

$0 < \theta < \pi$ 이므로 $\theta = \frac{2}{7}\pi$, $\frac{4}{7}\pi$, $\frac{6}{7}\pi$ 이다.

따라서 모든 각 θ의 크기의 합은 $\frac{12}{7}\pi$이다.

답 $\frac{12}{7}\pi$

006

$2\theta + \theta = 3\theta = 2\pi \times n + \frac{3}{2}\pi \Rightarrow \theta = \frac{2}{3}n\pi + \frac{1}{2}\pi$ (n은 정수)

$\pi < \theta < \frac{3}{2}\pi$ 이므로 $\theta = \frac{7}{6}\pi$이다.

답 $\frac{7}{6}\pi$

007

$\theta + 8\theta = 9\theta = 360° \times n \Rightarrow \theta = 40° \times n$ (n은 정수)

$90° < \theta < 180°$ 이므로 $\theta = 120°$, $160°$ 이다.

답 $120°$, $160°$

008

$l = 5\pi$, $S = 10\pi$

$\frac{1}{2} \times r \times l = \frac{1}{2} \times r \times 5\pi = 10\pi \Rightarrow r = 4$

따라서 반지름의 길이는 4이다.

답 4

009

$\theta = \dfrac{3}{5}$, $2r + r\theta = 26$

$2r + \dfrac{3}{5}r = \dfrac{13}{5}r = 26 \implies r = 10$

따라서 부채꼴의 넓이는 $\dfrac{1}{2} \times 10^2 \times \dfrac{3}{5} = 30$이다.

답 30

010

$2r + r\theta = 10 \implies \theta = \dfrac{10}{r} - 2$

$S = \dfrac{1}{2} \times r^2 \times \theta = \dfrac{1}{2} \times r^2 \times \left(\dfrac{10}{r} - 2 \right) = 5r - r^2$

$S = -\left(r - \dfrac{5}{2} \right)^2 + \dfrac{25}{4}$ 이므로 $r = \dfrac{5}{2}$ 일 때,

최댓값 $M = \dfrac{25}{4}$ 이다. 따라서 $16M = 100$

답 100

011

$l = 2r$ 이므로

$a = 2r + r + r = 4r$, $b = \dfrac{1}{2}rl = r^2$

$a = b \implies 4r = r^2 \implies r = 4 \; (\because r > 0)$

답 4

012

$\angle AOB = a\pi$

$a\pi \times 6 = \pi \implies a = \dfrac{1}{6}$

점 B에서 선분 OA에 내린 수선의 발을 C라 하면

$\angle AOB = \dfrac{\pi}{6}$ 이므로 $\overline{BC} = \overline{OB} \sin \dfrac{\pi}{6} = 3$ 이다.

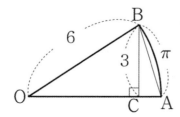

삼각형 OAB의 넓이는 $b = \dfrac{1}{2} \times \overline{OA} \times \overline{BC} = 9$

따라서 $\dfrac{b}{a} = \dfrac{9}{\frac{1}{6}} = 54$ 이다.

답 54

013

중심이 O이고 반지름의 길이가 12인 원 위에 점 A가 있다. 반직선 OA를 시초선으로 했을 때, 두 각 $\dfrac{\pi}{6}$, $-\dfrac{13}{4}\pi$ 가 나타내는 동경이 이 원과 만나는 점을 각각 P, Q라 하자.

$-\dfrac{13}{4}\pi = -2\pi - \left(\pi + \dfrac{\pi}{4} \right)$ 이므로 $-\left(\pi + \dfrac{\pi}{4} \right)$ 와 동경이 같다. 시계방향으로 $\pi + \dfrac{\pi}{4}$ 만큼 회전해서 동경 OQ를 나타내면 다음과 같다.

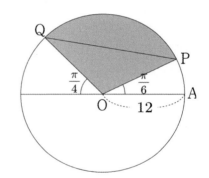

$\angle POQ = \pi - \left(\dfrac{\pi}{4} + \dfrac{\pi}{6} \right) = \dfrac{7}{12}\pi$ 이므로

선분 PQ를 포함하는 부채꼴 OPQ의 넓이는

$\dfrac{1}{2} \times 12^2 \times \dfrac{7}{12}\pi = 42\pi$ 이다.

따라서 k는 42이다.

답 42

014

호 AB의 길이가 3π, 넓이가 18π인 부채꼴 OAB

$\dfrac{1}{2} \times r \times 3\pi = 18\pi \implies r = 12$

$\angle AOC = \theta$ 일 때, $12\theta = 3\pi \implies \theta = \dfrac{\pi}{4}$

$\angle AOC = \dfrac{\pi}{4}$ 이므로

$\overline{OA} \times \sin\dfrac{\pi}{4} = \overline{CA} = 6\sqrt{2}$ 이다.

삼각형 OAC는 직각이등변삼각형이므로
$\overline{OC} = \overline{CA} = 6\sqrt{2}$ 이다.

호 CD와 두 선분 AD, AC로 둘러싸인 부분의 넓이를 S라 하면 $S = $(삼각형 OAC의 넓이) $-$ (부채꼴 OCD의 넓이) 이다.

삼각형 OAC의 넓이 $= \dfrac{1}{2} \times (6\sqrt{2})^2 = 36$

부채꼴 OCD의 넓이 $= \dfrac{1}{2} \times (6\sqrt{2})^2 \times \dfrac{\pi}{4} = 9\pi$

$S = 36 - 9\pi$ 이므로 따라서 $a + b = 45$ 이다.

답 45

015

점 E에서 두 선분 BC, AD에 내린 수선의 발을 각각 F, G라 하고, 보조선을 그으면 다음과 같다.

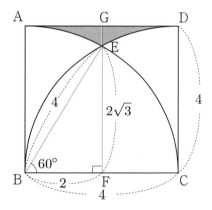

우리가 구하고자 하는 넓이를 S라 하면 대칭성에 의하여
$\dfrac{S}{2} = $ (사각형 ABFG의 넓이) $-$

{(부채꼴 BEA의 넓이)+(삼각형 BFE의 넓이)}

$\dfrac{S}{2} = 2 \times 4 - \left(\dfrac{1}{2} \times 4^2 \times \dfrac{\pi}{6} + \dfrac{1}{2} \times 2 \times 2\sqrt{3}\right)$

$= 8 - \left(\dfrac{4}{3}\pi + 2\sqrt{3}\right) = 8 - \dfrac{4}{3}\pi - 2\sqrt{3}$

$\Rightarrow S = 16 - \dfrac{8}{3}\pi - 4\sqrt{3}$

$a = 16$, $b = \dfrac{8}{3}$, $c = 48$ 이므로

$a + bc = 16 + \dfrac{8}{3} \times 48 = 16 + 128 = 144$ 이다.

답 144

016

중심이 O이고 P를 지나는 원을 생각하면
$\overline{OP} = \sqrt{1^2 + 3^2} = \sqrt{10}$ 이므로 삼각함수의 정의에 의해서
$\sin\theta = \dfrac{3}{\sqrt{10}}$, $\cos\theta = \dfrac{1}{\sqrt{10}}$
따라서 $10\sin\theta\cos\theta = 3$ 이다.

답 3

017

$\cos\theta + \sin\theta \times \tan\theta < 0 \Rightarrow \cos\theta + \dfrac{\sin^2\theta}{\cos\theta} < 0$

$\Rightarrow \dfrac{\cos^2\theta + \sin^2\theta}{\cos\theta} = \dfrac{1}{\cos\theta} < 0 \Rightarrow \cos\theta < 0$

$\sin\theta = \dfrac{12}{13}$ 이고 $\sin^2\theta + \cos^2\theta = 1$ 이므로

$\cos\theta = -\dfrac{5}{13}$ 이다.

따라서 $\tan\theta = \dfrac{\sin\theta}{\cos\theta} = \dfrac{\dfrac{12}{13}}{-\dfrac{5}{13}} = -\dfrac{12}{5}$ 이다.

답 ②

018

θ 가 제 3사분면의 각이고 $\tan\theta = 2\sqrt{2}$

$\tan\theta = \dfrac{\sin\theta}{\cos\theta} = 2\sqrt{2} \Rightarrow \sin\theta = 2\sqrt{2}\cos\theta$

$\sin^2\theta + \cos^2\theta = 1$ 이므로

$8\cos^2\theta + \cos^2\theta = 1 \Rightarrow \cos^2\theta = \dfrac{1}{9}$

θ 가 제 3사분면의 각이므로 $\cos\theta = -\dfrac{1}{3}$ 이다.

Core 해석법으로 접근해보자.

우선 θ 가 예각이라고 생각하고 직각삼각형을 그린 후 $\tan\theta = 2\sqrt{2}$ 가 되도록 적절히 변의 길이를 설정한다.

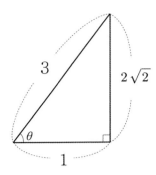

$\cos = \dfrac{1}{3}$ 인데 θ가 제 3사분면이므로 $\cos\theta < 0$이다.

따라서 $\cos\theta = -\dfrac{1}{3}$ 이다.

답 ③

19

원점 O와 점 P$(-3,\ 4)$을 지나는 동경 OP가 나타내는
각의 크기를 θ

중심이 O이고 P를 지나는 원을 생각하면
$\overline{\text{OP}} = \sqrt{(-3)^2 + 4^2} = \sqrt{25} = 5$이므로 삼각함수의 정의에
의해서 $\sin\theta = \dfrac{4}{5}$, $\cos\theta = -\dfrac{3}{5}$, $\tan\theta = -\dfrac{4}{3}$ 이다.

따라서 $10\sin\theta + 5\cos\theta - 6\tan\theta = 8 - 3 + 8 = 13$이다.

답 13

20

직선 $y = -3x$ 위의 점 P$(a,\ b)$에 대하여 원점 O와
점 P를 지나는 동경 OP가 나타내는 각의 크기를 θ라
하였다.

$a = 1$이라 하면 $b = -3$이므로 P$(1,\ -3)$이다.

중심이 O이고 P를 지나는 원을 생각하면
$\overline{\text{OP}} = \sqrt{1^2 + (-3)^2} = \sqrt{10}$ 이므로 삼각함수의 정의에
의해서 $\cos\theta = \dfrac{1}{\sqrt{10}}$, $\sin\theta = \dfrac{-3}{\sqrt{10}}$이다.
따라서 $-10\sin\theta\cos\theta = 3$이다.

답 3

21

좌표평면 위에 중심이 원점이고 반지름의 길이가 1인 원이
있다. 각 θ를 나타내는 동경과 원의 교점을 A$(a,\ b)$라
하였다.

$\sin\theta = \dfrac{2\sqrt{2}}{3} = \dfrac{b}{1}$ 이므로 $b = \dfrac{2\sqrt{2}}{3}$이다.

$\overline{\text{OA}} = 1 \Rightarrow a^2 + b^2 = 1 \Rightarrow a^2 + \dfrac{8}{9} = 1 \Rightarrow a^2 = \dfrac{1}{9}$

$ab < 0$이므로 $a = -\dfrac{1}{3}$이다.

답 ③

22

직선 $y = -2x - 8$과 x축 및 y축이 만나는
점을 각각 A, B라 하였다.
$\Rightarrow$ A$(-4,\ 0)$, B$(0,\ -8)$

선분 AB를 $3:1$로 내분하는 점을 P
$\dfrac{\text{A} + 3\text{B}}{4} = \text{P}$이므로
P$\left(\dfrac{-4}{4},\ \dfrac{-24}{4}\right) = \text{P}(-1,\ -6)$
이다.

중심이 O이고 P를 지나는 원을 생각하면
$\overline{\text{OP}} = \sqrt{(-1)^2 + (-6)^2} = \sqrt{37}$ 이므로 삼각함수의
정의에 의해서 $\cos\theta = \dfrac{-1}{\sqrt{37}}$, $\sin\theta = \dfrac{-6}{\sqrt{37}}$ 이다.

따라서 $\sin\theta - \cos\theta = -\dfrac{5}{\sqrt{37}}$ 이다.

답 ②

023

직선 $l : y = mx \ (m < 0)$라 하자.

점 $(-1, \ -3)$과 직선 $l : mx - y = 0$의 거리가 $\sqrt{5}$ 이므로

$$\frac{|-m+3|}{\sqrt{m^2+1}} = \sqrt{5} \ \Rightarrow \ m^2 - 6m + 9 = 5m^2 + 5$$

$$\Rightarrow \ 4m^2 + 6m - 4 = 0 \ \Rightarrow \ 2m^2 + 3m - 2 = 0$$

$$\Rightarrow \ (2m-1)(m+2) = 0 \ \Rightarrow \ m = -2 \ (\because \ m < 0)$$

θ는 제4사분면의 각이고 $\tan\theta = -2$이므로

core 해석법을 쓰면 $\cos\theta = \dfrac{1}{\sqrt{5}}$, $\sin\theta = -\dfrac{2}{\sqrt{5}}$ 이다.

따라서 $\cos\theta - \sin\theta = \dfrac{1}{\sqrt{5}} - \left(-\dfrac{2}{\sqrt{5}} \right) = \dfrac{3}{\sqrt{5}} = \dfrac{3\sqrt{5}}{5}$ 이다.

답 ③

024

$\dfrac{3}{2}\pi < \theta < 2\pi$

$$\frac{1-\sin\theta}{\cos\theta} + \frac{\cos\theta}{1-\sin\theta} = \frac{(1-\sin\theta)^2 + \cos^2\theta}{\cos\theta(1-\sin\theta)}$$

$$= \frac{2-2\sin\theta}{\cos\theta(1-\sin\theta)} = \frac{2}{\cos\theta} = 6 \ \Rightarrow \ \cos\theta = \frac{1}{3}$$

$$\sin^2\theta + \cos^2\theta = 1 \ \Rightarrow \ \sin^2\theta = \frac{8}{9}$$

$\dfrac{3}{2}\pi < \theta < 2\pi$이므로 $\sin\theta < 0$이다.

따라서 $\sin\theta = -\dfrac{2\sqrt{2}}{3}$ 이다.

답 ①

025

각 θ가 제 2사분면의 각이고 $\cos\theta = -\dfrac{3}{5}$

$\sin^2\theta + \cos^2\theta = 1 \ \Rightarrow \ \sin^2\theta = \dfrac{16}{25}$

각 θ가 제 2사분면의 각이므로 $\sin\theta > 0$이다.

$\sin\theta = \dfrac{4}{5}$, $\tan\theta = \dfrac{\dfrac{4}{5}}{-\dfrac{3}{5}} = -\dfrac{4}{3}$ 이므로

따라서 $10\sqrt[3]{\sin^3\theta} + 3\sqrt{\tan^2\theta} = 10\sin\theta + 3|\tan\theta|$

$$= 8 + 4 = 12$$

이다.

답 12

026

$\sin\theta\cos\theta = \dfrac{1}{4}$

$(\sin\theta+\cos\theta)^2 = 1 + 2\sin\theta\cos\theta = \dfrac{3}{2} \ \Rightarrow \ |\sin\theta + \cos\theta| = \dfrac{\sqrt{6}}{2}$

$\pi < \theta < \dfrac{3}{2}\pi \ \Rightarrow \ \sin\theta < 0, \ \cos\theta < 0$ 이므로

$$\sin\theta + \cos\theta = -\frac{\sqrt{6}}{2}$$

$$\sin^3\theta + \cos^3\theta$$

$$= (\sin\theta+\cos\theta)(\sin^2\theta - \sin\theta\cos\theta + \cos^2\theta)$$

$$= \left(-\frac{\sqrt{6}}{2} \right)\left(1 - \frac{1}{4} \right) = -\frac{3\sqrt{6}}{8}$$

답 ③

027

$2x^2 - x - a = 0$ 의 두 근이 $\sin\theta, \cos\theta$이다.

$\sin\theta + \cos\theta = \dfrac{1}{2}$, $\sin\theta\cos\theta = -\dfrac{a}{2}$

$(\sin\theta+\cos\theta)^2 = 1 + 2\sin\theta\cos\theta \ \Rightarrow \ \dfrac{1}{4} = 1 - a$

$$\Rightarrow \ a = \frac{3}{4}$$

$$a\left(\frac{\sin\theta-3}{\cos\theta} + \frac{\cos\theta-3}{\sin\theta} + 4 \right)$$

$$= a\left(\frac{\sin^2\theta - 3\sin\theta + \cos^2\theta - 3\cos\theta}{\sin\theta\cos\theta} + 4 \right)$$

$$= a\left(\frac{1 - 3(\sin\theta+\cos\theta)}{\sin\theta\cos\theta} + 4 \right)$$

$$= \frac{3}{4}\left(\frac{-\dfrac{1}{2}}{-\dfrac{3}{8}} \right) + \frac{3}{4} \times 4 = 1 + 3 = 4$$

답 4

$\sqrt{\tan\theta}\,\sqrt{\cos\theta} = -\sqrt{\sin\theta}$

$\tan\theta < 0$, $\cos\theta < 0$ 이므로 θ는 제 2 사분면의 각이다.

Tip

a,b가 실수일 때, $\sqrt{a}\,\sqrt{b} = -\sqrt{ab}$ 가 성립하려면 a와 b 모두 음수이어야 한다.

〈증명〉

① $a > 0$, $b > 0$

$\sqrt{a}\,\sqrt{b} = \sqrt{ab}$

② $a > 0$, $b < 0$

$b = -B \ (B > 0)$

$\sqrt{a}\,\sqrt{b} = \sqrt{a}\,\sqrt{-B} = \sqrt{a}\,\sqrt{B}\,i = \sqrt{aB}\,i$

$\quad = \sqrt{aB}\,\sqrt{-1} = \sqrt{-aB} = \sqrt{a(-B)}$

$\quad = \sqrt{ab}$

③ $a < 0$, $b > 0$

②과 동일하므로 $\sqrt{a}\,\sqrt{b} = \sqrt{ab}$

④ $a < 0$, $b < 0$

$a = -A$, $b = -B \ (A > 0, \ B > 0)$

$\sqrt{a}\,\sqrt{b} = \sqrt{-A}\,\sqrt{-B} = \sqrt{A}\,i\sqrt{B}\,i$

$\quad = \sqrt{A}\,\sqrt{B}\,i^2 = -\sqrt{A}\,\sqrt{B}$

$\quad = -\sqrt{AB} = -\sqrt{(-a)(-b)}$

$\quad = -\sqrt{ab}$

$|\tan\theta| = 2 \Rightarrow \tan\theta = -2$

$\sin\theta = -2\cos\theta$, $\sin^2\theta + \cos^2\theta = 1 \Rightarrow 5\cos^2\theta = 1$

$\cos\theta = \dfrac{-1}{\sqrt{5}}$, $\sin\theta = \dfrac{2}{\sqrt{5}}$

따라서 $\dfrac{\tan\theta}{\cos\theta - \sin\theta} = \dfrac{-2}{\dfrac{-3}{\sqrt{5}}} = \dfrac{2\sqrt{5}}{3}$ 이다.

답 ⑤

$\log_2 \sin\theta + \log_2 \cos\theta = -3$

$\log_2 \sin\theta\cos\theta = \log_2 \dfrac{1}{8} \Rightarrow \sin\theta\cos\theta = \dfrac{1}{8}$

$(\sin\theta + \cos\theta)^2 = 1 + 2\sin\theta\cos\theta = \dfrac{5}{4}$ 이므로

$\log_2(\sin\theta + \cos\theta) = \dfrac{1}{2}\left(-4 + \log_2 a\right)$

$\Rightarrow \log_2(\sin\theta + \cos\theta)^2 = \log_2 \dfrac{a}{16}$

$\Rightarrow (\sin\theta + \cos\theta)^2 = \dfrac{a}{16} = \dfrac{5}{4} \Rightarrow a = 20$

답 20

$3\sin\theta + a\cos\theta = \dfrac{7}{3}$, $a\sin\theta - 3\cos\theta = -\dfrac{5\sqrt{2}}{3}$

$(3\sin\theta + a\cos\theta)^2 = 9\sin^2\theta + 6a\sin\theta\cos\theta + a^2\cos^2\theta = \dfrac{49}{9}$

$(a\sin\theta - 3\cos\theta)^2 = a^2\sin^2\theta - 6a\sin\theta\cos\theta + 9\cos^2\theta = \dfrac{50}{9}$

위 두식을 더하면 $a^2 + 9 = 11 \Rightarrow a^2 = 2$

답 2

31	27	**39**	①
32	④	**40**	②
33	3	**41**	①
34	④	**42**	①
35	①	**43**	③
36	②	**44**	⑤
37	②	**45**	80
38	④	**46**	④

031

선분 AB의 중점을 O라 하자.

$\overline{AB} = 12 \Rightarrow \overline{OC} = 6$

호 BC의 길이가 4π이므로 $\angle BOC = \theta$라 하면

$6\theta = 4\pi \Rightarrow \theta = \dfrac{2}{3}\pi$

$\angle BOC = \dfrac{2}{3}\pi \Rightarrow \angle HOC = 60^{\circ}$

$\overline{CH} = \overline{OC} \times \sin 60^{\circ} = 6 \times \dfrac{\sqrt{3}}{2} = 3\sqrt{3}$

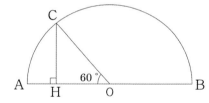

따라서 $\overline{CH}^2 = 27$이다.

답 27

032

$\cos\theta = -\dfrac{1}{3}$, $\sin^2\theta + \cos^2\theta = 1 \Rightarrow \sin^2\theta = \dfrac{8}{9}$

$\pi < \theta < \dfrac{3}{2}\pi$ 이므로 $\sin\theta < 0$이다.

$\sin\theta = -\dfrac{2\sqrt{2}}{3}$, $\tan\theta = \dfrac{-\dfrac{2\sqrt{2}}{3}}{-\dfrac{1}{3}} = 2\sqrt{2}$

따라서 $\tan\theta - \sin\theta = 2\sqrt{2} + \dfrac{2\sqrt{2}}{3} = \dfrac{8\sqrt{2}}{3}$ 이다.

답 ④

033

$\sin\theta - \cos\theta = \dfrac{1}{2}$

$(\sin\theta - \cos\theta)^2 = 1 - 2\sin\theta\cos\theta = \dfrac{1}{4} \Rightarrow \sin\theta\cos\theta = \dfrac{3}{8}$

따라서 $8\sin\theta\cos\theta = 3$이다.

답 3

034

$6\theta - \theta = 5\theta = 2\pi \times n \Rightarrow \theta = \dfrac{2}{5}n\pi$ (n은 정수)

$\dfrac{\pi}{2} < \theta < \pi$이므로 $\theta = \dfrac{4}{5}\pi$이다.

답 ④

035

원뿔의 밑면의 둘레의 길이 $= 2 \times 8 \times \pi = 16\pi$

부채꼴의 호의 길이는 원뿔의 밑면의 둘레의 길이와 같으므로
부채꼴의 호의 길이$= 16\pi$이다.

$r = 20$, $l = 16\pi$

따라서 부채꼴의 넓이는

$\dfrac{1}{2} \times r \times l = \dfrac{1}{2} \times 20 \times 16\pi = 160\pi$이다.

답 ①

036

$\cos\theta = \dfrac{\sqrt{6}}{3}$, $\sin^2\theta + \cos^2\theta = 1 \Rightarrow \sin^2\theta = \dfrac{1}{3}$

$\dfrac{3}{2}\pi < \theta < 2\pi$ 이므로 $\sin\theta < 0$이다.

$\sin\theta = -\dfrac{\sqrt{3}}{3}$, $\tan\theta = \dfrac{-\dfrac{\sqrt{3}}{3}}{\dfrac{\sqrt{6}}{3}} = -\dfrac{1}{\sqrt{2}} = -\dfrac{\sqrt{2}}{2}$

따라서 $\tan\theta = -\dfrac{\sqrt{2}}{2}$이다.

답 ②

가이드스텝에서 배운 core해석법으로 접근해도 된다.

빗변의 길이가 3이고 밑변의 길이가 $\sqrt{6}$ 이고 높이가 $\sqrt{3}$ 인

직각삼각형을 그리면 $\tan\theta = \dfrac{\sqrt{2}}{2}$ 이때, θ의 범위가

$\dfrac{3}{2}\pi < \theta < 2\pi$이므로 $\tan\theta < 0$이다.

즉, $\tan\theta = -\dfrac{\sqrt{2}}{2}$ 이다.

37

$(\sin\theta + \cos\theta)^2 = 1 + 2\sin\theta\cos\theta$

$\dfrac{1}{4} = 1 + 2\sin\theta\cos\theta \Rightarrow \sin\theta\cos\theta = -\dfrac{3}{8}$

$\dfrac{1+\tan\theta}{\sin\theta} = \dfrac{1 + \dfrac{\sin\theta}{\cos\theta}}{\sin\theta} = \dfrac{\cos\theta + \sin\theta}{\sin\theta\cos\theta} = \dfrac{\dfrac{1}{2}}{-\dfrac{3}{8}} = -\dfrac{4}{3}$

답 ②

38

$(\sin\theta - \cos\theta)^2 = 1 - 2\sin\theta\cos\theta$

$(\sin\theta - \cos\theta)^2 = \dfrac{49}{25} \Rightarrow \sqrt{(\sin\theta - \cos\theta)^2} = \dfrac{7}{5}$

$\Rightarrow |\sin\theta - \cos\theta| = \dfrac{7}{5}$

$\dfrac{\pi}{2} < \theta < \pi$이므로 $\sin\theta > 0$, $\cos\theta < 0 \Rightarrow \sin\theta - \cos\theta > 0$

따라서 $\sin\theta - \cos\theta = \dfrac{7}{5}$ 이다.

답 ④

39

근과 계수의 관계에 의해

$\sin\theta + \cos\theta = \dfrac{1}{5}$, $\sin\theta\cos\theta = \dfrac{a}{5}$ 이므로

$(\sin\theta + \cos\theta)^2 = \dfrac{1}{25} \Rightarrow 1 + 2\sin\theta\cos\theta = \dfrac{1}{25}$

$\Rightarrow \dfrac{2a}{5} = -\dfrac{24}{25} \Rightarrow a = -\dfrac{12}{5}$

답 ①

40

$\tan\theta = \dfrac{\sin\theta}{\cos\theta}$이므로

$\dfrac{\sin\theta\cos\theta}{1-\cos\theta} + \dfrac{1-\cos\theta}{\tan\theta} = 1$

$\Rightarrow \dfrac{\sin\theta\cos\theta}{1-\cos\theta} + \dfrac{1-\cos\theta}{\dfrac{\sin\theta}{\cos\theta}} = 1$

$\Rightarrow \dfrac{\sin\theta\cos\theta}{1-\cos\theta} + \dfrac{(1-\cos\theta)\cos\theta}{\sin\theta} = 1$

$\Rightarrow \dfrac{\sin^2\theta\cos\theta + (1-\cos\theta)^2\cos\theta}{(1-\cos\theta)\sin\theta} = 1$

$\Rightarrow \dfrac{(\sin^2\theta + \cos^2\theta - 2\cos\theta + 1)\cos\theta}{(1-\cos\theta)\sin\theta} = 1$

$\Rightarrow \dfrac{2(1-\cos\theta)\cos\theta}{(1-\cos\theta)\sin\theta} = 1 \Rightarrow \sin\theta = 2\cos\theta$

이때, $\sin\theta = 2\cos\theta \Rightarrow \tan\theta = 2 > 0$이고, $\pi < \theta < 2\pi$이므로

공통범위는 $\pi < \theta < \dfrac{3}{2}\pi$이다.

$\cos^2\theta + \sin^2\theta = 1$이므로

$\cos^2\theta + 4\cos^2\theta = 5\cos^2\theta = 1$

$\pi < \theta < \dfrac{3}{2}\pi$이고 $\cos^2\theta = \dfrac{1}{5}$이므로

$\cos\theta = -\dfrac{\sqrt{5}}{5}$이다.

답 ②

41

$\dfrac{\sin\theta}{1-\sin\theta} - \dfrac{\sin\theta}{1+\sin\theta} = 4$

$\Rightarrow \sin\theta(1+\sin\theta) - \sin\theta(1-\sin\theta) = 4(1-\sin\theta)(1+\sin\theta)$

$\Rightarrow \sin\theta + \sin^2\theta - \sin\theta + \sin^2\theta = 4 - 4\sin^2\theta$

$\Rightarrow \sin^2\theta = \dfrac{2}{3}$

$\cos^2\theta = 1 - \sin^2\theta = 1 - \dfrac{2}{3} = \dfrac{1}{3}$

$\dfrac{\pi}{2} < \theta < \pi$이고 $\cos^2\theta = \dfrac{1}{3}$이므로

$\cos\theta = -\dfrac{\sqrt{3}}{3}$이다.

답 ①

042

$$\tan\theta - \frac{6}{\tan\theta} = 1$$

$$\Rightarrow \tan^2\theta - \tan\theta - 6 = 0$$

$$\Rightarrow (\tan\theta - 3)(\tan\theta + 2) = 0$$

$$\Rightarrow \tan\theta = 3 \left(\because \pi < \theta < \frac{3}{2}\pi \Rightarrow \tan\theta > 0 \right)$$

θ는 제 3사분면의 각이고 $\tan\theta = 3$이므로

core 해석법을 쓰면 $\cos\theta = -\dfrac{1}{\sqrt{10}}$, $\sin\theta = -\dfrac{3}{\sqrt{10}}$ 이다.

따라서 $\sin\theta + \cos\theta = -\dfrac{4}{\sqrt{10}} = -\dfrac{2\sqrt{10}}{5}$ 이다.

답 ①

043

반원의 중심을 O 라 하고 부채꼴 OBC의 중심각의
크기를 θ라 하자.

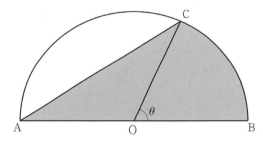

반원의 반지름의 길이가 6이고 호 BC의 길이가 2π이므로

$$2\pi = 6\theta \Rightarrow \theta = \frac{\pi}{3}$$

부채꼴 OBC의 넓이는

$$\frac{1}{2} \times 6^2 \times \frac{\pi}{3} = 6\pi$$

점 C에서 선분 AB에 내린 수선의 발을 D라 하면

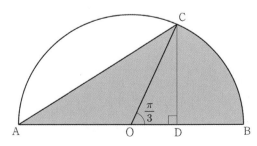

$\overline{CD} = \overline{OC}\sin\dfrac{\pi}{3} = 6 \times \dfrac{\sqrt{3}}{2} = 3\sqrt{3}$ 이므로

삼각형 CAO의 넓이는

$$\frac{1}{2} \times \overline{AO} \times \overline{CD} = \frac{1}{2} \times 6 \times 3\sqrt{3} = 9\sqrt{3}$$

따라서 구하는 넓이는 $6\pi + 9\sqrt{3}$ 이다.

답 ③

044

직선 $y = 2$가 두 원 $x^2 + y^2 = 5$, $x^2 + y^2 = 9$와
제 2사분면에서 만나는 점을 각각 A, B라 하였다.

$x^2 + 4 = 5 \Rightarrow x = -1$ ($x < 0$) 이므로 A$(-1, 2)$

$x^2 + 4 = 9 \Rightarrow x = -\sqrt{5}$ ($x < 0$) 이므로 B$(-\sqrt{5}, 2)$

$\angle COA = \alpha$, $\angle COB = \beta$

삼각함수의 정의에 의해서 ($\sin\theta = \dfrac{y}{r}$, $\cos\theta = \dfrac{x}{r}$, $\tan\theta = \dfrac{y}{x}$)

$$\sin\alpha = \frac{2}{\sqrt{5}}, \quad \cos\beta = -\frac{\sqrt{5}}{3}$$

따라서 $\sin\alpha \times \cos\beta = -\dfrac{2}{3}$ 이다.

답 ⑤

> **Tip**
>
> 삼각함수의 정의로 푸는 것이 낯설었다면
> 아래강의를 참고하도록 하자.
>
> **삼각함수의 정의 (8분)**
> 044번 해설강의
>
>
>
> https://youtu.be/qK-bUKw3YA4

045

원점을 중심으로 하고 반지름의 길이가 3인 원이 세 동경
OP, OQ, OR와 만나는 점을 각각 A, B, C라 하자.

점 P가 제 1사분면 위에 있고, $\sin\alpha = \dfrac{1}{3}$이므로

점 A 의 좌표는 A$(2\sqrt{2}, 1)$

점 Q가 점 P와 직선 $y = x$에 대하여 대칭이므로
동경 OQ도 동경 OP와 직선 $y = x$에 대하여 대칭이다.

즉, 점 B의 좌표는 B$(1, 2\sqrt{2})$

점 R이 점 Q와 원점에 대하여 대칭이므로
동경 OR도 동경 OQ와 원점에 대하여 대칭이다.

즉, 점 C의 좌표는 C$(-1, -2\sqrt{2})$

삼각함수의 정의에 의해서 $\left(\sin\theta = \dfrac{y}{r},\ \cos\theta = \dfrac{x}{r},\ \tan\theta = \dfrac{y}{x}\right)$

$\sin\beta = \dfrac{2\sqrt{2}}{3},\ \tan\gamma = \dfrac{-2\sqrt{2}}{-1} = 2\sqrt{2}$

따라서 $9\left(\sin^2\beta + \tan^2\gamma\right) = 9 \times \left(\dfrac{8}{9} + 8\right) = 8 + 72 = 80$이다.

답 80

046

원 O'에서 중심각의 크기가 $\dfrac{7}{6}\pi$인 부채꼴 $AO'B$의 넓이를 X, 원 O에서 중심각의 크기가 $\dfrac{5}{6}\pi$인 부채꼴 AOB의 넓이를 Y라 하자.

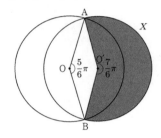 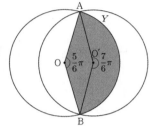

$S_1 = X + S_2 - Y$

$\quad = \left(\dfrac{1}{2} \times 3^2 \times \dfrac{7}{6}\pi\right) + S_2 - \left(\dfrac{1}{2} \times 3^2 \times \dfrac{5}{6}\pi\right)$

$\quad = \dfrac{3}{2}\pi + S_2$

따라서 $S_1 - S_2 = \dfrac{3}{2}\pi$이다.

답 ④

삼각함수 | Master step

47	④	52	②
48	②	53	④
49	⑤	54	①
50	①	55	④
51	①	56	④

047

점 $A(-4,\ a)$에서 x축에 내린 수선의 발을 점 C라 할 때, 삼각형 OAC에 내접하는 원 S의 반지름의 길이는 1이다.

아래 그림과 같이 보조선을 그으면

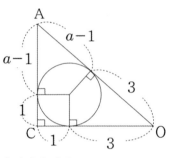

피타고라스의 정리에 의해

$(a+2)^2 = a^2 + 16 \Rightarrow a^2 + 4a + 4 = a^2 + 16 \Rightarrow a = 3$

즉, $A(-4,\ 3)$이다.

서로 다른 세 점 A, O, B가 일직선 위에 있고 $\overline{OA} = \overline{OB}$

두 점 A, B의 중점이 원점이므로 $B(4,\ -3)$이다.

중심이 O이고 B를 지나는 원을 생각하면 삼각함수의 정의에 의해서 $\tan\theta = -\dfrac{3}{4}$이다.

답 ④

> **Tip**
>
> 만약 삼각형의 내접원 넓이 공식 $\left(\dfrac{a+b+c}{2} \times r = S\right)$을 배웠다면 a의 값을 $\dfrac{a+4+(a+2)}{2} \times 1 = \dfrac{1}{2} \times a \times 4$로 처리해도 된다.

048

좌표평면 위에 중심이 원점이고 반지름의 길이가 5인 원
각 α 를 나타내는 동경과 원의 교점을 A $(a,\ b)$ 라
할 때, 각 $-\beta$ 를 나타내는 동경과 원의 교점은 B $(-b,\ a)$

$a < 0,\ b > 0$ 이므로 A는 제 2사분면, B는 제 3사분면의 각
이므로 동경을 그려보면 아래 그림과 같다.

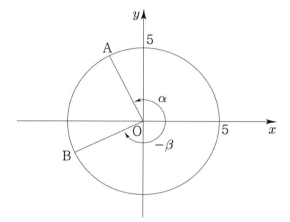

삼각함수의 정의에 의해서 $\sin\alpha = \dfrac{b}{5} = \dfrac{4}{5} \Rightarrow b = 4$

$a^2 + b^2 = 25 \Rightarrow a^2 + 16 = 25 \Rightarrow a = -3 \ (a < 0)$

따라서 B$(-4,\ -3)$이므로

$\sin(-\beta) = \dfrac{-3}{5},\ \sin(-\beta) = -\sin\beta \Rightarrow 5\sin\beta = 3$ 이다.

 ②

049

중심이 원점 O인 원 S_1 위에 $\angle AOB = 60°$ 를 만족시키는
두 점 A $(a,\ b)$, B$(b,\ a)$

$\Rightarrow$ 두 점 A, B는 $y = x$에 대하여 대칭이다.

선분 OA, OB와 호 AB에 내접하는 원을 S_2 라 할 때,
원 S_2가 호 AB에 접하는 점을 C
점 C에서의 접선이 x 축과 만나는 점을 D 라 하고,
점 C에서의 접선과 직선 OB의 교점을 E

원 S_2의 중심을 F라 하면 아래 그림과 같이 보조선을
그을 수 있다. (삼각비 $30° \Rightarrow \overline{OF} = 2r$)

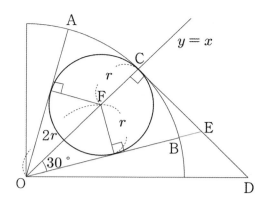

$\cos30° = \dfrac{\overline{OC}}{\overline{OE}} = \dfrac{3r}{\overline{OE}} \Rightarrow \overline{OE} = 2\sqrt{3}\,r$

선분 OB의 길이는 원 S_1의 반지름과 같으므로 $\overline{OB} = 3r$

$\overline{BE} = \overline{OE} - \overline{OB} = 2\sqrt{3}\,r - 3r = 2\sqrt{6} - 3\sqrt{2}$ 이므로
$r = \sqrt{2}$ 이다.

삼각형 OCD는 직각이등변삼각형이므로
따라서 $\overline{OD} = \sqrt{2}\,\overline{OC} = 3r\sqrt{2} = 6$이다.

 ⑤

050

원 O의 반지름의 길이가 2이므로 정육각형의 한 변의
길이는 2이다.

구하고자 하는 넓이는 정육각형의 넓이에서
(아래 색칠한 영역의 넓이)$\times 6$을 빼서 구할 수 있다.

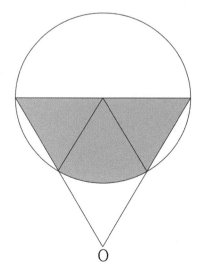

정육각형은 정삼각형이 6개가 합쳐진 도형이므로 정육각형의
넓이를 구하면 $\dfrac{\sqrt{3}}{4} \times 2^2 \times 6 = 6\sqrt{3}$ 이다.

(한 변의 길이가 a인 정삼각형의 넓이 $= \dfrac{\sqrt{3}}{4}a^2$)

위 그림에서 색칠한 영역의 넓이는
(정삼각형의 넓이)$\times 2$+(부채꼴의 넓이)이므로
$$\dfrac{\sqrt{3}}{4}\times 1^2 \times 2 + \dfrac{1}{2}\times 1^2 \times \dfrac{\pi}{3} = \dfrac{\sqrt{3}}{2}+\dfrac{\pi}{6} \text{이다.}$$

따라서 문제에서 구하고자 하는 어두운 부분의 넓이는
$$6\sqrt{3}-6\left(\dfrac{\sqrt{3}}{2}+\dfrac{\pi}{6}\right)=3\sqrt{3}-\pi \text{이다.}$$

답 ①

051

부채꼴 OAB는 반지름의 길이와 호의 길이가 같다.
반지름의 길이와 호의 길이를 r이라 하면 $r \times \theta = r$이므로

$$\Rightarrow \ \angle \text{AOB}=1$$

점 A에서 선분 OB에 내린 수선의 발은 C이다.

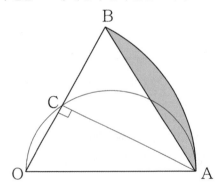

$$\overline{\text{OA}}=r \ \Rightarrow \ \overline{\text{AC}}=\overline{\text{OA}}\sin 1 = r\sin 1$$
$$\overline{\text{OA}}=r \ \Rightarrow \ \overline{\text{OC}}=\overline{\text{OA}}\cos 1 = r\cos 1$$

삼각형 OAC 의 넓이가 8
$$\Rightarrow \triangle \text{OAC} = \dfrac{1}{2}\times \overline{\text{OC}}\times \overline{\text{CA}}$$
$$\Rightarrow \dfrac{1}{2}\times r\cos 1 \times r\sin 1 = \dfrac{1}{2}r^2\sin 1\cos 1 = 8$$

선분 AB와 호 AB로 둘러싸인 영역의 넓이는
(부채꼴 OAB의 넓이) $-$ (삼각형 OAB)이므로
$$\dfrac{1}{2}\times r^2 \times 1 - \dfrac{1}{2}\times r \times r\sin 1 = \dfrac{1}{2}r^2(1-\sin 1)$$
$$\dfrac{1}{2}r^2\sin 1\cos 1 = 8 \ \Rightarrow \ \dfrac{1}{2}r^2 = \dfrac{8}{\sin 1\cos 1} \text{이다.}$$
따라서 선분 AB와 호 AB로 둘러싸인 영역의 넓이는

$\dfrac{8}{\sin 1\cos 1}(1-\sin 1)$이다.

답 ①

052

삼각함수의 정의에 의해서

$360°$를 10등분 했으므로
$\angle \text{P}_n\text{OP}_{n+1}=36° \ (n=1, \ 2, \ \cdots, \ 9)$이다.

P_2의 y좌표가 $\sin\theta$이다.
P_3의 y좌표가 $\sin 2\theta$이다.
$\quad \vdots$
P_{10}의 y좌표가 $\sin 9\theta$이다.
P_1의 y좌표가 $\sin 10\theta = 0$이다.

P_1의 y좌표 $= \text{P}_6$의 y좌표
P_2의 y좌표 $= \text{P}_5$의 y좌표
P_3의 y좌표 $= \text{P}_4$의 y좌표
P_7의 y좌표 $= \text{P}_{10}$의 y좌표
P_8의 y좌표 $= \text{P}_9$의 y좌표
이므로 $n(S)=a=5$이다.

P_1의 y좌표 $= 0$
P_2의 y좌표 $= -\text{P}_{10}$의 y좌표
P_3의 y좌표 $= -\text{P}_9$의 y좌표
이므로 집합 S의 모든 원소의 합은 $b=0$이다.
따라서 $a+b=5$이다.

답 ②

053

단위원 위의 점 P $(x, \ y)$에 대하여 동경 OP가
x축의 양의 방향과 이루는 각의 크기가 θ이고
$$\dfrac{y}{x}+\dfrac{x}{y}=-\dfrac{5}{2} \ (\text{단}, \ x<0, \ y>0, \ x+y>0)$$

$\dfrac{y}{x}=t$라 치환하면

$$t+\dfrac{1}{t}=-\dfrac{5}{2} \Rightarrow t=-\dfrac{1}{2} \ \text{or} \ t=-2$$
$$\text{i}) \ t=-\dfrac{1}{2} \Rightarrow \dfrac{y}{x}=-\dfrac{1}{2} \Rightarrow y=-\dfrac{1}{2}x$$

$x+y>0 \Rightarrow x-\dfrac{1}{2}x>0 \Rightarrow \dfrac{x}{2}>0$ 이므로

조건에 모순이다.

(단, $x<0$, $y>0$, $x+y>0$)

ⅱ) $t=-2 \Rightarrow \dfrac{y}{x}=-2 \Rightarrow y=-2x$

점 P는 단위원 위의 점이므로

$x^2+y^2=1 \Rightarrow 5x^2=1 \Rightarrow x^2=\dfrac{1}{5}$

$x=-\dfrac{1}{\sqrt{5}}$ $(x<0)$

$\mathrm{P}\left(-\dfrac{1}{\sqrt{5}},\ \dfrac{2}{\sqrt{5}}\right)$ 이므로 삼각함수의 정의에 의해서

$\sin\theta=\dfrac{2}{\sqrt{5}}$, $\cos\theta=-\dfrac{1}{\sqrt{5}}$ 이다.

따라서 $\sin\theta-2\cos\theta=\dfrac{4}{\sqrt{5}}=\dfrac{4\sqrt{5}}{5}$ 이다.

답 ④

054

$\overline{\mathrm{OP}}=10$인 점 $\mathrm{P}(a,\ b)$ (단, $a>0$, $b<0$) 에 대하여
점 $\mathrm{A}(0,\ -5)$를 지나고 x축에 평행한 직선과 선분 OP 가
만나서 생기는 교점을 B라 할 때, $\overline{\mathrm{OB}}:\overline{\mathrm{BP}}=5:3$

점 P에서 y축에 내린 수선의 발을 C라 하자.

$\overline{\mathrm{OA}}=5 \Rightarrow \overline{\mathrm{AC}}=3$
$\overline{\mathrm{OP}}=10,\ \overline{\mathrm{OC}}=8 \Rightarrow \overline{\mathrm{CP}}=6$

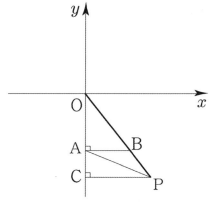

이를 바탕으로 점 P의 좌표를 찾으면 $\mathrm{P}(6,\ -8)$이다.
동경 OB가 나타내는 각의 크기는 동경 OP가 나타내는
각의 크기와 같으므로 삼각함수의 정의에 의해서

$\tan\theta=\dfrac{-8}{6}=-\dfrac{4}{3}$ 이다.

삼각형 ABP의 넓이는 삼각형 OAP의 넓이$\times\dfrac{3}{8}$이므로

$m=\dfrac{1}{2}\times\overline{\mathrm{OA}}\times\overline{\mathrm{CP}}\times\dfrac{3}{8}=\dfrac{1}{2}\times5\times6\times\dfrac{3}{8}=\dfrac{45}{8}$ 이다.

따라서 $24\tan\theta+8m=-32+45=13$이다.

답 ①

055

아래와 같이 보조선을 그어보자.

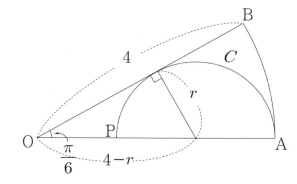

$\sin\dfrac{\pi}{6}=\dfrac{r}{4-r}=\dfrac{1}{2} \Rightarrow 2r=4-r \Rightarrow r=\dfrac{4}{3}$

$S_1=\dfrac{1}{2}\times4^2\times\dfrac{\pi}{6}=\dfrac{4}{3}\pi$

$S_2=\dfrac{1}{2}\times\left(\dfrac{4}{3}\right)^2\times\pi=\dfrac{8}{9}\pi$

따라서 $S_1-S_2=\dfrac{4}{9}\pi$이다.

답 ④

056

점 O에서 선분 BD에 내린 수선의 발을 E라 하자.

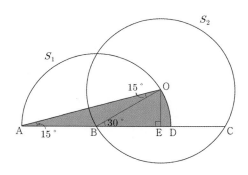

$\overline{\mathrm{AD}}=4 \Rightarrow \overline{\mathrm{BO}}=\overline{\mathrm{BD}}=2$
$\overline{\mathrm{OE}}=2\times\sin30^{\circ}=1,\ \overline{\mathrm{BE}}=2\times\cos30^{\circ}=\sqrt{3}$

선분 AD, AO와 호 OD로 둘러싸인 영역의 넓이는
(삼각형 OAB의 넓이) + (부채꼴 BOD의 넓이) 이므로

$$a = \frac{1}{2} \times \overline{AB} \times \overline{OE} + \frac{1}{2} \times (\overline{BO})^2 \times \frac{\pi}{6}$$

$$= \frac{1}{2} \times 2 \times 1 + \frac{1}{2} \times 2^2 \times \frac{\pi}{6} = 1 + \frac{\pi}{3}$$

$\overline{CD} = \overline{BC} - \overline{BD} = 2\overline{BE} - \overline{BD} = 2\sqrt{3} - 2 = b$

따라서 $6a + 3b = 6 + 2\pi + 6\sqrt{3} - 6 = 6\sqrt{3} + 2\pi$ 이므로
$p + q = 8$이다.

 ④

1	풀이 참고
2	풀이 참고
3	풀이 참고
4	$(1) -\dfrac{\sqrt{2}}{2}$ $(2) -\dfrac{\sqrt{3}}{2}$ $(3) \dfrac{\sqrt{3}}{3}$
5	$(1)\ x=\dfrac{\pi}{6}$ or $x=\dfrac{5}{6}\pi$ $(2)\ x=\dfrac{\pi}{4}$ or $x=\dfrac{5}{4}\pi$ $(3)\ x=\dfrac{2}{3}\pi$ or $x=\dfrac{4}{3}\pi$
6	$(1)\ \dfrac{\pi}{3}<x<\dfrac{5}{3}\pi$ $(2)\ 0\le x<\dfrac{\pi}{4}$ or $\dfrac{\pi}{2}<x<\dfrac{5}{4}\pi$ or $\dfrac{3}{2}\pi<x<2\pi$

개념 확인문제 1

$(1)\ y=-\sin x+1$

① $y=\sin x$ 를 기본함수로 두자.

② x축에 대하여 대칭하면
$$y=-\sin x$$

③ y축의 방향으로 1만큼 평행이동하면
$$y=-\sin x+1$$

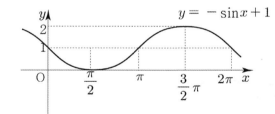

주기 : 2π

치역 : $\{y\mid 0\le y\le 2\}$

$(2)\ y=2\sin 2x$

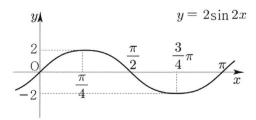

주기 : $\dfrac{2\pi}{2}=\pi$

치역 : $\{y\mid -2\le y\le 2\}$

$(3)\ y=\sin\left(x-\dfrac{\pi}{2}\right)$

① $y=\sin x$ 를 기본함수로 두자.

② x축의 방향으로 $\dfrac{\pi}{2}$ 만큼 평행이동하면
$$y=\sin\left(x-\dfrac{\pi}{2}\right)$$

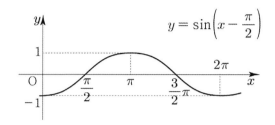

주기 : 2π

치역 : $\{y\mid -1\le y\le 1\}$

개념 확인문제 2

$(1)\ y=\cos 2x$

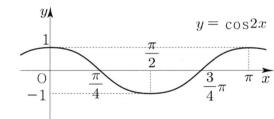

주기 : $\dfrac{2\pi}{2}=\pi$

치역 : $\{y\mid -1\le y\le 1\}$

$(2)\ y=-\cos(-x)$

$\cos(-x)=\cos x$이므로 $y=-\cos x$와 같다.

① $y=\cos x$ 를 기본함수로 두자.

② x축에 대하여 대칭하면
$$y=-\cos x$$

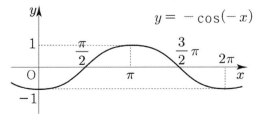

주기 : 2π

치역 : $\{y \mid -1 \le y \le 1\}$

(3) $y = \cos(2x - \pi)$

$$y = \cos(2x - \pi) = \cos 2\left(x - \frac{\pi}{2}\right)$$

① $y = \cos 2x$를 기본함수로 두자.

② x축의 방향으로 $\dfrac{\pi}{2}$만큼 평행이동하면

$$y = \cos 2\left(x - \frac{\pi}{2}\right)$$

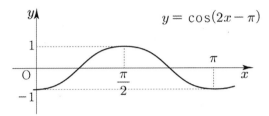

주기 : $\dfrac{2\pi}{2} = \pi$

치역 : $\{y \mid -1 \le y \le 1\}$

개념 확인문제 3

(1) $y = -\tan x$

① $y = \tan x$를 기본함수로 두자.

② x축에 대하여 대칭하면

$y = -\tan x$

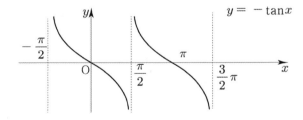

주기 : π

점근선 : $x = \pi n + \dfrac{\pi}{2}$ (n은 정수)

(2) $y = \tan\left(2x - \dfrac{\pi}{2}\right) = \tan 2\left(x - \dfrac{\pi}{4}\right)$

① $y = \tan 2x$를 기본함수로 두자.

② x축의 방향으로 $\dfrac{\pi}{4}$만큼 평행이동하면

$$y = \tan 2\left(x - \frac{\pi}{4}\right)$$

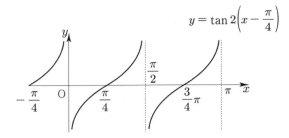

주기 : $\dfrac{\pi}{2}$

점근선 : $x = \dfrac{\pi}{2}n$ (n은 정수)

개념 확인문제 4

(1) $\cos\left(\dfrac{5}{4}\pi\right) = \cos\left(\pi + \dfrac{\pi}{4}\right) = -\cos\dfrac{\pi}{4} = -\dfrac{\sqrt{2}}{2}$

(2) $\sin 240° = \sin\left(\pi + \dfrac{\pi}{3}\right) = -\sin\dfrac{\pi}{3} = -\dfrac{\sqrt{3}}{2}$

(3) $\tan\left(-\dfrac{5}{6}\pi\right) = -\tan\left(\dfrac{5}{6}\pi\right) = -\tan\left(\pi - \dfrac{1}{6}\pi\right) = \tan\dfrac{\pi}{6}$

$= \dfrac{1}{\sqrt{3}} = \dfrac{\sqrt{3}}{3}$

주기추가법으로 풀어보자.

$\tan\left(-\dfrac{5}{6}\pi\right) = \tan\left(\pi - \dfrac{5}{6}\pi\right) = \tan\left(\dfrac{\pi}{6}\right) = \dfrac{1}{\sqrt{3}} = \dfrac{\sqrt{3}}{3}$

답 (1) $-\dfrac{\sqrt{2}}{2}$ (2) $-\dfrac{\sqrt{3}}{2}$ (3) $\dfrac{\sqrt{3}}{3}$

개념 확인문제 5

(1) $\sin x = \dfrac{1}{2}$ $(0 \le x < 2\pi)$

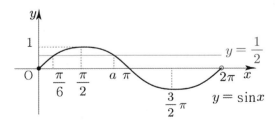

$0 < x < \dfrac{\pi}{2}$ 범위에서 $\sin x = \dfrac{1}{2}$ 을 만족시키는

$x = \dfrac{\pi}{6}$ 이다.

대칭성을 활용해서 a를 구하면

$a + \dfrac{\pi}{6} = \pi$이므로 $a = \dfrac{5}{6}\pi$이다.

따라서 $x = \dfrac{\pi}{6}$ or $x = \dfrac{5}{6}\pi$이다.

(2) $\tan x = 1$ $(0 \le x < 2\pi)$

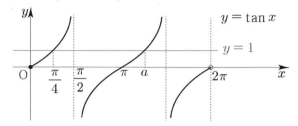

$0 < x < \dfrac{\pi}{2}$ 범위에서 $\tan x = 1$을 만족시키는

$x = \dfrac{\pi}{4}$이다.

$\dfrac{\pi}{4}$에 주기 π를 더하면 a를 구할 수 있다.

$a = \dfrac{\pi}{4} + \pi = \dfrac{5}{4}\pi$

따라서 $x = \dfrac{\pi}{4}$ or $x = \dfrac{5}{4}\pi$이다.

(3) $\cos x = -\dfrac{1}{2}$ $(0 \le x < 2\pi)$

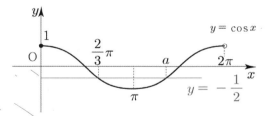

$0 < x < \pi$범위에서 $\cos x = -\dfrac{1}{2}$을 만족시키는

$x = \dfrac{2}{3}\pi$이다.

대칭성을 활용해서 a를 구하면

$\dfrac{2}{3}\pi + a = 2\pi$ 이므로 $a = \dfrac{4}{3}\pi$이다.

따라서 $x = \dfrac{2}{3}\pi$ or $x = \dfrac{4}{3}\pi$이다.

답 (1) $x = \dfrac{\pi}{6}$ or $x = \dfrac{5}{6}\pi$

(2) $x = \dfrac{\pi}{4}$ or $x = \dfrac{5}{4}\pi$

(3) $x = \dfrac{2}{3}\pi$ or $x = \dfrac{4}{3}\pi$

개념 확인문제　6

(1) $\sin \dfrac{x}{2} > \dfrac{1}{2}$ $(0 \le x < 2\pi)$

$\dfrac{x}{2} = t$로 치환하면 $0 \le t < \pi$

$\sin t > \dfrac{1}{2}$ $(0 \le t < \pi)$

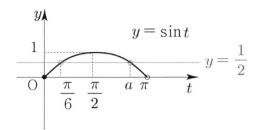

대칭성을 이용하여 a를 구하면

$a + \dfrac{\pi}{6} = \pi$이므로 $a = \dfrac{5}{6}\pi$이다.

$\sin t > \dfrac{1}{2}$ $(0 \le t < \pi)$ $\Rightarrow \dfrac{\pi}{6} < t < \dfrac{5}{6}\pi$

$\dfrac{x}{2} = t$이므로 $\dfrac{\pi}{3} < x < \dfrac{5}{3}\pi$ 이다.

(2) $\tan x < 1$ $(0 \le x < 2\pi)$

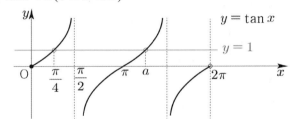

$\dfrac{\pi}{4}$에 주기 π를 더하면 a를 구할 수 있다.

$a = \dfrac{\pi}{4} + \pi = \dfrac{5}{4}\pi$

따라서 $\tan x < 1$ $(0 \le x < 2\pi)$의 해는

$0 \le x < \dfrac{\pi}{4}$ or $\dfrac{\pi}{2} < x < \dfrac{5}{4}\pi$ or $\dfrac{3}{2}\pi < x < 2\pi$ 이다.

답 (1) $\dfrac{\pi}{3} < x < \dfrac{5}{3}\pi$

(2) $0 \le x < \dfrac{\pi}{4}$ or $\dfrac{\pi}{2} < x < \dfrac{5}{4}\pi$ or $\dfrac{3}{2}\pi < x < 2\pi$

1	⑤	27	1
2	6	28	17
3	25	29	6
4	$B < A < C$	30	2
5	$B < A < C$	31	12
6	$A < B$	32	③
7	$y = -\sin x$	33	16
8	②	34	$\dfrac{4}{3}\pi$
9	2	35	$\dfrac{5}{2}\pi$
10	8	36	$\dfrac{\pi}{8} < x < \dfrac{5}{8}\pi$
11	10	37	$\dfrac{\pi}{6} \leq x \leq \dfrac{3}{2}\pi$
12	5	38	$-\dfrac{\pi}{3} \leq x < 0$ or $\dfrac{2}{3}\pi < x < \pi$
13	6	39	7
14	4	40	7π
15	32	41	$\dfrac{\pi}{2}$
16	7	42	$\dfrac{5}{4}\pi$
17	5	43	35
18	7	44	④
19	14	45	18
20	4	46	3
21	1	47	8
22	0	48	5
23	4	49	24
24	2	50	7
25	5	51	30
26	25		

001

(가) 모든 실수 x에 대하여 $f(x+2) = f(x)$

(나) $0 \leq x < 2$일 때, $f(x) = \sin \dfrac{\pi}{2} x$

$$f\left(\dfrac{16}{3}\right) = f\left(2 + \dfrac{10}{3}\right) = f\left(\dfrac{10}{3}\right) = f\left(2 + \dfrac{4}{3}\right) = f\left(\dfrac{4}{3}\right)$$

$$= \sin \dfrac{2}{3}\pi = \dfrac{\sqrt{3}}{2}$$

답 ⑤

002

함수 $y = 2\cos \dfrac{\pi}{3a} x + 1$의 주기는

$\dfrac{2\pi}{\dfrac{\pi}{3a}} = 6a = 12$이므로 $a = 2$이다.

함수 $y = -\tan \dfrac{\pi}{4} x$의 주기는

$\dfrac{\pi}{\dfrac{\pi}{4}} = 4$이므로 $b = 4$이다.

따라서 $a + b = 6$이다.

답 6

003

함수 $f(x) = \cos\left(ax + \dfrac{\pi}{6}\right)$의 주기는

$\dfrac{2\pi}{a} = 6\pi$이므로 $a = \dfrac{1}{3}$이다.

$f(x) = \cos\left(\dfrac{1}{3}x + \dfrac{\pi}{6}\right)$이므로

$f\left(-\dfrac{5}{2}\pi\right) = \cos\left(-\dfrac{2}{3}\pi\right) = \cos\left(\dfrac{2}{3}\pi\right) = -\dfrac{1}{2} = b$이다.

따라서 $30(a-b) = 30\left(\dfrac{1}{3} + \dfrac{1}{2}\right) = 30 \times \dfrac{5}{6} = 25$이다.

답 25

004

$A = \sin(-1)$, $B = \sin(-2)$, $C = \sin(-3)$

$-\dfrac{\pi}{2} \approx -1.57$이므로 아래 그림과 같다.

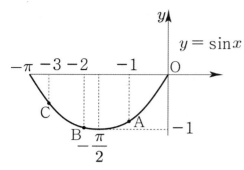

따라서 $B < A < C$이다.

답　$B < A < C$

$A = \sin\dfrac{3}{8}\pi$, $B = \cos\dfrac{3}{8}\pi$, $C = \tan\dfrac{3}{8}\pi$

$\dfrac{\pi}{4} < \dfrac{3}{8}\pi < \dfrac{\pi}{2}$이므로 그래프로 비교하면 다음과 같다.

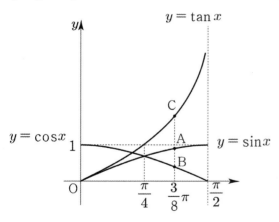

따라서 $B < A < C$이다.

답　$B < A < C$

$\dfrac{\pi}{2} < a < b < \pi$

$A = \dfrac{a}{b}$, $B = \dfrac{\tan a}{\tan b}$

만약 $A < B$라면

$\dfrac{a}{b} < \dfrac{\tan a}{\tan b} \Rightarrow \dfrac{\tan b}{b} > \dfrac{\tan a}{a}$ 이다.

($\tan b$을 양변에 곱할 때, $\tan b < 0$이므로 부등호가 바뀐다.)

$\dfrac{\tan x}{x}$는 두 점 $(x, \tan x)$, $(0, 0)$을 지나는 직선의 기울기로 볼 수 있다.

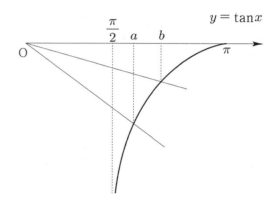

따라서 $\dfrac{\tan b}{b} > \dfrac{\tan a}{a}$ 이므로 $A < B$이다.

(기울기가 음수이므로 가파른 것이 값이 더 작다.)

답　$A < B$

$y = \sin x$ 의 그래프를 x축 방향으로 π만큼 평행이동하면 $y = \sin(x - \pi)$의 그래프이다.

$y = \sin(x - \pi) = -\sin(\pi - x) = -\sin x$의 그래프를 원점에 대하여 대칭이동하면 $y = -(-\sin(-x)) = -\sin x$의 그래프이다.

답　$y = -\sin x$

008

$y = 2\cos\dfrac{\pi}{3}x$의 그래프를 x축의 방향으로 1만큼,

y축의 방향으로 -3만큼 평행이동하면

$f(x) = 2\cos\dfrac{\pi}{3}(x-1) - 3 = 2\cos\left(\dfrac{\pi}{3}x - \dfrac{\pi}{3}\right) - 3$이다.

$p = \dfrac{2\pi}{\dfrac{\pi}{3}} = 6$이므로

따라서 $f\left(\dfrac{p}{2}\right) = f(3) = 2\cos\dfrac{2}{3}\pi - 3 = -1 - 3 = -4$이다.

답 ②

009

$y = \cos x$의 그래프를 x축의 방향으로 $\dfrac{\pi}{2}$만큼,

y축의 방향으로 1만큼 평행이동하면

$f(x) = \cos\left(x - \dfrac{\pi}{2}\right) + 1 = \cos\left(\dfrac{\pi}{2} - x\right) + 1 = \sin x + 1$

$f(3\pi + x) + f(5\pi - x)$

$= \sin(3\pi + x) + 1 + \sin(5\pi - x) + 1$

$= \sin(\pi + x) + 1 + \sin(\pi - x) + 1 = -\sin x + 1 + \sin x + 1$

$= 2$

답 2

010

$y = \sin\dfrac{\pi}{2}x$ 의 주기는 4이므로

대칭성을 이용하면 $a + b = 2 \times 1$, $c + d = 2 \times 3$

따라서 $a + b + c + d = 2 + 6 = 8$이다.

답 8

> **Tip**
>
> 삼각함수의 대칭성이 낯설었다면
> 아래 강의를 참고하도록 하자.
>
> **삼각함수의 대칭성 (11분)**
> t1 010~011번 해설강의
>
> https://youtu.be/kQQoCPdUYhk

011

$E\left(\dfrac{1}{2},\ 0\right)$라 하면

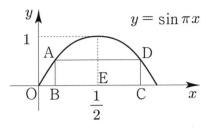

대칭성에 의해서 $\overline{AD} = 2\overline{BE} = \dfrac{2}{3} \Rightarrow \dfrac{1}{3} = \overline{BE}$ 이므로

$B\left(\dfrac{1}{2} - \dfrac{1}{3},\ 0\right) = B\left(\dfrac{1}{6},\ 0\right)$이다.

$\overline{AB} = \sin\dfrac{\pi}{6} = \dfrac{1}{2}$

직사각형 ABCD의 넓이는 $S = \dfrac{1}{2} \times \dfrac{2}{3} = \dfrac{1}{3}$이므로

$30S = 10$이다.

답 10

012

대칭성에 의해서 보조선을 그으면 다음과 같다.

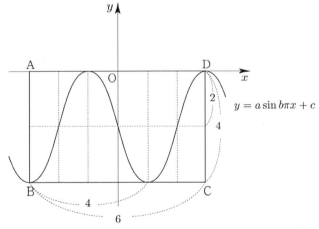

주기는 4이므로 $\dfrac{2\pi}{b\pi} = 4 \Rightarrow b = \dfrac{1}{2}$

위 그래프는 $y = a\sin b\pi x$를 y축 방향으로 -2만큼
평행이동하여 그릴 수 있으므로 $c = -2$이고,

점 $D(3,\ 0)$을 $y = a\sin\dfrac{\pi}{2}x - 2$에 대입하면

$0 = a\sin\dfrac{3}{2}\pi - 2 \Rightarrow a = -2$

따라서 $a + 2b - 3c = -2 + 1 + 6 = 5$이다.

답 5

013

점 A와 직선 $x = \dfrac{\pi}{2a}$ 사이의 거리를 k라 하면

대칭성에 의해서 다음 그림과 같다.

(두 점 A, C는 점 $\left(\dfrac{\pi}{2a},\ 0\right)$에 대하여 점대칭)

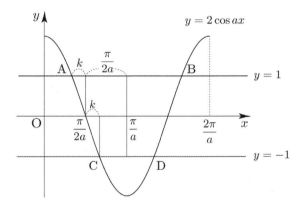

$\overline{AB} = 2\left(k + \dfrac{\pi}{2a}\right) = 2k + \dfrac{\pi}{a}$, $\overline{CD} = 2\left(\dfrac{\pi}{2a} - k\right) = \dfrac{\pi}{a} - 2k$

이고, 사각형 ABDC의 넓이가 $\dfrac{\pi}{3}$이므로

$$\dfrac{\pi}{3} = \dfrac{1}{2} \times 2 \times (\overline{AB} + \overline{CD}) \implies \dfrac{\pi}{3} = \dfrac{2\pi}{a}$$

따라서 $a = 6$이다.

답 6

014

$f(x) = \dfrac{1}{2}\tan\dfrac{2\pi}{a}x$의 주기는 $\dfrac{\pi}{\frac{2\pi}{a}} = \dfrac{a}{2}$이다.

두 선분 BC, BA가 x축과 만나는 점을 각각 M, N이라 하면
대칭성에 의하여 두 선분 BC, BA의 중점은 각각 M, N이다.

($\because$ 점 A, B는 점 N에 대해 점대칭,

점 B, C는 점 M에 대해 점대칭)

즉, $\overline{MN} = \dfrac{1}{2}\overline{AC} = \dfrac{a}{4}$

점 N의 x좌표가 $\dfrac{a}{2}$이므로 점 M의 x좌표는 $\dfrac{a}{2} - \dfrac{a}{4} = \dfrac{a}{4}$

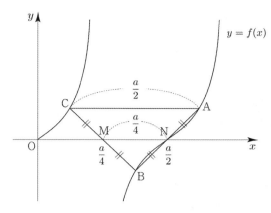

$\overline{BA} = \overline{BC}$이므로 삼각형 ABC는 이등변삼각형이다. 여기서
점 B에서 x축과 선분 AC에 내린 수선의 발을 각각 D, E라
하면 직선 BE는 선분 AC를 수직이등분한다.

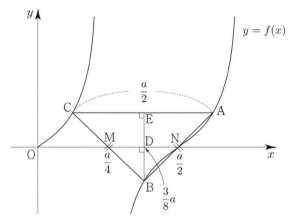

즉, 선분 MN의 중점은 D이므로

D의 x좌표는 $\dfrac{1}{2}\left(\dfrac{a}{4} + \dfrac{a}{2}\right) = \dfrac{3}{8}a$이다.

$f\left(\dfrac{3}{8}a\right) = \dfrac{1}{2}\tan\left(\dfrac{2\pi}{a} \times \dfrac{3}{8}a\right) = \dfrac{1}{2}\tan\dfrac{3}{4}\pi = -\dfrac{1}{2}$이므로

$\overline{BE} = 1$이다.

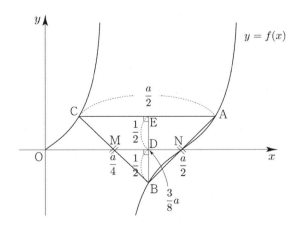

삼각형 ABC의 넓이가 1이므로

$$\dfrac{1}{2} \times \overline{BE} \times \overline{AC} = \dfrac{1}{2} \times 1 \times \dfrac{a}{2} = \dfrac{a}{4} = 1 \implies a = 4$$

따라서 $a=4$이다.

답 4

015

$y=a\sin(bx-c)$

최댓값이 2이고 최솟값이 -2이므로
$|a|=2 \Rightarrow a=2 \ (\because \ a>0)$

주기가 $\dfrac{5}{6}\pi-\left(-\dfrac{\pi}{6}\right)=\pi$ 이므로

$\dfrac{2\pi}{|b|}=\pi \Rightarrow b=2 \ (\because \ b>0)$

$y=2\sin(2x-c)$는 $y=2\sin 2x$의 그래프를 x축의
방향으로 평행이동하여 구할 수 있다.

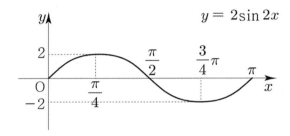

$y=2\sin 2x$ 의 그래프 위의 점 $(0,\ 0)$를 기준으로
$y=2\sin(2x-c)$ 위의 점 $\left(\dfrac{\pi}{3},\ 0\right)$을 살펴보면
$(0,\ 0) \ \rightarrow \ \left(\dfrac{\pi}{3},\ 0\right)$이므로 x축의 방향으로 $\dfrac{\pi}{3}$만큼
평행이동했다고 볼 수 있다.

(여기서 주의해야할 점은 $y=2\sin 2x$ 를 평행이동시키는
것이지 $y=\sin x$를 평행이동시키는 것이 아니라는 점이다.)

하지만 $y=2\sin 2x$ 는 주기가 π인 주기함수이므로
x축의 방향으로 $n\pi$(n은 정수)만큼 더 평행이동하여도
조건을 만족시킨다.
즉, $y=2\sin(2x-c)$는 $y=2\sin 2x$의 그래프를 x축의
방향으로 $n\pi+\dfrac{\pi}{3}$(n은 정수)만큼 평행이동하여 구할 수 있다.

$x \ \rightarrow \ x-\left(n\pi+\dfrac{\pi}{3}\right)$

$y=2\sin 2\left(x-n\pi-\dfrac{\pi}{3}\right)=2\sin\left(2x-2n\pi-\dfrac{2}{3}\pi\right)$

이므로 $c=2n\pi+\dfrac{2}{3}\pi$ (n은 정수) 이다.

$2\pi<c<3\pi$ 이므로 $c=2\pi+\dfrac{2}{3}\pi=\dfrac{8}{3}\pi$이다.

따라서 $\dfrac{3abc}{\pi}=\dfrac{3}{\pi}\times 2\times 2\times\dfrac{8}{3}\pi=32$이다.

답 32

Tip 1

위의 풀이를 완벽히 이해했다면 어떠한 미정계수
문제가 나와도 다 풀 수 있다. 누구에게 설명할
수 있을 때까지 체화해보자!

Tip 2

만약 위 풀이가 잘 이해되지 않는다면
아래 해설강의를 참고하도록 하자.

삼각함수의 미정계수 (7분)
t1 015번 해설강의

https://youtu.be/v_AcRJnEsCQ

016

이 문제는 $a<0$라는 것에 조심해야한다.

최댓값이 5이고 최솟값이 -5이므로 $a=-5$이다.

주기가 $\dfrac{3}{8}\pi-\left(-\dfrac{\pi}{8}\right)=\dfrac{\pi}{2}$이므로 $\dfrac{2\pi}{b}=\dfrac{\pi}{2} \Rightarrow b=4$

$y=-5\sin(4x-c)$는 $y=-5\sin 4x$의 그래프를 x축의
방향으로 평행이동하여 구할 수 있다.

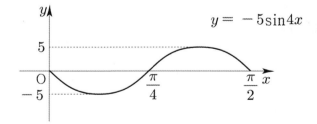

$y=-5\sin 4x$ 의 그래프 위의 점 $(0,\ 0)$를 기준으로
$y=-5\sin(4x-c)$ 위의 점 $\left(-\dfrac{\pi}{8},\ 0\right)$을 살펴보면
$(0,\ 0) \ \rightarrow \ \left(-\dfrac{\pi}{8},\ 0\right)$이므로 x축의 방향으로 $-\dfrac{\pi}{8}$만큼
평행이동했다고 볼 수 있다.

015번과 마찬가지 논리로 주기 $\frac{\pi}{2}$ 까지 고려해서 평행이동 시켜보자.

즉, $y=-5\sin(4x-c)$는 $y=-5\sin4x$의 그래프를 x축의 방향으로 $\frac{\pi}{2}n-\frac{\pi}{8}$ (n은 정수)만큼 평행이동하여 구할 수 있다.

$$x \rightarrow x-\left(\frac{\pi}{2}n-\frac{\pi}{8}\right)$$

$$y=-5\sin4\left(x-\frac{n}{2}\pi+\frac{\pi}{8}\right)=-5\sin\left(4x-2n\pi+\frac{\pi}{2}\right)$$

이므로 $c=2n\pi-\frac{\pi}{2}$ (n은 정수) 이다.

$3\pi<c<4\pi$ 이므로 $c=4\pi-\frac{\pi}{2}=\frac{7}{2}\pi$이다.

따라서 $\dfrac{-abc}{10\pi}=-\dfrac{1}{10\pi}\times(-5)\times4\times\dfrac{7}{2}\pi=7$이다.

🔲 답 7

017

최댓값이 5이고 최솟값이 1이므로
$a+d=5$, $-a+d=1 \Rightarrow a=2$, $d=3$

주기가 $2\times\{1-(-2)\}=6$이므로 $\dfrac{2\pi}{b}=6 \Rightarrow \dfrac{\pi}{3}=b$

$f(x)=2\sin\left(\dfrac{\pi}{3}x+c\right)+3$는 $y=2\sin\dfrac{\pi}{3}x+3$의 그래프를 x축의 방향으로 평행이동하여 구할 수 있다.

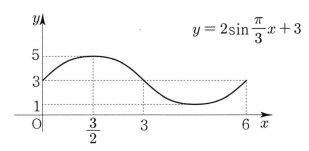

$y=2\sin\dfrac{\pi}{3}x+3$의 그래프 위의 점 $\left(\dfrac{3}{2},\ 5\right)$를 기준으로 $f(x)=2\sin\left(\dfrac{\pi}{3}x+c\right)+3$ 위의 점 $(1,\ 5)$을 살펴보면

$\left(\dfrac{3}{2},\ 5\right) \rightarrow (1,\ 5)$이므로 x축의 방향으로 $-\dfrac{1}{2}$만큼 평행이동했다고 볼 수 있다.

015, 016번과 마찬가지 논리로 주기 6까지 고려해서 평행이동 시켜보자.

즉, $f(x)=2\sin\left(\dfrac{\pi}{3}x+c\right)+3$는 $y=2\sin\dfrac{\pi}{3}x+3$의 그래프를 x축의 방향으로 $6n-\dfrac{1}{2}$ (n은 정수)만큼 평행이동하여 구할 수 있다.

$$x \rightarrow x-\left(6n-\frac{1}{2}\right)$$

$$y=2\sin\frac{\pi}{3}\left(x-6n+\frac{1}{2}\right)+3=2\sin\left(\frac{\pi}{3}x-2\pi n+\frac{\pi}{6}\right)+3$$

이므로 $c=-2\pi n+\dfrac{\pi}{6}$ (n은 정수)이다.

$0<c<\pi$ 이므로 $c=\dfrac{\pi}{6}$이다.

$\therefore\ f(x)=2\sin\left(\dfrac{\pi}{3}x+\dfrac{\pi}{6}\right)+3$

대칭성에 의해서 $f(x_1)=f(0)$ 이므로

$f(x_1)=f(0)=2\sin\dfrac{\pi}{6}+3=4$

x_2-1은 주기이므로 $x_2-1=6 \Rightarrow x_2=7$

따라서 $ad+\dfrac{b}{c}+f(x_1)-x_2=6+2+4-7=5$이다.

🔲 답 5

018

(가) 주기가 $\dfrac{\pi}{5}$ 인 주기함수이다.

$\Rightarrow\ y=|\sin x|$ 의 주기는 π이므로 $\dfrac{\pi}{b}=\dfrac{\pi}{5} \Rightarrow b=5$

(나) 함수 $f(x)$ 의 최솟값은 4 이다.

$\Rightarrow\ c=4$

> **Tip**
>
> 실수 전체의 집합에서 $0 \leq |\sin5x| \leq 1$이므로 $a\times0+c$가 최솟값이 된다. 관성적으로 $-a+c$가 최솟값이라고 해서는 안 된다.

(다) $f\left(\dfrac{\pi}{10}\right)=6$

$\Rightarrow\ f\left(\dfrac{\pi}{10}\right)=a\left|\sin\dfrac{\pi}{2}\right|+4=6 \Rightarrow a+4=6 \Rightarrow a=2$

따라서 $3a+b-c=6+5-4=7$이다.

답   7

019

$y=\tan(ax-b)$의 주기가 7π이므로

$\dfrac{\pi}{a}=7\pi \Rightarrow a=\dfrac{1}{7}$

$y=\tan\left(\dfrac{1}{7}x-b\right)$는 $y=\tan\dfrac{1}{7}x$의 그래프를 x축의

방향으로 평행이동하여 구할 수 있다.

점근선을 바탕으로 얼마만큼 평행이동해야 하는지 구해보자.

$y=\tan\dfrac{1}{7}x$의 점근선의 방정식은

$x=7m\pi+\dfrac{7}{2}\pi(m$은 정수$)$

$y=\tan\left(\dfrac{1}{7}x-b\right)$의 점근선의 방정식은

$x=7n\pi$ (n은 정수)

> **Tip**
>
> 여기서 m, n으로 둔 이유는 두 개의 문자가 서로 독립적이기
> 때문이다.

$x=7m\pi+\dfrac{7}{2}\pi \rightarrow x=7n\pi$ 이므로 x축의 방향으로

$7(n-m)\pi-\dfrac{7}{2}\pi$만큼 평행이동했다고 볼 수 있다.

$n-m$은 정수이므로 간단하게 N라 두자.

즉, $y=\tan\left(\dfrac{1}{7}x-b\right)$는 $y=\tan\dfrac{1}{7}x$의

그래프를 x축의 방향으로 $7N\pi-\dfrac{7}{2}\pi(N$은 정수$)$만큼

평행이동하여 구할 수 있다.

> **Tip**
>
> 015, 016, 017번에서는 특정한 점이 x축의 방향으로 얼마만큼
> 이동하였는지 파악한 뒤 마지막에 주기까지 고려하여 최종적
> 으로 x축의 방향으로 얼마만큼 평행이동하였는지 구하였다면
> 019번의 경우 처음부터 주기가 고려된 점근선으로 x축의 방향
> 으로 얼마만큼 평행이동하였는지 구하였다.

$x \rightarrow x-\left(7N\pi-\dfrac{7}{2}\pi\right)$

$y=\tan\dfrac{1}{7}\left(x-7N\pi+\dfrac{7}{2}\pi\right)=\tan\left(\dfrac{1}{7}x-N\pi+\dfrac{\pi}{2}\right)$

이므로 $b=N\pi-\dfrac{\pi}{2}(N$은 정수$)$이다.

$0<b<\pi$이므로 $b=\dfrac{\pi}{2}$이다.

따라서 $\dfrac{\pi}{ab}=14$이다.

답   14

020

$\sin\dfrac{5}{6}\pi+\cos\left(-\dfrac{8}{3}\pi\right)-\dfrac{4\tan\dfrac{19}{3}\pi}{\tan\left(-\dfrac{\pi}{3}\right)}$

$\sin\dfrac{5}{6}\pi=\sin\left(\pi-\dfrac{\pi}{6}\right)=\sin\dfrac{\pi}{6}=\dfrac{1}{2}$

$\cos\left(-\dfrac{8}{3}\pi\right)=\cos\dfrac{8}{3}\pi=\cos\left(2\pi+\dfrac{2}{3}\pi\right)=\cos\dfrac{2}{3}\pi=-\dfrac{1}{2}$

$\tan\dfrac{19}{3}\pi=\tan\left(6\pi+\dfrac{\pi}{3}\right)=\tan\dfrac{\pi}{3}=\sqrt{3}$

$\tan\left(-\dfrac{\pi}{3}\right)=-\tan\dfrac{\pi}{3}=-\sqrt{3}$

이므로

$\sin\dfrac{5}{6}\pi+\cos\left(-\dfrac{8}{3}\pi\right)-\dfrac{4\tan\dfrac{19}{3}\pi}{\tan\left(-\dfrac{\pi}{3}\right)}=\dfrac{1}{2}-\dfrac{1}{2}-\dfrac{4\sqrt{3}}{-\sqrt{3}}=4$

답   4

021

$\cos\theta=\dfrac{3}{5}$일 때,

$3\tan(\pi+\theta)\left\{\dfrac{1+\cos(\pi-\theta)}{\cos\left(\dfrac{\pi}{2}+\theta\right)}+\dfrac{\sin\left(\dfrac{3}{2}\pi+\theta\right)}{\sin(\pi+\theta)}\right\}$

$\tan(\pi+\theta)=\tan\theta$

$\cos(\pi-\theta)=-\cos\theta$

$$\cos\left(\frac{\pi}{2}+\theta\right)=-\sin\theta$$

$$\sin\left(\frac{3}{2}\pi+\theta\right)=-\cos\theta$$

$$\sin(\pi+\theta)=\sin(-\theta)=-\sin\theta$$

이므로

$$3\tan(\pi+\theta)\left\{\frac{1+\cos(\pi-\theta)}{\cos\left(\frac{\pi}{2}+\theta\right)}+\frac{\sin\left(\frac{3}{2}\pi+\theta\right)}{\sin(\pi+\theta)}\right\}$$

$$=3\tan\theta\left(\frac{1-\cos\theta}{-\sin\theta}+\frac{-\cos\theta}{-\sin\theta}\right)$$

$$=\frac{3\sin\theta}{\cos\theta}\left(\frac{-1+2\cos\theta}{\sin\theta}\right)=3\left(\frac{2\cos\theta-1}{\cos\theta}\right)$$

$$=3\times\left(\frac{2\times\frac{3}{5}-1}{\frac{3}{5}}\right)=3\times\left(\frac{6-5}{3}\right)=1$$

답   1

022

$$\log_2\tan\frac{\pi}{12}+\log_2\tan\frac{\pi}{4}+\log_2\tan\frac{5}{12}\pi$$

$$\tan\frac{5}{12}\pi=\tan\left(\frac{\pi}{2}-\frac{\pi}{12}\right)=\frac{1}{\tan\frac{\pi}{12}}$$ 이므로

$$\log_2\left(\tan\frac{\pi}{12}\times\tan\frac{\pi}{4}\times\tan\frac{5}{12}\pi\right)$$

$$=\log_2\left(\tan\frac{\pi}{12}\times\tan\frac{\pi}{4}\times\frac{1}{\tan\frac{\pi}{12}}\right)$$

$$=\log_2\tan\frac{\pi}{4}=\log_21=0$$

답   0

023

$$\cos^210°+\cos^220°+\cos^230°+\cdots+\cos^280°+\cos^290°$$

$$\cos80°=\cos(90°-10°)=\sin10°$$
$$\cos70°=\cos(90°-20°)=\sin20°$$
$$\cos60°=\cos(90°-30°)=\sin30°$$
$$\cos50°=\cos(90°-40°)=\sin40°$$

이고 $\sin^2\theta+\cos^2\theta=1$, $\cos90°=0$이므로

$$\cos^210°+\cos^220°+\cos^230°+\cdots+\cos^280°+\cos^290°$$
$$=1+1+1+1+\cos^290°=4$$이다.

답   4

024

$$\tan1°\times tan2°\times tan3°\times\cdots\times\tan88°\times tan89°$$

$$=\frac{1}{3}\log_a8$$

$$\tan(90°-x°)=\frac{1}{\tan x°}$$ 이므로

$$\tan1°\times tan2°\times\cdots\times tan45°\times\cdots\times\frac{1}{\tan2°}\times\frac{1}{\tan1°}$$

$$=\tan45°=1=\frac{1}{3}\log_a8\Rightarrow3=3\log_a2\Rightarrow a=2$$

답   2

025

$$y=3\sin\left(x+\frac{\pi}{2}\right)-\cos x+a$$

$$\sin\left(x+\frac{\pi}{2}\right)=\cos x$$이므로

$$y=3\sin\left(x+\frac{\pi}{2}\right)-\cos x+a=2\cos x+a$$

$\cos x=t$ 라 치환하면 $y=2t+a\ (-1\le t\le1)$

$t=1$ 일 때, 최댓값 $2+a$
$t=-1$일 때, 최솟값 $-2+a$

따라서 $2+a-2+a=10\Rightarrow a=5$이다.

답   5

> **Tip**
>
> 삼각함수를 포함한 함수의 최대 최소는 무조건 치환이다.
> 치환하면 범위조심!

26

$$y = -\left|\sin 4x - \frac{1}{2}\right| + \frac{5}{2}$$

$\sin 4x = t$라 치환하면 $y = -\left|t - \frac{1}{2}\right| + \frac{5}{2}$ $(-1 \le t \le 1)$

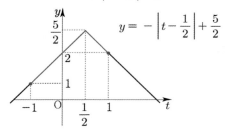

$t = \frac{1}{2}$일 때, 최댓값 $\frac{5}{2} = M$

$t = -1$일 때, 최솟값 $1 = m$

따라서 $10Mm = 25$이다.

답 25

27

$$y = \frac{2\tan x - 1}{\tan x + 2} \quad \left(\frac{3}{4}\pi \le x < \frac{3}{2}\pi\right)$$

$\tan x = t$라 치환하자.

$\frac{3}{4}\pi \le x < \frac{3}{2}\pi$에서 t의 범위를 구하면 $-1 \le t$ 이다.

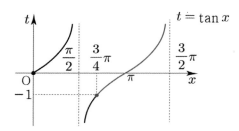

$y = \frac{2t - 1}{t + 2} = 2 + \frac{-5}{t + 2}$ $(-1 \le t)$

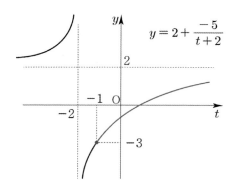

$t = -1$일 때, 최솟값 $-3 = b$

$\tan x = t = -1 \Rightarrow x = \frac{3}{4}\pi = a \left(\because \; \frac{3}{4}\pi \le x < \frac{3}{2}\pi\right)$

따라서 $\sqrt{2}\cos\frac{a}{b} = \sqrt{2}\cos\left(-\frac{\pi}{4}\right) = \sqrt{2}\cos\frac{\pi}{4} = 1$이다.

답 1

28

$$f(x) = \sin^2 x - \sin\left(x - \frac{\pi}{2}\right) + 2$$

$$= (1 - \cos^2 x) + \sin\left(\frac{\pi}{2} - x\right) + 2$$

$$= 1 - \cos^2 x + \cos x + 2 = -\cos^2 x + \cos x + 3$$

$\cos x = t$라 치환하면 $y = -t^2 + t + 3$ $(-1 \le t \le 1)$

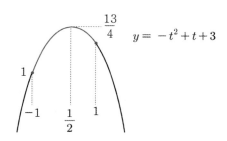

$t = \frac{1}{2}$일 때, 최댓값 $\frac{13}{4} = M$

$t = -1$일 때, 최솟값 $1 = m$

따라서 $4(M + m) = 4\left(\frac{13}{4} + 1\right) = 13 + 4 = 17$이다.

답 17

29

$$y = 3|\cos x| - \cos x + 1$$

$\cos x = t$라 치환하면 $y = 3|t| - t + 1$ $(-1 \le t \le 1)$

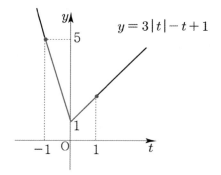

$t=-1$일 때, 최댓값 $5=M$
$t=0$일 때, 최솟값 $1=m$
따라서 $M+m=6$이다.

답 6

30

$$y=\frac{\left|\sin\left(\frac{\pi}{2}-x\right)\right|-3}{|\cos x|+1}=\frac{|\cos x|-3}{|\cos x|+1}$$

$|\cos x|=t$라 치환하면
$$y=\frac{t-3}{t+1}=1+\frac{-4}{t+1}\ (0\le t\le 1)$$

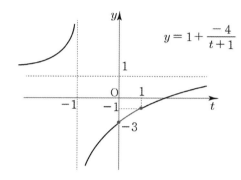

$t=1$일 때, 최댓값 $-1=M$
$t=0$일 때, 최솟값 $-3=m$
따라서 $M-m=2$이다.

답 2

31

$f(x)=-\cos^2 x-2\sin x+1=\sin^2 x-2\sin x$
$f(x)$의 값을 k라 하고,
$\sin x=t$라 치환하면 $k=t^2-2t\ (-1\le t\le 1)$

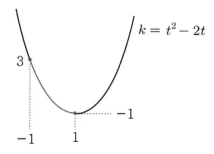

$-1\le t\le 1$일 때, k의 범위를 구하면 $-1\le k\le 3$

$g(x)=-x^2+a$

$(g\circ f)(x)=g(f(x))=g(k)$
$g(k)=-k^2+a\ (-1\le k\le 3)$

$k=0$일 때, 최댓값 a
$k=3$일 때, 최솟값 $-9+a$

최댓값과 최솟값의 합이 15이므로
$2a-9=15\ \Rightarrow\ a=12$

답 12

32

$$y=\sin^2\frac{x}{2}+2a\cos\frac{x}{2}+2=-\cos^2\frac{x}{2}+2a\cos\frac{x}{2}+3$$

$\cos\frac{x}{2}=t$라 치환하면 $y=-t^2+2at+3\,(-1\le t\le 1)$

$y=-t^2+2at+3$의 꼭짓점의 x좌표 a의 범위에 따라
최댓값이 달라지므로 **case**분류 하면 다음과 같다.

① $a>1$

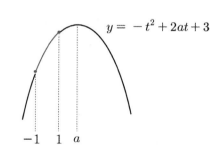

$t=1$일 때, 최댓값 $2+2a=\frac{7}{2}\ \Rightarrow\ a=\frac{3}{4}$
$a>1$을 만족하지 않으므로 모순이다.

② $-1\le a\le 1$

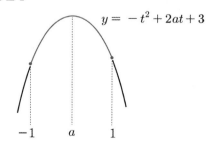

$t=a$일 때, 최댓값 $a^2+3=\frac{7}{2}$
$$\Rightarrow\ a=\frac{1}{\sqrt{2}}\ \text{or}\ a=-\frac{1}{\sqrt{2}}$$

③ $a < -1$

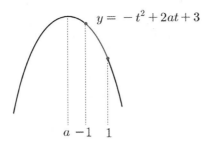

$y = -t^2 + 2at + 3$

$t = -1$일 때, 최댓값 $2 - 2a = \dfrac{7}{2} \Rightarrow a = -\dfrac{3}{4}$

$a < -1$을 만족하지 않으므로 모순이다.

따라서 모든 실수 a의 값의 곱은 $-\dfrac{1}{2}$이다.

답 ③

033

$\cos\dfrac{\pi}{2}x = \dfrac{2}{3} \ (0 \le x < 8)$

$0 \le x < 8$에서 곡선 $y = \cos\dfrac{\pi}{2}x$와 직선 $y = \dfrac{2}{3}$이 만나는
교점의 x좌표를 작은 순서대로 x_1, x_2, x_3, x_4라 하자.

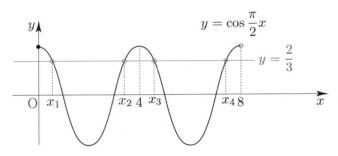

$y = \cos\dfrac{\pi}{2}x$

$y = \dfrac{2}{3}$

대칭성에 의하여 $x_2 + x_3 = 4 \times 2 = 8$, $x_1 + x_4 = 4 \times 2 = 8$
따라서 모든 해의 합 $x_1 + x_2 + x_3 + x_4 = 16$이다.

답 16

034

$2\sin\left(2x + \dfrac{\pi}{6}\right) = -1 \quad (0 \le x < \pi)$

$2x + \dfrac{\pi}{6} = t$ 라 치환하면 $\sin t = -\dfrac{1}{2} \ \left(\dfrac{\pi}{6} \le t < 2\pi + \dfrac{\pi}{6}\right)$

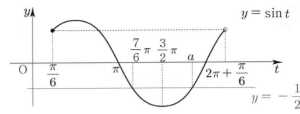

$y = \sin t$

$y = -\dfrac{1}{2}$

$\pi < t < \dfrac{3}{2}\pi$에서 $\sin t = -\dfrac{1}{2}$을 만족하는 $t = \dfrac{7}{6}\pi$

대칭성을 이용하여 a를 구하면

$\dfrac{7}{6}\pi + a = 3\pi \Rightarrow a = \dfrac{11}{6}\pi$

$t = \dfrac{7}{6}\pi \ \text{or} \ t = \dfrac{11}{6}\pi$

$2x + \dfrac{\pi}{6} = t$이므로 $x = \dfrac{\pi}{2} \ \text{or} \ x = \dfrac{5}{6}\pi$ 이다.

따라서 모든 해의 합은 $\dfrac{4}{3}\pi$이다.

답 $\dfrac{4}{3}\pi$

035

$\cos^2 x - \dfrac{\sin x}{2} = \dfrac{1}{2} \quad (0 \le x \le 2\pi)$

$-\sin^2 x - \dfrac{\sin x}{2} = -\dfrac{1}{2} \Rightarrow 2\sin^2 x + \sin x - 1 = 0$

$\Rightarrow (2\sin x - 1)(\sin x + 1) = 0$

① $\sin x = -1 \Rightarrow x = \dfrac{3}{2}\pi$

② $\sin x = \dfrac{1}{2} \Rightarrow x = \dfrac{\pi}{6} \ \text{or} \ x = \dfrac{5}{6}\pi$

따라서 모든 해의 합은 $\dfrac{5}{2}\pi$이다.

답 $\dfrac{5}{2}\pi$

$\sin 2x - \cos 2x > 0 \quad (0 \leq x \leq \pi)$

$2x = t$ 라 치환하면 $\sin t > \cos t \quad (0 \leq t \leq 2\pi)$

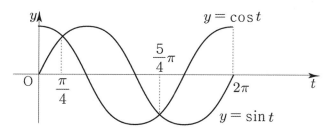

$\sin t > \cos t \quad (0 \leq t \leq 2\pi) \quad \Rightarrow \quad \dfrac{\pi}{4} < t < \dfrac{5}{4}\pi$

$2x = t$ 이므로 $\dfrac{\pi}{8} < x < \dfrac{5}{8}\pi$ 이다.

$\boxed{\text{답}} \quad \dfrac{\pi}{8} < x < \dfrac{5}{8}\pi$

$2\cos^2\left(x - \dfrac{\pi}{3}\right) \geq 1 + \cos\left(x + \dfrac{\pi}{6}\right) \quad (0 \leq x < 2\pi)$

$x + \dfrac{\pi}{6} = t$ 라 치환하면

$x - \dfrac{\pi}{3} = x + \dfrac{\pi}{6} - \dfrac{\pi}{2} = t - \dfrac{\pi}{2}$

$2\cos^2\left(t - \dfrac{\pi}{2}\right) \geq 1 + \cos t \quad \left(\dfrac{\pi}{6} \leq t < 2\pi + \dfrac{\pi}{6}\right)$

$\cos\left(t - \dfrac{\pi}{2}\right) = \cos\left(\dfrac{\pi}{2} - t\right) = \sin t$ 이므로

$2 - 2\cos^2 t \geq 1 + \cos t \Rightarrow 2\cos^2 t + \cos t - 1 \leq 0$

$\Rightarrow (2\cos t - 1)(\cos t + 1) \leq 0 \Rightarrow -1 \leq \cos t \leq \dfrac{1}{2}$

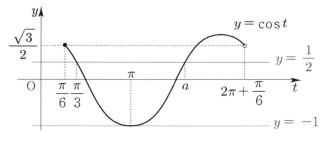

$0 < t < \dfrac{\pi}{2}$ 에서 $\cos t = \dfrac{1}{2}$ 을 만족하는 $t = \dfrac{\pi}{3}$

대칭성을 이용하여 a를 구하면

$\dfrac{\pi}{3} + a = 2\pi \Rightarrow a = \dfrac{5}{3}\pi$

$-1 \leq \cos t \leq \dfrac{1}{2} \Rightarrow \dfrac{\pi}{3} \leq t \leq \dfrac{5}{3}\pi$

$x + \dfrac{\pi}{6} = t$ 이므로 $\dfrac{\pi}{3} \leq x + \dfrac{\pi}{6} \leq \dfrac{5}{3}\pi \Rightarrow \dfrac{\pi}{6} \leq x \leq \dfrac{3}{2}\pi$

$\boxed{\text{답}} \quad \dfrac{\pi}{6} \leq x \leq \dfrac{3\pi}{2}$

$1 \leq 2\sin\left(\dfrac{1}{2}x + \dfrac{\pi}{3}\right) < \sqrt{3} \quad (-\pi \leq x < \pi)$

$\dfrac{1}{2}x + \dfrac{\pi}{3} = t$ 라 치환하면

$\dfrac{1}{2} \leq \sin t < \dfrac{\sqrt{3}}{2} \quad \left(-\dfrac{\pi}{6} \leq t < \dfrac{5}{6}\pi\right)$

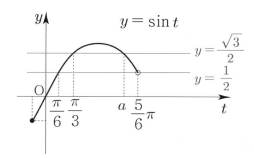

$0 < t < \dfrac{\pi}{2}$ 에서 $\sin t = \dfrac{1}{2}$ 을 만족하는 $t = \dfrac{\pi}{6}$

$0 < t < \dfrac{\pi}{2}$ 에서 $\sin t = \dfrac{\sqrt{3}}{2}$ 을 만족하는 $t = \dfrac{\pi}{3}$

대칭성을 이용하여 a를 구하면

$\dfrac{\pi}{3} + a = \pi \Rightarrow a = \dfrac{2}{3}\pi$

$\dfrac{1}{2} \leq \sin t < \dfrac{\sqrt{3}}{2} \Rightarrow \dfrac{\pi}{6} \leq t < \dfrac{\pi}{3} \text{ or } \dfrac{2}{3}\pi < t < \dfrac{5}{6}\pi$

$\dfrac{1}{2}x + \dfrac{\pi}{3} = t$ 이므로 $-\dfrac{\pi}{3} \leq x < 0 \text{ or } \dfrac{2}{3}\pi < x < \pi$ 이다.

$\boxed{\text{답}} \quad -\dfrac{\pi}{3} \leq x < 0 \text{ or } \dfrac{2}{3}\pi < x < \pi$

039

모든 실수 x에 대하여 $\cos^2 x + 6\sin\left(\dfrac{3\pi}{2}+x\right) \geq 2-k$

$\sin\left(\dfrac{3}{2}\pi + x\right) = -\cos x$ 이므로

$\cos^2 x - 6\cos x \geq 2-k \Rightarrow k \geq -\cos^2 x + 6\cos x + 2$

$\cos x = t$ 로 치환하면

$-1 \leq t \leq 1$ 인 임의의 실수 t 에 대하여 $k \geq -t^2 + 6t + 2$

양변에 $=y$를 붙여서 함수로 해석하면
$y = -t^2 + 6t + 2, \quad y = k$

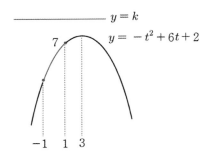

따라서 실수 k의 최솟값은 7이다.

답   7

040

$f(2\cos 2t - 1) = 0 \ (0 \leq t \leq 2\pi)$

$f(x) = x^2 - 1 \Rightarrow f(1) = 0 \text{ or } f(-1) = 0$ 이므로
① $2\cos 2t - 1 = 1 \Rightarrow \cos 2t = 1$
② $2\cos 2t - 1 = -1 \Rightarrow \cos 2t = 0$

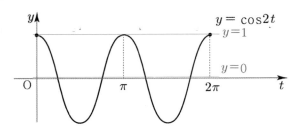

대칭성에 의해서 ($x = \pi$에 대하여 대칭)
$\cos 2t = 1$를 만족시키는 서로 다른 실근의
합은 $2\pi + \pi = 3\pi$이다.

$\cos 2t = 0$을 만족시키는 서로 다른 실근의 합은
$2\pi + 2\pi = 4\pi$이다.

따라서 서로 다른 실근의 합은 7π이다.

답 7π

041

$\sin(\pi\cos x) = 0 \ (0 \leq x < \pi)$

$\sin \pi t = 0$ 을 만족시키는 t는 정수이다.

$\cos x = t \ (0 \leq x < \pi)$
정수 t의 값에 따라 case분류 하면 다음과 같다.

① $\cos x = 1 \ (0 \leq x < \pi)$
    $\Rightarrow x = 0$

② $\cos x = 0 \ (0 \leq x < \pi)$
    $\Rightarrow x = \dfrac{\pi}{2}$

③ $\cos x = -1 \ (0 \leq x < \pi)$

    $0 \leq x < \pi$에서 $\cos x = -1$를 만족시키는 x가
    존재하지 않는다.

따라서 모든 해의 합은 $\dfrac{\pi}{2}$이다.

답 $\dfrac{\pi}{2}$

042

$x^2 - 2\sqrt{3}\,x + 3\tan\theta = 0 \ \left(\pi \leq \theta < \dfrac{3}{2}\pi\right)$

판별식 $\dfrac{D}{4} = 3 - 3\tan\theta = 0 \Rightarrow \tan\theta = 1 \ \left(\pi \leq \theta < \dfrac{3}{2}\pi\right)$

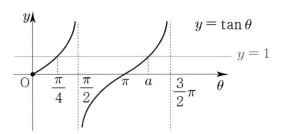

$0 < \theta < \dfrac{\pi}{2}$에서 $\tan\theta = 1$ 을 만족하는 $\theta = \dfrac{\pi}{4}$

a는 $\dfrac{\pi}{4}$에 주기 π를 더하면 구할 수 있다.

$$\dfrac{\pi}{4}+\pi=a \Rightarrow a=\dfrac{5}{4}\pi$$

답 $\dfrac{5}{4}\pi$

043

$0 \le x < 2\pi$

$$\begin{cases} \sin x \le \cos x \\ 2\sin^2 x - 5\cos x + 1 \ge 0 \end{cases}$$

① $\sin x \le \cos x$

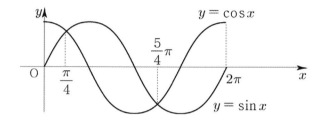

$0 \le x \le \dfrac{\pi}{4}$ or $\dfrac{5}{4}\pi \le x < 2\pi$

② $2\sin^2 x - 5\cos x + 1 \ge 0$

$\Rightarrow 2(1-\cos^2 x)-5\cos x+1 \ge 0$

$\Rightarrow 2\cos^2 x+5\cos x-3 \le 0$

$\Rightarrow (2\cos x-1)(\cos x+3) \le 0$

$\Rightarrow -3 \le \cos x \le \dfrac{1}{2} \Rightarrow \cos x \le \dfrac{1}{2}$

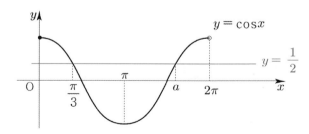

$0 < x < \dfrac{\pi}{2}$ 에서 $\cos x = \dfrac{1}{2}$ 을 만족하는 $x=\dfrac{\pi}{3}$

대칭성을 이용하여 a를 구하면

$$\dfrac{\pi}{3}\pi+a=2\pi \Rightarrow a=\dfrac{5}{3}\pi$$

$\cos x \le \dfrac{1}{2} \Rightarrow \dfrac{\pi}{3} \le x \le \dfrac{5}{3}\pi$

$0 \le x \le \dfrac{\pi}{4}$ or $\dfrac{5}{4}\pi \le x < 2\pi$와 $\dfrac{\pi}{3} \le x \le \dfrac{5}{3}\pi$를 동시에 만족시키는 x의 범위는 $\dfrac{5}{4}\pi \le x \le \dfrac{5}{3}\pi$이다.

따라서 $\dfrac{12}{\pi}(a+b)=\dfrac{12}{\pi}\left(\dfrac{5}{4}\pi+\dfrac{5}{3}\pi\right)=15+20=35$이다.

답 35

044

모든 실수 x에 대하여

$$\sin^2 x+(a+3)\cos x-(3a+1) > 0$$

$-\cos^2 x+(a+3)\cos x-3a > 0$

$\Rightarrow \cos^2 x-(a+3)\cos x+3a < 0$

$\Rightarrow (\cos x-3)(\cos x-a) < 0$

a의 범위에 따라 case분류를 하면 다음과 같다.

① $a > 3$
   $3 < \cos x < a$를 만족시키는 x가 존재하지 않는다.

② $a = 3$
   $(\cos x-3)^2 < 0$를 만족시키는 x가 존재하지 않는다.

③ $a < 3$
   $a < \cos x < 3 \Rightarrow a < \cos x$

모든 실수 x에 대하여 $a < \cos x$ 이 성립하도록 하는 정수 a의 범위는 $a < -1$ 이므로 최댓값은 -2이다.

> **Tip**
>
> $\cos x$의 최솟값은 -1이므로 $a=-1$이면 모든 실수 x에 대하여 $a < \cos x$라는 조건을 만족시키지 않는다.

답

$f(x) = \left| 4\cos\frac{\pi}{2}x + 2 \right| \ (0 \le x \le 4)$

① $y = 4\cos\frac{\pi}{2}x + 2$를 기본함수로 두자.

　주기가 $\dfrac{2\pi}{\frac{\pi}{2}} = 4$, 최댓값 6, 최솟값 -2

② $y = |h(x)|$ ($h(x)$가 음수인 부분을 x축 대칭)하면

　$y = \left| 4\cos\frac{\pi}{2}x + 2 \right|$

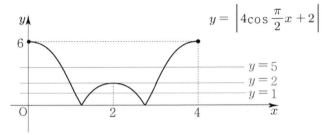

대칭성($x = 2$에 대하여 대칭)을 이용하면
$g(1) = 4 + 4 = 8,\ g(2) = 2 + 4 = 6,\ g(5) = 4$이므로
따라서 $g(1) + g(2) + g(5) = 8 + 6 + 4 = 18$이다.

답 18

$f(x) = \left| 4\cos\frac{\pi}{2}x + 2 \right|$

모든 실수 x에 대하여 $f(t) \le f(x)$을 만족시키려면
$f(t)$는 $f(x)$의 최솟값이어야 하므로
$f(t) = 0 \ (0 \le t \le 8)$이어야 한다.

$4\cos\frac{\pi}{2}x + 2 = 0 \Rightarrow \cos\frac{\pi}{2}x = -\frac{1}{2}$

$0 < x < 2$에서 $\cos\frac{\pi}{2}x = -\frac{1}{2}$을 만족하는 x를 구해보자.

물론 $\frac{\pi}{2}x = T$로 치환해서 그래프를 그려 푸는 방법도
있지만 이번에는 조금 더 **실전적인 방법**을 소개하겠다.

$0 < x < \pi$에서 $\cos x = -\frac{1}{2}$을 만족하는 $x = \frac{2}{3}\pi$인 것을
알기 때문에 이를 바탕으로 그래프를 생략하여 조금 더
빠르게 접근해보자. (여기서 범위를 $0 < x < \pi$ 라고
설정한 이유는 정의역이 양의 실수일 때, $\cos x$의 함숫값이

처음으로 $-\frac{1}{2}$가 되는 x값을 나타내기 위함이다.)

$0 < x < 2$에서 $\cos\frac{\pi}{2}x = -\frac{1}{2}$을 만족하는 x는

$\frac{\pi}{2}x = \frac{2}{3}\pi \Rightarrow x = \frac{4}{3}$이다.

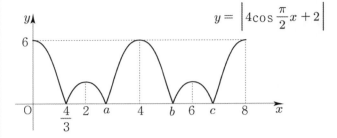

대칭성을 이용하여 a를 구하면

$\frac{4}{3} + a = 4 \Rightarrow a = \frac{8}{3}$

대칭성을 이용하여 b를 구하면

$\frac{8}{3} + b = 8 \Rightarrow b = \frac{16}{3}$

대칭성을 이용하여 c를 구하면

$\frac{16}{3} + c = 12 \Rightarrow c = \frac{20}{3}$

$f(t) = 0 \ (0 \le t \le 8)$을 만족시키는 실수 t를 작은 수부터
크기순으로 나열하면

$t_1 = \frac{4}{3},\ t_2 = \frac{8}{3},\ t_3 = \frac{16}{3},\ t_4 = \frac{20}{3}$이므로 $m = 4$이다.

따라서 $t_1 + \frac{t_4}{4} = \frac{4}{3} + \frac{5}{3} = \frac{9}{3} = 3$이다.

답 3

$\sin(\pi\cos 2x) = 0$의 해의 개수 $(0 \le x < 2\pi)$

$\sin \pi t = 0$을 만족시키는 t는 정수이다.

$\cos 2x = t \ (0 \le x < 2\pi)$
정수 t의 값에 따라 **case**분류 하면 다음과 같다.

① $\cos 2x = 1 \ (0 \le x < 2\pi) \Rightarrow$ 교점 2개
　$x = 2\pi$는 포함되지 않는다. 범위 조심!

② $\cos 2x = 0\ (0 \le x < 2\pi)\ \Rightarrow$ 교점 4개

③ $\cos 2x = -1\ (0 \le x < 2\pi)\ \Rightarrow$ 교점 2개

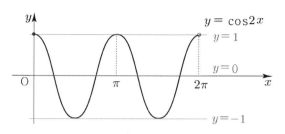

따라서 해의 개수는 8이다.

답 8

048

$\cos x = \dfrac{1}{7}x$

양변에 $= y$를 붙여 함수로 해석해보자.

방정식 $\cos x = \dfrac{1}{7}x$ 의 서로 다른 실근의 개수는

$y = \cos x$ 와 $y = \dfrac{1}{7}x$의 교점의 개수와 같다.

$2\pi < 7 < \dfrac{5}{2}\pi\ (\pi = 3.14\cdots)$ 이므로 아래 그림과 같다.

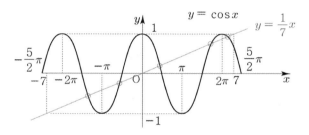

따라서 교점의 개수가 5이므로 서로 다른 실근의 개수는 5이다.

답 5

049

$\sin^2 x + \sin(\pi + x) = 1 - k \Rightarrow \sin^2 x - \sin x = 1 - k$

$\sin^2 x - \sin x = 1 - k\ (0 \le x < 2\pi)$

$\sin x = t$ 라 치환하면 $-t^2 + t + 1 = k\ (-1 \le t \le 1)$
양변에 $= y$를 붙여 함수의 관점에서 생각해보자.

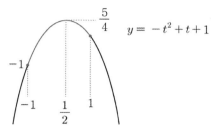

$y = -t^2 + t + 1$과 $y = k$의 교점이 존재하기 위해서는

$-1 \le k \le \dfrac{5}{4}$이어야 한다.

따라서 $20M + m = 20 \times \dfrac{5}{4} - 1 = 24$이다.

답 24

050

$\sin\left(\pi \cdot 2^{-|x|+2}\right) = 0$
$\sin \pi t = 0$ 을 만족시키는 t는 정수이다.

$2^{-|x|+2} = t\ (t$는 정수$)$
양변에 $= y$를 붙여 함수의 관점에서 생각해보자.

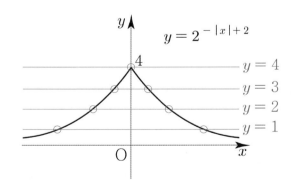

따라서 교점의 개수가 7이므로 서로 다른 실근의 개수는 7이다.

답 7

051

$$\left|\frac{1}{4}-\sin(-x)\right|=k \Rightarrow \left|\frac{1}{4}+\sin x\right|=k$$

$$\left|\frac{1}{4}+\sin x\right|=k \quad \left(\frac{\pi}{2} \leq x < \frac{5\pi}{2}\right)$$

양변에 $=y$를 붙여 함수의 관점에서 생각해보자.

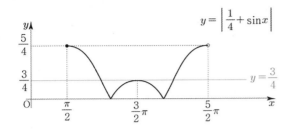

따라서 $\alpha=\frac{3}{4}$ 이므로 $40\alpha=30$이다.

답 30

52	③	75	8
53	48	76	③
54	⑤	77	②
55	④	78	10
56	②	79	9
57	①	80	32
58	②	81	②
59	③	82	③
60	①	83	③
61	①	84	①
62	③	85	⑤
63	④	86	③
64	②	87	③
65	②	88	③
66	⑤	89	③
67	④	90	③
68	②	91	6
69	8	92	③
70	32	93	10
71	③	94	④
72	①	95	②
73	⑤	96	①
74	③	97	③

052

함수 $y=a\tan b\pi x$의 주기는 $8-2=6$이므로

$$\frac{\pi}{|b\pi|}=\frac{1}{b}=6 \Rightarrow b=\frac{1}{6}$$

함수 $y=a\tan \frac{\pi}{6}x$의 그래프는 점 $(2,\ 3)$을 지나므로

$$a\tan\left(\frac{\pi}{6}\times 2\right)=3 \Rightarrow a=\sqrt{3}$$

따라서 $a^2 \times b = 3 \times \frac{1}{6} = \frac{1}{2}$이다.

답 ③

053

$$\sin\left(\frac{\pi}{2}+\theta\right)=\cos\theta$$

$$\tan(\pi-\theta)=\tan(-\theta)=-\tan\theta=-\frac{\sin\theta}{\cos\theta}\text{이므로}$$

$$\sin\left(\frac{\pi}{2}+\theta\right)\tan(\pi-\theta)=\cos\theta\times\left(-\frac{\sin\theta}{\cos\theta}\right)=-\sin\theta=\frac{3}{5}$$

따라서 $30(1-\sin\theta)=30\left(1+\frac{3}{5}\right)=48$이다.

답 48

054

$$\cos\left(\frac{\pi}{2}+\theta\right)=-\sin\theta=\frac{\sqrt{5}}{5}\Rightarrow\sin\theta=-\frac{\sqrt{5}}{5}$$

$$\cos^2\theta=1-\sin^2\theta=1-\frac{1}{5}=\frac{4}{5}\Rightarrow\cos\theta=\pm\frac{2\sqrt{5}}{5}$$

$\tan\theta<0$이고 $\sin\theta<0$이므로 θ는 제 4사분면이므로 $\cos\theta>0$이다.

따라서 $\cos\theta=\frac{2\sqrt{5}}{5}$이다.

답 ⑤

055

$$\sin(-\theta)=\frac{1}{7}\cos\theta\Rightarrow-\sin\theta=\frac{1}{7}\cos\theta$$

$$\Rightarrow\frac{\sin\theta}{\cos\theta}=-\frac{1}{7}\Rightarrow\tan\theta=-\frac{1}{7}$$

Core 해석법으로 접근해보자.

우선 θ가 예각이라고 생각하고 직각삼각형을 그린 후 $\tan\theta=\frac{1}{7}$가 되도록 적절히 변의 길이를 설정한다.

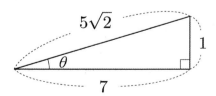

$\sin\theta=\frac{1}{5\sqrt{2}}$인데 $\cos\theta<0$이고, $\tan\theta<0$이므로 θ는 제 2사분면각이다. 즉, $\sin\theta>0$이다.

따라서 $\sin\theta=\frac{1}{5\sqrt{2}}=\frac{\sqrt{2}}{10}$이다.

답 ④

056

$$\sin(-\theta)=\frac{1}{3}\Rightarrow-\sin\theta=\frac{1}{3}\Rightarrow\sin\theta=-\frac{1}{3}$$

$$\cos^2\theta+\sin^2\theta=1\Rightarrow\cos^2\theta=\frac{8}{9}$$

$\frac{3}{2}\pi<\theta<2\pi$이므로 $\cos\theta=\frac{2\sqrt{2}}{3}$이다.

따라서 $\tan\theta=\frac{\sin\theta}{\cos\theta}=\frac{-\dfrac{1}{3}}{\dfrac{2\sqrt{2}}{3}}=-\frac{1}{2\sqrt{2}}=-\frac{\sqrt{2}}{4}$이다.

답 ②

Core 해석법으로 접근해보자.

우선 θ가 예각이라고 생각하고 직각삼각형을 그린 후 $\sin\theta=\frac{1}{3}$가 되도록 적절히 변의 길이를 설정한다.

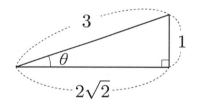

$\tan\theta=\frac{1}{2\sqrt{2}}$인데 $\frac{3}{2}\pi<\theta<2\pi$이므로 $\tan\theta<0$이다.

따라서 $\tan\theta=-\frac{1}{2\sqrt{2}}=-\frac{\sqrt{2}}{4}$이다.

057

$$\frac{2\pi}{b}=4\pi\Rightarrow b=\frac{1}{2}$$

$$-a+3=-1\Rightarrow a=4$$

따라서 $a+b=\frac{9}{2}$이다.

답 ①

$\cos\left(x+\dfrac{\pi}{2}\right)=-\sin x$ $(0 \le x < 2\pi)$ 이므로

$\sin x = \cos\left(x+\dfrac{\pi}{2}\right)+1$ $(0 \le x < 2\pi)$

$\Rightarrow \sin x = \dfrac{1}{2}$ $(0 \le x < 2\pi)$

양변에 $=y$를 붙여 함수의 관점에서 생각해보자.

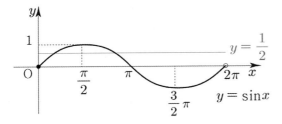

대칭성을 이용하면 모든 해의 합은 $2\times\dfrac{\pi}{2}=\pi$이다.

답 ②

059

$1+\sqrt{2}\sin 2x = 0$ $(0 \le x \le \pi)$

$\sin 2x = -\dfrac{\sqrt{2}}{2}$ $(0 \le x \le \pi)$

양변에 $=y$를 붙여 함수의 관점에서 생각해보자.

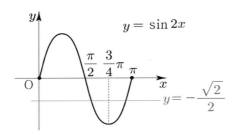

대칭성을 이용하면 모든 해의 합은 $2\times\dfrac{3}{4}\pi=\dfrac{3}{2}\pi$이다.

답 ③

$f(x)=a\sin bx + c\,(a>0,\ b>0)$
최댓값 4, 최솟값 -2

$\Rightarrow a+c=4,\ -a+c=-2 \Rightarrow a=3,\ c=1$

$f(x+p)=f(x)$를 만족시키는 양수 p의 최솟값이 π

$\Rightarrow$ 주기가 π이므로 $\dfrac{2\pi}{b}=\pi \Rightarrow b=2$

따라서 $abc=6$이다.

답 ①

$\sin^2 x = \cos^2 x + \cos x$

$\Rightarrow 1-\cos^2 x = \cos^2 x + \cos x$

$\Rightarrow 2\cos^2 x + \cos x - 1 = 0$

$\Rightarrow (2\cos x - 1)(\cos x + 1)=0$

$\Rightarrow \cos x = \dfrac{1}{2}$ or $\cos x = -1$

$0 < x \le 2\pi$ 이므로

$\cos x = \dfrac{1}{2} \Rightarrow x = \dfrac{\pi}{3}$ or $x = \dfrac{5}{3}\pi$

$\cos x = -1 \Rightarrow x = \pi$

$\sin\dfrac{\pi}{3} > \cos\dfrac{\pi}{3},\ \sin\dfrac{5}{3}\pi < \cos\dfrac{5}{3}\pi,\ \sin\pi > \cos\pi$

이므로 모든 x의 값의 합은 $\dfrac{\pi}{3}+\pi=\dfrac{4}{3}\pi$이다.

답 ①

$y=6\sin\dfrac{\pi}{12}x$ $(0 \le x \le 12)$를 그리면

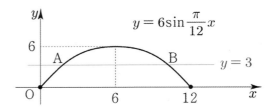

두 점 A, B의 x좌표를 각각 a, b라 하자.

$6\sin\dfrac{\pi}{12}x = 3$ $(0 \le x \le 12)$

$\Rightarrow \sin\dfrac{\pi}{12}x = \dfrac{1}{2}$ $(0 \le x \le 12)$

$\dfrac{\pi}{12}x = t$ 라 치환하면

$\sin t = \dfrac{1}{2}$ $(0 \le t \le \pi)$

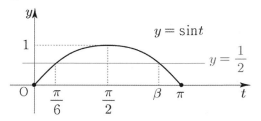

대칭성을 이용하면

$\dfrac{\pi}{6} + \beta = 2 \times \dfrac{\pi}{2} \Rightarrow \beta = \dfrac{5}{6}\pi$

t값을 x로 변환해주면 $\left(\dfrac{\pi}{12}x = t\right)$

$\dfrac{\pi}{12}a = \dfrac{\pi}{6} \Rightarrow a = 2$

$\dfrac{\pi}{12}b = \dfrac{5}{6}\pi \Rightarrow b = 10$

따라서 선분 AB의 길이는 $b - a = 8$이다.

답 ③

063

$f(x) = -\sin 2x$는 닫힌구간 $[0, \pi]$에서

$x = \dfrac{\pi}{4}$에서 최솟값 -1을 갖고, $x = \dfrac{3}{4}\pi$에서 최댓값 1을

가지므로 $a = \dfrac{3}{4}\pi$, $b = \dfrac{\pi}{4}$이다.

따라서 두 점 $(a, f(a))$, $(b, f(b))$를 지나는 직선의 기울기는

$\dfrac{1-(-1)}{\dfrac{3}{4}\pi - \dfrac{\pi}{4}} = \dfrac{2}{\dfrac{\pi}{2}} = \dfrac{4}{\pi}$이다.

답 ④

064

함수 $g(x) = |\sin 3x|$의 그래프를 그리면

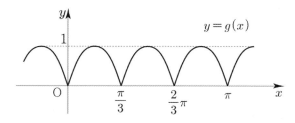

함수 $g(x)$의 주기는 $\dfrac{\pi}{3}$

함수 $f(x)$의 주기는 $\dfrac{2\pi}{a}$ $(\because a > 0)$

$\dfrac{\pi}{3} = \dfrac{2\pi}{a} \Rightarrow a = 6$

답 ②

065

$0 \le x < 4\pi$ 일 때, 방정식

$4\sin^2 x - 4\cos\left(\dfrac{\pi}{2}+x\right) - 3 = 0$의 모든 해의 합

$\cos\left(\dfrac{\pi}{2}+x\right) = -\sin x$이므로

$4\sin^2 x - 4\cos\left(\dfrac{\pi}{2}+x\right) - 3 = 0$

$\Rightarrow 4\sin^2 x + 4\sin x - 3 = 0$

$\Rightarrow (2\sin x - 1)(2\sin x + 3) = 0$

$\Rightarrow \sin x = \dfrac{1}{2}$ or $\sin x = -\dfrac{3}{2}$

$0 \le x < 4\pi$에서 $-1 \le \sin x \le 1$이므로

$\sin x = \dfrac{1}{2}$이다.

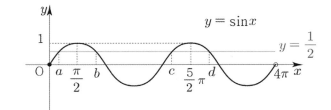

대칭성에 의해서 $a + b = 2 \times \dfrac{\pi}{2} = \pi$, $c + d = 2 \times \dfrac{5}{2}\pi = 5\pi$

이므로 모든 해의 합은 $a + b + c + d = 6\pi$이다.

답 ②

066

$0 \leq x < 2\pi$ 일 때, 방정식
$\cos^2 3x - \sin 3x + 1 = 0$의 모든 실근의 합

$\cos^2 3x = 1 - \sin^2 3x$이므로

$\cos^2 3x - \sin 3x + 1 = 0$

$\Rightarrow -\sin^2 3x - \sin 3x + 2 = 0$

$\Rightarrow \sin^2 3x + \sin 3x - 2 = 0$

$\Rightarrow (\sin 3x + 2)(\sin 3x - 1) = 0$

$\Rightarrow \sin 3x = 1 \text{ or } \sin 3x = -2$

$0 \leq x < 2\pi$에서 $-1 \leq \sin 3x \leq 1$이므로
$\sin 3x = 1$이다.

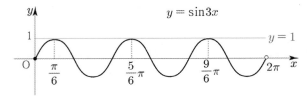

따라서 모든 실근의 합은 $\dfrac{\pi}{6} + \dfrac{5}{6}\pi + \dfrac{9}{6}\pi = \dfrac{5}{2}\pi$이다.

답 ⑤

067

$6x^2 + (4\cos\theta)x + \sin\theta = 0$이 실근을 갖지 않는다.

판별식 $\dfrac{D}{4} = (2\cos\theta)^2 - 6\sin\theta < 0$

$\Rightarrow 2\cos^2\theta - 3\sin\theta < 0 \Rightarrow 2(1 - \sin^2\theta) - 3\sin\theta < 0$

$\Rightarrow 2 - 2\sin^2\theta - 3\sin\theta < 0 \Rightarrow 2\sin^2\theta + 3\sin\theta - 2 > 0$

$\Rightarrow (2\sin\theta - 1)(\sin\theta + 2) > 0$

$\Rightarrow \sin\theta < -2 \text{ or } \sin\theta > \dfrac{1}{2} \Rightarrow \sin\theta > \dfrac{1}{2}$

$\sin\theta > \dfrac{1}{2} \ (0 \leq \theta < 2\pi)$

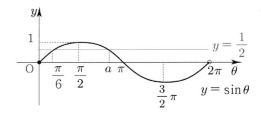

$0 < \theta < \dfrac{\pi}{2}$에서 $\sin\theta = \dfrac{1}{2}$을 만족하는 $\theta = \dfrac{\pi}{6}$

대칭성을 이용하여 a를 구하면

$\dfrac{\pi}{6} + a = \pi \Rightarrow a = \dfrac{5}{6}\pi$

$\sin\theta > \dfrac{1}{2} \ (0 \leq \theta < 2\pi) \Rightarrow \dfrac{\pi}{6} < \theta < \dfrac{5}{6}\pi$

따라서 $3\alpha + \beta = \dfrac{3}{6}\pi + \dfrac{5}{6}\pi = \dfrac{4}{3}\pi$이다.

답 ④

068

$0 < x < 2\pi$일 때, $4\cos^2 x - 1 = 0$, $\sin x \cos x < 0$

$4\cos^2 x - 1 = (2\cos x - 1)(2\cos x + 1) = 0$

$\Rightarrow \cos x = \dfrac{1}{2} \text{ or } \cos x = -\dfrac{1}{2}$

$\sin x \cos x < 0 \ (0 < x < 2\pi)$

① $\sin x > 0, \ \cos x < 0 \Rightarrow \dfrac{\pi}{2} < x < \pi$

② $\sin x < 0, \ \cos x > 0 \Rightarrow \dfrac{3}{2}\pi < x < 2\pi$

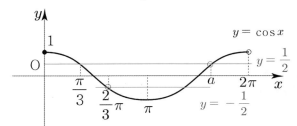

$0 < x < \dfrac{\pi}{2}$에서 $\cos x = \dfrac{1}{2}$을 만족하는 $x = \dfrac{\pi}{3}$

대칭성을 이용하여 a를 구하면

$\dfrac{\pi}{3} + a = 2\pi \Rightarrow a = \dfrac{5}{3}\pi$

이때 앞에서 구한 x값 범위 조건 ①, ②를 만족시키는
x값이 $\dfrac{2}{3}\pi$, $a\left(= \dfrac{5}{3}\pi\right)$이므로

따라서 모든 x의 값의 합은 $\dfrac{2}{3}\pi + \dfrac{5}{3}\pi = \dfrac{7}{3}\pi$이다.

답 ②

모든 실수 x에 대하여 $f(x) \geq 0$이므로 최솟값이 0보다 크거나 같다.

$-a + 8 - a \geq 0 \Rightarrow a \leq 4$

a는 자연수이므로 $a = 1$ or 2 or 3 or 4이다.

① $a = 1$일 때, $f(x) = 0 \Rightarrow \sin bx = -7$이므로
방정식 $f(x) = 0$의 실근이 존재하지 않아 모순이다.

② $a = 2$일 때, $f(x) = 0 \Rightarrow \sin bx = -3$이므로
방정식 $f(x) = 0$의 실근이 존재하지 않아 모순이다.

③ $a = 3$일 때, $f(x) = 0 \Rightarrow \sin bx = -\dfrac{5}{3}$이므로
방정식 $f(x) = 0$의 실근이 존재하지 않아 모순이다.

④ $a = 4$일 때, $f(x) = 0 \Rightarrow \sin bx = -1$

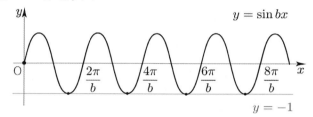

$0 \leq x < 2\pi$에서 $\sin bx = -1$의 서로 다른 실근의 개수가 4가 되려면 $\dfrac{8\pi}{b} = 2\pi$이어야 하므로 $b = 4$이다.

따라서 $a + b = 4 + 4 = 8$이다.

답 8

$f(x) = \sin\dfrac{\pi}{4}x$이므로

$f(2+x) = \sin\left(\dfrac{\pi}{2} + \dfrac{\pi}{4}x\right) = \cos\dfrac{\pi}{4}x$

$f(2-x) = \sin\left(\dfrac{\pi}{2} - \dfrac{\pi}{4}x\right) = \cos\dfrac{\pi}{4}x$

$f(2+x)f(2-x) < \dfrac{1}{4} \Rightarrow \cos^2\dfrac{\pi}{4}x - \dfrac{1}{4} < 0$

$\Rightarrow \left(\cos\dfrac{\pi}{4}x - \dfrac{1}{2}\right)\left(\cos\dfrac{\pi}{4}x + \dfrac{1}{2}\right) < 0$

$\Rightarrow -\dfrac{1}{2} < \cos\dfrac{\pi}{4}x < \dfrac{1}{2}$

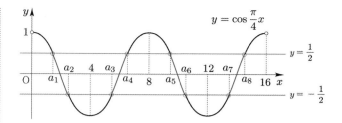

$\cos\dfrac{\pi}{4}x = \dfrac{1}{2} \Rightarrow \dfrac{\pi}{4}a_1 = \dfrac{\pi}{3} \Rightarrow a_1 = \dfrac{4}{3} = 1 + \dfrac{1}{3}$

$\cos\dfrac{\pi}{4}x = -\dfrac{1}{2} \Rightarrow \dfrac{\pi}{4}a_2 = \dfrac{2}{3}\pi \Rightarrow a_2 = \dfrac{8}{3} = 2 + \dfrac{2}{3}$

(만약 위 풀이가 이해가 잘 되지 않는다면
046번 해설에서 배운 실전적인 방법을 정독하고
오도록 하자.)

대칭성에 의하여

$a_2 + a_3 = 2 \times 4 \Rightarrow a_3 = \dfrac{16}{3} = 5 + \dfrac{1}{3}$

$a_1 + a_4 = 2 \times 4 \Rightarrow a_4 = \dfrac{20}{3} = 6 + \dfrac{2}{3}$

주기성에 의해서

$a_5 = a_1 + 8 = 9 + \dfrac{1}{3}$, $a_6 = a_2 + 8 = 10 + \dfrac{2}{3}$

$a_7 = a_3 + 8 = 13 + \dfrac{1}{3}$, $a_8 = a_4 + 8 = 14 + \dfrac{2}{3}$

$0 < x < 16$에서 부등식 $-\dfrac{1}{2} < \cos\dfrac{\pi}{4}x < \dfrac{1}{2}$를 만족시키는 x의 범위는 다음과 같다.

$1 + \dfrac{1}{3} < x < 2 + \dfrac{2}{3}$ or $5 + \dfrac{1}{3} < x < 6 + \dfrac{2}{3}$
or $9 + \dfrac{1}{3} < x < 10 + \dfrac{2}{3}$ or $13 + \dfrac{1}{3} < x < 14 + \dfrac{2}{3}$

따라서 조건을 만족시키는 모든 자연수 x의 값의 합은
$2 + 6 + 10 + 14 = 32$이다.

답 32

071

$\sin\dfrac{\pi}{7}=\cos\left(\dfrac{\pi}{2}-\dfrac{\pi}{7}\right)=\cos\dfrac{5}{14}\pi$ 이므로

$\cos x \le \sin\dfrac{\pi}{7} \Rightarrow \cos x \le \cos\dfrac{5}{14}\pi$

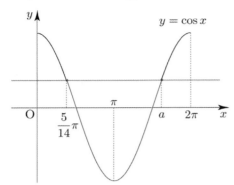

대칭성에 의해서 $a+\dfrac{5}{14}\pi=2\pi \Rightarrow a=\dfrac{23}{14}\pi$ 이므로

$\alpha=\dfrac{5}{14}\pi,\ \beta=\dfrac{23}{14}\pi$ 이다.

따라서 $\beta-\alpha=\dfrac{18}{14}\pi=\dfrac{9}{7}\pi$ 이다.

답 ③

072

$0 \le \theta < 2\pi$ 일 때, x에 대한 이차방정식
$x^2-(2\sin\theta)x-3\cos^2\theta-5\sin\theta+5=0$이 실근을
갖도록 하는 θ의 최솟값과 최댓값을 각각 $\alpha,\ \beta$

판별식 $\dfrac{D}{4}=\sin^2\theta+3\cos^2\theta+5\sin\theta-5 \ge 0$

$\Rightarrow \sin^2\theta+3(1-\sin^2\theta)+5\sin\theta-5 \ge 0$

$\Rightarrow -2\sin^2\theta+5\sin\theta-2 \ge 0$

$\Rightarrow 2\sin^2\theta-5\sin\theta+2 \le 0$

$\Rightarrow (2\sin\theta-1)(\sin\theta-2) \le 0$

$\Rightarrow \dfrac{1}{2} \le \sin\theta \le 2 \Rightarrow \dfrac{1}{2} \le \sin\theta$

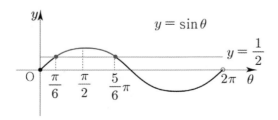

$\alpha=\dfrac{\pi}{6},\ \beta=\dfrac{5}{6}\pi$ 이므로

$4\beta-2\alpha=\dfrac{20}{6}\pi-\dfrac{2}{6}\pi=3\pi$ 이다.

답 ①

073

$0 \le x < 2\pi$ 일 때, $3\cos^2 x+5\sin x-1=0$

$3\cos^2 x+5\sin x-1=0$

$\Rightarrow 3(1-\sin^2 x)+5\sin x-1=0$

$\Rightarrow 3\sin^2 x-5\sin x-2=0$

$\Rightarrow (3\sin x+1)(\sin x-2)=0$

$\Rightarrow \sin x=-\dfrac{1}{3}$

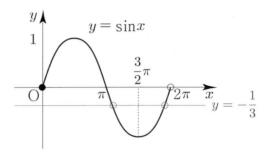

따라서 방정식의 모든 해의 합은 $\dfrac{3}{2}\pi\times 2=3\pi$ 이다.

답 ⑤

074

$0 < x < 2\pi$ 일 때, $2\cos^2 x-\sin(\pi+x)-2=0$

$2\cos^2 x-\sin(\pi+x)-2=0$

$\Rightarrow 2(1-\sin^2 x)+\sin x-2=0$

$\Rightarrow 2\sin^2 x-\sin x=0$

$\Rightarrow 2\sin x\left(\sin x-\dfrac{1}{2}\right)=0$

$\Rightarrow \sin x=0 \ \text{or}\ \sin x=\dfrac{1}{2}$

① $\sin x=0 \Rightarrow x=\pi\ (\because\ 0 < x < 2\pi)$

② $\sin x = \dfrac{1}{2} \Rightarrow$ 실근의 합 $\dfrac{\pi}{2} \times 2 = \pi$

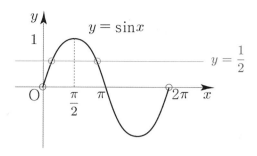

따라서 모든 해의 합은 $\pi + \pi = 2\pi$ 이다.

답 ③

075

$f(x) = 3\sin\dfrac{\pi(x+a)}{2} + b$

최댓값 5, 최솟값 -1

$3 + b = 5 \Rightarrow b = 2$

$f(x) = 3\sin\dfrac{\pi(x+a)}{2} + 2$ 는 $y = 3\sin\dfrac{\pi}{2}x + 2$ 의 그래프를
x축의 방향으로 평행이동하여 구할 수 있다.

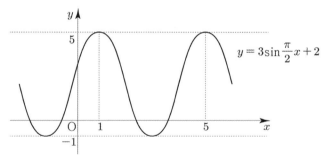

$y = 3\sin\dfrac{\pi}{2}x + 2$ 의 그래프 위의 점 $(1,\ 5)$를 기준으로

$f(x) = 3\sin\dfrac{\pi(x+a)}{2} + 2$ 위의 점 $(1,\ 5)$를 살펴보면

$(1,\ 5) \rightarrow (1,\ 5)$이므로 x축의 방향으로 0만큼 평행이동
했다고 볼 수 있다.

하지만 $y = 3\sin\dfrac{\pi}{2}x + 2$ 는 주기가 4인 주기함수이므로
x축의 방향으로 $4n$(n은 정수)만큼 더 평행이동하여도
조건을 만족시킨다.

즉, $f(x) = 3\sin\dfrac{\pi(x+a)}{2} + 2$ 는 $y = 3\sin\dfrac{\pi}{2}x + 2$ 의
그래프를 x축의 방향으로 $4n$(n은 정수)만큼 평행이동하여
구할 수 있다.

(training -1step에서 이미 배웠던 내용이므로 깔끔하게
풀려야한다.)

$x \rightarrow x - 4n$

$y = 3\sin\dfrac{\pi}{2}(x - 4n) + 2$ 이므로 $a = -4n$(n은 정수)이다.

a는 양수이고 $a \times b = 2a$가 최솟값이 되려면 $a = 4$이어야
한다.

따라서 $a \times b$의 최솟값은 8이다.

답 8

076

$f(x) = \sin kx \left(0 \leq x \leq \dfrac{5\pi}{2k} \right)$

$f(x)$의 주기는 $\dfrac{2\pi}{k}$

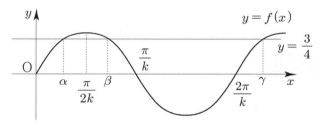

대칭성에 의해서 ($x = \dfrac{\pi}{2k}$ 에 대하여 대칭)

$\alpha + \beta = 2 \times \dfrac{\pi}{2k} = \dfrac{\pi}{k}$ 이다.

$f(\gamma) = \sin k\gamma = \dfrac{3}{4}$ 이므로

$f(\alpha + \beta + \gamma) = f\left(\dfrac{\pi}{k} + \gamma \right) = \sin k\left(\dfrac{\pi}{k} + \gamma \right) = \sin(\pi + k\gamma)$

$= -\sin k\gamma = -\dfrac{3}{4}$

답 ③

077

$f(x) = \sin \pi x \, (x \geq 0)$

$f(x)$의 주기는 $\dfrac{2\pi}{\pi} = 2$

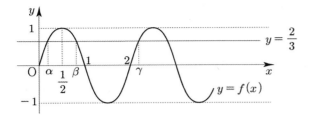

대칭성에 의해서 $(x = \dfrac{1}{2}$에 대하여 대칭$)$

$\alpha + \beta = 2 \times \dfrac{1}{2} = 1$이다.

$f(\gamma) = \sin \gamma \pi = \dfrac{2}{3}$이므로

$f(\alpha + \beta + \gamma + 1) + f\left(\alpha + \beta + \dfrac{1}{2}\right)$

$= f(2 + \gamma) + f\left(\dfrac{3}{2}\right) = \sin(2\pi + \gamma\pi) + \sin\dfrac{3}{2}\pi = \sin\gamma\pi - 1$

$= -\dfrac{1}{3}$

답 ②

078

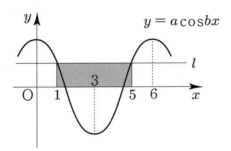

주기가 6이므로 $\dfrac{2\pi}{|b|} = 6 \implies |b| = \dfrac{\pi}{3}$

$y = a\cos\left(\pm\dfrac{\pi}{3}x\right) = a\cos\left(\dfrac{\pi}{3}x\right)$이므로

색칠한 도형의 높이는 $a\cos\dfrac{\pi}{3} = \dfrac{a}{2}$

이고 밑변의 길이가 $5 - 1 = 4$이므로

색칠한 도형의 넓이는 $\dfrac{a}{2} \times 4 = 2a = 20 \implies a = 10$

답 10

079

$0 \leq x \leq \pi$일 때,

$y = \sin x$와 $y = \sin(nx)$의 교점의 개수를 $f(n)$

① $n = 3$

$y = \sin x$와 $y = \sin(3x)$의 교점의 개수가
4이므로 $f(3) = 4$

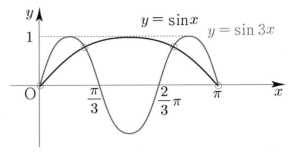

② $n = 5$

$y = \sin x$와 $y = \sin(5x)$의 교점의 개수가
5이므로 $f(5) = 5$

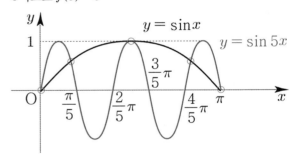

따라서 $f(3) + f(5) = 9$이다.

답 9

080

반지름의 길이가 1인 원의 중심을 B라 하고
점 B에서 x축에 내린 수선의 발을 C라 하자.
$\overline{OB}=3$, $\overline{BC}=1$, $\overline{OC}=2\sqrt{2}$

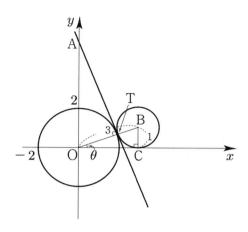

$\angle BOC=\theta$라 하면 $\tan\theta=\dfrac{1}{2\sqrt{2}}$이다.

$\tan(\angle BOA)=\dfrac{\overline{AT}}{\overline{OT}}$

∠보아 ㅋ.ㅋ
(라이트 N제에서는 이런 거 하지 않으려고 했는데... -_-;;)

$\angle BOA=\dfrac{\pi}{2}-\theta$ 이므로

$\tan\left(\dfrac{\pi}{2}-\theta\right)=\dfrac{1}{\tan\theta}=2\sqrt{2}=\dfrac{\overline{AT}}{\overline{OT}}=\dfrac{\overline{AT}}{2}\ \Rightarrow\ \overline{AT}=4\sqrt{2}$

따라서 $l^2=32$이다.

답 32

> **Tip**
>
> 직각삼각형을 이용하여 $\angle OAT=\theta$로 보고
> $\tan(\angle AOT)=\dfrac{\overline{AT}}{\overline{OT}}$로 접근해도 된다.
> 삼각함수 같다 테크닉은 정말 자주 나오니 반드시 기억하자!

081

$\angle APB=\dfrac{\pi}{2}$이므로 $\alpha+\beta=\dfrac{\pi}{2}$이다.

$\overline{AP}=4$, $\overline{BP}=3$, $\overline{AB}=5$

$\cos(2\alpha+\beta)=\cos\left(\dfrac{\pi}{2}+\alpha\right)=-\sin\alpha=-\dfrac{\overline{BP}}{\overline{AB}}=-\dfrac{3}{5}$

답 ②

082

$f(x)=a\sin bx\ \left(0\le x\le\dfrac{\pi}{b}\right)$, $\angle OAB=\dfrac{\pi}{2}$

$f(x)$의 주기는 $\dfrac{2\pi}{b}$

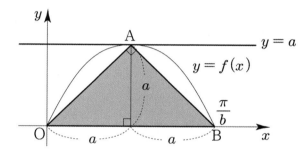

대칭성에 의해서 $\angle AOB=\dfrac{\pi}{4}$이고 $\overline{OA}=\overline{AB}$이므로

$\overline{OB}=\dfrac{\pi}{b}=2a\ \Rightarrow\ b=\dfrac{\pi}{2a}$

삼각형 OAB의 넓이는 $\dfrac{1}{2}\times a\times 2a=a^2=4$이므로

$a=2\ (\because\ a>0)$

따라서 $a+b=2+\dfrac{\pi}{4}$이다.

답 ③

$y = a \sin b\pi x \left(0 \le x \le \dfrac{3}{b}\right)$

곡선 $y = a \sin b\pi x \left(0 \le x \le \dfrac{3}{b}\right)$ 의 주기는 $\dfrac{2\pi}{b\pi} = \dfrac{2}{b}$

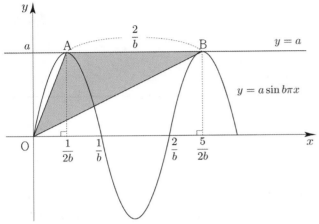

삼각형 OAB의 넓이 $= \dfrac{1}{2} \times a \times \dfrac{2}{b} = \dfrac{a}{b} = 5 \Rightarrow a = 5b \ \cdots \ \bigcirc$

직선 OA의 기울기 $= \dfrac{a}{\dfrac{1}{2b}} = 2ab$

직선 OB의 기울기 $= \dfrac{a}{\dfrac{5}{2b}} = \dfrac{2ab}{5}$

직선 OA의 기울기와 직선 OB의 기울기의 곱이 $\dfrac{5}{4}$ 이므로

$2ab \times \dfrac{2ab}{5} = \dfrac{4}{5}a^2 b^2 = \dfrac{5}{4} \Rightarrow a^2 b^2 = \dfrac{25}{16} \ \cdots \ \bigcirc$

$\bigcirc$, $\bigcirc$을 연립하면

$25b^4 = \dfrac{25}{16} \Rightarrow b^4 = \dfrac{1}{16} \Rightarrow b = \dfrac{1}{2}$

$\bigcirc$에 의해 $a = \dfrac{5}{2}$

따라서 $a + b = \dfrac{5}{2} + \dfrac{1}{2} = \dfrac{6}{2} = 3$이다.

답 ③

084

자연수 n에 대하여 $0 < x < n\pi$일 때,

방정식 $\sin x = \dfrac{3}{n}$ 의 모든 실근의 개수를 $f(n)$

① $n = 1 \ (0 < x < \pi)$

$-1 \le \sin x \le 1$이므로

방정식 $\sin x = 3$의 실근은 존재하지 않는다.

② $n = 2 \ (0 < x < 2\pi)$

$-1 \le \sin x \le 1$이므로

방정식 $\sin x = \dfrac{3}{2}$ 의 실근은 존재하지 않는다.

③ $n = 3 \ (0 < x < 3\pi)$

$y = \sin x$와 $y = 1$의 교점의 개수가 2이므로

$f(3) = 2$이다.

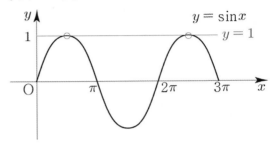

④ $n = 4 \ (0 < x < 4\pi)$

$y = \sin x$와 $y = \dfrac{3}{4}$ 의 교점의 개수가 4이므로

$f(4) = 4$이다.

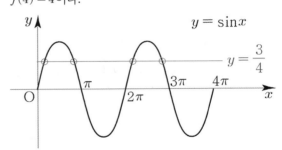

⑤ $n = 5 \ (0 < x < 5\pi)$

$y = \sin x$와 $y = \dfrac{3}{5}$ 의 교점의 개수가 6이므로

$f(5) = 6$이다.

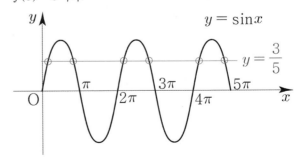

⑥ $n=6$ $(0 < x < 6\pi)$

$y=\sin x$와 $y=\dfrac{1}{2}$의 교점의 개수가 6이므로

$f(6)=6$이다.

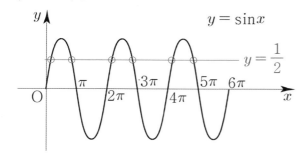

⑦ $n=7$ $(0 < x < 7\pi)$

$y=\sin x$와 $y=\dfrac{3}{7}$의 교점의 개수가 8이므로

$f(7)=8$이다.

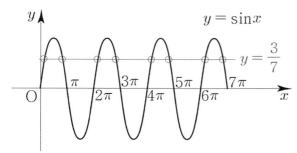

따라서 $f(1)+f(2)+f(3)+ \cdots +f(7)=26$이다.

 ①

085

$y=-\dfrac{1}{5\pi}x+1$, $y=\sin x$

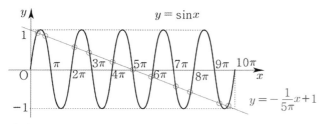

따라서 교점의 개수는 11이다.

 ⑤

086

$y=f(x)$의 주기는 12

곡선 $y=f(x)$와 직선 $y=k$가 만나는 두 점을
A, B라 하고, 두 점 A, B의 중점을 M이라 하자.
두 점 A, B의 x좌표를 각각 α_1, α_2 $(\alpha_1 < \alpha_2)$라 하자.

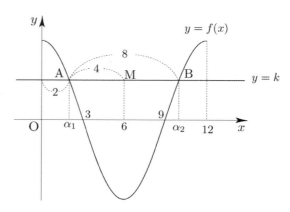

$|\alpha_1-\alpha_2|=8$이므로 대칭성에 의해서 $\overline{AM}=4$이고,
점 M의 x좌표가 6이므로 $\alpha_1=6-4=2$이다.
점 A는 곡선 $y=f(x)$ 위의 점이므로

$f(2)=k \Rightarrow \cos\dfrac{\pi}{3}=k \Rightarrow k=\dfrac{1}{2}$이다.

곡선 $y=g(x)$와 직선 $y=\dfrac{1}{2}$가 만나는 두 점의

x좌표는 방정식 $g(x)=\dfrac{1}{2}$의 근과 같다.

$g(x)=\dfrac{1}{2} \Rightarrow -3\cos\dfrac{\pi x}{6}-1=\dfrac{1}{2} \Rightarrow \cos\dfrac{\pi x}{6}=-\dfrac{1}{2}$

이므로 곡선 $y=f(x)$와 직선 $y=-\dfrac{1}{2}$이 만나는

두 점의 x좌표는 β_1, β_2 $(\beta_1 < \beta_2)$이다.

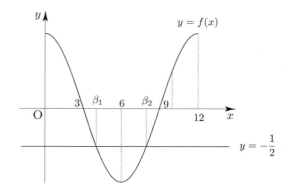

$\cos\dfrac{\pi x}{6}=-\dfrac{1}{2} \Rightarrow \dfrac{\pi\beta_1}{6}=\dfrac{2}{3}\pi \Rightarrow \beta_1=4$

(만약 위 풀이가 이해가 잘 되지 않는다면
046번 해설에서 배운 실전적인 방법을 정독하고
오도록 하자.)

대칭성에 의해서 $2 \times 6 = \beta_1 + \beta_2 \Rightarrow \beta_2 = 12 - \beta_1 = 8$이다.

따라서 $|\beta_1 - \beta_2| = 4$이다.

답 ③

087

$y = f(x)$의 주기는 $\dfrac{\pi}{2}$

함수 $y = f(x)$의 그래프를 그리면 다음 그림과 같다.

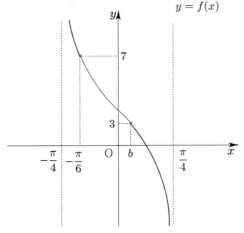

$x = -\dfrac{\pi}{6}$에서 최댓값 7을 가지므로

$a - \sqrt{3} \tan\left(-\dfrac{\pi}{3}\right) = 7 \Rightarrow a + 3 = 7 \Rightarrow a = 4$

$x = b$에서 최솟값 3을 가지므로

$4 - \sqrt{3}\tan 2b = 3 \Rightarrow \tan 2b = \dfrac{\sqrt{3}}{3} \Rightarrow 2b = \dfrac{\pi}{6} \Rightarrow b = \dfrac{\pi}{12}$

따라서 $a \times b = 4 \times \dfrac{\pi}{12} = \dfrac{\pi}{3}$이다.

답 ③

088

함수 $y = \sin\dfrac{\pi}{2}x$의 주기는 4

세 점 A, B, C의 x좌표를 각각 $x_1(0 < x_1 < 1)$, x_2, x_3라 하자.

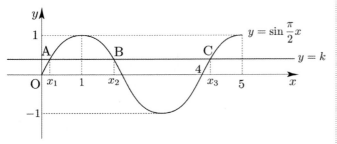

세 점 A, B, C의 x좌표의 합이 $\dfrac{25}{4}$이므로

$x_1 + x_2 + x_3 = \dfrac{25}{4}$이다.

대칭성에 의해서 $x_1 + x_2 = 2 \times 1 = 2$이므로

$x_1 + x_2 + x_3 = \dfrac{25}{4} \Rightarrow 2 + x_3 = \dfrac{25}{4} \Rightarrow x_3 = \dfrac{17}{4}$

대칭성에 의해서 $x_1 = x_3 - 4 \Rightarrow x_1 = \dfrac{1}{4}$이다.

$x_2 = 2 - x_1 \Rightarrow x_2 = 2 - \dfrac{1}{4} = \dfrac{7}{4}$

따라서 선분 AB의 길이는 $x_2 - x_1 = \dfrac{7}{4} - \dfrac{1}{4} = \dfrac{3}{2}$이다.

답 ③

089

함수 $y = \sin kx$의 주기는 $\dfrac{2\pi}{k}$

$0 \le x < 2\pi$일 때, 방정식 $\sin kx = \dfrac{1}{3}$의 서로 다른 실근의

개수는 $0 \le x < 2\pi$에서 곡선 $y = \sin kx$와 직선 $y = \dfrac{1}{3}$이

만나는 점의 개수와 같다.

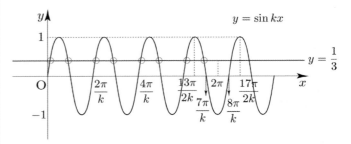

$0 \le x < 2\pi$에서 곡선 $y = \sin kx$와 직선 $y = \dfrac{1}{3}$이

만나는 점의 개수가 8이려면 $k = 4$이어야 한다.

> **Tip**
>
> 바로 답을 한 번에 구하려 하기보다는 k에 자연수를 대입해보면서 감을 찾아보는 것은 좋은 태도이다.

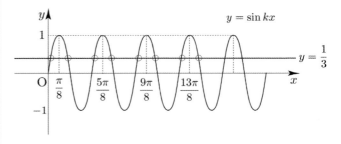

대칭성에 의해서 $\sin kx = \dfrac{1}{3}$ $(0 \le x < 2\pi)$의

모든 해의 합은

$$2 \times \dfrac{\pi}{8} + 2 \times \dfrac{5\pi}{8} + 2 \times \dfrac{9\pi}{8} + 2 \times \dfrac{13\pi}{8} = \dfrac{\pi + 5\pi + 9\pi + 13\pi}{4}$$

$$= \dfrac{28}{4}\pi = 7\pi$$

이다.

답 ③

090

$f(x) = \tan \dfrac{\pi x}{a}$ $\left(-\dfrac{a}{2} < x \le a, \ x \ne \dfrac{a}{2} \right)$

$f(x)$의 주기는 $\dfrac{\pi}{\frac{\pi}{a}} = a \Rightarrow \overline{AC} = a$

선분 BC와 x축이 만나는 교점을 D라 하고,
점 B에서 x축에 내린 수선의 발을 E라 하자.
삼각형 ABC가 정삼각형이므로 $\overline{BA} = \overline{BC}$이다.
대칭성에 의하여 두 선분 BA, BC의 중점은 각각 O, D이다.

(∵ 점 A, B는 점 O에 대해 점대칭이고,
점 B, C는 점 D에 대해 점대칭이다.)

즉, $\overline{OD} = \dfrac{1}{2}\overline{AC} = \dfrac{a}{2}$

$\overline{OE} = \dfrac{1}{2}\overline{OD} = \dfrac{a}{4}$

$\overline{BE} = \dfrac{a}{4}\tan\dfrac{\pi}{3} = \dfrac{a}{4}\sqrt{3}$

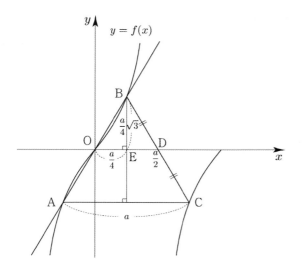

$f\left(\dfrac{a}{4}\right) = \tan\dfrac{\pi}{4} = 1$

$\overline{BE} = f\left(\dfrac{a}{4}\right)$이므로 $\dfrac{a}{4}\sqrt{3} = 1 \Rightarrow a = \dfrac{4}{\sqrt{3}}$

따라서 삼각형 ABC의 넓이는

$\dfrac{\sqrt{3}}{4}a^2 = \dfrac{\sqrt{3}}{4} \times \dfrac{16}{3} = \dfrac{4}{3}\sqrt{3}$이다.

답 ③

091

$f(x) = \log_3 x + 2$, $g(x) = 3\tan\left(x + \dfrac{\pi}{6}\right)$

$3\tan\left(x + \dfrac{\pi}{6}\right) = t$라 치환하자.

$0 \le x \le \dfrac{\pi}{6}$에서 t의 범위를 구하면 $\sqrt{3} \le t \le 3\sqrt{3}$

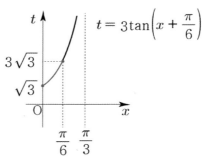

$f(t) = \log_3 t + 2$ $\left(\sqrt{3} \le t \le 3\sqrt{3}\right)$는 증가함수이므로

$t = 3\sqrt{3}$일 때, 최댓값 $\dfrac{7}{2} = M$

$t = \sqrt{3}$일 때, 최솟값 $\dfrac{5}{2} = m$

따라서 $M + m = 6$이다.

답 6

092

$f(x) = \cos^2\left(x - \dfrac{3}{4}\pi\right) - \cos\left(x - \dfrac{\pi}{4}\right) + k$

$x - \dfrac{3}{4}\pi = X$라 치환하면

$x - \dfrac{\pi}{4} = x - \dfrac{3}{4}\pi + \dfrac{\pi}{2} = X + \dfrac{\pi}{2}$이므로

$$\cos^2 X - \cos\left(X + \frac{\pi}{2}\right) + k = -\sin^2 X + \sin X + k + 1$$

$\sin X = t$ 라 치환하면 $-t^2 + t + k + 1$ $(-1 \le t \le 1)$

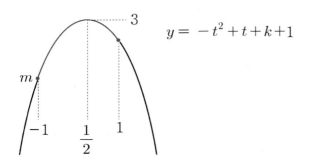

$t = \frac{1}{2}$ 일 때, 최댓값 $\frac{5}{4} + k = 3 \Rightarrow k = \frac{7}{4}$

$t = -1$ 일 때, 최솟값 $-1 + k = \frac{3}{4} = m$

따라서 $k + m = \frac{7}{4} + \frac{3}{4} = \frac{5}{2}$ 이다.

답 ③

093

$y = \tan\left(nx - \frac{\pi}{2}\right) = \tan n\left(x - \frac{\pi}{2n}\right)$ 의 주기는 $\frac{\pi}{n}$ 이고

$y = \tan\left(nx - \frac{\pi}{2}\right)$ 의 그래프는 $y = \tan nx$ 의 그래프를

x축의 방향으로 $\frac{\pi}{2n}$ 만큼 평행이동한 그래프이다.

① $n = 2$

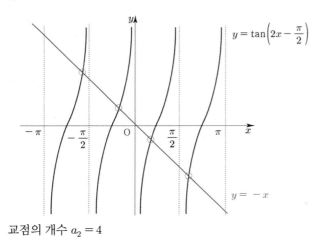

교점의 개수 $a_2 = 4$

② $n = 3$

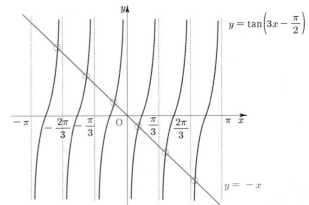

교점의 개수 $a_3 = 6$

따라서 $a_2 + a_3 = 10$ 이다.

답 10

094

함수 $y = f(x)$ 의 그래프가 직선 $y = 2$ 와 만나는 점의

x좌표는 $0 \le x < \frac{4\pi}{a}$ 일 때

방정식 $\left|4\sin\left(ax - \frac{\pi}{3}\right) + 2\right| = 2$ 의 실근과 같다.

$ax - \frac{\pi}{3} = t$ 라 하면 $-\frac{\pi}{3} \le t < \frac{11\pi}{3}$ 이고

$|4\sin t + 2| = 2 \Rightarrow \sin t = 0$ or $\sin t = -1$

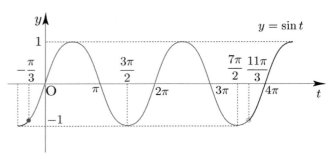

$\sin t = 0 \Rightarrow 0, \ \pi, \ 2\pi, \ 3\pi$

$\sin t = -1 \Rightarrow \frac{3}{2}\pi, \ \frac{7}{2}\pi$

이므로 방정식 $|4\sin t + 2| = 2$ 의 실근은 6개이고,
실근의 합은 11π 이다.

즉, $n = 6$ 이고 방정식 $\left|4\sin\left(ax - \frac{\pi}{3}\right) + 2\right| = 2$ 의 6개의

실근의 합이 39이므로

$39a - \frac{\pi}{3} \times 6 = 11\pi \Rightarrow a = \frac{\pi}{3}$

따라서 $n \times a = 6 \times \dfrac{\pi}{3} = 2\pi$ 이다.

답 ④

095

$f(x) = a\cos bx + c$ 의 최댓값 3, 최솟값 -1

$a + c = 3,\ -a + c = -1 \Rightarrow a = 2,\ c = 1$

$f(x) = 2\cos bx + 1$

$f(x)$의 주기는 $\dfrac{2\pi}{b}$

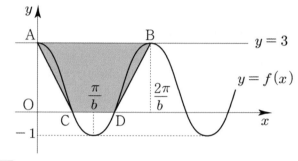

$\overline{\mathrm{CD}}$를 구하기 위해서 점 C의 x좌표를 구해보자.

$2\cos bx + 1 = 0 \Rightarrow \cos bx = -\dfrac{1}{2}$

$0 < x < \pi$에서 $\cos x = -\dfrac{1}{2}$를 만족시키는 $x = \dfrac{2}{3}\pi$

이를 바탕으로 점 C의 x좌표를 구하면

$bx = \dfrac{2}{3}\pi \Rightarrow x = \dfrac{2}{3b}\pi$

대칭성을 이용하면 ($x = \dfrac{\pi}{b}$에 대하여 대칭)

$\overline{\mathrm{CD}} = 2\left(\dfrac{\pi}{b} - \dfrac{2}{3b}\pi\right) = \dfrac{2\pi}{3b}$

주기를 이용하면 $\overline{\mathrm{AB}} = \dfrac{2\pi}{b}$ 이다.

사각형 ABDC의 넓이는

$\dfrac{1}{2} \times \left(\dfrac{2\pi}{b} + \dfrac{2\pi}{3b}\right) \times 3 = 6\pi \Rightarrow b = \dfrac{2}{3}$

$0 \leq x \leq 4\pi$에서 방정식 $f(x) = 2$

$2\cos\dfrac{2}{3}x + 1 = 2 \Rightarrow \cos\dfrac{2}{3}x = \dfrac{1}{2}$

$0 < x < \dfrac{\pi}{2}$에서 $\cos x = \dfrac{1}{2}$를 만족시키는 $x = \dfrac{\pi}{3}$

이를 바탕으로 $f(x) = 2\ (0 < x < \pi)$를 만족시키는

x를 구하면 $\dfrac{2}{3}x = \dfrac{\pi}{3} \Rightarrow x = \dfrac{\pi}{2}$

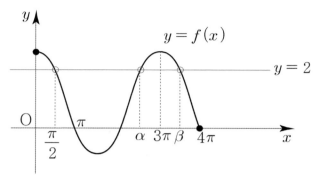

대칭성에 의해서 ($x = 3\pi$에 대하여 대칭)

$\alpha + \beta = 6\pi$

따라서 $0 \leq x \leq 4\pi$에서 방정식 $f(x) = 2$의

모든 해의 합은 $\dfrac{\pi}{2} + 6\pi = \dfrac{13}{2}\pi$ 이다.

답 ②

096

삼각형 AOB의 넓이가 $\dfrac{15}{2}$ 이므로

$\dfrac{1}{2} \times \overline{\mathrm{AB}} \times 5 = \dfrac{15}{2} \Rightarrow \overline{\mathrm{AB}} = 3$

$\overline{\mathrm{BC}} = \overline{\mathrm{AB}} + 6$이므로 $\overline{\mathrm{BC}} = 9$

$f(x) = a\sin\dfrac{\pi x}{b} + 1\ \left(0 \leq x \leq \dfrac{5}{2}b\right)$의 주기는 $\dfrac{2\pi}{\frac{\pi}{b}} = 2b$이므로

$2b = \overline{\mathrm{AC}} = \overline{\mathrm{AB}} + \overline{\mathrm{BC}} = 3 + 9 = 12 \Rightarrow b = 6$

$f(x) = a\sin\dfrac{\pi}{6}x + 1\ (0 \leq x \leq 15)$

선분 AB의 중점의 x좌표는 $f(x)$의 주기의 $\dfrac{1}{4}$이므로 3이다.

이때, $\overline{\mathrm{AB}} = 3$이므로 대칭성에 의해서 점 A의 x좌표는

$3 - \dfrac{\overline{\mathrm{AB}}}{2} = 3 - \dfrac{3}{2} = \dfrac{3}{2}$ 이다.

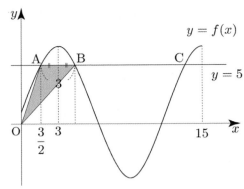

즉, $A\left(\dfrac{3}{2}, \ 5\right)$이고 점 A는 $y = f(x)$ 위의 점이므로

$$f\left(\dfrac{3}{2}\right) = 5 \ \Rightarrow \ a\sin\dfrac{\pi}{4} + 1 = 5 \ \Rightarrow \ a = 4\sqrt{2}$$

따라서 $a^2 + b^2 = 32 + 36 = 68$이다.

답 ①

097

두 점 A, B의 x좌표를 각각 a, b $(a < b)$라 하면
방정식 $f(x) = g(x)$ $(0 \le x \le 2\pi)$의 두 실근은 a, b이다.

$$f(x) = g(x) \ \Rightarrow \ k\sin x = \cos x \ \Rightarrow \ \tan x = \dfrac{1}{k}$$

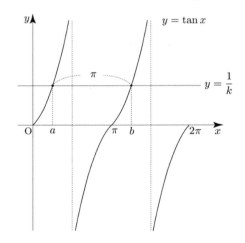

즉, 방정식 $\tan x = \dfrac{1}{k}$ $(0 \le x \le 2\pi)$의 두 실근은 a, b이고
$\tan x$의 주기가 π이므로 $b = a + \pi$이다.

$A(a, \ \cos a)$, $B(a+\pi, \ \cos(a+\pi))$
$\Rightarrow A(a, \ \cos a)$, $B(a+\pi, \ -\cos a)$

선분 AB를 $3 : 1$로 외분하는 점이 C이므로

$$\dfrac{A - 3B}{1 - 3} = C \ \Rightarrow \ \dfrac{A - 3B}{-2} = C$$

$$C\left(\dfrac{a - 3(a+\pi)}{-2}, \ \dfrac{\cos a - 3(-\cos a)}{-2}\right)$$

$$\Rightarrow C\left(a + \dfrac{3}{2}\pi, \ -2\cos a\right)$$

점 C는 곡선 $y = f(x)$ 위의 점이므로

$$-2\cos a = k\sin\left(a + \dfrac{3}{2}\pi\right) \ \Rightarrow \ -2\cos a = k \times (-\cos a)$$

$$\Rightarrow \ k = 2$$

즉, $\tan a = \dfrac{1}{2}$

Core 해석법으로 접근해보자.

우선 a가 예각이라고 생각하고 직각삼각형을 그린 후
$\tan a = \dfrac{1}{2}$가 되도록 적절히 변의 길이를 설정한다.

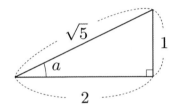

a는 예각이므로 $\cos a > 0$, $\sin a > 0$이다.

즉, $\cos a = \dfrac{2\sqrt{5}}{5}$, $\sin a = \dfrac{\sqrt{5}}{5}$

$$\overline{CD} = \dfrac{\sqrt{5}}{5} - \left(-2 \times \dfrac{2\sqrt{5}}{5}\right) = \sqrt{5}$$

점 B와 직선 CD 사이의 거리는

$$\left(a + \dfrac{3}{2}\pi\right) - (a + \pi) = \dfrac{\pi}{2}$$

따라서 삼각형 BCD의 넓이는

$$\dfrac{1}{2} \times \sqrt{5} \times \dfrac{\pi}{2} = \dfrac{\sqrt{5}}{4}\pi$$이다.

답 ③

98	①	107	②
99	⑤	108	3
100	256	109	④
101	5	110	169
102	13	111	③
103	24	112	37
104	②	113	②
105	②	114	⑤
106	$S = \left\{ -\dfrac{1}{2}, \ \dfrac{1}{2} \right\}$	115	②

098

$y = a\cos^2 x + a\sin x + b$ 의 최댓값이 10, 최솟값이 1

$y = a(1 - \sin^2 x) + a\sin x + b = -a\sin^2 x + a\sin x + a + b$

$\sin x = t$라 치환하면
$y = -at^2 + at + a + b \ (-1 \le t \le 1)$

$y = -at^2 + at + a + b = -a\left(t - \dfrac{1}{2}\right)^2 + \dfrac{5}{4}a + b$

a의 부호에 따라 최댓값과 최솟값이 달라지므로 **case**분류하면 다음과 같다.

① $a > 0$

$t = \dfrac{1}{2}$일 때, 최댓값 $\dfrac{5}{4}a + b = 10$

$t = -1$일 때, 최솟값 $-a + b = 1$

연립하면 $a = 4, \ b = 5$이다.
($a > 0$이므로 조건을 만족한다.)

② $a = 0$

$y = b$이므로 최댓값이 10이면서 최솟값이 1일 수 없으므로 모순이다.

③ $a < 0$

$t = -1$일 때, 최댓값 $-a + b = 10$

$t = \dfrac{1}{2}$일 때, 최솟값 $\dfrac{5}{4}a + b = 1$

연립하면 $a = -4, \ b = 6$이다.
($a < 0$이므로 조건을 만족한다.)

따라서 $ab = 20$ or $ab = -24$이므로 $p + q = -4$이다.

답 ①

099

x에 대한 방정식 $x^n = 2\cos\theta + 1$ (n은 자연수)
의 실근의 개수

(가) n이 짝수이고 $\dfrac{2}{3}\pi < \theta < \dfrac{4}{3}\pi$이면 a개

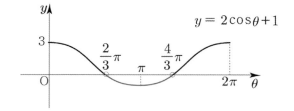

$\dfrac{2}{3}\pi < \theta < \dfrac{4}{3}\pi \implies 2\cos\theta + 1 < 0$

$x^n = 2\cos\theta + 1$의 실근의 개수는
$y = x^n$와 $y = 2\cos\theta + 1$의 교점의 개수와 같다.

n이 짝수이므로 그림을 그리면 아래와 같다.

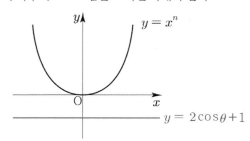

따라서 $a = 0$이다.

> **Tip**
>
> 여기서 조심해야 할 점은 x에 대한 방정식이라는 것이다.
> 즉, θ는 상수로 취급해야 한다.

(나) n이 짝수이고 $\frac{3}{2}\pi < \theta < 2\pi$이면 b개

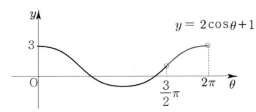

$\frac{3}{2}\pi < \theta < 2\pi \implies 2\cos\theta + 1 > 1$

$x^n = 2\cos\theta + 1$의 실근의 개수는

$y = x^n$와 $y = 2\cos\theta + 1$의 교점의 개수와 같다.

n이 짝수이므로 그림을 그리면 아래와 같다.

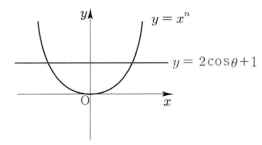

따라서 $b = 2$이다.

(다) n이 홀수이고 $\frac{1}{3}\pi < \theta < \frac{3}{2}\pi$이면 c개

n이 홀수이면 $2\cos\theta + 1$의 부호와 상관없이

$y = x^n$와 $y = 2\cos\theta + 1$의 교점이 1개이므로 $c = 1$이다.

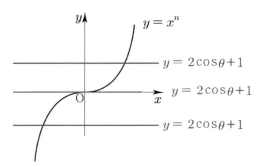

따라서 $a + 2b + 3c = 0 + 4 + 3 = 7$이다.

답 ⑤

100

$a_n = \sin\dfrac{n\pi}{4}$

n에 숫자를 대입해보면서 규칙을 파악해보자.

$a_1 = \sin\dfrac{1}{4}\pi = \dfrac{\sqrt{2}}{2}$

$a_2 = \sin\dfrac{1}{2}\pi = 1$

$a_3 = \sin\dfrac{3}{4}\pi = \dfrac{\sqrt{2}}{2}$

$a_4 = \sin\pi = 0$

$a_5 = \sin\dfrac{5}{4}\pi = -\dfrac{\sqrt{2}}{2}$

$a_6 = \sin\dfrac{3}{2}\pi = -1$

$a_7 = \sin\dfrac{7}{4}\pi = -\dfrac{\sqrt{2}}{2}$

$a_8 = \sin 2\pi = 0$

a_9부터는 $\sin$이 주기함수이므로 $a_1, \cdots, a_8$의 값이 반복된다.

이를 바탕으로 $\displaystyle\sum_{n=1}^{32} n(a_n)^2$를 구해보자.

마찬가지로 n에 숫자를 대입해보면서 규칙을 찾아보자.

$n = 1 \implies 1 \times \dfrac{1}{2}$

$n = 2 \implies 2 \times 1$

$n = 3 \implies 3 \times \dfrac{1}{2}$

$n = 4 \implies 4 \times 0$

$n = 5 \implies 5 \times \dfrac{1}{2}$

$n = 6 \implies 6 \times 1$

$n = 7 \implies 7 \times \dfrac{1}{2}$

$n = 8 \implies 8 \times 0$

$n = 9 \implies 9 \times \dfrac{1}{2}$

$\vdots$

n이 홀수일 때를 묶어서 계산해보자.

$$\frac{1}{2}(1+3+5+\cdots+31)=\frac{1}{2}\times\frac{16(1+31)}{2}=128$$

n이 짝수일 때를 묶어서 계산해보자.

$$2+6+10+\cdots+30=\frac{8(2+30)}{2}=128$$

따라서 $\displaystyle\sum_{n=1}^{32}n(a_n)^2=256$이다.

답 256

101

함수 $y=k\sin\left(2x+\dfrac{\pi}{3}\right)+k^2-6$의 그래프가 제 1사분면을
지나지 않도록 하는 모든 정수 k의 개수

k의 범위에 따라 case분류하면 다음과 같다.

① $k>0$

$y=k\sin\left(2x+\dfrac{\pi}{3}\right)+k^2-6$의 최댓값은 $k+k^2-6$이므로

이 그래프가 제 1사분면을 지나지 않도록 하려면
최댓값 $k+k^2-6\leq0$이어야 한다.
$(k-2)(k+3)\leq0\ \Rightarrow\ -3\leq k\leq2$
전제조건 $k>0$까지 고려하면 $0<k\leq2$이다.

② $k=0$

$y=-6$이므로 제 1사분면을 지나지 않으므로
조건을 만족시킨다.

> **Tip**
>
> 빼먹기 쉬운 case이므로 각별히 유의해야한다.
> $y=ax^2+x+2$는 2차함수인가? 답은 "모른다"이다.
> $a\neq0$이어야 2차함수이지 $a=0$이면 1차함수가 되기
> 때문이다. 만약 방정식 $ax^2+x+2=0$의 서로 다른
> 실근의 개수를 조사하기 위해 판별식을 쓸 때에도
> $a\neq0$라는 전제조건을 붙인 후 써야한다.
> 이는 2010학년도 수능 가형 8번 문제에서 확인할 수
> 있으니 찾아서 풀어보길 추천한다. 썰을 풀자면 재수생시절
> 2010학년도 수능 가형을 현장에서 풀 당시 a가 0인지
> 0이 아닌지 고려했던 기억이 아직까지 생생하다.

③ $k<0$

$y=k\sin\left(2x+\dfrac{\pi}{3}\right)+k^2-6$의 최댓값은 $-k+k^2-6$이므로

이 그래프가 제 1사분면을 지나지 않도록 하려면
최댓값 $-k+k^2-6\leq0$이어야 한다.
$(k+2)(k-3)\leq0\ \Rightarrow\ -2\leq k\leq3$
전제조건 $k<0$까지 고려하면 $-2\leq k<0$이다.

따라서 조건을 만족시키는 정수 k는 $-2,\ -1,\ 0,\ 1,\ 2$
이므로 모든 정수 k의 개수는 5이다.

답 5

다르게 풀어보자.

$k\,(k\neq0)$의 부호를 모두 고려하여 주어진 함수의 최댓값을
구하면 $|k|+k^2-6$이다. 이 최댓값이 0보다 작거나 같아야
하므로
$k^2+|k|-6\leq0\ \Rightarrow\ |k|^2+|k|-6\leq0$
$\Rightarrow\ (|k|+3)(|k|-2)\leq0\ \Rightarrow\ |k|\leq2\ (k\neq0)$
$k=0$일 때도 성립하므로 $-2\leq k\leq2$이다.

102

$$y=\frac{|\tan x|}{\tan x+2}\ \left(\frac{3}{4}\pi\leq x<\frac{3}{2}\pi\right)$$

$\tan x=t$라 치환하자.

$\dfrac{3}{4}\pi\leq x<\dfrac{3}{2}\pi$에서 t의 범위를 구하면 $-1\leq t$

$$y=\frac{|t|}{t+2}\ (-1\leq t)$$

t의 범위에 따라 case분류 하면
$$t>0\ \Rightarrow\ y=\frac{t}{t+2}=1+\frac{-2}{t+2}$$

$$t<0\ \Rightarrow\ y=\frac{-t}{t+2}=-1+\frac{2}{t+2}$$

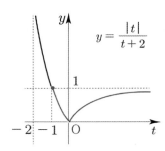

$t=-1 \Rightarrow x=\dfrac{3}{4}\pi=a$ 일 때, 최댓값 $1=M$

$t=0 \Rightarrow x=\pi=b$ 일 때, 최솟값 $0=m$

따라서 $\dfrac{16a}{b}+M+m=13$ 이다.

답 13

103

$y=4\sin\dfrac{1}{4}(x-\pi)\ (0\leq x\leq 10\pi)$ 와 직선 $y=2$ 가 만나는

점의 x좌표를 찾아보자.

$4\sin\dfrac{1}{4}(x-\pi)=2 \Rightarrow \sin\dfrac{1}{4}(x-\pi)=\dfrac{1}{2}$

$\dfrac{1}{4}(x-\pi)=t$ 로 치환하자.

$0\leq x\leq 10\pi$ 에서 t의 범위를 구하면 $-\dfrac{\pi}{4}\leq t\leq\dfrac{9}{4}\pi$

$\sin t=\dfrac{1}{2}\ \left(-\dfrac{\pi}{4}\leq t\leq\dfrac{9}{4}\pi\right)$

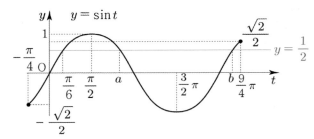

대칭성을 이용하면 ($x=\dfrac{\pi}{2}$ 에 대하여 대칭)

$\dfrac{\pi}{6}+a=\pi \Rightarrow a=\dfrac{5}{6}\pi$

주기성을 이용하면 (주기 2π)

$\dfrac{\pi}{6}+2\pi=b \Rightarrow b=\dfrac{13}{6}\pi$

다시 x의 값으로 변화해주면

곡선 $y=4\sin\dfrac{1}{4}(x-\pi)\ (0\leq x\leq 10\pi)$

와 직선 $y=2$가 만나는 점의 x좌표는 다음과 같다.

$\dfrac{1}{4}(x-\pi)=t \Rightarrow x=4t+\pi$

$\Rightarrow x=\dfrac{5}{3}\pi$ or $x=\dfrac{13}{3}\pi$ or $x=\dfrac{29}{3}\pi$

이를 바탕으로 삼각형 PAB의 넓이의 최댓값을 구해보자.

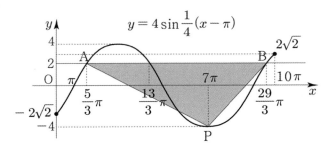

점 P와 직선 $y=2$ 사이의 거리를 $h(0<h\leq 6)$라 하자.

삼각형 PAB의 넓이는 $\dfrac{1}{2}\times\overline{AB}\times h$

넓이의 최댓값은 $\overline{AB}=8\pi$, $h=6$일 때이다.

따라서 최댓값은 $\dfrac{1}{2}\times 8\pi\times 6=24\pi \Rightarrow k=24$ 이다.

답 24

> **Tip**
>
> 사실 이 문제에서는 A, B의 좌표를 구하지 않아도 답을 구할
> 수 있다. 점의 좌표가 중요한 것이 아니라 $\overline{AB}$의 길이가
> 중요하기 때문이다.
>
> 주어진 구간에서 $\overline{AB}$의 최댓값은 $y=4\sin\dfrac{1}{4}(x-\pi)$ 의
>
> 주기 8π와 같으므로 넓이의 최댓값을 보다 빠르게 구할
> 수 있다. 혹시나 점 A, B좌표를 구하는데 조금이라도
> 시간이 걸렸거나 어려웠다면 익숙해지도록 반드시
> 체화시키자.

104

$f(x)=\sin 6x$

x에 $\dfrac{\pi}{2}-t$를 대입하면

$f\left(\dfrac{\pi}{2}-t\right)=\sin 6\left(\dfrac{\pi}{2}-t\right)=\sin(3\pi-6t)=\sin 6t$ 이므로

$f\left(\dfrac{\pi}{2}-t\right)+f(t)=1 \Rightarrow 2\sin 6t=1 \Rightarrow \sin 6t=\dfrac{1}{2}$

$\sin x=\dfrac{1}{2}$ 를 만족시키는 음수 x의 최댓값을 a라 하면

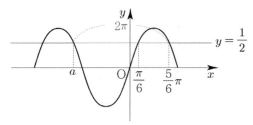

$\dfrac{5\pi}{6}-2\pi=-\dfrac{7}{6}\pi=a$ 이므로

(물론 대칭성을 이용해서 구해도 된다.)

$f\left(\dfrac{\pi}{2}-t\right)+f(t)=1$ 을 만족시키는 음수 t의 최댓값은

$6t=a \Rightarrow t=-\dfrac{7}{36}\pi$ 이다.

답 ②

105

$|\cos x|=\dfrac{3}{4}+2\cos x$

① $\cos x \geq 0$

$\cos x=\dfrac{3}{4}+2\cos x \Rightarrow \cos x=-\dfrac{3}{4}$ 이므로

전제조건 $\cos x \geq 0$에 모순이다.

② $\cos x < 0$

$-\cos x=\dfrac{3}{4}+2\cos x \Rightarrow \cos x=-\dfrac{1}{4}$

$\cos x=-\dfrac{1}{4} \quad (0 \leq x < 2\pi)$

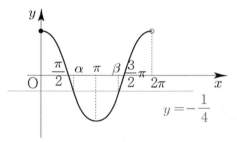

$\dfrac{\pi}{2}<\alpha<\pi$, $\pi<\beta<\dfrac{3}{2}\pi$ 이고 $\cos\alpha=\cos\beta=-\dfrac{1}{4}$

$\sin\alpha=\dfrac{\sqrt{15}}{4}$, $\sin\beta=-\dfrac{\sqrt{15}}{4}$ 이므로

$\tan\alpha=-\sqrt{15}$, $\tan\beta=\sqrt{15}$

$8\sin\alpha+\tan\alpha+16\sin\beta+5\tan\beta$

$=2\sqrt{15}-\sqrt{15}-4\sqrt{15}+5\sqrt{15}=2\sqrt{15}$

답 ②

106

$f(x)=\cos x \quad (0 \leq x \leq \pi)$, $g(x)=\sin x$

$S=\left\{ x \mid g(f^{-1}(x))=\dfrac{\sqrt{3}}{2} \right\}$

$f^{-1}(x)$ 의 치역은 $f(x)$의 정의역과 같으므로

$f^{-1}(x)=t$ 라 치환하면 $0 \leq t \leq \pi$ 이다.

$g(t)=\sin t=\dfrac{\sqrt{3}}{2} \quad (0 \leq t \leq \pi)$ 를 만족시키는

$t=\dfrac{\pi}{3}$ or $t=\dfrac{2}{3}\pi$ 이다.

$f^{-1}(x)=\dfrac{\pi}{3} \Rightarrow x=f\left(\dfrac{\pi}{3}\right)=\dfrac{1}{2}$

$f^{-1}(x)=\dfrac{2}{3}\pi \Rightarrow x=f\left(\dfrac{2}{3}\pi\right)=-\dfrac{1}{2}$

따라서 집합 S를 원소나열법으로 나타내면

$S=\left\{-\dfrac{1}{2}, \dfrac{1}{2}\right\}$ 이다.

답 $S=\left\{-\dfrac{1}{2}, \dfrac{1}{2}\right\}$

Tip

$f(x)$의 정의역은 $f^{-1}(x)$의 치역과 같고
$f(x)$의 치역은 $f^{-1}(x)$의 정의역과 같다. 이러한 관계를
2020 규토 모의고사 나형 14번에 출제하였는데
2020학년도 수능 나형 10번에서 출제되었다는
쏘리 질러~~

107

$y=\sin\dfrac{\pi}{2}x+\left|\sin\dfrac{\pi}{2}x\right|$

$\sin\dfrac{\pi}{2}x \geq 0 \Rightarrow y=2\sin\dfrac{\pi}{2}x$

$\sin\dfrac{\pi}{2}x < 0 \Rightarrow y=0$

$y=-\dfrac{n}{6}x+2$ 의 x절편은 $\dfrac{12}{n}$

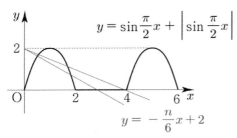

$y = \sin\frac{\pi}{2}x + \left|\sin\frac{\pi}{2}x\right|$ 와 $y = -\frac{n}{6}x + 2$ 가

서로 다른 세 점에서 만나려면 $2 < \frac{12}{n} < 6$ 이어야한다.

따라서 해당 조건을 만족시키는 자연수는 $n = 3,\ 4,\ 5$ 이므로 자연수 n의 개수는 3이다.

답 ②

108

방정식 $2\cos^2\pi x - 2\sin\pi x + 2a - 3 = 0 \ (0 \le x < 2)$의 서로 다른 실근의 개수가 3

$2(1 - \sin^2\pi x) - 2\sin\pi x + 2a - 3$

$= -2\sin^2\pi x - 2\sin\pi x + 2a - 1 = 0$

$\sin\pi x = t$라 치환하면 $2t^2 + 2t - 2a + 1 = 0$

이는 t에 대한 이차방정식이므로 아래와 같은 3가지 case가 가능하다.

① 해가 없다. ② 중근 t ③ 서로 다른 두 실근 t_1, t_2

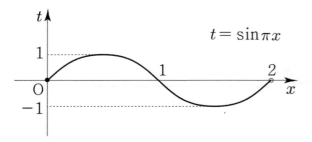

범위가 $0 \le x < 2$이므로 $\sin\pi x = 0$은 서로 다른 두 실근을 갖는다.

즉, 예를 들어 방정식 $2t^2 + 2t - 2a + 1 = 0$의 두 근이 $t = 0$, $t = 3$일 때, $\sin\pi x = 0$, $\sin\pi x = 3$이므로 x에 대한 방정식의 서로 다른 실근의 개수가 2이다.

결국 x에 대한 방정식의 서로 다른 실근의 개수가 3이려면 $t = 1$ 또는 $t = -1$을 근으로 가져야 한다.

(i) $t = 1$

$2t^2 + 2t - 2a + 1 = 0 \Rightarrow 5 - 2a = 0 \Rightarrow 2a = 5$

$2t^2 + 2t - 4 = 0$

$\Rightarrow t^2 + t - 2 = 0$

$\Rightarrow (t + 2)(t - 1) = 0$

$\Rightarrow t = -2 \ \text{or} \ t = 1$

$t = -2$일 때, $\sin\pi x = t$는 실근이 존재하지 않으므로 조건을 만족시키지 않는다.

(ii) $t = -1$

$2t^2 + 2t - 2a + 1 = 0 \Rightarrow 2a = 1 \Rightarrow a = \frac{1}{2}$

$2t^2 + 2t = 0 \Rightarrow 2t(t + 1) = 0 \Rightarrow t = 0 \ \text{or} \ t = -1$

$t = 0 \Rightarrow \sin\pi x = 0 \Rightarrow x = 0 \ \text{or} \ x = 1$

$t = -1 \Rightarrow \sin\pi x = -1 \Rightarrow x = \frac{3}{2}$

서로 다른 세 실근의 합은 $0 + 1 + \frac{3}{2} = \frac{5}{2} = b$이므로

따라서 $a + b = \frac{1}{2} + \frac{5}{2} = 3$이다.

답 3

109

곡선 $y = f(x)$와 직선 $y = \sin\left(\frac{k}{6}\pi\right)$의 교점의 개수를 a_k

> **Tip**
>
> 곡선 $y = \sin x$와 곡선 $y = 2\sin\left(\frac{k}{6}\pi\right) - \sin x$의
>
> 관계를 살펴보면 곡선 $y = 2\sin\left(\frac{k}{6}\pi\right) - \sin x$는
>
> 곡선 $y = \sin x$를 직선 $y = \sin\left(\frac{k}{6}\pi\right)$에 대하여
>
> 대칭이동한 것과 같다. 만약 낯설게 느껴졌다면 문제편 지수함수와 로그함수 단원 Guide step 함수 그리기 기초를 참고하도록 하자.

k의 값에 따라 두 곡선 $y = f(x)$, $y = \sin x$와

직선 $y = \sin\left(\frac{k}{6}\pi\right)$를 그리면 다음과 같다.

① $k=1$일 때, $a_1=2$

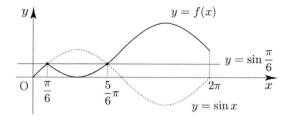

② $k=2$일 때, $a_2=2$

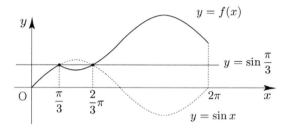

③ $k=3$일 때, $a_3=1$

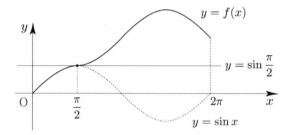

④ $k=4$일 때, $a_4=2$

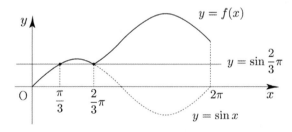

⑤ $k=5$일 때, $a_5=2$

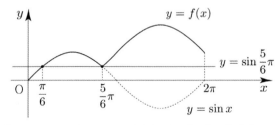

따라서 $a_1+a_2+a_3+a_4+a_5=2+2+1+2+2=9$이다.

답 ④

110

$0 \leq x < 2^{n+1}$일 때, 부등식 $\cos\left(\dfrac{\pi}{2^n}x\right) \leq -\dfrac{1}{2}$

$\dfrac{\pi}{2^n}x=t$라 치환하면 $0 \leq t < 2\pi$

$\cos t \leq -\dfrac{1}{2}$

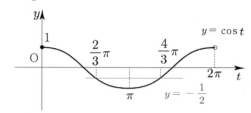

$\dfrac{2}{3}\pi \leq t \leq \dfrac{4}{3}\pi$ 이므로 x로 변환해주면

$\dfrac{2^{n+1}}{3} \leq x \leq \dfrac{2^{n+2}}{3}$

a_n은 $\dfrac{2^{n+1}}{3} \leq x \leq \dfrac{2^{n+2}}{3}$ 을 만족시키는

서로 다른 모든 자연수 x의 개수이고,

$\dfrac{2^{n+2}}{3}$ 은 자연수가 아니므로

$\displaystyle\sum_{n=1}^{7} a_n$ 은 $\dfrac{2^2}{3} \leq x \leq \dfrac{2^9}{3}$ 인 자연수의 개수와 같다.

$\dfrac{2^2}{3}=1.33\cdots, \ \dfrac{2^9}{3}=170.66\cdots$

따라서 $\displaystyle\sum_{n=1}^{7} a_n = 170-1 = 169$이다.

답 169

Tip

물론 n에 숫자를 대입하여 직접 구해줘도 된다.

이때 $\dfrac{2^{n+1}}{3} \leq x \leq \dfrac{2^{n+2}}{3}$ 로 계산하면 소수가 나오므로

$2^{n+1} \leq 3x \leq 2^{n+2}$ 로 계산하는 것이 더 편할 수 있다.

① $n=1$일 때, $2^2 \leq 3x \leq 2^3$ 인 자연수 x는
 2이므로 $a_1=1$

② $n=2$일 때, $2^3 \leq 3x \leq 2^4$ 인 자연수 x는
 3, 4, 5이므로 $a_2=3$

③ $n=3$일 때, $2^4 \leq 3x \leq 2^5$ 인 자연수 x는
 6, 7, 8, 9, 10이므로 $a_3=5$

④ $n=4$일 때, $2^5 \leq 3x \leq 2^6$ 인 자연수 x는
 11, 12, $\cdots$, 21이므로 $a_4=11$

⑤ $n=5$일 때, $2^6 \leq 3x \leq 2^7$ 인 자연수 x는
 22, 23, $\cdots$, 42이므로 $a_5=21$

⑥ $n = 6$일 때, $2^7 \le 3x \le 2^8$인 자연수 x는
43, 44, $\cdots$, 85이므로 $a_6 = 43$

⑦ $n = 7$일 때, $2^8 \le 3x \le 2^9$인 자연수 x는
86, 87, $\cdots$, 170이므로 $a_7 = 85$

따라서 $\displaystyle\sum_{n=1}^{7} a_n = 1 + 3 + 5 + 11 + 21 + 43 + 85 = 169$이다.

111

$0 \le t \le 3$인 실수 t와 상수 k에 대하여 $t \le x \le t+1$
에서 방정식 $\sin \dfrac{\pi}{2}x = k$의 모든 해의 개수를 $f(t)$

$y = \sin \dfrac{\pi}{2}x$는 치역이 $\{y \mid -1 \le y \le 1\}$이고 주기가 4이므로

$0 \le x \le 4$에서 $y = \sin \dfrac{\pi}{2}x$와 $y = k$와 두 점에서

만나려면 $-1 < k < 1 \; (k \ne 0)$이어야 한다.

($k = 0$이면 $\sin \dfrac{\pi}{2}x = 0$을 만족시키는 x는 0, 2, 4이므로

$t \le x \le t+1$에서 $\sin \dfrac{\pi}{2}x = 0$을 만족시키는 x값이

두 개일 수 없다. 따라서 $f(t) = 2$가 나올 수 없으므로
모순이다.)

만약 $k < 0$일 경우 $f(0) = 0$이므로 모순이다.
즉, $k > 0$이다.

$0 \le x \le 4$에서 $y = \sin \dfrac{\pi}{2}x$와 직선 $y = k$와 만나는
두 점의 x좌표를 각각 x_1, $x_2 \; (x_1 < x_2)$라 하면
다음과 같이 **case**분류할 수 있다.

① $x_2 - x_1 > 1$
$f(t) = 2$를 만족시키는 t의 값이 존재하지 않으니 모순이다.

② $x_2 - x_1 < 1$
$f(t) = 2$를 만족시키는 t의 값이 여러개 존재하니 모순이다.

③ $x_2 - x_1 = 1$
$x_1 = \dfrac{1}{2}$, $x_2 = \dfrac{3}{2}$

$0 \le t < \dfrac{1}{2}$, $\dfrac{1}{2} < t \le \dfrac{3}{2}$일 때, $f(t) = 1$

$t = \dfrac{1}{2}$일 때, $f(t) = 2$

$\dfrac{3}{2} < t \le 3$일 때, $f(t) = 0$

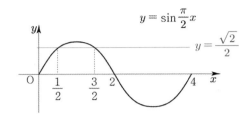

$a = \dfrac{1}{2}$, $b = \dfrac{3}{2}$, $k = f\left(\dfrac{1}{2}\right) = \dfrac{\sqrt{2}}{2}$이므로

$a^2 + b^2 + k^2 = \dfrac{1}{4} + \dfrac{9}{4} + \dfrac{2}{4} = \dfrac{12}{4} = 3$이다.

답 ③

112

x에 대한 방정식 $\left| 2^{-|x-1|} - \dfrac{1}{2} \right| = \sin\left(\dfrac{n}{36}\pi\right)$ 의 실근이
존재하지 않도록 하는 50 이하의 자연수 n의 개수

$y = \left| 2^{-|x-1|} - \dfrac{1}{2} \right|$의 그래프를 그려보자.

① $2^{-|x|}$를 기본함수로 두자.

② x축의 방향으로 1만큼, y축의 방향으로 $-\dfrac{1}{2}$만큼
평행이동하면
$y = 2^{-|x-1|} - \dfrac{1}{2}$이다.

③ $y = |f(x)| \; (f(x)$가 음수인 부분을 x축 대칭)을 하면
$y = \left| 2^{-|x-1|} - \dfrac{1}{2} \right|$

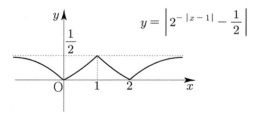

$y = \left| 2^{-|x-1|} - \dfrac{1}{2} \right|$의 치역이 $\left\{ y \mid 0 \le y \le \dfrac{1}{2} \right\}$이므로

x에 대한 방정식 $\left| 2^{-|x-1|} - \dfrac{1}{2} \right| = \sin\left(\dfrac{n}{36}\pi\right)$ 의 실근이

존재하지 않도록 하려면 $\sin\left(\dfrac{n}{36}\pi\right)$의 값이 0보다 작거나 $\dfrac{1}{2}$보다 커야한다.

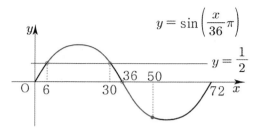

$6 < n < 30$ or $36 < n \le 50$이므로
50 이하의 자연수 n의 개수는 37이다.

답 37

113

방정식 $\left(\sin\dfrac{\pi x}{2} - t\right)\left(\cos\dfrac{\pi x}{2} - t\right) = 0$의 서로 다른 실근은 두 곡선 $y = \sin\dfrac{\pi x}{2}$, $y = \cos\dfrac{\pi x}{2}$와 직선 $y = t$의 교점의 x좌표이다.

ㄱ. $-1 \le t < 0$인 모든 실수 t에 대하여 $\alpha(t) + \beta(t) = 5$이다.

두 곡선 $y = \sin\dfrac{\pi x}{2}$, $y = \cos\dfrac{\pi x}{2}$를 그리면 다음과 같다.

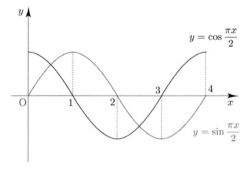

직선 $y = t$ $(-1 \le t < 0)$를 그려 $\alpha(t)$, $\beta(t)$를 나타내면 다음과 같다.

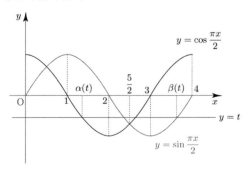

대칭성에 의해서 $\dfrac{\alpha(t) + \beta(t)}{2} = \dfrac{5}{2} \Rightarrow \alpha(t) + \beta(t) = 5$ 이므로 ㄱ은 참이다.

ㄴ. $\{t \,|\, \beta(t) - \alpha(t) = \beta(0) - \alpha(0)\} = \left\{t \,\middle|\, 0 \le t \le \dfrac{\sqrt{2}}{2}\right\}$

$0 \le \alpha(t) < 4$, $0 \le \beta(t) < 4$이므로 $t = 0$일 때, $\beta(0) = 3$, $\alpha(0) = 0 \Rightarrow \beta(0) - \alpha(0) = 3$

즉, $\beta(t) - \alpha(t) = 3$을 만족시키는 t의 범위가 $0 \le t \le \dfrac{\sqrt{2}}{2}$인지 조사하면 된다.

① $0 \le t \le \dfrac{\sqrt{2}}{2}$일 때,

  $t = 0$이면 $\beta(0) - \alpha(0) = 3$
  $t \ne 0$이면 다음과 같다.

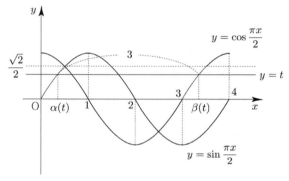

두 곡선 $y = \sin\dfrac{\pi x}{2}$, $y = \cos\dfrac{\pi x}{2}$은 서로 평행이동 관계이므로 $\beta(t) - \alpha(t) = 3$이 성립한다.

② $\dfrac{\sqrt{2}}{2} < t < 1$일 때,

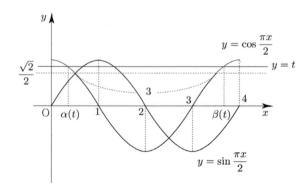

$3 < \beta(t) - \alpha(t) < 4$

③ $t = 1$일 때,

  $\beta(1) = 1$, $\alpha(1) = 0 \Rightarrow \beta(1) - \alpha(1) = 1$

④ $-1 \le t < 0$일 때,

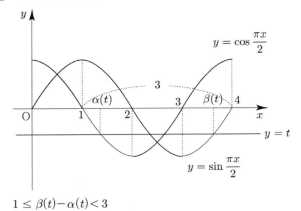

$1 \le \beta(t) - \alpha(t) < 3$

①, ②, ③, ④에 의해서

$\{t \mid \beta(t) - \alpha(t) = 3\} = \left\{t \mid 0 \le t \le \dfrac{\sqrt{2}}{2}\right\}$

이므로 ㄴ은 참이다.

ㄷ. $\alpha(t_1) = \alpha(t_2)$인 두 실수 t_1, t_2에 대하여

$t_2 - t_1 = \dfrac{1}{2}$이면 $t_1 \times t_2 = \dfrac{1}{3}$이다.

$\alpha(t_1) = \alpha(t_2)$이려면 $0 < t_1 < \dfrac{\sqrt{2}}{2} < t_2$이어야 하고
그림으로 나타내면 다음과 같다.

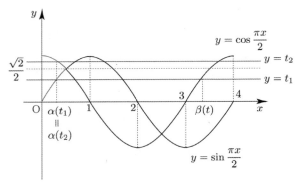

$\alpha(t_1) = \alpha(t_2) = \theta$라 하면 $t_1 = \sin\dfrac{\pi}{2}\theta$, $t_2 = \cos\dfrac{\pi}{2}\theta$

$(t_2 - t_1)^2 = t_2^2 + t_1^2 - 2t_1 t_2$이고,

$t_2^2 + t_1^2 = \cos^2\dfrac{\pi}{2}\theta + \sin^2\dfrac{\pi}{2}\theta = 1$이므로

$\left(\dfrac{1}{2}\right)^2 = 1 - 2t_1 t_2 \;\Rightarrow\; t_1 t_2 = \dfrac{3}{8}$

따라서 ㄷ은 거짓이다.

답 ②

114

함수 $f(x)$의 주기는 π이므로 나올 수 있는 개형을
case분류하면 다음과 같다.

① 함수 $y = 2a\cos\dfrac{b}{2}x - (a-2)(b-2)$의 주기가 2π이고,

　함수 $y = 2a\cos\dfrac{b}{2}x - (a-2)(b-2)$의 최댓값과

　최솟값의 절댓값이 서로 같은 경우

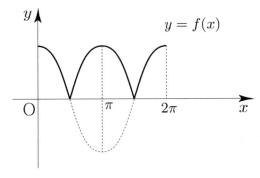

② 함수 $y = 2a\cos\dfrac{b}{2}x - (a-2)(b-2)$의 주기가 π이고,

　함수 $y = 2a\cos\dfrac{b}{2}x - (a-2)(b-2)$의 최댓값이

　최솟값의 절댓값보다 작고, 최솟값이 음수인 경우

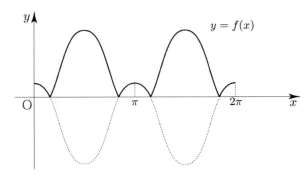

③ 함수 $y = 2a\cos\dfrac{b}{2}x - (a-2)(b-2)$의 주기가 π이고,

　함수 $y = 2a\cos\dfrac{b}{2}x - (a-2)(b-2)$의 최댓값이

　최솟값의 절댓값보다 크고, 최솟값이 음수인 경우

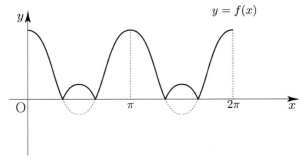

④ 함수 $y = 2a\cos\dfrac{b}{2}x - (a-2)(b-2)$의 주기가 π이고,

함수 $y = 2a\cos\dfrac{b}{2}x - (a-2)(b-2)$의 최솟값이 0이상인

경우

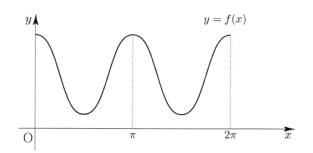

⑤ 함수 $y = 2a\cos\dfrac{b}{2}x - (a-2)(b-2)$의 주기가 π이고,

함수 $y = 2a\cos\dfrac{b}{2}x - (a-2)(b-2)$의 최댓값이 0이하인

경우

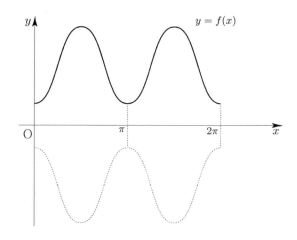

①의 경우 최댓값과 최솟값의 절댓값이 서로 같아야 하므로

$(a-2)(b-2) = 0 \Rightarrow a = 2$ or $b = 2$이다.

$y = 2a\cos\dfrac{b}{2}x$의 주기는 $\dfrac{2\pi}{\frac{b}{2}} = \dfrac{4\pi}{b}$이므로

$y = \left|2a\cos\dfrac{b}{2}x\right|$의 주기는 $\dfrac{4\pi}{b} \times \dfrac{1}{2} = \dfrac{2\pi}{b}$이다.

함수 $f(x)$의 주기는 π이므로 $\dfrac{2\pi}{b} = \pi \Rightarrow b = 2$이다.

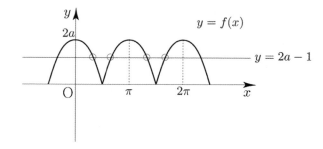

위 그림과 같이 $b = 2$일 때, (나) 조건을 만족시키는 a의 값의

범위는 $1 \le a \le 10$이므로 자연수 a, b의 순서쌍의 개수는

10이다.

②의 경우 함수 $y = 2a\cos\dfrac{b}{2}x - (a-2)(b-2)$의 주기가 π

이므로 $\dfrac{4\pi}{b} = \pi \Rightarrow b = 4$이다.

$f(x) = |2a\cos 2x - 2(a-2)|$

$y = 2a\cos 2x - 2(a-2)$의 최댓값은 4이고,

최솟값은 $-4a+4$이므로 $f(x)$를 그리면 다음 그림과 같다.

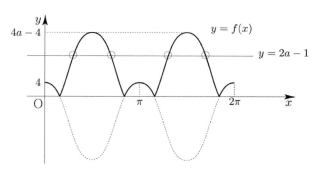

$y = 2a\cos 2x - 2(a-2)$의 최솟값이 음수이어야 하므로

$-4a+4 < 0 \Rightarrow 4 < 4a \Rightarrow 1 < a$이다.

$b = 4$일 때, (나) 조건을 만족시키려면

$4 < 2a-1 < 4a-4 \Rightarrow 5 < 2a$, $3 < 2a \Rightarrow \dfrac{5}{2} < a$이어야

한다.

즉, 10이하의 자연수 a의 값의 범위는 $\dfrac{5}{2} < a \le 10$이므로

자연수 a, b의 순서쌍의 개수는 8이다.

③의 경우 함수 $y = 2a\cos\dfrac{b}{2}x - (a-2)(b-2)$의 주기가 π

이므로 $\dfrac{4\pi}{b} = \pi \Rightarrow b = 4$이다.

$f(x) = |2a\cos 2x - 2(a-2)|$

$y = 2a\cos 2x - 2(a-2)$의 최댓값은 4이고,

최솟값은 $-4a+4$이므로 $f(x)$를 그리면 다음 그림과 같다.

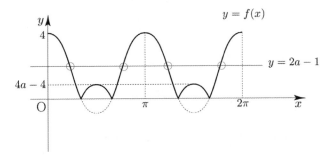

$y=2a\cos2x-2(a-2)$의 최솟값이 음수이어야 하므로
$-4a+4<0 \Rightarrow 4<4a \Rightarrow 1<a$이다.

$b=4$일 때, (나) 조건을 만족시키려면

$4a-4<2a-1<4 \Rightarrow 2a<3$, $2a<5 \Rightarrow a<\dfrac{3}{2}$이어야
한다.

$1<a<\dfrac{3}{2}$을 만족시키는 자연수 a의 값은 존재하지 않으므로
모순이다.

④의 경우 함수 $y=2a\cos\dfrac{b}{2}x-(a-2)(b-2)$의 주기가 π

이므로 $\dfrac{4\pi}{b}=\pi \Rightarrow b=4$이다.

$y=2a\cos2x-2(a-2)$의 최댓값은 4이고,
최솟값은 $-4a+4$이므로 $f(x)$를 그리면 다음 그림과 같다.

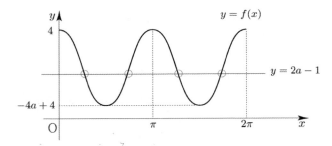

최솟값은 0이상이므로
$-4a+4\geq0 \Rightarrow 4\geq4a \Rightarrow a\leq1$이고,
a는 10이하의 자연수이므로 $a=1$이다.

$a=1$, $b=4$일 때, $-4a+4<2a-1<4 \Rightarrow 0<1<4$이므로
(나) 조건을 만족시킨다.
즉, 자연수 a, b의 순서쌍의 개수는 1이다.

⑤의 경우 함수 $y=2a\cos\dfrac{b}{2}x-(a-2)(b-2)$의 주기가 π

이므로 $\dfrac{4\pi}{b}=\pi \Rightarrow b=4$이다.

$y=2a\cos2x-2(a-2)$의 최댓값은 4이고,
최솟값은 $-4a+4$이다.
이때 최댓값이 0이하가 아니므로 모순이다.

따라서 조건을 만족시키는 자연수 a, b의 모든 순서쌍
$(a,\ b)$의 개수는 $10+8+1=19$이다.

답 ⑤

115

$k=12$일 때, $f(x)=a$를 만족하는 x값 중에 $g(x)=a$를
만족하지 않는 x값이 존재하므로 주어진 조건($\sqsubset$)을
만족하지 않는다.
$f(x)=\sin12x+2$, $g(x)=3\cos12x$

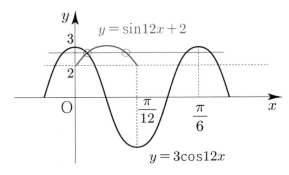

$k>12$이면 $k=12$일 때 보다 $f(x)$의 주기가 짧아지므로
주어진 조건을 만족하지 않는다.

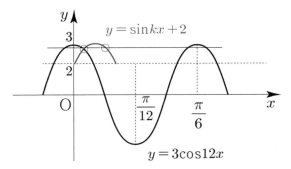

즉, $k<12$이어야 한다.
k가 작아지면 작아질수록 $f(x)$의 주기는 길어지는 것을
알 수 있다. k를 조금씩 줄여보면서 관찰하면 된다.
조건을 만족시키려면 대칭성을 고려해야 하므로
처음으로 조건을 만족시키는 자연수 k는 6이다.

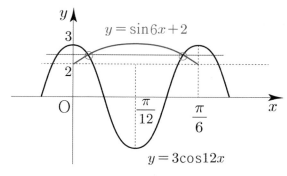

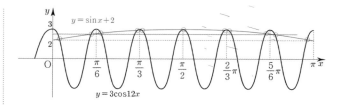

따라서 조건을 만족시키는 자연수 k는 1, 2, 3, 6이므로
자연수 k의 개수는 4이다.

답 ②

$k=5$와 $k=4$일 때는 대칭성이 깨지기 때문에 조건을
만족하지 않는다.

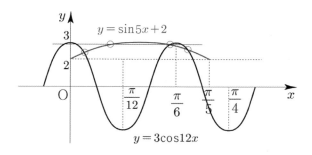

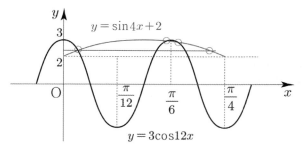

$k=3$일 때, 대칭성에 의해서 조건을 만족한다.

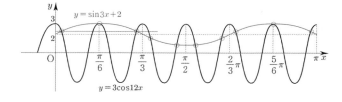

$k=2$일 때, 대칭성에 의해서 조건을 만족한다.

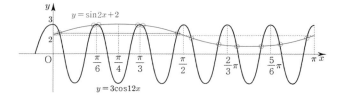

$k=1$일 때, 대칭성에 의해서 조건을 만족한다.

1	(1) 16 (2) $\dfrac{21}{4}$
2	3
3	사각형 APBO의 넓이는 60 $x = 13$
4	(1) $x = 35$, $y = 70$ (2) 50
5	20
6	40
7	$a = 2\sqrt{3}$, 외접원의 넓이 $= 4\pi$
8	$a = b$ 인 이등변삼각형
9	$a = \sqrt{21}$
10	$\cos C = \dfrac{1}{4}$
11	1
12	$3\sqrt{15}$
13	$\dfrac{25}{2}\sqrt{3}$

개념 확인문제 1

(1) $\left(\dfrac{x}{2}\right)^2 + 6^2 = 10^2 \Rightarrow \left(\dfrac{x}{2}\right)^2 = 64 \Rightarrow x = 16$

(2) 반지름이 $x+2$이므로
$x^2 + 5^2 = (x+2)^2 \Rightarrow x^2 + 25 = x^2 + 4x + 4$
$\Rightarrow 4x = 21 \Rightarrow x = \dfrac{21}{4}$

답 (1) 16 (2) $\dfrac{21}{4}$

개념 확인문제 2

$4^2 + x^2 = 5^2 \Rightarrow x = 3$

답 3

개념 확인문제 3

$\angle OBP = \angle OAP = 90°$

$\overline{PB} = 12$이므로

사각형 APBO의 넓이는 $\left(\dfrac{1}{2} \times 5 \times 12\right) \times 2 = 60$

$12^2 + 5^2 = x^2 \Rightarrow x = 13$

답 사각형 APBO의 넓이는 60, $x = 13$

개념 확인문제 4

(1) $x = 35$, $y = 35 \times 2 = 70$

(2) $\angle ABP = 90°$ 이고 $\angle QAP = \angle QBP = 40°$ 이므로
$\angle ABP - \angle QBP = x° \Rightarrow 90° - 40° = x°$
$\Rightarrow x = 50$

답 (1) $x = 35$, $y = 70$
(2) 50

개념 확인문제 5

$\angle D = 90°$ 이므로 $x = 20$

답 20

개념 확인문제 6

$\angle ABC = 100°$ 이므로 $\angle ADC = 80°$
$x° = 180° - (80° + 60°) = 40°$

답 40

개념 확인문제 7

$A = 60°$, $B = 75°$, $c = 2\sqrt{2}$

$A = 60°$, $B = 75° \Rightarrow C = 45°$

$\dfrac{c}{\sin C} = \dfrac{a}{\sin A} = 2R \Rightarrow \dfrac{2\sqrt{2}}{\dfrac{\sqrt{2}}{2}} = 4 = \dfrac{a}{\dfrac{\sqrt{3}}{2}} = 2R$

$\Rightarrow a = 2\sqrt{3}$, $R = 2$

따라서 $a = 2\sqrt{3}$, 외접원의 넓이 $= 4\pi$이다.

답 $a = 2\sqrt{3}$, 외접원의 넓이 $= 4\pi$

개념 확인문제 8

$a\sin^2 B = b\sin^2 A$

$\sin B = \dfrac{b}{2R}$, $\sin A = \dfrac{a}{2R}$

$a\left(\dfrac{b}{2R}\right)^2 = b\left(\dfrac{a}{2R}\right)^2 \Rightarrow ab^2 = ba^2 \Rightarrow ab(b-a) = 0$

따라서 $a = b$인 이등변삼각형이다.

답 $a = b$인 이등변삼각형

개념 확인문제 9

$\cos 120° = \dfrac{1^2 + 4^2 - a^2}{2 \times 1 \times 4} \Rightarrow -4 = 1 + 16 - a^2$

$\Rightarrow a = \sqrt{21}$

답 $a = \sqrt{21}$

개념 확인문제 10

$a : b : c = 6 : 7 : 8 \Rightarrow a = 6k,\ b = 7k,\ c = 8k$

$\cos C = \dfrac{36k^2 + 49k^2 - 64k^2}{2 \times 6k \times 7k} = \dfrac{21k^2}{84k^2} = \dfrac{1}{4}$

답 $\cos C = \dfrac{1}{4}$

개념 확인문제 11

$B = 135°$, $a = 2$, $c = \sqrt{2}$

$S = \dfrac{1}{2} \times 2 \times \sqrt{2} \times \sin 135° = \sqrt{2} \times \dfrac{\sqrt{2}}{2} = 1$

답 1

개념 확인문제 12

$a = 8,\ b = 4,\ c = 6$

$\cos A = \dfrac{b^2 + c^2 - a^2}{2bc} = \dfrac{16 + 36 - 64}{2 \times 4 \times 6} = -\dfrac{1}{4}$

$\Rightarrow \sin A = \dfrac{\sqrt{15}}{4}$

$S = \dfrac{1}{2} \times 4 \times 6 \times \sin A = 3\sqrt{15}$

답 $3\sqrt{15}$

개념 확인문제 13

$S = \dfrac{1}{2} ab \sin\theta = \dfrac{1}{2} \times 10 \times 5 \times \sin 60° = \dfrac{25}{2}\sqrt{3}$

답 $\dfrac{25}{2}\sqrt{3}$

1	②	18	3
2	⑤	19	5
3	3 : 4 : 2	20	21
4	1	21	23
5	$60°$	22	$\angle$B가 직각인 직각삼각형
6	2	23	$b = c$인 이등변삼각형
7	125	24	5
8	51	25	196
9	④	26	29
10	12	27	12
11	③	28	27
12	69	29	7
13	⑤	30	25
14	①	31	112
15	18	32	7
16	109	33	②
17	35	34	69

001

$A = 30°$, $\overline{AC} = 8$, $\overline{BC} = 4\sqrt{2}$

$$\frac{\overline{BC}}{\sin A} = \frac{\overline{AC}}{\sin B} \Rightarrow \frac{4\sqrt{2}}{\frac{1}{2}} = \frac{8}{\sin B} \Rightarrow \sin B = \frac{\sqrt{2}}{2}$$

답 ②

002

$\angle CAB = 75°$, $\angle CBA = 60°$ $\Rightarrow$ $\angle ACB = 45°$

$$\frac{10}{\sin 45°} = \frac{\overline{AC}}{\sin 60°} \Rightarrow \frac{10}{\frac{\sqrt{2}}{2}} = \frac{\overline{AC}}{\frac{\sqrt{3}}{2}} \Rightarrow \overline{AC} = 5\sqrt{6}$$

$$\overline{CD} = \overline{AC} \times \tan 30° = 5\sqrt{6} \times \frac{1}{\sqrt{3}} = 5\sqrt{2}$$

답 ⑤

003

$(a+b) : (b+c) : (c+a) = 7 : 6 : 5$

$a + b = 7k$, $b + c = 6k$, $c + a = 5k$
다 더하면

$2(a+b+c) = 18k \Rightarrow a+b+c = 9k$이므로
$a = 3k$, $b = 4k$, $c = 2k$

$$\sin A : \sin B : \sin C = \frac{a}{2R} : \frac{b}{2R} : \frac{c}{2R} = a : b : c$$

따라서 $\sin A : \sin B : \sin C = 3 : 4 : 2$이다.

답 $3 : 4 : 2$

> **Tip**
>
> $\sin$의 비는 변의 비임을 기억하자!
> $\sin A : \sin B : \sin C = a : b : c$

004

$A = 40°$, $B = 80°$, $\overline{AB} = \sqrt{3}$

$A = 40°$, $B = 80°$ $\Rightarrow$ $C = 60°$

$$\frac{\overline{AB}}{\sin C} = \frac{\sqrt{3}}{\sin 60°} = \frac{\sqrt{3}}{\frac{\sqrt{3}}{2}} = 2 = 2R \Rightarrow R = 1$$

답 1

005

$6\sin A = 2\sqrt{3}\sin B = 3\sin C = k$라 하면

$\sin A = \dfrac{k}{6}$, $\sin B = \dfrac{k}{2\sqrt{3}}$, $\sin C = \dfrac{k}{3}$ 이므로

$\sin A : \sin B : \sin C = \dfrac{1}{6} : \dfrac{1}{2\sqrt{3}} : \dfrac{1}{3} = \sqrt{3} : 3 : 2\sqrt{3}$

$\sin A : \sin B : \sin C = a : b : c$이므로

$a : b : c = \sqrt{3} : 3 : 2\sqrt{3}$ 이다.

$a^2 + b^2 = c^2$ 이므로 삼각형 ABC는 직각삼각형이다.

$$\cos B = \frac{a}{c} = \frac{\sqrt{3}}{2\sqrt{3}} = \frac{1}{2} \Rightarrow B = 60°$$

답 60°

006

삼각형 ABD의 외접원의 반지름 $R = \sqrt{2}$ 이고
$\angle BAD = 135°$ 이므로 사인법칙에 의해서

$$\frac{\overline{BD}}{\sin\angle BAD} = \frac{\overline{BD}}{\sin 135°} = 2R = 2\sqrt{2} \Rightarrow \overline{BD} = 2$$

답 2

007

$\overline{MN} : \overline{BC} = 1 : 2$ 이므로 $\overline{MN} = 1$

사각형 AMPN은 원에 내접해 있으므로
$\angle MAN = \pi - \angle MPN$ 이다.

$\cos(\angle MAN) = \cos(\pi - \angle MPN) = -\cos(\angle MPN) = \frac{3}{5}$

$\sin(\angle MAN) = \sin(\angle MPN) = \frac{4}{5}$

삼각형 PMN의 외접원의 반지름을 R_1 라 하면
사인법칙에 의해서
$$\frac{\overline{MN}}{\sin(\angle MPN)} = 2R_1 \Rightarrow \frac{1}{\frac{4}{5}} = 2R_1 \Rightarrow R_1 = \frac{5}{8}$$

삼각형 ABC의 외접원의 반지름을 R_2 라 하면
사인법칙에 의해서
$$\frac{\overline{BC}}{\sin(\angle MAN)} = 2R_2 \Rightarrow \frac{2}{\frac{4}{5}} = 2R_2 \Rightarrow R_2 = \frac{5}{4}$$

따라서
$$\frac{64}{\pi}(S_1 + S_2) = \frac{64}{\pi}\left(\frac{25}{64}\pi + \frac{25}{16}\pi\right) = 25 + 100 = 125 \text{이다.}$$

답 125

008

$\overline{BD} = 6$, $\overline{DE} = \frac{3\sqrt{2}}{2}$ 이므로

$$(\overline{BE})^2 = (\overline{BD})^2 + (\overline{DE})^2 = 36 + \frac{9}{2} = \frac{81}{2}$$

$$\Rightarrow \overline{BE} = \frac{9}{\sqrt{2}} = \frac{9\sqrt{2}}{2}$$

$\angle EBD = \theta$ 라 하면
$$\cos\theta = \frac{\overline{BD}}{\overline{BE}} = \frac{6}{\frac{9}{\sqrt{2}}} = \frac{2\sqrt{2}}{3}$$

선분 EC의 길이를 구하기 위해 선분 BC의 길이를 구해보자.

$\angle ABC = \theta + \frac{\pi}{3}$, $\angle ACB = \frac{\pi}{6}$ 이므로

$\angle BAC = \pi - (\angle ABC + \angle ACB) = \pi - \left(\theta + \frac{\pi}{3} + \frac{\pi}{6}\right) = \frac{\pi}{2} - \theta$

삼각형 ABC에서 사인법칙을 사용하면
$$\frac{\overline{BC}}{\sin(\angle BAC)} = \frac{\overline{AB}}{\sin(\angle ACB)} \Rightarrow \frac{\overline{BC}}{\sin\left(\frac{\pi}{2} - \theta\right)} = \frac{6}{\sin\frac{\pi}{6}}$$

$$\Rightarrow \frac{\overline{BC}}{\cos\theta} = \frac{6}{\frac{1}{2}} \Rightarrow \overline{BC} = 12 \times \frac{2\sqrt{2}}{3} = 8\sqrt{2}$$

$$\overline{EC} = \overline{BC} - \overline{BE} = 8\sqrt{2} - \frac{9\sqrt{2}}{2} = \frac{7\sqrt{2}}{2}$$

$(\overline{EC})^2 = \frac{49}{2}$ 이므로 $p + q = 51$ 이다.

답 51

다르게 풀어보자.

선분 DC를 연결해보면 선분 DC의 길이가 선분 DB의 길이와
같을 것처럼 보인다.
우리는 실제로 $\overline{DB} = \overline{DC}$ 임을 보이자.

두 각 $\angle ADB$와 $\angle ACB$를 관찰하면 $\angle ADB = \frac{\pi}{3}$ 이므로

$\angle ADB = 2\angle ACB$ 이다.
여기서 (중심각의 크기) $= 2 \times$ (원주각의 크기)를 떠올려준다면
점 D는 삼각형 ABC의 외접원의 중심이고,
$\angle ADB$는 호 AB에 대한 중심각이고,
$\angle ACB$는 호 AB에 대한 원주각이다.

따라서 $\overline{DB}, \overline{DC}$ 는 모두 외접원의 반지름이고, $\overline{DB} = \overline{DC}$ 이다.

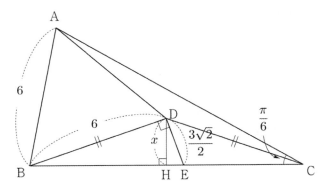

위 그림과 같이 점 D에서 선분 BC에 내린 수선의 발을 H라 하면 이등변삼각형 BCD에 의해 $\overline{BH}=\overline{CH}$이다.

피타고라스의 정리에 의해 $\overline{BE}=\dfrac{9\sqrt{2}}{2}$이고, $\overline{DH}=x$라 하자.

삼각형의 넓이 같다 Technique을 사용하면

$\dfrac{1}{2}\times\overline{DE}\times\overline{DB}=\dfrac{1}{2}\times\overline{BE}\times\overline{DH}$

$\Rightarrow\ \dfrac{1}{2}\times\dfrac{3\sqrt{2}}{2}\times 6=\dfrac{1}{2}\times\dfrac{9\sqrt{2}}{2}\times\overline{DH}$

$\Rightarrow\ \overline{DH}=2$

따라서 $\overline{BH}=4\sqrt{2}$,

$\overline{EC}=2\overline{BH}-\overline{BE}=8\sqrt{2}-\dfrac{9\sqrt{2}}{2}=\dfrac{7\sqrt{2}}{2}$이고,

$(\overline{EC})^2=\dfrac{49}{2}$이므로 $p+q=51$이다.

009

$\angle A=75°$, $\angle C=45°$ $\Rightarrow$ $\angle B=60°$

삼각형 ABD의 외접원의 반지름을 R이라 하면

$$\dfrac{\overline{AD}}{\sin(\angle ABD)}=\dfrac{\overline{AD}}{\sin 60°}=2R \Rightarrow R=\dfrac{\overline{AD}}{\sqrt{3}}$$

외접원의 넓이가 최소가 되려면 R이 최소가 되어야 하고 R이 최소가 될 때는 $\overline{AD}$가 최소일 때이다.

점 D가 $\overline{BC}$ 위를 움직이므로 $\overline{AD}$가 최소가 될 때는 선분 AD와 선분 BC가 수직일 때이다.

(점 A에서 선분 BC에 내린 수선의 발을 H라 하면 $\overline{AH}^2+\overline{HD}^2=\overline{AD}^2$이므로 $\overline{AH}$는 높이로 고정이므로 $\overline{HD}$에 따라 $\overline{AD}$의 값이 달라진다. 즉, 점 D가 H일 때, $\overline{AD}$는 최솟값을 갖는다.)

$\overline{AD}$의 최솟값은 $2\sqrt{2}\sin 45°=2$이므로

$R=\dfrac{2}{\sqrt{3}}$일 때, 외접원의 넓이가 최소이다.

따라서 외접원의 넓이의 최솟값은 $\dfrac{4}{3}\pi$이다.

답 ④

010

$\angle ADB=\theta$라 하면 $\angle ADC=\pi-\theta$이다.

$\dfrac{\overline{AB}}{\sin(\angle ADB)}=\dfrac{\overline{BD}}{\sin\alpha}\Rightarrow\dfrac{5}{\sin\theta}=\dfrac{2}{\sin\alpha}$

$\Rightarrow\ \sin\alpha=\dfrac{2\sin\theta}{5}$

$\dfrac{\overline{AC}}{\sin(\angle ADC)}=\dfrac{\overline{DC}}{\sin\beta}\Rightarrow\dfrac{3}{\sin(\pi-\theta)}=\dfrac{1}{\sin\beta}$

$\Rightarrow\ \sin\beta=\dfrac{\sin(\pi-\theta)}{3}=\dfrac{\sin\theta}{3}$

따라서 $\dfrac{10\sin\alpha}{\sin\beta}=\dfrac{4\sin\theta}{\dfrac{\sin\theta}{3}}=12$이다.

답 12

011

$\angle ABC=\theta$라 하면

$\cos\theta=\dfrac{4^2+7^2-9^2}{2\times 4\times 7}=-\dfrac{2}{7}$ 이다.

$\angle ABD=\pi-\theta$이므로

$\cos(\angle ABD)=\dfrac{2}{7}$, $\sin(\angle ABD)=\dfrac{3\sqrt{5}}{7}$

$\overline{BD}=\overline{AB}\cos(\angle ABD)=7\times\dfrac{2}{7}=2$

$\overline{AD}=\overline{AB}\sin(\angle ABD)=7\times\dfrac{3\sqrt{5}}{7}=3\sqrt{5}$

따라서 삼각형 ABD의 넓이는 $\dfrac{1}{2}\times 2\times 3\sqrt{5}=3\sqrt{5}$이다.

답 ③

012

원에 내접하는 사각형은 마주 보고 있는 두 각의 합이 $180\,°$

이므로 $A+C=\pi \implies C=\pi-A \implies \cos C=\dfrac{1}{4}$

$\overline{BD}=x$라 하면

$\cos C=\dfrac{5^2+8^2-x^2}{2\times 5 \times 8} \implies \dfrac{1}{4}=\dfrac{89-x^2}{80} \implies x^2=69$

따라서 $(\overline{BD})^2=69$이다.

📋 69

013

$\angle ABD=\theta,\ \overline{BD}=x$라 하면

삼각형 ABC에서 코사인법칙을 사용하면

$\cos\theta=\dfrac{3^2+4^2-2^2}{2\times 3 \times 4}=\dfrac{21}{24}=\dfrac{7}{8}$

삼각형 ABD에서 코사인법칙을 사용하면

$\cos\theta=\dfrac{3^2+x^2-2^2}{2\times 3 \times x}=\dfrac{5+x^2}{6x}=\dfrac{7}{8} \implies 4x^2-21x+20=0$

$\implies (4x-5)(x-4)=0 \implies x=\dfrac{5}{4} \ (x<4)$

따라서 $\overline{BD}=\dfrac{5}{4}$이다.

📋 ⑤

014

원의 반지름의 길이가 1이므로 둘레는 2π이다.

원뿔을 펼치면 아래 그림과 같은 부채꼴이 된다.

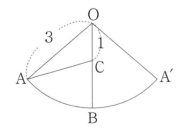

호 $AA'=l$이라 하면

원뿔의 밑면의 둘레의 길이 $2\pi=l$

$\angle AOA'=\theta$라 하면

$r\theta=l \implies 3\theta=2\pi \implies \theta=\dfrac{2}{3}\pi$

$\overline{AC}=x$라 하면

$\cos\dfrac{\theta}{2}=\cos\dfrac{\pi}{3}=\dfrac{1}{2}=\dfrac{3^2+1^2-x^2}{2\times 3 \times 1} \implies 3=10-x^2$

$\implies x^2=7 \implies x=\sqrt{7}$

따라서 점 A에서 출발하여 원뿔의 옆면을 따라 점 C에 이르는 최단 거리는 $\sqrt{7}$이다.

📋 ①

015

$\overline{AD}=\overline{BD}=x$라 하면 $\overline{BC}=3\overline{BD}=3x$이다.

$\angle ABC=\theta$라 하자.

삼각형 ABD에서 코사인법칙을 사용하면

$\cos\theta=\dfrac{1^2+x^2-x^2}{2x}=\dfrac{1}{2x}$

삼각형 ABC에서 코사인법칙을 사용하면

$\cos\theta=\dfrac{1^2+(3x)^2-4^2}{6x}=\dfrac{9x^2-15}{6x}$

두 식을 연립하면

$\dfrac{1}{2x}=\dfrac{9x^2-15}{6x} \implies 3=9x^2-15 \implies x=\sqrt{2} \ (\because x>0)$

따라서 $(\overline{BC})^2=(3\sqrt{2})^2=18$이다.

📋 18

016

$\overline{BC}=6$이고, $\overline{BD}=2\overline{DC}$이므로 $\overline{BD}=4$이다.

$\angle ADB=90\,°$이므로 피타고라스의 정리에 의해 $\overline{AD}=3$

$\overline{EB}=\overline{AB}-\overline{AE}=5-3=2$

보조선을 그으면 다음과 같다.

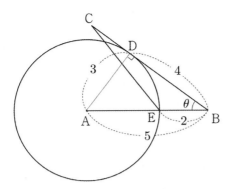

$\angle ABD = \theta$ 라 하면 삼각형 ABD에서 $\cos\theta = \dfrac{\overline{BD}}{\overline{AB}} = \dfrac{4}{5}$

삼각형 BCE에서 코사인법칙을 사용하면

$$\cos\theta = \frac{2^2 + 6^2 - \left(\overline{CE}\right)^2}{2 \times 2 \times 6} = \frac{40 - \left(\overline{CE}\right)^2}{24} = \frac{4}{5}$$

$$\Rightarrow 40 - \left(\overline{CE}\right)^2 = \frac{96}{5} \Rightarrow \left(\overline{CE}\right)^2 = \frac{104}{5}$$

따라서 $p+q = 109$ 이다.

답 109

017

$\overline{AB} = 5$, $\overline{AC} = 6$, $\cos A = \dfrac{1}{5}$

$\overline{BC} = x$ 라 하면

$$\cos A = \frac{36 + 25 - x^2}{2 \times 6 \times 5} = \frac{1}{5} \Rightarrow x^2 = 49 \Rightarrow x = 7$$

$$\cos A = \frac{1}{5} \Rightarrow \sin A = \frac{2\sqrt{6}}{5}$$

사인법칙에 의해서

$$\frac{x}{\sin A} = 2R \Rightarrow \frac{35}{2\sqrt{6}} = 2R \Rightarrow 4\sqrt{6}\,R = 35$$

답 35

018

$3\overline{AB} = \overline{BC}$, $\angle ABC = 120\,^\circ$

$\overline{AB} = x$ 라 하면 $\overline{BC} = 3x$

삼각형 ABC에서 코사인법칙을 사용하면

$$\cos120\,^\circ = \frac{x^2 + 9x^2 - \left(\overline{AC}\right)^2}{2 \times x \times 3x} = -\frac{1}{2} \Rightarrow \overline{AC} = \sqrt{13}\,x$$

외접원의 넓이가 $13\pi \Rightarrow R = \sqrt{13}$
삼각형 ABC에서 사인법칙을 사용하면

$$\frac{\overline{AC}}{\sin120\,^\circ} = 2R \Rightarrow \frac{\sqrt{13}\,x}{\dfrac{\sqrt{3}}{2}} = 2\sqrt{13} \Rightarrow x = \sqrt{3}$$

따라서 $\left(\overline{AB}\right)^2 = x^2 = 3$ 이다.

답 3

019

$B = 60\,^\circ$, $C = 45\,^\circ \Rightarrow A = 75\,^\circ$

외접원의 반지름의 길이가 1이므로
삼각형 ABC에서 사인법칙을 사용하면

$$\frac{\overline{AC}}{\sin B} = 2R \Rightarrow \frac{\overline{AC}}{\dfrac{\sqrt{3}}{2}} = 2 \Rightarrow \overline{AC} = \sqrt{3}$$

$$\frac{\overline{AB}}{\sin C} = 2R \Rightarrow \frac{\overline{AB}}{\dfrac{\sqrt{2}}{2}} = 2 \Rightarrow \overline{AB} = \sqrt{2}$$

$\overline{BC} = x$ 라 하자.
삼각형 ABC에서 코사인법칙을 사용하면

$$\cos B = \frac{2 + x^2 - 3}{2\sqrt{2}\,x} = \frac{1}{2} \Rightarrow x^2 - \sqrt{2}\,x - 1 = 0$$

$$\Rightarrow x = \frac{\sqrt{2} + \sqrt{6}}{2}$$

$$\left(\overline{BC}\right)^2 = \frac{8 + 4\sqrt{3}}{4} = 2 + \sqrt{3}$$ 이므로 $a+b = 5$ 이다.

답 5

020

$\overline{AB} : \overline{BC} : \overline{CA} = 3 : \sqrt{7} : 1$이므로

$\overline{AB} = 3k$, $\overline{BC} = \sqrt{7}k$, $\overline{CA} = k$라 하고, $\angle BAC = \theta$라 하자.

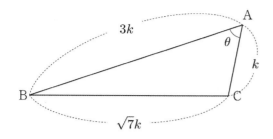

삼각형 ABC에서 코사인법칙을 사용하면

$$\cos\theta = \frac{(3k)^2 + k^2 - (\sqrt{7}k)^2}{2 \times 3k \times k} = \frac{3k^2}{6k^2} = \frac{1}{2}$$

$$\Rightarrow \sin\theta = \frac{\sqrt{3}}{2}$$

삼각형 ABC의 외접원의 반지름을 R이라 하고,
삼각형 ABC에서 사인법칙을 사용하면

$$\frac{\overline{BC}}{\sin\theta} = 2R \Rightarrow \frac{\sqrt{7}k}{\frac{\sqrt{3}}{2}} = 2R \Rightarrow R = \frac{\sqrt{7}}{\sqrt{3}}k$$

외접원의 넓이가 49π이므로

$$49\pi = \left(\frac{\sqrt{7}}{\sqrt{3}}k\right)^2 \pi \Rightarrow 49 = \frac{7}{3}k^2 \Rightarrow k^2 = 21$$

따라서 $(\overline{CA})^2 = k^2 = 21$이다.

답 21

021

$\overline{AB} = 5$, $\overline{AC} = 4$, $\cos(\angle BAC) = \frac{1}{8}$

삼각형 ABC에서 코사인법칙을 사용하면

$\cos(\angle BAC)$

$$= \frac{(\overline{AB})^2 + (\overline{AC})^2 - (\overline{BC})^2}{2 \times \overline{AB} \times \overline{AC}} = \frac{25 + 16 - (\overline{BC})^2}{40} = \frac{1}{8}$$

$$\Rightarrow \frac{41 - (\overline{BC})^2}{40} = \frac{1}{8} \Rightarrow 41 - (\overline{BC})^2 = 5 \Rightarrow (\overline{BC})^2 = 36$$

$$\Rightarrow \overline{BC} = 6$$

$$\cos(\angle BAC) = \frac{1}{8} \Rightarrow \sin(\angle BAC) = \frac{3\sqrt{7}}{8}$$

삼각형 ABC의 외접원의 반지름을 R이라 하고

삼각형 ABC에서 사인법칙을 사용하면

$$\frac{\overline{BC}}{\sin(\angle BAC)} = 2R \Rightarrow \frac{6}{\frac{3\sqrt{7}}{8}} = 2R \Rightarrow R = \frac{8}{\sqrt{7}}$$

이므로 외접원의 넓이 $S = \frac{64}{7}\pi$

$\angle BAC = 2\theta$라 하고,
외접원의 중심을 O라 하자.
원주각과 중심각의 관계에 의해 $\angle COD = 2\theta$이다.

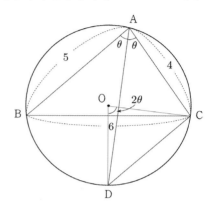

$\cos 2\theta = \frac{1}{8}$이고, $\overline{OD} = \overline{OC} = R = \frac{8}{\sqrt{7}}$이므로

삼각형 COD에서 코사인법칙을 사용하면

$$\cos 2\theta = \frac{R^2 + R^2 - (\overline{CD})^2}{2 \times R^2} = \frac{\frac{128}{7} - (\overline{CD})^2}{\frac{128}{7}} = \frac{1}{8}$$

$$\Rightarrow \frac{128}{7} - (\overline{CD})^2 = \frac{16}{7} \Rightarrow (\overline{CD})^2 = \frac{112}{7} = 16$$

$$\Rightarrow \overline{CD} = 4$$

$$\frac{S}{\pi \times \overline{CD}} = \frac{\frac{64}{7}\pi}{\pi \times 4} = \frac{16}{7}$$이므로 $p + q = 23$이다.

답 23

022

$$\sin A = \cos\left(\frac{\pi}{2} - B\right)\sin\left(\frac{\pi}{2} + C\right)$$

$$\Rightarrow \sin A = \sin B \cos C$$

$$\sin A = \frac{a}{2R},\ \sin B = \frac{b}{2R},\ \cos C = \frac{a^2 + b^2 - c^2}{2ab}$$이므로

$$\frac{a}{2R} = \frac{b}{2R} \times \frac{a^2 + b^2 - c^2}{2ab} \Rightarrow a^2 + c^2 = b^2$$

따라서 삼각형 ABC는 ∠B가 직각인 직각삼각형이다.

답   ∠B가 직각인 직각삼각형

23

$$\sin A = 2\sin\frac{A-B+C}{2}\cos\left(C-\frac{\pi}{2}\right)$$

$A+B+C=\pi \Rightarrow A+C=\pi-B$ 이므로

$$\sin A = 2\sin\frac{A-B+C}{2}\cos\left(C-\frac{\pi}{2}\right)$$

$$\Rightarrow \sin A = 2\sin\left(\frac{\pi-2B}{2}\right)\cos\left(\frac{\pi}{2}-C\right)$$

$$\Rightarrow \sin A = 2\cos B\sin C$$

$\sin A = \dfrac{a}{2R}$, $\sin C = \dfrac{c}{2R}$, $\cos B = \dfrac{a^2+c^2-b^2}{2ac}$ 이므로

$$\frac{a}{2R} = 2\times\frac{a^2+c^2-b^2}{2ac}\times\frac{c}{2R} \Rightarrow b^2-c^2=0$$

따라서 삼각형 ABC는 $b=c$인 이등변삼각형이다.

답 $b=c$인 이등변삼각형

24

삼각형 ABC의 넓이를 S라 하면

내접원 공식에 의해
$$\frac{6+5+3}{2}\times r = S \Rightarrow r = \frac{S}{7}$$

외접원 공식에 의해
$$\frac{6\times5\times3}{4R} = S \Rightarrow R = \frac{45}{2S}$$

$$\cos C = \frac{25+9-36}{2\times5\times3} = -\frac{1}{15} \Rightarrow \sin C = \frac{4\sqrt{14}}{15}$$

$$S = \frac{1}{2}\times3\times5\times\sin C = 2\sqrt{14}$$

따라서 $\dfrac{16R}{9r} = \dfrac{\dfrac{45\times8}{S}}{\dfrac{9S}{7}} = \dfrac{5\times8\times7}{S^2} = \dfrac{5\times8\times7}{4\times14} = 5$ 이다.

답   5

25

$90° < C < 180°$

삼각형 ABC의 넓이를 S라 하면

$$S = \frac{1}{2}\times6\times10\times\sin C = 15\sqrt{3} \Rightarrow \sin C = \frac{\sqrt{3}}{2}$$

$$\Rightarrow C = 120°$$

$\overline{AB} = x$라 하자.
삼각형 ABC에서 코사인법칙을 사용하면

$$\cos120° = \frac{36+100-x^2}{2\times6\times10} = -\frac{1}{2} \Rightarrow x^2 = 196$$

$$\Rightarrow x = 14$$

삼각형 ABC에서 사인법칙을 사용하면

$$\frac{\overline{AB}}{\sin C} = 2R \Rightarrow \frac{14}{\sin120°} = 2R \Rightarrow \frac{14}{\frac{\sqrt{3}}{2}} = 2R$$

$$\Rightarrow \sqrt{3}R = 14 \Rightarrow 3R^2 = 196$$

답   196

26

$A = 60° \Rightarrow \angle DAB = \angle DAC = 30°$

삼각형 ABC의 넓이는 삼각형 ABD의 넓이와
삼각형 ACD의 넓이의 합이므로

$\overline{AD} = x$라 하자.

$$\frac{1}{2}\times12\times8\times\sin60°$$

$$= \frac{1}{2}\times12\times x\times\sin30° + \frac{1}{2}\times8\times x\times\sin30°$$

$$\Rightarrow 48\sqrt{3} = 10x \Rightarrow x = \frac{24}{5}\sqrt{3}$$

따라서 $p+q = 29$이다.

답   29

027

$2\overline{CD} = 3\overline{AD}$, $4\overline{CE} = \overline{BE}$

$\Rightarrow \overline{CD} = \dfrac{3}{5}\overline{AC}$, $\overline{CE} = \dfrac{1}{5}\overline{BC}$

삼각형 ABC 의 넓이가 100이므로

$\dfrac{1}{2} \times \overline{AC} \times \overline{BC} \times \sin C = 100$

따라서 삼각형 CDE의 넓이는

$\dfrac{1}{2} \times \overline{CD} \times \overline{CE} \times \sin C = \dfrac{1}{2} \times \dfrac{3}{5}\overline{AC} \times \dfrac{1}{5}\overline{BC} \times \sin C$

$= 100 \times \dfrac{3}{25} = 12$

답 12

028

$\overline{AB} + \overline{AC} = 12$

$\overline{AB} = x$, $\overline{AC} = y$라 하면 $x + y = 12$이다.

삼각형 ABC에서 코사인법칙을 사용하면

$\cos 120° = \dfrac{x^2 + y^2 - 11^2}{2 \times x \times y} = \dfrac{(x+y)^2 - 2xy - 121}{2xy}$

$= \dfrac{23 - 2xy}{2xy} = -\dfrac{1}{2} \Rightarrow 23 - 2xy = -xy \Rightarrow xy = 23$

삼각형 ABC 의 넓이는

$\dfrac{1}{2} \times x \times y \times \sin 120° = \dfrac{23}{2} \times \dfrac{\sqrt{3}}{2} = \dfrac{23}{4}\sqrt{3}$이므로

$p + q = 27$이다.

답 27

029

$\overline{AC} = x$라 하자.

삼각형 ABC에서 코사인법칙을 사용하면

$\cos 135° = \dfrac{4 + 8 - x^2}{2 \times 2 \times 2\sqrt{2}} = \dfrac{12 - x^2}{8\sqrt{2}} = -\dfrac{\sqrt{2}}{2}$

$\Rightarrow x^2 = 20 \Rightarrow x = 2\sqrt{5}$

삼각형 넓이 같다 technic을 사용해보자.

삼각형 ABC의 넓이는

$\dfrac{1}{2} \times 2 \times 2\sqrt{2} \times \sin 135° = \dfrac{1}{2} \times \overline{BD} \times 2\sqrt{5}$

$\Rightarrow \overline{BD} = \dfrac{2\sqrt{5}}{5}$

따라서 $p + q = 7$이다.

답 7

030

$\overline{BD} = x$라 하자.

삼각형 ABD에서 코사인법칙을 사용하면

$\cos 60° = \dfrac{9 + 25 - x^2}{2 \times 3 \times 5} = \dfrac{1}{2} \Rightarrow 19 = x^2 \Rightarrow x = \sqrt{19}$

원에 내접하는 사각형은 마주 보고 있는 두 각의 합이 180°이므로 $A + C = 180° \Rightarrow C = 120°$

$\overline{BC} = y$라 하자.

삼각형 BCD에서 코사인법칙을 사용하면

$\cos 120° = \dfrac{9 + y^2 - 19}{2 \times 3 \times y} = -\dfrac{1}{2} \Rightarrow y^2 + 3y - 10 = 0$

$\Rightarrow (y+5)(y-2) = 0 \Rightarrow y = 2$

사각형 ABCD의 넓이는 삼각형 ABD의 넓이와 삼각형 BCD의 넓이의 합이므로

$\dfrac{1}{2} \times 3 \times 5 \times \sin 60° + \dfrac{1}{2} \times 2 \times 3 \times \sin 120° = \dfrac{21}{4}\sqrt{3}$

따라서 $p + q = 25$이다.

답 25

031

사각형의 넓이는

$\dfrac{1}{2} \times a \times b \times \sin 60° = \sqrt{3} \Rightarrow ab = 4$

$(a-b)^3 = a^3 - b^3 - 3ab(a-b) \Rightarrow 64 = a^3 - b^3 - 48$

$\Rightarrow a^3 - b^3 = 112$

답 112

032

두 선분 AC, BD의 교점을 E라 하고
$\overline{AE} = \overline{EC} = x$, $\overline{BE} = \overline{ED} = y$라 하자.

삼각형 ABE에서 코사인법칙을 사용하면
$$\cos 60° = \frac{x^2 + y^2 - 4}{2xy} = \frac{1}{2} \Rightarrow x^2 + y^2 - 4 = xy$$

삼각형 BEC에서 코사인법칙을 사용하면
$$\cos 120° = \frac{x^2 + y^2 - 9}{2xy} = -\frac{1}{2} \Rightarrow x^2 + y^2 - 9 = -xy$$

$x^2 + y^2 - 4 = xy$
$x^2 + y^2 - 9 = -xy$
위의 두 식을 빼면
$$5 = 2xy \Rightarrow xy = \frac{5}{2}$$

평행사변형 ABCD의 넓이는
$$\frac{1}{2} \times 2x \times 2y \times \sin 60° = 2xy \times \frac{\sqrt{3}}{2} = xy\sqrt{3} = \frac{5}{2}\sqrt{3}$$
따라서 $p + q = 7$이다.

답 7

033

$\overline{AB} = \overline{BC} = \overline{AC} = 2$, $\overline{BD} = 2\sqrt{7}$

$\overline{AD} /\!/ \overline{BC}$이므로 $\angle BCA = \angle CAD = \frac{\pi}{3}$ (엇각)

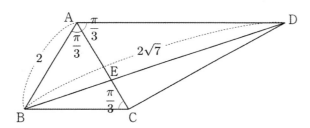

$\overline{AD} = x$라 하고, 삼각형 ABD에서 코사인법칙을 사용하면
$$\cos(\angle BAD) = \cos \frac{2}{3}\pi = \frac{2^2 + x^2 - (2\sqrt{7})^2}{2 \times 2 \times x} = \frac{x^2 - 24}{4x} = -\frac{1}{2}$$
$$\Rightarrow x^2 + 2x - 24 = 0 \Rightarrow (x+6)(x-4) = 0$$
$$\Rightarrow x = 4 \ (\because \ x > 0)$$

삼각형 AED와 삼각형 CEB는 2 : 1 닮음이므로

$\overline{AE} : \overline{EC} = 2 : 1 \Rightarrow \overline{CE} = \frac{1}{3}\overline{AC} = \frac{2}{3}$

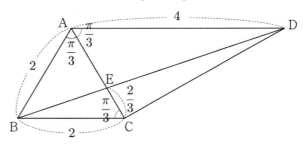

따라서 삼각형 BCE의 넓이는 $\frac{1}{2} \times 2 \times \frac{2}{3} \times \sin \frac{\pi}{3} = \frac{\sqrt{3}}{3}$이다.

답 ②

> ### Tip
>
> 이 문제에서는 물어보지 않았지만
> 선분 AE는 각 BAD의 이등분선이므로
> $\overline{BE} : \overline{ED} = \overline{AB} : \overline{AD} \Rightarrow \overline{BE} : \overline{ED} = 1 : 2$
> 인 것도 챙겨가도록 하자.
>
> 삼각형 ACD에서 코사인법칙을 사용하여
> 선분 CD의 길이도 구할 수 있다.

034

$$\cos A = \frac{64 + 36 - 16}{2 \times 8 \times 6} = \frac{7}{8} \Rightarrow \sin A = \frac{\sqrt{15}}{8}$$
삼각형 ABC의 넓이는
$$\frac{1}{2} \times 8 \times 6 \times \sin A = 24 \times \frac{\sqrt{15}}{8} = 3\sqrt{15}$$

삼각형 ABC의 넓이는
세 삼각형 APB, APC, BPC의 넓이의 합이다.
$$\overline{PD} = \frac{\sqrt{15}}{2}, \ \overline{PE} = \frac{\sqrt{15}}{3}$$이므로

$$\frac{1}{2} \times \overline{PF} \times 8 + \frac{1}{2} \times \overline{PE} \times 6 + \frac{1}{2} \times \overline{PD} \times 4 = 3\sqrt{15}$$

$$\Rightarrow 4\overline{PF} + 2\sqrt{15} = 3\sqrt{15} \Rightarrow \overline{PF} = \frac{\sqrt{15}}{4}$$

$\angle AFP = \angle AEP = 90°$이므로
선분 AP를 지름으로 하고 두 점 F, E를 지나는 원을
그리면 사각형 AFPE는 원에 내접하므로
$\angle EPF = \pi - A$이다.

$$\sin A = \frac{\sqrt{15}}{8}$$

$$\Rightarrow \sin(\angle EPF) = \sin(\pi - A)$$

$$= \sin A = \frac{\sqrt{15}}{8}$$

삼각형 EFP의 넓이는

$$\frac{1}{2} \times \frac{\sqrt{15}}{4} \times \frac{\sqrt{15}}{3} \times \sin(\angle EPF) = \frac{5}{8} \times \frac{\sqrt{15}}{8} = \frac{5}{64}\sqrt{15}$$

따라서 $p + q = 69$이다.

답 69

번호	답	번호	답
35	⑤	53	21
36	21	54	98
37	③	55	①
38	10	56	②
39	①	57	27
40	④	58	③
41	32	59	①
42	⑤	60	②
43	41	61	84
44	①	62	③
45	25	63	13
46	①	64	③
47	②	65	⑤
48	50	66	6
49	②	67	①
50	5	68	①
51	⑤	69	①
52	①		

035

삼각형 ABC의 넓이가 $\sqrt{6}$이므로

$$\frac{1}{2} \times 2 \times \sqrt{7} \times \sin\theta = \sqrt{6} \Rightarrow \sin\theta = \frac{\sqrt{42}}{7}$$

$$\sin\left(\frac{\pi}{2} + \theta\right) = \cos\theta = \sqrt{1 - \frac{6}{7}} = \frac{\sqrt{7}}{7} \ \left(\because 0 < \theta < \frac{\pi}{2}\right)$$

답 ⑤

036

사인법칙에 의해 $\dfrac{\overline{AC}}{\sin B} = 2R \Rightarrow \overline{AC} = 30 \times \dfrac{7}{10} = 21$

답 21

037

$\angle C = 120°$ 이므로 사인법칙에 의해

$$\frac{\overline{AB}}{\sin C} = \frac{\overline{BC}}{\sin A} \Rightarrow \frac{8}{\frac{\sqrt{3}}{2}} = \frac{\overline{BC}}{\frac{\sqrt{2}}{2}}$$

$$\Rightarrow \overline{BC} = \frac{8}{3}\sqrt{6}$$

답 ③

038

$$\cos\theta = \frac{\sqrt{5}}{3} \Rightarrow \sin\theta = \frac{2}{3}$$

삼각형 ABC의 넓이는

$$\frac{1}{2} \times \overline{AB} \times \overline{BC} \times \sin\theta = \frac{15}{2} \times \frac{2}{3} \times \overline{BC} = 5\overline{BC} = 50$$

$$\Rightarrow \overline{BC} = 10$$

답 10

039

A(2, 4), B(2, 1)라 하면

$\overline{OA} = 2\sqrt{5}$, $\overline{OB} = \sqrt{5}$, $\overline{AB} = 3$
삼각형 ABO에서 코사인법칙을 사용하면

$$\cos\theta = \frac{20 + 5 - 9}{2 \times 2\sqrt{5} \times \sqrt{5}} = \frac{16}{20} = \frac{4}{5}$$

답 ①

040

부채꼴 OAB의 반지름의 길이를 r이라 하면

$\overline{OP} = \frac{3}{4}r$, $\overline{OQ} = \frac{1}{3}r$

삼각형 OPQ의 넓이가 $4\sqrt{3}$이므로

$$\frac{1}{2} \times \frac{3}{4}r \times \frac{1}{3}r \times \sin\frac{\pi}{3} = \frac{\sqrt{3}}{16}r^2 = 4\sqrt{3}$$

$$\Rightarrow r = 8$$

따라서 호 AB의 길이는 $8 \times \frac{\pi}{3} = \frac{8}{3}\pi$이다.

답 ④

041

원에서 한 호에 대한 원주각의 크기는 모두 같으므로

$\angle BCA = \angle BDA = 30°$

삼각형 ABD에서 사인법칙을 사용하면

$$\frac{\overline{AD}}{\sin 45°} = \frac{\overline{AB}}{\sin 30°} \Rightarrow \overline{AD} = 32$$

답 32

042

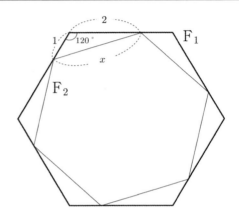

$$\cos 120° = \frac{1 + 4 - x^2}{2 \times 1 \times 2} = -\frac{1}{2} \Rightarrow 7 = x^2 \Rightarrow x = \sqrt{7}$$

육각형의 넓이는 (정삼각형의 넓이)$\times 6$으로 구할 수 있다.

(한 변의 길이가 a인 정삼각형의 넓이는 $\frac{\sqrt{3}}{4}a^2$ 이다.)

$$S_1 = \frac{\sqrt{3}}{4} \times 9 \times 6 = \frac{27}{2}\sqrt{3}$$

$$S_2 = \frac{\sqrt{3}}{4} \times 7 \times 6 = \frac{21}{2}\sqrt{3}$$

$$\Rightarrow \frac{S_2}{S_1} = \frac{\frac{21\sqrt{3}}{2}}{\frac{27\sqrt{3}}{2}} = \frac{21}{27} = \frac{7}{9}$$

답 ⑤

> **Tip**
>
> 두 정육각형은 서로 닮음이므로 닮음비로 넓이를 구할 수 있다.
> $F_1 : F_2 = 3 : \sqrt{7} \Rightarrow S_1 : S_2 = 3^2 : (\sqrt{7})^2 = 9 : 7$
> $\therefore \frac{S_2}{S_1} = \frac{7}{9}$

043

$\angle \text{BAD} = \theta$라 하자.

삼각형 ABD에서 코사인법칙을 사용하면

$$\cos\theta = \frac{6^2 + 6^2 - (\sqrt{15})^2}{2 \times 6 \times 6} = \frac{72 - 15}{72} = \frac{57}{72} = \frac{19}{24}$$

$\overline{\text{BC}} = k$이므로

삼각형 ABC에서 코사인법칙을 사용하면

$$\cos\theta = \frac{6^2 + 10^2 - k^2}{2 \times 6 \times 10} = \frac{136 - k^2}{120}$$

삼각함수 같다 technic에 의해서

$$\frac{19}{24} = \frac{136 - k^2}{120} \implies 95 = 136 - k^2 \implies k^2 = 41$$

답 41

044

$\angle \text{DCG} = \theta$ $(0 < \theta < \pi)$, $\angle \text{BCE} = \pi - \theta$

$\sin\theta = \frac{\sqrt{11}}{6}$ 이므로 $\cos^2\theta = 1 - \sin^2\theta = \frac{25}{36}$

삼각형 CDG에서 코사인법칙을 사용하면

$$\cos\theta = \frac{3^2 + 4^2 - (\overline{\text{DG}})^2}{2 \times 3 \times 4} = \frac{25 - (\overline{\text{DG}})^2}{24}$$

$$\implies \overline{\text{DG}} = \sqrt{25 - 24\cos\theta}$$

삼각형 BCE에서 코사인법칙을 사용하면

$$\cos(\pi - \theta) = -\cos\theta = \frac{3^2 + 4^2 - (\overline{\text{BE}})^2}{2 \times 3 \times 4} = \frac{25 - (\overline{\text{BE}})^2}{24}$$

$$\implies \overline{\text{BE}} = \sqrt{25 + 24\cos\theta}$$

따라서 $\overline{\text{DG}} \times \overline{\text{BE}} = \sqrt{25^2 - 24^2\cos^2\theta}$

$$= \sqrt{25^2 - 24^2 \times \frac{25}{36}} = 5\sqrt{25 - 16} = 15$$

답 ①

045

$\overline{\text{AB}} = 3$, $\overline{\text{BC}} = 6$인 직사각형 ABCD에서

선분 BC를 $1:5$로 내분하는 점을 E라 했으므로

$\implies \overline{\text{BE}} = 1$

$(\overline{\text{AE}})^2 = (\overline{\text{AB}})^2 + (\overline{\text{BE}})^2 = 9 + 1 = 10 \implies \overline{\text{AE}} = \sqrt{10}$

$(\overline{\text{AC}})^2 = (\overline{\text{AB}})^2 + (\overline{\text{BC}})^2 = 9 + 36 = 45 \implies \overline{\text{AC}} = 3\sqrt{5}$

삼각형 ACE에서 코사인법칙을 사용하면

$$\cos\theta = \frac{10 + 45 - 25}{2 \times \sqrt{10} \times 3\sqrt{5}} = \frac{30}{30\sqrt{2}} = \frac{1}{\sqrt{2}}$$

$$\implies \sin\theta = \frac{1}{\sqrt{2}}$$

따라서 $50\sin\theta\cos\theta = 25$이다.

답 25

046

$\angle \text{BAP} = \theta$라 하면

$$\cos\theta = \frac{4}{5} \implies \sin\theta = \frac{3}{5}$$

보조선을 그어보면 아래 그림과 같다.

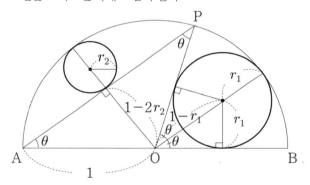

$$\sin\theta = \frac{1 - 2r_2}{1} = \frac{3}{5} \implies \frac{2}{5} = 2r_2 \implies r_2 = \frac{1}{5}$$

$$\sin\theta = \frac{r_1}{1 - r_1} = \frac{3}{5} \implies 5r_1 = 3 - 3r_1 \implies r_1 = \frac{3}{8}$$

따라서 $r_1 r_2 = \frac{3}{40}$이다.

답 ①

047

반지름의 길이가 3인 원의 둘레를 6등분하는 점 중에서 연속된 세 개의 점을 각각 A, B, C라 하였다.

즉, 세 점 A, B, C는 원에 내접하는 정육각형의 꼭짓점의 일부라 할 수 있으므로
$\angle ABC = 120°$, $\overline{AB} = \overline{BC} = 3$

원에 내접하는 사각형은 마주 보고 있는 두 각의 합이 180° 이므로 $\angle APC = 60°$

삼각형 ABC에서 코사인법칙을 사용하면
$$\cos 120° = \frac{9+9-(\overline{AC})^2}{2 \times 3 \times 3} = -\frac{1}{2} \Rightarrow \overline{AC} = 3\sqrt{3}$$
$\overline{AP} + \overline{CP} = 8$
$\Rightarrow \overline{AP} = x$, $\overline{CP} = y$라 하면 $x + y = 8$
삼각형 ACP에서 코사인법칙을 사용하면
$$\cos 60° = \frac{x^2 + y^2 - 27}{2 \times x \times y} = \frac{(x+y)^2 - 2xy - 27}{2xy}$$
$$= \frac{37 - 2xy}{2xy} = \frac{1}{2} \Rightarrow \frac{37}{3} = xy$$

사각형 ABCP의 넓이는 삼각형 APC의 넓이와 삼각형 ABC의 넓이의 합이므로
$$\frac{1}{2} \times x \times y \times \sin 60° + \frac{1}{2} \times 3 \times 3 \times \sin 120°$$
$$= \frac{37\sqrt{3}}{12} + \frac{9\sqrt{3}}{4} = \frac{64}{12}\sqrt{3} = \frac{16}{3}\sqrt{3}$$

답 ②

048

$\cos(\angle BCD) = \frac{3}{5} \Rightarrow \sin(\angle BCD) = \frac{4}{5}$

원에 내접하는 사각형은 마주 보고 있는 두 각의 합이 180° 이므로
$\angle BAD + \angle BCD = \pi \Rightarrow \angle BAD = \pi - \angle BCD$

$\Rightarrow \sin(\angle BAD) = \sin(\pi - \angle BCD) = \sin(\angle BCD) = \frac{4}{5}$

$\Rightarrow \cos(\angle BAD) = \cos(\pi - \angle BCD) = -\cos(\angle BCD) = -\frac{3}{5}$

삼각형 ABD에서 코사인법칙을 사용하면
$$\cos(\angle BAD) = \frac{4 + 100 - (\overline{BD})^2}{2 \times 2 \times 10} = -\frac{3}{5} \Rightarrow \overline{BD} = 8\sqrt{2}$$

삼각형 ABD에서 사인법칙을 사용하면
$$\frac{\overline{BD}}{\sin(\angle BAD)} = 2R \Rightarrow \frac{8\sqrt{2}}{\frac{4}{5}} = 2R \Rightarrow R = 5\sqrt{2}$$

따라서 원의 넓이는 50π이므로 $a = 50$이다.

답 50

049

$\angle CAB = \theta$라 하고 점 D에서 직선 AB에 내린 수선의 발을 E라 하자.

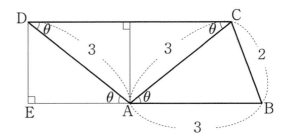

삼각형 ABC에서 코사인법칙을 사용하면
$$\cos\theta = \frac{9+9-4}{2 \times 3 \times 3} = \frac{7}{9} \Rightarrow \sin\theta = \frac{4\sqrt{2}}{9}$$

$\overline{AE} = \overline{AD}\cos\theta = \frac{7}{3}$, $\overline{DE} = \overline{AD}\sin\theta = \frac{4\sqrt{2}}{3}$ 이므로

$$(\overline{BD})^2 = (\overline{BE})^2 + (\overline{ED})^2 = \frac{256}{9} + \frac{32}{9} = \frac{288}{9} = 32$$

$$\Rightarrow \overline{BD} = 4\sqrt{2}$$

답 ②

050

삼각형 ABC의 넓이가 18

삼각형 LMN의 넓이=
(삼각형 ABC의 넓이)−(삼각형 ALN, BML, CMN의 넓이)

삼각형 ALN의 넓이는
$$\frac{1}{2} \times \overline{AL} \times \overline{AN} \times \sin A = \frac{1}{2} \times \frac{2}{3}\overline{AB} \times \frac{1}{3}\overline{AC} \times \sin A$$
$$= \frac{2}{9} \times 18 = 4$$

삼각형 BML의 넓이는
$$\frac{1}{2} \times \overline{BL} \times \overline{BM} \times \sin B = \frac{1}{2} \times \frac{1}{3}\overline{AB} \times \frac{1}{2}\overline{BC} \times \sin B$$
$$= \frac{1}{6} \times 18 = 3$$

삼각형 CMN의 넓이는
$$\frac{1}{2} \times \overline{CN} \times \overline{CM} \times \sin C = \frac{1}{2} \times \frac{2}{3}\overline{AC} \times \frac{1}{2}\overline{BC} \times \sin C$$
$$= \frac{1}{3} \times 18 = 6$$

따라서 삼각형 LMN의 넓이는 $18-(4+3+6)=5$이다.

답 5

051

원주각이 $\angle ABC = 120°$이므로
중심각 $\angle AOC = 240°$ (선분 AC를 포함하지 않음)

$\angle AOC = 120°$ (선분 AC를 포함)
삼각형 AOC에서 코사인법칙을 사용하면
$$\cos 120° = \frac{4^2 + 4^2 - \left(\overline{AC}\right)^2}{2 \times 4 \times 4}$$
$$\Rightarrow -\frac{1}{2} = \frac{32 - \left(\overline{AC}\right)^2}{32} \Rightarrow \overline{AC} = 4\sqrt{3}$$

Tip

〈알아두면 유용한 삼각형의 길이 비〉

① $1 : 1 : \sqrt{2}$

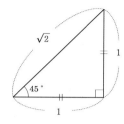

직각 이등변삼각형

② $3 : 4 : 5$

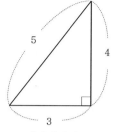

직각삼각형

③ $5 : 12 : 13$

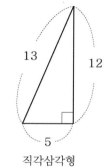

직각삼각형

④ $1 : 1 : \sqrt{3}$

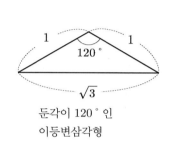

둔각이 120°인
이등변삼각형

51번에서 ④ $1 : 1 : \sqrt{3}$ 을 사용하면 $4 : 4 : 4\sqrt{3}$이므로 $\overline{AC} = 4\sqrt{3}$ 라는 것을 바로 확인할 수 있다.

$\overline{AB} = a,\ \overline{BC} = b \Rightarrow a + b = 2\sqrt{15}$
삼각형 ABC에서 코사인법칙을 사용하면
$$\cos 120° = \frac{a^2 + b^2 - \left(4\sqrt{3}\right)^2}{2ab}$$
$$\Rightarrow -\frac{1}{2} = \frac{(a+b)^2 - 2ab - 48}{2ab}$$
$$\Rightarrow ab = 60 - 48 = 12$$

사각형 OABC의 넓이는 삼각형 OAC의 넓이와 삼각형 ABC의 넓이의 합이므로

따라서 사각형 OABC의 넓이는
$$\frac{1}{2} \times 4 \times 4 \times \sin 120° + \frac{1}{2} \times a \times b \times \sin 120°$$
$$= 4\sqrt{3} + 3\sqrt{3} = 7\sqrt{3}$$

답 ⑤

052

$\angle\text{BAC} = \angle\text{BDC} = 60\degree$

(∵ 원에서 한 호에 대한 원주각의 크기는 모두 같다.)

삼각형 BCD에서 사인법칙을 사용하면

$$\frac{\overline{\text{BC}}}{\sin 60\degree} = 2r \Rightarrow \overline{\text{BC}} = \sqrt{3}\,r$$

$$\frac{\overline{\text{CD}}}{\sin\theta} = 2r \Rightarrow \overline{\text{CD}} = \frac{2\sqrt{3}}{3}r \left(\because \sin\theta = \frac{\sqrt{3}}{3}\right)$$

삼각형 BCD에서 코사인법칙을 사용하면

$$\cos 60\degree = \frac{(\sqrt{2})^2 + \left(\frac{2\sqrt{3}}{3}r\right)^2 - (\sqrt{3}\,r)^2}{2 \times \sqrt{2} \times \frac{2\sqrt{3}}{3}r}$$

$$\Rightarrow \frac{1}{2} = \frac{2 - \frac{5}{3}r^2}{\frac{4\sqrt{6}}{3}r} \Rightarrow 2\sqrt{6}\,r = 6 - 5r^2$$

$$\Rightarrow 5r^2 + 2\sqrt{6}\,r - 6 = 0$$

$$\Rightarrow r = \frac{-\sqrt{6} \pm 6}{5}$$

따라서 $r > 0$ 이므로 $r = \dfrac{6 - \sqrt{6}}{5}$ 이다.

답 ①

053

$\angle\text{A} = \dfrac{\pi}{3}$

$\overline{\text{AB}} : \overline{\text{AC}} = 3 : 1$ 이므로 $\overline{\text{AB}} = 3k$, $\overline{\text{AC}} = k$

삼각형 ABC에서 사인법칙을 사용하면

$$\frac{\overline{\text{BC}}}{\sin A} = 2R \Rightarrow \overline{\text{BC}} = 14 \times \frac{\sqrt{3}}{2} = 7\sqrt{3}$$

삼각형 ABC에서 코사인법칙을 사용하면

$$\cos A = \frac{(\overline{\text{AB}})^2 + (\overline{\text{AC}})^2 - (\overline{\text{BC}})^2}{2 \times \overline{\text{AB}} \times \overline{\text{AC}}}$$

$$\Rightarrow \frac{1}{2} = \frac{9k^2 + k^2 - 147}{6k^2} \Rightarrow 3k^2 = 10k^2 - 147$$

$$\Rightarrow 7k^2 = 147 \Rightarrow k^2 = 21$$

답 21

054

삼각형 ABD에서 사인법칙을 사용하면

$$\frac{\overline{\text{BD}}}{\sin\frac{2}{3}\pi} = 2R_2 \Rightarrow R_2 = \frac{1}{2 \times \frac{\sqrt{3}}{2}} \times \overline{\text{BD}} = \frac{1}{\sqrt{3}}\overline{\text{BD}}$$

이므로 $p = \dfrac{1}{\sqrt{3}}$ 이다.

삼각형 ABD에서 코사인법칙을 사용하면

$$\cos\frac{2}{3}\pi = \frac{2^2 + 1^2 - \overline{\text{BD}}^2}{2 \times 2 \times 1} \Rightarrow -2 = 2^2 + 1^2 - \overline{\text{BD}}^2$$

$$\Rightarrow \overline{\text{BD}}^2 = 2^2 + 1^2 + 2 = 7$$

이므로 $q = 2$ 이다.

$$R_1 \times R_2 = \frac{\sqrt{2}}{2\sqrt{3}} \times \overline{\text{BD}}^2 = \frac{7\sqrt{2}}{2\sqrt{3}}$$

이므로 $r = \dfrac{7\sqrt{2}}{2\sqrt{3}}$ 이다.

따라서 $9 \times (p \times q \times r)^2 = 9 \times \left(\dfrac{7\sqrt{2}}{3}\right)^2 = 98$ 이다.

답 98

055

$\angle\text{APB} = 90\degree$ 이므로
$$(\overline{\text{AB}})^2 = (\overline{\text{BP}})^2 + (\overline{\text{AP}})^2 = 4 + 16 = 20 \Rightarrow \overline{\text{AB}} = 2\sqrt{5}$$

$$\overline{\text{QA}} = \overline{\text{QB}} = \frac{\overline{\text{AB}}}{\sqrt{2}} = \sqrt{10}$$

$\overline{\text{PQ}} = x$ 라 하자.
삼각형 APQ에서 코사인법칙을 사용하면

$$\cos A = \frac{10 + 16 - x^2}{2 \times \sqrt{10} \times 4} = \frac{26 - x^2}{8\sqrt{10}}$$

삼각형 PQB에서 코사인법칙을 사용하면

$$\cos B = \frac{10 + 4 - x^2}{2 \times \sqrt{10} \times 2} = \frac{14 - x^2}{4\sqrt{10}}$$

원에 내접하는 사각형은 마주 보고 있는 두 각의 합이 $180\degree$
이므로 $A + B = \pi \Rightarrow A = \pi - B \Rightarrow \cos A = -\cos B$

$$\frac{26-x^2}{8\sqrt{10}} = -\frac{14-x^2}{4\sqrt{10}} \Rightarrow 26-x^2 = -28+2x^2$$

$$\Rightarrow 54 = 3x^2 \Rightarrow x^2 = 18 \Rightarrow x = 3\sqrt{2}$$

 ①

056

삼각형 ABC에서 사인법칙을 사용하면

$$\frac{\overline{AB}}{\sin C} = 2R \Rightarrow \frac{10}{\sin C} = 6\sqrt{5} \Rightarrow \sin C = \frac{\sqrt{5}}{3}$$

$0 < C < \dfrac{\pi}{2}$ 이므로 $\cos C = \sqrt{1-\sin^2 C} = \dfrac{2}{3}$

삼각형 ABC에서 코사인법칙을 사용하면

$$\cos C = \frac{a^2+b^2-100}{2ab} \Rightarrow a^2+b^2 = \frac{4}{3}ab+100 \text{ 이므로}$$

$$\frac{a^2+b^2-ab\cos C}{ab} = \frac{4}{3}$$

$$\Rightarrow \frac{\frac{4}{3}ab+100-\frac{2}{3}ab}{ab} = \frac{4}{3}$$

$$\Rightarrow \frac{2}{3}ab = 100 \Rightarrow ab = 150$$

 ②

057

선분 AB가 삼각형 ABC의 외접원의 지름이므로
$\angle ACB = \dfrac{\pi}{2}$ 이다.

$\angle CAB = \theta$ 라 하면

$$\cos\theta = \frac{1}{3} \Rightarrow \sin\theta = \frac{2\sqrt{2}}{3}$$

$$\sin\theta = \frac{\overline{BC}}{\overline{AB}} \Rightarrow \frac{2\sqrt{2}}{3} = \frac{12\sqrt{2}}{\overline{AB}} \Rightarrow \overline{AB} = 18$$

$$\cos\theta = \frac{\overline{AC}}{\overline{AB}} \Rightarrow \frac{1}{3} = \frac{\overline{AC}}{18} \Rightarrow \overline{AC} = 6$$

선분 AB를 5 : 4로 내분하는 점이 D이므로
$$\overline{AD} = \frac{5}{9}\overline{AB} = 10$$

삼각형 CAD에서 코사인법칙을 사용하면

$$\cos\theta = \frac{6^2+10^2-\left(\overline{CD}\right)^2}{2\times6\times10} = \frac{136-\left(\overline{CD}\right)^2}{120} = \frac{1}{3}$$

$$\Rightarrow 136-\left(\overline{CD}\right)^2 = 40 \Rightarrow 96 = \left(\overline{CD}\right)^2 \Rightarrow \overline{CD} = 4\sqrt{6}$$

삼각형 CAD의 외접원의 반지름의 길이를 R이라 하고,
삼각형 CAD에서 사인법칙을 사용하면

$$\frac{\overline{CD}}{\sin\theta} = 2R \Rightarrow \frac{4\sqrt{6}}{\frac{2\sqrt{2}}{3}} = 2R \Rightarrow R = 3\sqrt{3}$$

이므로 삼각형 CAD의 외접원의 넓이 $S = 27\pi$ 이다.

따라서 $\dfrac{S}{\pi} = 27$ 이다.

 27

058

$\angle CAB = \theta$, $\angle ABD = \alpha$ 라 하자.

호 BC에 대한 원주각의 크기가 같으므로
$\angle BAC = \angle BDC = \theta$ 이고,
호 AD에 대한 원주각의 크기가 같으므로
$\angle ABD = \angle ACD = \alpha$ 이다.

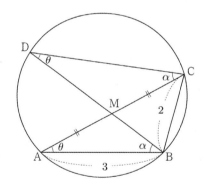

$\overline{AC} = x$ $(x>3)$ 라 하자.
삼각형 ABC에서 코사인법칙을 사용하면

$$\cos\theta = \frac{x^2+3^2-2^2}{2\times x\times3} \Rightarrow \frac{7}{8} = \frac{x^2+5}{6x} \Rightarrow 4x^2+20 = 21x$$

$$\Rightarrow 4x^2-21x+20 = 0 \Rightarrow (4x-5)(x-4) = 0$$

$$\Rightarrow x = 4 \ (\because x > 3)$$

$\overline{MB} = y$ 라 하자.
삼각형 ABM에서 코사인법칙을 사용하면

$$\cos\theta = \frac{2^2+3^2-y^2}{2\times 2\times 3} \Rightarrow \frac{7}{8} = \frac{13-y^2}{12} \Rightarrow 21 = 26-2y^2$$

$$\Rightarrow 2y^2 = 5 \Rightarrow y = \frac{\sqrt{10}}{2} \quad (\because y > 0)$$

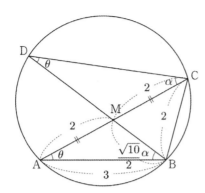

삼각형 ABM과 삼각형 DCM은 서로 닮음이므로

$$\overline{\text{MA}} : \overline{\text{MD}} = \overline{\text{MB}} : \overline{\text{MC}} \Rightarrow 2 : \overline{\text{MD}} = \frac{\sqrt{10}}{2} : 2$$

$$\Rightarrow \frac{\sqrt{10}}{2}\overline{\text{MD}} = 4 \Rightarrow \overline{\text{MD}} = 4\times\frac{2}{\sqrt{10}} = \frac{4\sqrt{10}}{5}$$

따라서 선분 MD의 길이는 $\frac{4\sqrt{10}}{5}$ 이다.

답 ③

059

$\angle \text{BAC} = \angle \text{CAD} = \theta$라 하자.
$\angle \text{BAC} = \angle \text{CAD} \Rightarrow \overset{\frown}{\text{BC}} = \overset{\frown}{\text{CD}} \Rightarrow \overline{\text{BC}} = \overline{\text{CD}}$
(가이드 스텝 개념 파악하기 (5) 참고)

$\overline{\text{BC}} = \overline{\text{CD}} = x$라 하자.

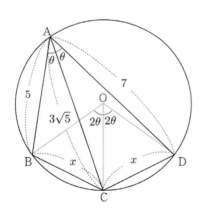

삼각형 ABC에서 코사인법칙을 사용하면

$$\cos\theta = \frac{5^2+(3\sqrt{5})^2-x^2}{2\times 5\times 3\sqrt{5}} \Rightarrow \cos\theta = \frac{70-x^2}{30\sqrt{5}} \quad \cdots \quad \text{㉠}$$

삼각형 ACD에서 코사인법칙을 사용하면

$$\cos\theta = \frac{7^2+(3\sqrt{5})^2-x^2}{2\times 7\times 3\sqrt{5}} \Rightarrow \cos\theta = \frac{94-x^2}{42\sqrt{5}} \quad \cdots \quad \text{㉡}$$

㉠, ㉡에 의해

$$\frac{70-x^2}{30\sqrt{5}} = \frac{94-x^2}{42\sqrt{5}} \Rightarrow \frac{70-x^2}{5} = \frac{94-x^2}{7}$$

$$\Rightarrow 490-7x^2 = 470-5x^2 \Rightarrow x^2 = 10$$

$$\Rightarrow x = \sqrt{10} \quad (\because x > 0)$$

$$\cos\theta = \frac{70-x^2}{30\sqrt{5}} = \frac{70-10}{30\sqrt{5}} = \frac{2}{\sqrt{5}}$$

이므로 $\sin\theta = \frac{1}{\sqrt{5}}$ 이다.

삼각형 ABC의 외접원의 반지름의 길이를 R이라 하자.
삼각형 ABC에서 사인법칙을 사용하면

$$\frac{\overline{\text{BC}}}{\sin\theta} = 2R \Rightarrow \sqrt{50} = 2R \Rightarrow 5\sqrt{2} = 2R$$

$$\Rightarrow R = \frac{5\sqrt{2}}{2}$$

따라서 원의 반지름의 길이는 $\frac{5\sqrt{2}}{2}$ 이다.

답 ①

060

삼각형 ABC에서 사인법칙을 사용하면

$$\frac{\overline{\text{BC}}}{\sin\frac{\pi}{3}} = 2\times 2\sqrt{7} \Rightarrow \overline{\text{BC}} = 2\sqrt{21}$$

사각형 ABDC가 원에 내접하므로

$$\angle \text{BDC} = \pi - \frac{\pi}{3} = \frac{2}{3}\pi$$

$\angle \text{BCD} = \theta$라 하면 $\sin\theta = \frac{2\sqrt{7}}{7}$ 이다.

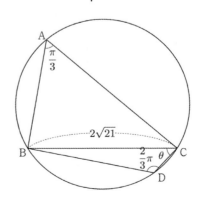

$\overline{BD} = x$, $\overline{CD} = y$라 하자.

삼각형 BDC에서 사인법칙을 사용하면

$$\frac{x}{\sin\theta} = 4\sqrt{7} \implies x = 4\sqrt{7} \times \frac{2\sqrt{7}}{7} = 8$$

삼각형 BDC에서 코사인법칙을 사용하면

$$\cos\frac{2}{3}\pi = \frac{8^2 + y^2 - (2\sqrt{21})^2}{2 \times 8 \times y} = \frac{y^2 - 20}{16y} = -\frac{1}{2}$$

$$\implies y^2 + 8y - 20 = 0 \implies (y+10)(y-2) = 0$$

$$\implies y = 2 \; (\because \; y > 0)$$

따라서 $\overline{BD} + \overline{CD} = x + y = 8 + 2 = 10$이다.

답 ②

061

호 BD와 호 CD에 대한 원주각의 크기가 같으므로
$\angle CBD = \angle CAD = \angle DAB = \angle DCB$이다.
(가이드 스텝 개념 파악하기 (5) 참고)
삼각형 BCD는 $\angle CBD = \angle DCB$인 이등변삼각형이므로
$\overline{BD} = \overline{CD}$이다.

$\overline{BD} = \overline{CD} = x$, $\overline{AD} = y$, $\angle CBD = \angle DCB = \theta$라 하자.

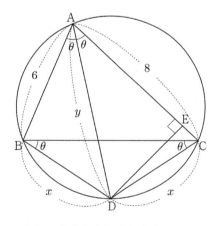

삼각형 DAB에서 코사인법칙을 사용하면

$$\cos\theta = \frac{6^2 + y^2 - x^2}{12y} \implies 6^2 + y^2 - 12y\cos\theta = x^2$$

삼각형 CAD에서 코사인법칙을 사용하면

$$\cos\theta = \frac{8^2 + y^2 - x^2}{16y} \implies 8^2 + y^2 - 16y\cos\theta = x^2$$

두 식을 연립하면

$$36 + y^2 - 12y\cos\theta = 64 + y^2 - 16y\cos\theta$$

$$\implies y\cos\theta = 7$$

직각삼각형 ADE에서

$$\cos\theta = \frac{\overline{AE}}{y} = \frac{k}{y} \implies k = y\cos\theta = 7$$

따라서 $12k = 84$이다.

답 84

062

$\overline{AB} = \overline{AC} = 8x$라 하면 $\overline{AD} = 5x$, $\overline{DC} = 3x$ 이고
$\angle ABD = \alpha$, $\angle DBC = \beta$, $\angle ADB = \theta$라 하자.

삼각형 ABD에서 사인법칙을 사용하면

$$\frac{\overline{AD}}{\sin\alpha} = \frac{\overline{AB}}{\sin\theta} \implies \frac{5x}{\sin\alpha} = \frac{8x}{\sin\theta}$$

$$\implies \sin\alpha = \frac{5}{8}\sin\theta$$

$\overline{BC} = y$라 하자.
삼각형 BCD에서 사인법칙을 사용하면

$$\frac{\overline{CD}}{\sin\beta} = \frac{\overline{BC}}{\sin(\pi-\theta)} \implies \frac{3x}{\sin\beta} = \frac{y}{\sin\theta}$$

$$\implies \sin\beta = \frac{3x}{y}\sin\theta$$

$2\sin\alpha = 5\sin\beta$이므로

$$\frac{5}{4}\sin\theta = \frac{15x}{y}\sin\theta$$

$$\implies y = 12x$$

삼각형 ABC에서 사인법칙을 사용하면

$$\frac{\overline{BC}}{\sin A} = \frac{\overline{AB}}{\sin C}$$

$$\implies \frac{\sin C}{\sin A} = \frac{8x}{12x} = \frac{2}{3}$$

답 ③

원 O_1과 원 O_2의 공통부분의 넓이는 선분 AB를 경계로 나누어 구할 수 있다.

먼저 선분 AB와 원 O_1로 둘러싸인 부분의 넓이를 구해보자.

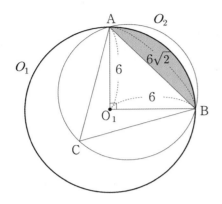

원 O_1의 중심을 O_1라 하면 삼각형 ABO_1은 직각이등변삼각형이므로 위의 그림에서 색칠한 영역의 넓이는 $\frac{1}{2} \times 6^2 \times \frac{\pi}{2} - \frac{1}{2} \times 6^2 = 9\pi - 18$이다.

선분 AB와 원 O_2로 둘러싸인 부분의 넓이를 구해보자. 우선 원 O_2의 반지름을 R이라 하면 정삼각형 ABC 의 넓이는 $\frac{\sqrt{3}}{4} \times (6\sqrt{2})^2$이므로 외접원 넓이 공식에 의해서

$$\frac{(6\sqrt{2})^3}{4R} = \frac{\sqrt{3}}{4} \times (6\sqrt{2})^2$$

$$\Rightarrow \frac{6\sqrt{2}}{R} = \sqrt{3} \Rightarrow R = 2\sqrt{6}$$

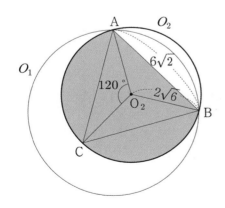

원 O_2의 중심을 O_2라 하면
위의 그림에서 색칠한 영역의 넓이는
(부채꼴 ABO_2의 넓이)+(삼각형 ABO_2의 넓이)이므로
(단, 호 AB가 C를 포함한다.)

$$\frac{1}{2} \times (2\sqrt{6})^2 \times \frac{4}{3}\pi + \frac{1}{2} \times (2\sqrt{6})^2 \times \sin 120°$$

$$= 16\pi + 6\sqrt{3}$$

따라서 원 O_1과 원 O_2의 공통부분의 넓이는
$9\pi - 18 + 16\pi + 6\sqrt{3} = -18 + 6\sqrt{3} + 25\pi$이므로
$p + q + r = 13$이다.

답 13

$\overline{AB} = 4$, $\overline{AC} = 5$, $\cos(\angle BAC) = \frac{1}{8}$

$\angle BAC = \angle BDA = \angle BED = \theta$라 하면 $\cos\theta = \frac{1}{8}$이다.

삼각형 ABC에서 코사인법칙을 사용하면

$$\cos\theta = \frac{4^2 + 5^2 - (\overline{BC})^2}{2 \times 4 \times 5} = \frac{41 - (\overline{BC})^2}{40} = \frac{1}{8}$$

$$\Rightarrow 41 - (\overline{BC})^2 = 5 \Rightarrow \overline{BC} = 6$$

점 B에서 선분 AD에 내린 수선의 발을 H라 하자.
$\overline{AB} = \overline{BD} = 4$인 이등변삼각형 ABD에서

$$\cos\theta = \frac{\overline{DH}}{\overline{BD}} = \frac{\overline{DH}}{4} = \frac{1}{8} \Rightarrow \overline{DH} = \frac{1}{2}$$이므로

$$\overline{AD} = 2\overline{DH} = 1 \Rightarrow \overline{DC} = \overline{AC} - \overline{AD} = 4$$

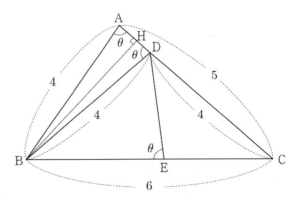

점 D에서 선분 BC에 내린 수선의 발을 M이라 하자.
삼각형 BCD는 이등변삼각형이므로 $\overline{BM} = \frac{1}{2}\overline{BC} = 3$이다.

$$\overline{DM} = \sqrt{4^2 - 3^2} = \sqrt{7}$$

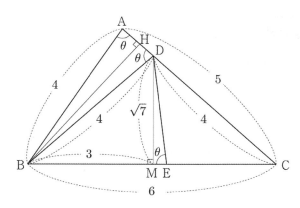

$\cos\theta=\dfrac{1}{8} \Rightarrow \sin\theta=\dfrac{3\sqrt{7}}{8}$ 이므로

삼각형 DME에서

$\sin\theta=\dfrac{\overline{DM}}{\overline{DE}}=\dfrac{\sqrt{7}}{\overline{DE}}=\dfrac{3\sqrt{7}}{8} \Rightarrow \overline{DE}=\dfrac{8}{3}$

따라서 선분 DE의 길이는 $\dfrac{8}{3}$이다.

답 ③

065

$\overline{CE}=4, \quad \overline{ED}=3\sqrt{2}, \quad \angle CEA=\dfrac{3}{4}\pi$

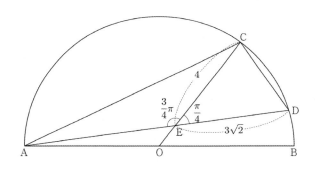

$\overline{CD}=x$라 하자.

삼각형 CED에서 코사인법칙을 사용하면

$\cos\dfrac{\pi}{4}=\dfrac{4^2+(3\sqrt{2})^2-x^2}{2\times4\times3\sqrt{2}} \Rightarrow \dfrac{\sqrt{2}}{2}=\dfrac{34-x^2}{24\sqrt{2}}$

$\Rightarrow 24=34-x^2 \Rightarrow x^2=10 \Rightarrow x=\sqrt{10} \ (\because \ x>0)$

$\overline{OE}=a$라 하면 반지름의 길이는 $4+a$이므로
$\overline{OD}=4+a$이다.

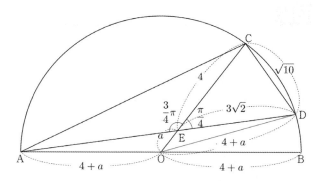

삼각형 OED에서 코사인법칙을 사용하면

$\cos\dfrac{3}{4}\pi=\dfrac{a^2+(3\sqrt{2})^2-(4+a)^2}{2\times a\times3\sqrt{2}} \Rightarrow -\dfrac{\sqrt{2}}{2}=\dfrac{2-8a}{6\sqrt{2}\,a}$

$\Rightarrow -6a=2-8a \Rightarrow 2a=2 \Rightarrow a=1$

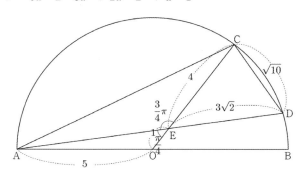

$\overline{AE}=y$라 하자.

삼각형 AEO에서 코사인법칙을 사용하면

$\cos\dfrac{\pi}{4}=\dfrac{y^2+1^2-5^2}{2\times y\times1} \Rightarrow \dfrac{\sqrt{2}}{2}=\dfrac{y^2-24}{2y}$

$\Rightarrow y^2-\sqrt{2}\,y-24=0 \Rightarrow (y-4\sqrt{2})(y+3\sqrt{2})=0$

$\Rightarrow y=4\sqrt{2} \ (\because \ y>0)$

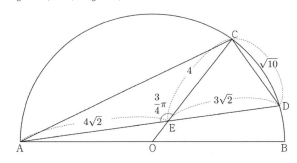

$\overline{AC}=k$라 하자.

삼각형 AEC에서 코사인법칙을 사용하면

$\cos\dfrac{3}{4}\pi=\dfrac{(4\sqrt{2})^2+4^2-k^2}{2\times4\sqrt{2}\times4} \Rightarrow -\dfrac{\sqrt{2}}{2}=\dfrac{48-k^2}{32\sqrt{2}}$

$\Rightarrow -32=48-k^2 \Rightarrow k^2=80 \Rightarrow k=4\sqrt{5} \ (\because \ k>0)$

따라서 $\overline{AC}\times\overline{CD}=4\sqrt{5}\times\sqrt{10}=4\sqrt{50}=20\sqrt{2}$이다.

답 ⑤

$\angle CAE = \theta$라 하면 $\sin\theta = \dfrac{1}{4}$이고, $\overline{BC} = 4$이므로

삼각형 ACE에서 사인법칙을 사용하면

$$\dfrac{\overline{CE}}{\sin\theta} = \overline{BC} \Rightarrow \overline{CE} = \dfrac{1}{4} \times 4 \Rightarrow \overline{CE} = 1$$

$\overline{BF} = \overline{CE} = 1$이므로 $\overline{FC} = 3$

$\overline{BC} = \overline{DE}$이므로 선분 DE도 원의 지름이므로

$\angle BAC = \angle DAE = \dfrac{\pi}{2}$이다.

이때, $\angle BAD = \dfrac{\pi}{2} - \angle DAC = \theta$

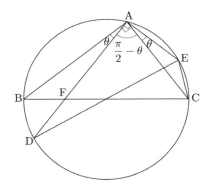

삼각형 ABF에서 사인법칙을 사용하면

$$\dfrac{k}{\sin(\angle ABF)} = \dfrac{1}{\sin\theta} \Rightarrow \dfrac{k}{\sin(\angle ABF)} = 4$$

$$\Rightarrow \sin(\angle ABF) = \dfrac{k}{4}$$

삼각형 ABC에서 $\sin(\angle ABC) = \dfrac{\overline{AC}}{\overline{BC}} = \dfrac{\overline{AC}}{4}$이므로

$$\dfrac{k}{4} = \dfrac{\overline{AC}}{4} \Rightarrow \overline{AC} = k$$

삼각형 ABC에서 $\cos(\angle BCA) = \dfrac{\overline{AC}}{\overline{BC}} = \dfrac{k}{4}$이므로

삼각형 AFC에서 코사인법칙을 사용하면

$$\cos(\angle FCA) = \dfrac{\overline{AC}^2 + \overline{FC}^2 - \overline{AF}^2}{2 \times \overline{AC} \times \overline{FC}}$$

$$\Rightarrow \dfrac{k}{4} = \dfrac{k^2 + 3^2 - k^2}{2 \times k \times 3} \Rightarrow \dfrac{3}{2}k^2 = 9 \Rightarrow k^2 = 6$$

따라서 $k^2 = 6$이다.

답 6

$\angle P_1AP_2 = \alpha$, $\angle Q_1CQ_2 = \beta$라 하고,

$\overline{AE} = 2R_1$, $\overline{CE} = 2R_2$라 하자.

$\overline{BC} = 3$, $\overline{CD} = 2$, $\cos\beta = -\dfrac{1}{3}$, $\alpha > \dfrac{\pi}{2}$

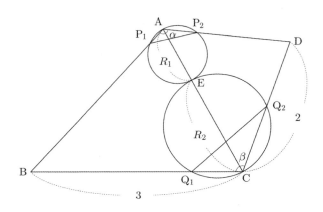

삼각형 AP_1P_2에서 사인법칙을 사용하면

$$\dfrac{\overline{P_1P_2}}{\sin\alpha} = 2R_1 \Rightarrow \overline{P_1P_2} = 2R_1\sin\alpha$$

삼각형 CQ_1Q_2에서 사인법칙을 사용하면

$$\dfrac{\overline{Q_1Q_2}}{\sin\beta} = 2R_2 \Rightarrow \overline{Q_1Q_2} = 2R_2\sin\beta$$

선분 AC를 $1:2$로 내분하는 점이 E이므로

$R_2 = 2R_1$이고, $\overline{Q_1Q_2} = 4R_1\sin\beta$이다.

$$\overline{P_1P_2} : \overline{Q_1Q_2} = 3 : 5\sqrt{2}$$

$$\Rightarrow 5\sqrt{2}\,\overline{P_1P_2} = 3\overline{Q_1Q_2}$$

$$\Rightarrow 5\sqrt{2} \times 2R_1\sin\alpha = 3 \times 4R_1\sin\beta$$

$$\Rightarrow 5\sqrt{2}\sin\alpha = 6\sin\beta$$

$\cos\beta = -\dfrac{1}{3}$이므로 $\sin\beta = \dfrac{2\sqrt{2}}{3}$

즉, $\sin\alpha = \dfrac{4}{5}$

삼각형 BCD에서 코사인법칙을 사용하면

$$\cos\beta = \frac{\overline{BC}^2 + \overline{CD}^2 - \overline{BD}^2}{2 \times \overline{BC} \times \overline{CD}}$$

$$\Rightarrow -\frac{1}{3} = \frac{3^2 + 2^2 - \overline{BD}^2}{2 \times 3 \times 2}$$

$$\Rightarrow -4 = 13 - \overline{BD}^2$$

$$\Rightarrow \overline{BD} = \sqrt{17}$$

$\overline{AB} = x$, $\overline{AD} = y$라 하자.

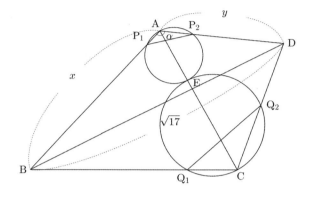

삼각형 ABD의 넓이가 2이므로
$$\frac{1}{2} \times \overline{AB} \times \overline{AD} \times \sin\alpha = 2 \Rightarrow \frac{1}{2}xy \times \frac{4}{5} = 2 \Rightarrow xy = 5$$

$\sin\alpha = \frac{4}{5}$이고, $\alpha > \frac{\pi}{2}$이므로 $\cos\alpha = -\frac{3}{5}$

삼각형 ABD에서 코사인법칙을 사용하면
$$\cos\alpha = \frac{\overline{AB}^2 + \overline{AD}^2 - \overline{BD}^2}{2 \times \overline{AB} \times \overline{AD}}$$

$$\Rightarrow -\frac{3}{5} = \frac{x^2 + y^2 - (\sqrt{17})^2}{2 \times x \times y}$$

$$\Rightarrow -\frac{6}{5}xy = (x+y)^2 - 2xy - 17$$

$$\Rightarrow 21 = (x+y)^2 \Rightarrow x + y = \sqrt{21}$$

따라서 $\overline{AB} + \overline{AD} = \sqrt{21}$ 이다.

답 ①

$\overline{AB} = 3$, $\overline{BC} = \sqrt{13}$, $\overline{AD} \times \overline{CD} = 9$, $\angle BAC = \frac{\pi}{3}$

삼각형 ABC에서 코사인법칙을 사용하면
$$\cos(\angle BAC) = \frac{\overline{AB}^2 + \overline{AC}^2 - \overline{BC}^2}{2 \times \overline{AB} \times \overline{AC}}$$

$$\Rightarrow \frac{1}{2} = \frac{9 + \overline{AC}^2 - 13}{2 \times 3 \times \overline{AC}} \Rightarrow \overline{AC}^2 - 3\overline{AC} - 4 = 0$$

$$\Rightarrow (\overline{AC} - 4)(\overline{AC} + 1) = 0 \Rightarrow \overline{AC} = 4 \; (\because \overline{AC} > 0)$$

$\overline{AD} = x$, $\overline{CD} = y$, $\angle ADC = \theta$라 하자.

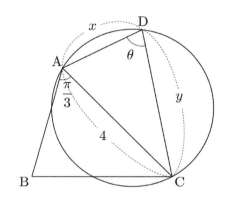

$$S_1 = \frac{1}{2} \times 3 \times 4 \times \sin\frac{\pi}{3} = 3\sqrt{3}$$

$$S_2 = \frac{1}{2} \times x \times y \times \sin\theta = \frac{xy\sin\theta}{2}$$
이고, $xy = 9$이므로

$$S_2 = \frac{5}{6}S_1 \Rightarrow xy\sin\theta = 5\sqrt{3} \Rightarrow \sin\theta = \frac{5\sqrt{3}}{9}$$

삼각형 ACD에서 사인법칙을 사용하면
$$\frac{\overline{AC}}{\sin\theta} = 2R \Rightarrow R = \frac{\overline{AC}}{2\sin\theta} = \frac{2}{\sin\theta}$$

따라서 $\dfrac{R}{\sin(\angle ADC)} = \dfrac{R}{\sin\theta} = \dfrac{2}{\sin^2\theta} = \dfrac{2}{\dfrac{25}{27}} = \dfrac{54}{25}$이다.

답 ①

069

삼각형 CDE의 외접원의 반지름의 길이를 R이라 하고,
$\angle \text{AFC} = \alpha$, $\angle \text{CDE} = \beta$라 하자.

$$\cos\alpha = \frac{\sqrt{10}}{10}, \overline{\text{EC}} = 10, R = 5\sqrt{2}$$

$$\cos\alpha = \frac{\sqrt{10}}{10} \Rightarrow \sin\alpha = \frac{3\sqrt{10}}{10}$$

$\angle \text{EFB} = \angle \text{ECD} = \pi - \alpha$ ($\because$ 엇각)이므로
삼각형 CDE에서 사인법칙을 사용하면

$$\frac{\overline{\text{ED}}}{\sin(\angle \text{ECD})} = \frac{\overline{\text{EC}}}{\sin(\angle \text{CDE})} = 2R$$

$$\Rightarrow \frac{\overline{\text{ED}}}{\sin(\pi - \alpha)} = \frac{10}{\sin\beta} = 10\sqrt{2}$$

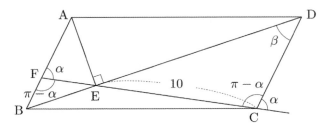

$$\overline{\text{ED}} = 10\sqrt{2} \times \sin\alpha = 10\sqrt{2} \times \frac{3\sqrt{10}}{10} = 6\sqrt{5}$$

$$\sin\beta = \frac{\sqrt{2}}{2} \Rightarrow \beta = \frac{\pi}{4}$$

$\overline{\text{CD}} = x$라 하자.

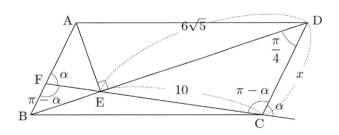

삼각형 CDE에서 코사인법칙을 사용하면

$$\cos(\angle \text{ECD}) = \frac{\overline{\text{CE}}^2 + \overline{\text{CD}}^2 - \overline{\text{ED}}^2}{2 \times \overline{\text{CE}} \times \overline{\text{CD}}}$$

$$\Rightarrow \cos(\pi - \alpha) = \frac{100 + x^2 - 180}{2 \times 10 \times x}$$

$$\Rightarrow -\cos\alpha = \frac{x^2 - 80}{20x} \Rightarrow -\frac{\sqrt{10}}{10} = \frac{x^2 - 80}{20x}$$

$$\Rightarrow x^2 + 2\sqrt{10}\,x - 80 = 0 \Rightarrow (x + 4\sqrt{10})(x - 2\sqrt{10}) = 0$$

$$\Rightarrow x = 2\sqrt{10} \quad (\because x > 0)$$

$\angle \text{ABE} = \angle \text{CDE} = \dfrac{\pi}{4}$ ($\because$ 엇각)이므로

삼각형 ABE는 직각이등변삼각형이다.
$\overline{\text{AB}} = \overline{\text{CD}} = 2\sqrt{10}$ 이므로 $\overline{\text{BE}} = \overline{\text{AE}} = 2\sqrt{5}$

두 삼각형 BEF, DEC는 서로 닮음이고
$\overline{\text{BE}} : \overline{\text{ED}} = 1 : 3$이므로 닮음비는 $1 : 3$이다.

$$\overline{\text{BF}} = \frac{1}{3} \times \overline{\text{CD}} = \frac{2\sqrt{10}}{3}$$ 이므로

$$\overline{\text{AF}} = \overline{\text{AB}} - \overline{\text{BF}} = 2\sqrt{10} - \frac{2\sqrt{10}}{3} = \frac{4\sqrt{10}}{3}$$

따라서 삼각형 AFE의 넓이는
$$\frac{1}{2} \times \overline{\text{AF}} \times \overline{\text{AE}} \times \sin\frac{\pi}{4} = \frac{1}{2} \times \frac{4\sqrt{10}}{3} \times 2\sqrt{5} \times \frac{1}{\sqrt{2}} = \frac{20}{3}$$

이다.

답 ①

70	12	**77**	26
71	④	**78**	15
72	①	**79**	②
73	③	**80**	⑤
74	⑤	**81**	63
75	13	**82**	150
76	⑤		

070

$\angle B = 90°$ 이므로 선분 AC는 원의 지름이 되고
원의 넓이가 25π 이므로 $\overline{AC} = 10$ 이다.

$\overline{AB} = 6$, $\overline{AC} = 10$ 이므로
$\left(\overline{AC}\right)^2 = \left(\overline{AB}\right)^2 + \left(\overline{BC}\right)^2 \Rightarrow \overline{BC} = 8$

$\angle ACB = \theta$ 라 하자.
삼각함수 같다 테크닉을 사용하면
$\overline{EC} = 4$ 이므로
$\tan\theta = \dfrac{6}{8} = \dfrac{\overline{DE}}{\overline{EC}} = \dfrac{\overline{DE}}{4} \Rightarrow \overline{DE} = 3$

$\overline{AE} = \overline{AC} - \overline{EC} = 10 - 4 = 6$ 이므로
$\left(\overline{AD}\right)^2 = \left(\overline{AE}\right)^2 + \left(\overline{DE}\right)^2 = 36 + 9 = 45 \Rightarrow \overline{AD} = 3\sqrt{5}$

내접원의 반지름을 r 이라 하자.
내접원의 넓이 공식을 사용하면
삼각형 ADE 의 넓이는 $\dfrac{1}{2} \times 6 \times 3 = 9$ 이므로
$\dfrac{6 + 3 + 3\sqrt{5}}{2} \times r = 9 \Rightarrow r = \dfrac{6}{3 + \sqrt{5}} = \dfrac{9 - 3\sqrt{5}}{2}$

따라서 $a + b = 12$ 이다.

답 12

071

$\overline{BC} = a$, $\overline{AC} = b$, $\overline{AB} = c$ 라 하자.

$\overline{AD} : \overline{BE} : \overline{CF} = 2 : 3 : 4 \Rightarrow \overline{AD} = 2k$, $\overline{BE} = 3k$, $\overline{CF} = 4k$

삼각형 ABC의 넓이는
$\dfrac{1}{2} \times a \times 2k = \dfrac{1}{2} \times b \times 3k = \dfrac{1}{2} \times c \times 4k$ 이므로
$a : b : c = 6 : 4 : 3 \Rightarrow a = 6t$, $b = 4t$, $c = 3t$

$\cos C = \dfrac{a^2 + b^2 - c^2}{2 \times a \times b} = \dfrac{36t^2 + 16t^2 - 9t^2}{48t^2} = \dfrac{43t^2}{48t^2} = \dfrac{43}{48}$

답 ④

072

$\cos(\angle ADB) = -\dfrac{4}{5}$

원에 내접하는 사각형은 마주 보고 있는 두 각의 합이 $180°$
이므로 $\angle ADB + \angle ACB = \pi \Rightarrow \cos(\angle ACB) = \dfrac{4}{5}$
$\Rightarrow \sin(\angle ACB) = \dfrac{3}{5} \Rightarrow \overline{AB} = 6$, $\overline{BC} = 8$, $\overline{AC} = 10$

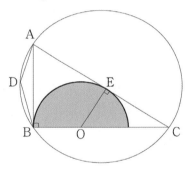

원 S 의 중심을 O 라 하고 반지름을 r 이라 하자.

$\overline{OC} = 8 - r$, $\overline{OE} = r$ 이므로
삼각함수 같다 테크닉을 사용하면
$\sin(\angle ACB) = \dfrac{r}{8 - r} = \dfrac{3}{5} \Rightarrow 5r = 24 - 3r \Rightarrow r = 3$

각의 이등분성질을 이용하여 r 을 구할 수도 있다.

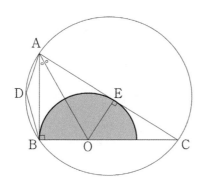

$\overline{AB} : \overline{AC} = \overline{BO} : \overline{OC} \implies 3 : 5 = \overline{BO} : \overline{OC}$

$\implies \overline{BO} = r = \dfrac{3}{8} \times \overline{BC} = 3$

따라서 원 S의 내부와 직각삼각형 ABC의 내부의

공통부분의 넓이는 원 S의 넓이의 $\dfrac{1}{2}$이므로 $\dfrac{9}{2}\pi$이다.

답 ①

073

직각삼각형 ABC의 외접원 S의 넓이가 25π

$\implies$ 외접원 S의 지름이 선분 AB이므로 $\overline{AB} = 10$

원에서 한 호에 대한 원주각의 크기는 모두 같으므로

$\angle BDC = \angle BAC \implies \cos(\angle BAC) = \dfrac{3}{5}$

$\implies \overline{AB} = 10, \ \overline{BC} = 8, \ \overline{AC} = 6$

삼각형 ABC의 내접원의 반지름의 길이를 r이라 하면
내접원의 넓이 공식에 의해서

$\dfrac{10+8+6}{2} \times r = \dfrac{1}{2} \times 8 \times 6 \implies 24r = 48 \implies r = 2$

답 ③

074

$\overline{AB} = 3, \ \overline{BC} = a, \ \overline{AC} = 4$

ㄱ. $a = 5$이면 $R = \dfrac{5}{2}$이다.

    $a = 5$이면 삼각형 ABC는 빗변의 길이가 5인
    직각삼각형이 되므로 $\angle A = 90°$이다.
    사인법칙에 의해

    $\dfrac{a}{\sin 90°} = 2R \implies R = \dfrac{5}{2}$이다.

    따라서 ㄱ은 참이다.

ㄴ. $R = 4$이면 $a = 8\sin A$이다.
    사인법칙에 의해

    $\dfrac{a}{\sin A} = 2R \implies a = 2R\sin A = 8\sin A$이다.

    따라서 ㄴ은 참이다.

ㄷ. $1 < a^2 \leq 13$일 때, $\angle A$의 최댓값은 $60°$이다.
    코사인법칙에 의해

    $\cos A = \dfrac{9+16-a^2}{2 \times 3 \times 4} = \dfrac{25-a^2}{24}$이다.

    $\cos A$의 값이 최소일 때, A의 값이 최대이므로

    $a^2 = 13$일 때, $\cos A = \dfrac{25-13}{24} = \dfrac{12}{24} = \dfrac{1}{2}$로 최소를

    가지므로 $\angle A$의 최댓값은 $60°$이다.
    따라서 ㄷ은 참이다.

답 ⑤

075

$\angle BAC = \theta$라 하자.
$\overline{AB} = \overline{BC} = 2$이므로 $\angle BCA = \angle BAC = \theta$이다.

$\overline{AB} \ /\!/ \ \overline{CD}$이므로 $\angle BAC$와 $\angle ACD$는 서로 엇각이다.
즉, $\angle ACD = \angle BAC = \theta$이다.

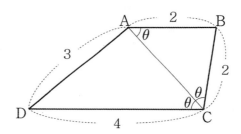

$\overline{AC} = x$라 하자.
삼각형 ABC에서 코사인법칙을 사용하면

$\cos\theta = \dfrac{4+x^2-4}{2 \times 2 \times x} = \dfrac{x^2}{4x} = \dfrac{x}{4}$

삼각형 ACD에서 코사인법칙을 사용하면

$\cos\theta = \dfrac{16+x^2-9}{2 \times 4 \times x} = \dfrac{7+x^2}{8x}$

$\dfrac{x}{4} = \dfrac{7+x^2}{8x} \implies 2x^2 = 7+x^2 \implies x^2 = 7 \implies x = \sqrt{7}$

$\implies \cos\theta = \dfrac{\sqrt{7}}{4} \implies \sin\theta = \dfrac{3}{4}$

사각형 ABCD의 넓이는 삼각형 ACD의 넓이와
삼각형 ABC의 넓이의 합이므로

$$\frac{1}{2}\times 4\times \sqrt{7}\times \sin\theta + \frac{1}{2}\times 2\times \sqrt{7}\times \sin\theta$$

$$=3\sqrt{7}\times \frac{3}{4}=\frac{9}{4}\sqrt{7}$$

따라서 $p+q=13$이다.

답 13

다르게 풀어보자!
$\overline{DA}$와 $\overline{CB}$에 연장선을 그어 만나는 점을 E라고 하면
삼각형 EAB와 삼각형 EDC는 $1:2$ 닮음이므로
$\overline{EA}=3$, $\overline{EB}=2$이다.
코사인법칙에 의해

$$\cos(\angle CDE)=\frac{6^2+4^2-4^2}{2\times 6\times 4}=\frac{3}{4}$$

$$\Rightarrow \sin(\angle CDE)=\frac{\sqrt{7}}{4}$$

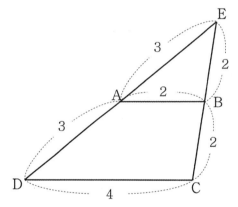

따라서 삼각형 EDC의 넓이는 $\frac{1}{2}\times 6\times 4\times \frac{\sqrt{7}}{4}=3\sqrt{7}$

이때, 삼각형 EAB와 삼각형 EDC의 넓이비는 $1:4$이므로
사각형 ABCD의 넓이는 $\frac{3}{4}\times 3\sqrt{7}=\frac{9}{4}\sqrt{7}$ 이다.

076

ㄱ. $\angle BFE = 90° - \theta$

  $\angle BFG = 60° - \theta$이므로
  $\angle BFE = 30° + 60° - \theta = 90° - \theta$이다.
  따라서 ㄱ은 참이다.

ㄴ. $\overline{BF} = 4\sin\theta$

  $\overline{EF}=\overline{EG}=2$이므로
  삼각형 EFG에서 코사인법칙을 사용하면

  $$\cos 120° = \frac{4+4-(\overline{FG})^2}{2\times 2\times 2}=-\frac{1}{2} \Rightarrow \overline{FG}=2\sqrt{3}$$

> **Tip**
>
> 한 내각의 크기가 $120°$인 이등변삼각형의
> 세 변의 길이 비는 $1:1:\sqrt{3}$이다.
> 이 성질을 활용하면 좀 더 빠르게 길이를 구할 수 있다.
> (앞서 51번 해설에서 배운 적이 있다.)

  삼각형 BFG에서 사인법칙을 사용하면

  $$\frac{\overline{BF}}{\sin\theta}=\frac{2\sqrt{3}}{\sin 120°}=4 \Rightarrow \overline{BF}=4\sin\theta$$
  따라서 ㄴ은 참이다.

ㄷ. 선분 BE의 길이는 항상 일정하다.

  삼각형 BFE에서 코사인법칙을 사용하면

  $$\cos(90°-\theta)=\frac{(\overline{BF})^2+(\overline{FE})^2-(\overline{BE})^2}{2\times \overline{BF}\times \overline{FE}}$$

  $$\Rightarrow \sin\theta = \frac{16\sin^2\theta + 4 - (\overline{BE})^2}{16\sin\theta} \Rightarrow \overline{BE}=2$$
  따라서 ㄷ은 참이다.

답 ⑤

> **Tip**
>
> ㄱ, ㄴ, ㄷ 문제를 풀 때는 항상 ㄱ, ㄴ, ㄷ이 유기적으로
> 연결되어 있다는 생각을 해야 한다.
> 간단히 말해서 바로 ㄷ을 물어보면 어려우니 ㄷ을 풀기
> 위해서 ㄱ, ㄴ과 같은 징검다리를 놓아준 것이라 생각하면
> 된다. 그러니 출제자의 호의를 무시하지 말자.
> 이 문제에서도 ㄷ을 풀 때, ㄱ과 ㄴ이 활용된 것을 볼 수 있다.

077

삼각형 ABC의 외접원의 반지름의 길이를 R이라 하자.
삼각형 ABC에서 사인법칙을 사용하면

$$\frac{\overline{AC}}{\sin\alpha}=2R \Rightarrow \sin\alpha = \frac{\overline{AC}}{2R}$$

삼각형 ACD의 외접원의 반지름의 길이를 r이라 하자.

삼각형 ACD에서 사인법칙을 사용하면

$$\frac{\overline{AC}}{\sin\beta} = 2r \Rightarrow \sin\beta = \frac{\overline{AC}}{2r}$$

$$\frac{\sin\beta}{\sin\alpha} = \frac{3}{2} \Rightarrow \frac{\frac{\overline{AC}}{2r}}{\frac{\overline{AC}}{2R}} = \frac{3}{2} \Rightarrow \frac{R}{r} = \frac{3}{2}$$

$R = 3x$, $r = 2x$ 라 하자.

원에서 한 호에 대한 원주각의 크기는 그 호에 대한 중심각의 크기의 $\frac{1}{2}$과 같으므로

$\angle AOC = 2\alpha$, $\angle AO'C = 2\beta$이다.

선분 OO'는 선분 AC를 수직이등분하므로

$$\angle AOO' = \frac{1}{2} \times \angle AOC = \frac{1}{2} \times 2\alpha = \alpha$$

$$\angle AO'O = \frac{1}{2} \times \angle AO'C = \frac{1}{2} \times 2\beta = \beta$$

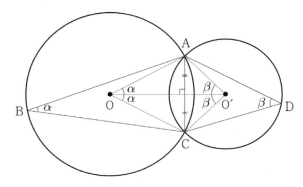

$\angle OAO' = \pi - (\alpha + \beta)$이므로
삼각형 AOO'에서 코사인법칙을 사용하면

$$\cos(\pi - (\alpha + \beta)) = -\cos(\alpha + \beta) = \frac{R^2 + r^2 - (\overline{OO'})^2}{2 \times R \times r}$$

$\cos(\alpha + \beta) = \frac{1}{3}$, $\overline{OO'} = 1$, $R = 3x$, $r = 2x$ 이므로

$$\cos(\pi - (\alpha + \beta)) = -\cos(\alpha + \beta) = \frac{R^2 + r^2 - (\overline{OO'})^2}{2 \times R \times r}$$

$$\Rightarrow -\frac{1}{3} = \frac{9x^2 + 4x^2 - 1}{12x^2}$$

$$\Rightarrow -4x^2 = 13x^2 - 1$$

$$\Rightarrow x^2 = \frac{1}{17}$$

삼각형 ABC의 외접원의 넓이는 $R^2\pi = 9x^2\pi = \frac{9}{17}\pi$이므로
$p + q = 26$이다.

답 26

078

$\overline{AC} = x$라 하면 $\overline{BD} = 2x$
점 D에서 직선 AB에 내린 수선의 발을 E라 하고,
$\angle CAH = \angle DBE = \theta$라 하자.

점 H는 선분 AB를 1 : 3으로 내분하므로

$$\overline{AH} = \frac{1}{4}\overline{AB} = \frac{1}{2}, \quad \overline{HB} = \frac{3}{2}$$

$$\overline{CH} = \sqrt{(\overline{AC})^2 - (\overline{AH})^2} = \sqrt{x^2 - \frac{1}{4}}$$

$$\overline{DE} = \sqrt{(\overline{BD})^2 - (\overline{BE})^2} = \sqrt{4x^2 - 1}$$

($\because$ 삼각형 ACH와 삼각형 BDE는 1 : 2 닮음
$\Rightarrow \overline{AH} : \overline{BE} = 1 : 2 \Rightarrow \overline{BE} = 1$)

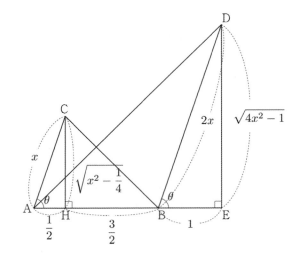

$$\overline{BC} = \sqrt{(\overline{CH})^2 + (\overline{HB})^2} = \sqrt{x^2 - \frac{1}{4} + \frac{9}{4}} = \sqrt{x^2 + 2}$$

$$\overline{AD} = \sqrt{(\overline{DE})^2 + (\overline{AE})^2} = \sqrt{4x^2 - 1 + 9} = \sqrt{4x^2 + 8}$$

두 삼각형 ABC, ABD의 외접원의 반지름의 길이를 각각 r, R이라 하였다.

삼각형 ABC에서 사인법칙을 사용하면

$$\frac{\overline{BC}}{\sin(\angle CAB)} = 2r \Rightarrow \frac{\sqrt{x^2 + 2}}{\sin\theta} = 2r \Rightarrow 4r^2 = \frac{x^2 + 2}{\sin^2\theta}$$

삼각형 ABD에서 사인법칙을 사용하면

$$\frac{\overline{AD}}{\sin(\angle ABD)} = 2R \Rightarrow \frac{\sqrt{4x^2 + 8}}{\sin(\pi - \theta)} = 2R \Rightarrow 4R^2 = \frac{4x^2 + 8}{\sin^2\theta}$$

$$4(R^2 - r^2) = \frac{4x^2 + 8 - x^2 - 2}{\sin^2\theta} = \frac{3x^2 + 6}{\sin^2\theta}$$이고

$\sin^2(\angle CAB) = \sin^2\theta$이므로

$4(R^2-r^2)\times \sin^2(\angle \mathrm{CAB})=51$

$\Rightarrow \dfrac{3x^2+6}{\sin^2\theta}\times \sin^2\theta=51 \Rightarrow 3x^2=45 \Rightarrow x^2=15$

따라서 $\overline{\mathrm{AC}}^2=x^2=15$이다.

답 15

079

2022학년도 수능 15번(객관식 마지막)에 출제된 문제이다.
객관식 마지막이라서 다소 압박감을 가질 수도 있겠지만
충분히 할만한 난이도로 출제되었다.
이런 문제들은 빈칸 주위만 집중하는 것이 아니라
문제 전체의 맥락을 봐야 한다. 천천히 풀어보자.

삼각형 $\mathrm{CO_1O_2}$는 이등변삼각형이므로 $\angle \mathrm{O_1O_2C}=\dfrac{\pi}{2}-\dfrac{\theta_2}{2}$

$\angle \mathrm{CO_2O_1}+\angle \mathrm{O_1O_2D}=\pi \Rightarrow \dfrac{\pi}{2}-\dfrac{\theta_2}{2}+\theta_3=\pi$ 이므로

$\theta_3=\dfrac{\pi}{2}+\dfrac{\theta_2}{2}$ 이다.

$\theta_3=\theta_1+\theta_2$와 $\theta_3=\dfrac{\pi}{2}+\dfrac{\theta_2}{2}$를 연립하면 $2\theta_1+\theta_2=\pi$이므로

$\angle \mathrm{AO_1B}+\angle \mathrm{CO_1B}+\angle \mathrm{CO_1O_2}=\pi$

$\Rightarrow \theta_1+\angle \mathrm{CO_1B}+\theta_2=\pi \Rightarrow \angle \mathrm{CO_1B}=\theta_1$

$\angle \mathrm{O_2O_1B}=\theta_1+\theta_2=\theta_3$이므로 삼각형 $\mathrm{O_1O_2B}$와
삼각형 $\mathrm{O_2O_1D}$는 합동이다. (**SAS**합동)

$\overline{\mathrm{AB}}=k$라 할 때,
$\overline{\mathrm{AB}}:\overline{\mathrm{O_1D}}=1:2\sqrt{2} \Rightarrow \overline{\mathrm{BO_2}}=\overline{\mathrm{O_1D}}=2\sqrt{2}\,k$

삼각형 $\mathrm{ABO_2}$는 $\angle \mathrm{ABO_2}=\dfrac{\pi}{2}$인 직각삼각형이므로

$\overline{\mathrm{AO_2}}=\sqrt{(\overline{\mathrm{AB}})^2+(\overline{\mathrm{BO_2}})^2}=\sqrt{k^2+8k^2}=3k$이다.

즉, (가) $=3k$이다.

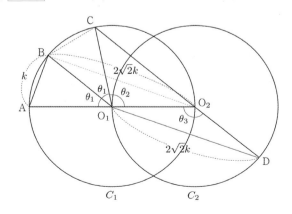

중심각과 원주각의 관계에 의해
(가이드 스텝 개념 파악하기 (4) 참고)

$\angle \mathrm{BO_2A}=\dfrac{1}{2}\angle \mathrm{BO_1A}=\dfrac{\theta_1}{2}$이다.

삼각형 $\mathrm{ABO_2}$에서

$\cos \dfrac{\theta_1}{2}=\dfrac{\overline{\mathrm{BO_2}}}{\overline{\mathrm{AO_2}}}=\dfrac{2\sqrt{2}\,k}{3k}=\dfrac{2\sqrt{2}}{3}$이다.

즉, (나) $=\dfrac{2\sqrt{2}}{3}$이다.

삼각형 $\mathrm{O_2BC}$에서
$\overline{\mathrm{BC}}=k$, $\overline{\mathrm{BO_2}}=2\sqrt{2}\,k$이고,
중심각과 원주각의 관계에 의해

$\angle \mathrm{CO_2B}=\dfrac{1}{2}\angle \mathrm{CO_1B}=\dfrac{\theta_1}{2}$이다.

$\overline{\mathrm{O_2C}}=x$라 하고,
삼각형 $\mathrm{CO_2B}$에서 코사인법칙을 사용하면

$\cos \dfrac{\theta_1}{2}=\dfrac{(\overline{\mathrm{BO_2}})^2+(\overline{\mathrm{O_2C}})^2-(\overline{\mathrm{BC}})^2}{2\times \overline{\mathrm{BO_2}}\times \overline{\mathrm{O_2C}}}=\dfrac{7k^2+x^2}{4\sqrt{2}\,k\times x}=\dfrac{2\sqrt{2}}{3}$

$\Rightarrow \dfrac{16}{3}k\times x=7k^2+x^2$

$\Rightarrow 3x^2-16kx+21k^2=0$

$\Rightarrow (3x-7k)(x-3k)=0$

$\Rightarrow x=\overline{\mathrm{O_2C}}=\dfrac{7k}{3}\ (\because\ \overline{\mathrm{O_2C}}<\overline{\mathrm{AO_2}}=3k)$

즉, (다) $=\dfrac{7k}{3}$

$\overline{\mathrm{CD}}=\overline{\mathrm{O_2D}}+\overline{\mathrm{O_2C}}=\overline{\mathrm{O_1O_2}}+\overline{\mathrm{O_2C}}$이므로

$\overline{\mathrm{AB}}:\overline{\mathrm{CD}}=k:\left(\dfrac{3k}{2}+\dfrac{7k}{3}\right)$

$\Rightarrow \overline{\mathrm{AB}}:\overline{\mathrm{CD}}=1:\dfrac{23}{6}$

$f(k)=3k$, $g(k)=\dfrac{7k}{3}$, $p=\dfrac{2\sqrt{2}}{3}$이므로

$f(p)\times g(p)=2\sqrt{2}\times \dfrac{14\sqrt{2}}{9}=\dfrac{56}{9}$이다.

답 ②

080

ㄱ. $\sin(\angle CBA)=\dfrac{2\sqrt{10}}{7}$

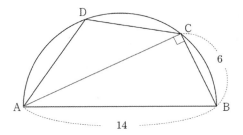

$\angle ACB=\dfrac{\pi}{2}$ 이므로 삼각형 ABC에서

$\overline{AC}=\sqrt{14^2-6^2}=\sqrt{160}=4\sqrt{10}$ 이다.

$\sin(\angle CBA)=\dfrac{4\sqrt{10}}{14}=\dfrac{2\sqrt{10}}{7}$ 이므로

ㄱ은 참이다.

ㄴ. $\overline{CD}=7$ 일 때, $\overline{AD}=-3+2\sqrt{30}$

$\angle CBA=\theta$ 라 하면 $\angle ADC=\pi-\theta$ 이다.
(가이드 스텝 개념 파악하기 (6) 참고)

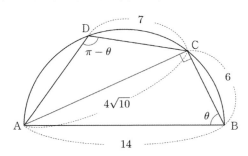

$\cos(\pi-\theta)=-\cos\theta=-\dfrac{\overline{BC}}{\overline{AB}}=-\dfrac{3}{7}$

$\overline{AD}=x$ 라 하자.
삼각형 ACD에서 코사인법칙을 사용하면

$\cos(\pi-\theta)=\dfrac{x^2+7^2-(4\sqrt{10})^2}{2\times x\times 7}$

$\Rightarrow -\dfrac{3}{7}=\dfrac{x^2-111}{14x}\Rightarrow x^2+6x-111=0$

$\Rightarrow x=-3+2\sqrt{30}\ (\because\ x>0)$
따라서 ㄴ은 참이다.

ㄷ. 사각형 ABCD의 넓이의 최댓값은 $20\sqrt{10}$ 이다.

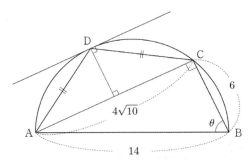

삼각형 ACD의 넓이가 최대일 때 사각형 ABCD의
넓이가 최대이므로 점 D는 직선 AC와 평행한 직선이
반원에 접할 때의 접점과 같다.
즉, 선분 AC의 수직이등분선이 호 AC와 만나는 점이다.
$\overline{AD}=\overline{CD}=x$ 라 하자.
삼각형 ACD에서 코사인법칙을 사용하면

$\cos(\pi-\theta)=\dfrac{x^2+x^2-(4\sqrt{10})^2}{2\times x\times x}$

$\Rightarrow -\dfrac{3}{7}=\dfrac{2x^2-160}{2x^2}\Rightarrow 10x^2=560$

$\Rightarrow x^2=56$

삼각형 ACD의 넓이의 최댓값은

$\dfrac{1}{2}\times x^2\times\sin(\pi-\theta)=\dfrac{1}{2}\times 56\times\dfrac{2\sqrt{10}}{7}=8\sqrt{10}$ 이고,

삼각형 ABC의 넓이는 $\dfrac{1}{2}\times 6\times 4\sqrt{10}=12\sqrt{10}$ 이므로

사각형 ABCD의 넓이의 최댓값은 $20\sqrt{10}$ 이다.
따라서 ㄷ은 참이다.

답 ⑤

081

$\angle BAD$ 와 $\angle BCD$ 는 같은 호에 대한 원주각이므로
$\angle BAD=\angle BCD$ 이다.

$\angle BAD=\angle BCD=\theta$, $\overline{AD}=a$, $\overline{CB}=b$ 라 하면
삼각형 ABD의 넓이 S_1 은

$S_1=\dfrac{1}{2}\times\overline{AB}\times\overline{AD}\times\sin\theta=\dfrac{1}{2}\times 6\times a\times\sin\theta=3a\sin\theta$

삼각형 CBD의 넓이 S_2 는

$S_2=\dfrac{1}{2}\times\overline{CB}\times\overline{CD}\times\sin\theta=\dfrac{1}{2}\times b\times 4\times\sin\theta=2b\sin\theta$

$S_1 : S_2 = 9 : 5$이므로 $3a : 2b = 9 : 5$

$15a = 18b \Rightarrow 5a = 6b$

$\Rightarrow a = 6k, \ b = 5k \ (k > 0)$

삼각형 ABC에서 코사인법칙을 사용하면

$$\cos\alpha = \frac{6^2 + (5k)^2 - (\overline{\mathrm{AC}})^2}{2 \times 6 \times 5k}$$

$\cos\alpha = \dfrac{3}{4}$이므로

$$\frac{3}{4} = \frac{36 + 25k^2 - (\overline{\mathrm{AC}})^2}{2 \times 6 \times 5k}$$

$$\Rightarrow (\overline{\mathrm{AC}})^2 = 36 + 25k^2 - 45k \ \cdots \ \text{㉠}$$

$\angle$ABC와 $\angle$ADC는 같은 호에 대한 원주각이므로

$\angle$ABC $= \angle$ADC $= \alpha$이다.

삼각형 ADC에서 코사인법칙을 사용하면

$$\cos\alpha = \frac{(6k)^2 + 4^2 - (\overline{\mathrm{AC}})^2}{2 \times 6k \times 4}$$

$\cos\alpha = \dfrac{3}{4}$이므로

$$\frac{3}{4} = \frac{(6k)^2 + 4^2 - (\overline{\mathrm{AC}})^2}{2 \times 6k \times 4}$$

$$\Rightarrow (\overline{\mathrm{AC}})^2 = 36k^2 + 16 - 36k \ \cdots \ \text{㉡}$$

㉠, ㉡을 연립하면

$11k^2 + 9k - 20 = 0$

$\Rightarrow (11k + 20)(k - 1) = 0$

$\Rightarrow k = 1 \ (\because \ k > 0)$

$a = 6k = 6$

$$\sin\alpha = \sqrt{1 - \cos^2\alpha} = \sqrt{1 - \frac{9}{16}} = \frac{\sqrt{7}}{4}$$

삼각형 ADC의 넓이 S는

$$S = \frac{1}{2} \times \overline{\mathrm{AD}} \times \overline{\mathrm{CD}} \times \sin\alpha = \frac{1}{2} \times 6 \times 4 \times \frac{\sqrt{7}}{4} = 3\sqrt{7}$$

이므로 $S^2 = 63$이다.

답 **63**

082

$\angle$AOB $= 90°$이므로 선분 AB가 원 S의 지름이다.

$$(\overline{\mathrm{AB}})^2 = (\overline{\mathrm{AO}})^2 + (\overline{\mathrm{OB}})^2 = 16 + 4 = 20 \Rightarrow \overline{\mathrm{AB}} = 2\sqrt{5}$$

점 D는 원 위의 점이므로 $\angle$ADB $= 90°$이다.

즉, 점 B에서 선분 AC에 내린 수선의 발은 D이다.

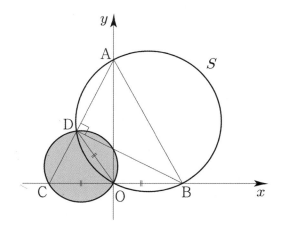

직각삼각형 CBD에 외접하는 원을 그려보자.

외접원의 중심이 O이므로 선분 OD는 외접원의 반지름과

같다. 즉, $\overline{\mathrm{OD}} = 2$이다.

삼각형 ACO와 삼각형 ABO는 서로 합동이므로

$\angle$ACO $= \angle$ABO 이다.

$$\cos(\angle \mathrm{ACO}) = \cos(\angle \mathrm{ABO}) = \frac{\overline{\mathrm{OB}}}{\overline{\mathrm{AB}}} = \frac{2}{2\sqrt{5}}$$

$$\cos(\angle \mathrm{ACO}) = \frac{2}{2\sqrt{5}} = \frac{1}{\sqrt{5}} \Rightarrow \sin(\angle \mathrm{ACO}) = \frac{2}{\sqrt{5}}$$

삼각형 OCD에 외접하는 원의 반지름을 R이라 하자.

삼각형 OCD에서 사인법칙을 사용하면

$$\frac{2}{\sin(\angle \mathrm{ACO})} = 2R \Rightarrow \frac{2}{\frac{2}{\sqrt{5}}} = R \Rightarrow R = \frac{\sqrt{5}}{2}$$

따라서 외접원의 넓이는 $\dfrac{5}{4}\pi$이므로

$$120k = 120 \times \frac{5}{4} = 150 \text{ 이다.}$$

답 **150**

다르게 풀어보자.

점 D는 원 위의 점이므로 $\angle$ADB $= 90°$이다.

즉, 점 B에서 선분 AC에 내린 수선의 발은 D이다.

$\angle$BAC $= \theta$라 하자.

삼각형 ABC에서 코사인법칙을 사용하면

$$\cos\theta = \frac{(2\sqrt{5})^2 + (2\sqrt{5})^2 - 4^2}{2 \times 2\sqrt{5} \times 2\sqrt{5}} = \frac{3}{5}$$

$\overline{AD} = \overline{AB}\cos\theta = 2\sqrt{5} \times \frac{3}{5} = \frac{6}{5}\sqrt{5}$ 이므로

$\overline{CD} = \overline{AC} - \overline{AD} = 2\sqrt{5} - \frac{6}{5}\sqrt{5} = \frac{4}{5}\sqrt{5}$

$$\cos(\angle ACO) = \frac{\overline{CO}}{\overline{AC}} = \frac{2}{2\sqrt{5}} = \frac{1}{\sqrt{5}}$$

삼각형 DCO에서 코사인법칙을 사용하면

$$\cos(\angle ACO) = \frac{2^2 + \left(\frac{4}{5}\sqrt{5}\right)^2 - (\overline{OD})^2}{2 \times 2 \times \frac{4}{5}\sqrt{5}}$$

$$\Rightarrow \frac{1}{\sqrt{5}} = \frac{4 + \frac{16}{5} - (\overline{OD})^2}{\frac{16}{5}\sqrt{5}}$$

$$\Rightarrow \frac{16}{5} = \frac{36}{5} - (\overline{OD})^2$$

$$\Rightarrow \overline{OD} = 2$$

$\cos(\angle ACO) = \frac{1}{\sqrt{5}}$ 이므로 $\sin(\angle ACO) = \frac{2}{\sqrt{5}}$ 이다.

삼각형 OCD에 외접하는 원의 반지름의 길이를 R이라 하자.

$$\frac{\overline{OD}}{\sin(\angle ACO)} = 2R \Rightarrow \frac{2}{\frac{2}{\sqrt{5}}} = 2R$$

$$\Rightarrow R = \frac{\sqrt{5}}{2}$$

따라서 외접원의 넓이는 $\frac{5}{4}\pi$이다.

또 다르게 풀어보자.

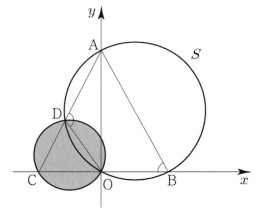

위 그림과 같이 선분 AB를 그어주면 사각형 ABOD는
원 S 안에 내접한다.

원에 내접하는 사각형의 두 대각의 합이 π이므로
$\angle ABO = \pi - \angle ADO$이다.
또한 세 점 A, D, C는 한 직선 위에 있으므로
$\angle CDO = \pi - \angle ADO$이다.
따라서, $\angle ABO = \angle CDO$이다.

여기서 $\sin(\angle ABO) = \frac{4}{2\sqrt{5}} = \frac{2}{\sqrt{5}}$ 이고, 삼각형 CDO의

외접원의 반지름의 길이를 R이라 할 때,
삼각형 CDO에서 사인법칙을 사용하면

$$\frac{\overline{CO}}{\angle CDO} = \frac{2}{\angle ABO} = \sqrt{5} = 2R \Rightarrow R = \frac{\sqrt{5}}{2}$$

따라서 외접원의 넓이는 $\frac{5}{4}\pi$이다.

수열

등차수열과 등비수열 | Guide step

1	4, 6
2	1, 3, 5, 7
3	(1) 공차는 2, $x = 7$ (2) 공차는 -3, $x = 4$
4	(1) $a_n = 3n - 2$ (2) $a_n = 2n - 3$
5	(1) $a_n = -4n + 15$ (2) $a_n = 3n - 15$
6	$x = -5$, $y = -1$
7	(1) 185 (2) 12
8	$a_n = 4n - 3$
9	(1) 공비는 4, $x = 16$ (2) 공비는 -2, $x = -8$
10	(1) $a_n = 3 \left(\dfrac{1}{3} \right)^{n-1}$ (2) $a_n = -2 \times 4^{n-1}$
11	$a_n = \dfrac{4}{9} \times 3^{n-1}$
12	$x = 6$, $y = 24$ or $x = -6$, $y = -24$
13	364

개념 확인문제 1

제 2항은 4이고 제 4항은 6이다.

답 4, 6

개념 확인문제 2

n에 1부터 4까지를 대입하면 1, 3, 5, 7이다.

답 1, 3, 5, 7

개념 확인문제 3

(1) $5 - 3 = 2$이므로 공차가 2이고 $5 + 2 = x$이므로
$x = 7$이다.

(2) $7 - 10 = -3$이므로 공차는 -3이고 $7 + (-3) = 4$이므로
$x = 4$이다.

답 (1) 공차는 2, $x = 7$
(2) 공차는 -3, $x = 4$

개념 확인문제 4

(1) $d = 4 - 1 = 3$이고 $a_1 = 1$이므로
$a_n = 1 + (n-1)3 = 3n - 2$ 이다.

(2) $d = 1 - (-1) = 2$이고 $a_1 = -1$이므로
$a_n = -1 + (n-1)2 = 2n - 3$ 이다.

답 (1) $a_n = 3n - 2$
(2) $a_n = 2n - 3$

개념 확인문제 5

(1) $a_4 = -1$, $a_{10} = -25$
$a + 3d = -1$, $a + 9d = -25$ 이므로 연립하면
$a = 11$, $d = -4$ 이므로 $a_n = -4n + 15$이다.

(2) $a_2 = -9$, $a_{12} = 21$
$a + d = -9$, $a + 11d = 21$ 이므로 연립하면
$a = -12$, $d = 3$ 이므로 $a_n = 3n - 15$이다.

답 (1) $a_n = -4n + 15$
(2) $a_n = 3n - 15$

개념 확인문제 6

$x + y = -6$, $-3 + 1 = 2y$ 이므로
$x = -5$, $y = -1$이다.

답 $x = -5$, $y = -1$

개념 확인문제 7

(1) $a = -4$, $d = 5$
$S_{10} = \dfrac{10\{-8 + (10-1)5\}}{2} = \dfrac{10 \times 37}{2} = 185$

(2) $\dfrac{(k+2)(2+20)}{2} = 110$이므로 $k = 8$이다.
$2 + (k+2-1)d = 20$이므로 $d = 2$이다.
따라서 $a_1 = 2 + 2 = 4$이므로 $k + a_1 = 12$이다.

답 (1) 185 (2) 12

풀이1) $S_n - S_{n-1} = a_n(n \geq 2)$ 을 이용하면

$$S_n - S_{n-1} = (2n^2 - n) - \{2(n-1)^2 - (n-1)\}$$
$$= 4n - 3 = a_n$$

$a_n = 4n - 3(n \geq 2)$이고 $S_1 = 1 = a_1$이므로

$a_n = 4n - 3$이다.

풀이2) 미분하고 최고차항의 계수를 빼자 !

$$S_n = 2n^2 - n \Rightarrow a_n = 4n - 1 - 2 = 4n - 3$$

답　$a_n = 4n - 3$

개념 확인문제　9

(1) $1 \times 4 = 4$이므로 공비는 4이다.

$4 \times 4 = 16$이므로 $x = 16$이다.

(2) $(-2) \times (-2) = 4$이므로 공비는 -2이다.

$4 \times (-2) = -8$이므로 $x = -8$이다.

답　(1) 공비는 4, $x = 16$
　　(2) 공비는 -2, $x = -8$

개념 확인문제　10

(1) $a = 3$, $r = \dfrac{1}{3}$이므로 $a_n = 3\left(\dfrac{1}{3}\right)^{n-1}$이다.

(2) $a = -2$, $r = 4$이므로 $a_n = -2 \times 4^{n-1}$이다.

답　(1) $a_n = 3\left(\dfrac{1}{3}\right)^{n-1}$
　　(2) $a_n = -2 \times 4^{n-1}$

개념 확인문제　11

$a_3 = 4$, $a_6 = 108$이므로 $ar^2 = 4$, $ar^5 = 108$이다.

$\dfrac{a_6}{a_3} = \dfrac{ar^5}{ar^2} = r^3 = 27$이므로 $r = 3$이다.

$a \times 9 = 4$이므로 $a = \dfrac{4}{9}$이다.

따라서 $a_n = \dfrac{4}{9} \times 3^{n-1}$이다.

답　$a_n = \dfrac{4}{9} \times 3^{n-1}$

개념 확인문제　12

$3 \times 12 = x^2$이므로 $x = 6$ or -6

$x = 6$이면 $r = 2$이므로 $y = 24$

$x = -6$이면 $r = -2$이므로 $y = -24$이다.

답　$x = 6$, $y = 24$ or $x = -6$, $y = -24$

개념 확인문제　13

$$S_5 = \dfrac{a(r^5 - 1)}{r - 1} = 12, \quad S_{10} = \dfrac{a(r^{10} - 1)}{r - 1} = 120$$

$$\dfrac{a(r^5 - 1)(r^5 + 1)}{r - 1} = 120 \Rightarrow 12(r^5 + 1) = 120 \Rightarrow r^5 + 1 = 10$$

$$\therefore r^5 = 9$$

$$\dfrac{a(r^5 - 1)}{r - 1} = 12 \Rightarrow \dfrac{a(9 - 1)}{r - 1} = 12 \Rightarrow \dfrac{a}{r - 1} = \dfrac{3}{2}$$

$$S_{15} = \dfrac{a(r^{15} - 1)}{r - 1} = \dfrac{a\{(r^5)^3 - 1\}}{r - 1} = \dfrac{a(9^3 - 1)}{r - 1} = \dfrac{3}{2} \times 728$$
$$= 3 \times 364$$

따라서 $\dfrac{S_{15}}{3} = 364$이다.

답　364

등차수열과 등비수열 | Training - 1 step

1	34	17	4
2	6	18	54
3	13	19	8
4	30	20	5
5	9	21	15
6	1	22	16
7	5	23	42
8	3	24	62
9	10	25	105
10	94	26	4
11	392	27	600
12	122	28	15
13	371	29	64
14	39	30	279
15	10	31	12
16	5		

001

$a+d=2$, $2d=8$ 이므로 $d=4$, $a=-2$이다.
따라서 $a_{10}=a+9d=-2+36=34$이다.

답 34

002

$a_n=4n+X$, $b_n=-2n+Y$이므로
$a_n-b_n=6n+X-Y$이다.
따라서 수열 $\{a_n-b_n\}$의 공차는 6이다.

답 6

003

$d=-3$, $a+19d=-20 \Rightarrow a=37$
$a_n=37+(n-1)(-3)=-3n+40$이다.
$|a_n|=|-3n+40|$이 최소가 되려면 0에 가까워야 하므로
$n=13$일 때, 최소이다.

답 13

004

$|a_3|=|a_7| \Rightarrow |a+2d|=|a+6d|$
$a+2d=-(a+6d) \Rightarrow 2a+8d=0 \Rightarrow a+4d=0$
$a_{11}=12 \Rightarrow a+10d=12$
$a+10d=12$, $a+4d=0$을 연립하면 $a=-8$, $d=2$
$a_n=-8+(n-1)2=2n-10$이므로 $a_{20}=30$이다.

답 30

005

$\frac{1}{a_n}=\frac{1}{a_1}+(n-1)\frac{1}{8}$
$\frac{1}{a_2}=\frac{1}{a_1}+\frac{1}{8}$, $\frac{1}{a_4}=\frac{1}{a_1}+\frac{3}{8}$
$a_2=2a_4 \Rightarrow \frac{1}{a_4}=\frac{2}{a_2}$이므로
$\frac{1}{a_4}=\frac{2}{a_2} \Rightarrow \frac{1}{a_1}+\frac{3}{8}=\frac{2}{a_1}+\frac{2}{8} \Rightarrow \frac{1}{a_1}=\frac{1}{8} \Rightarrow a_1=8$
$\frac{1}{a_8}=\frac{1}{a_1}+\frac{7}{8}=\frac{1}{8}+\frac{7}{8}=1 \Rightarrow a_8=1$
따라서 $a_1+a_8=9$이다.

답 9

006

$8+6x+4=2(x^2+2x) \Rightarrow 12+6x=2x^2+4x$
$2x^2-2x-12=0 \Rightarrow x^2-x-6=0$
근과 계수의 관계에 의하여 모든 실수 x의 값의 합은 1이다.

답 1

007

$\alpha+\beta=1$, $\alpha\beta=-3$
$(\alpha+\beta)^3=\alpha^3+\beta^3+3\alpha\beta(\alpha+\beta)$이므로 대입하면
$1=\alpha^3+\beta^3-9 \Rightarrow \alpha^3+\beta^3=10$이다.
$\alpha^3+\beta^3=2k$이므로 $k=5$이다.

답 5

008

$a_1 + (a_3 + a_4) = 2(a_1 + a_3) \Rightarrow a + (2a + 5d) = 2(2a + 2d)$

$3a + 5d = 4a + 4d \Rightarrow d = a$이다.

따라서 $\dfrac{a_9}{a_3} = \dfrac{a + 8d}{a + 2d} = \dfrac{9a}{3a} = 3$이다.

답 3

009

$a = 4$, $d = 2$이고 더하고자 하는 총 항의 개수가

$n - 3 + 1 = n - 2$이므로

$\dfrac{(n-2)(a_3 + a_n)}{2} = \dfrac{(n-2)\{a + 2d + a + (n-1)d\}}{2}$

$= \dfrac{(n-2)\{12 + (n-1)2\}}{2} = \dfrac{(n-2)(2n+10)}{2}$

$= (n-2)(n+5) = 120$

$n^2 + 3n - 10 = 120 \Rightarrow n^2 + 3n - 130 = 0$

$\Rightarrow (n+13)(n-10) = 0$

따라서 $n = 10$이다.

답 10

010

$S_{10} = \dfrac{10(2a + 9d)}{2} = 5(2a + 9d) = 50 \Rightarrow 2a + 9d = 10$

$S_{15} = \dfrac{15(2a + 14d)}{2} = 15(a + 7d) = 150 \Rightarrow a + 7d = 10$

연립하면 $a = -4$, $d = 2$이다.

따라서 $a_{50} = a + 49d = -4 + 98 = 94$이다.

답 94

011

$a_5 = a + 4d = 35$, $a_{10} = a + 9d = 20$

$a = 47$, $d = -3 \Rightarrow a_n = -3n + 50$

$a_1 = 47$, $a_2 = 44$, $\cdots$ 처음으로 음수가 나오는 항은

$a_{17} = -1$이므로 S_n의 최댓값은 S_{16}이다.

따라서 $S_{16} = \dfrac{16(94 + 15(-3))}{2} = 8 \times 49 = 392$이다.

답 392

012

$a_3 = a + 2d = -2$, $a_9 = a + 8d = 46$

$a = -18$, $d = 8$

$a_1 = -18$, $a_2 = -10$, $a_3 = -2$, $a_4 = 6$, $\cdots$, $a_{20} = 134$

$|a_1| = 18$, $|a_2| = 10$, $|a_3| = 2$

a_4부터는 양수이므로 $|a_n| = a_n \ (n \geq 4)$이다.

a_4부터 a_{20}까지 더하면 $\dfrac{17(6 + 134)}{2} = 1190$이고

$|a_1| + |a_2| + |a_3| = 30$ 이므로

$\dfrac{|a_1| + |a_2| + |a_3| + \cdots + |a_{20}|}{10} = \dfrac{30 + 1190}{10} = 122$

답 122

013

$A = \{4, \ 9, \ 14, \ 19, \ 24, \ 29, \ \cdots\}$

$B = \{3, \ 6, \ 9, \ 12, \ 15, \ 18, \ \cdots\}$

$A \cap B = \{9, \ 24, \ \cdots\}$

이는 첫째항이 9이고 공차가 15인 등차수열이다.

집합 $A \cap B$의 원소를 작은 수부터 순서대로 나열한 수열을

a_n이라 하면

$a_n = 9 + (n-1)15 = 15n - 6$

$a_7 = 105 - 6 = 99$

$C = \{x - 1 \,|\, x \in (A \cap B), \ 1 \leq x \leq 100\}$

(조건제시법은 $|$ (bar) 앞에 있는 것을 주의해야 한다.)

$x - 1$ 이므로 집합 C의 원소는 8, 23, $\cdots$, 98이다.

따라서 모든 원소의 합은 $\dfrac{7(8 + 98)}{2} = 371$이다.

답 371

014

$S_n = 2n^2 - n + 1 \Rightarrow a_n = 4n - 3 \ (n \geq 2)$, $a_1 = S_1 = 2$

($S_n - S_{n-1} = a_n \ (n \geq 2)$을 사용해도 된다.

하지만 등차수열의 경우 Guide step에서 배운 공식을 사용

하는 것을 추천한다.)

$a_1 = 2$, $a_{10} = 37 \Rightarrow a_1 + a_{10} = 39$이다.

답 39

015

$S_n = n^2 - 20n \Rightarrow a_n = 2n - 21$

$2n - 21 < 0 \Rightarrow n < 10.5$

따라서 $n = 1$부터 $n = 10$까지 이므로 10개다.

답   10

016

$S_n = n^2 + 4n \Rightarrow a_n - 3n = 2n + 4 - 1 = 2n + 3$

$a_n = 5n + 3 \Rightarrow a_{2k-1} = 5(2k-1) + 3 = 10k - 2, \ a_1 = 8$

$a_1 + a_3 + a_5 + \cdots + a_{2k-1} = 140$이므로

$\dfrac{k(a_1 + a_{2k-1})}{2} = \dfrac{k(8 + 10k - 2)}{2} = 140$

$k(5k + 3) = 140 \Rightarrow 5k^2 + 3k - 140 = 0$

$(5k + 28)(k - 5) = 0 \Rightarrow k = 5$

답   5

017

$\dfrac{a_3}{a_2} - \dfrac{a_6}{a_4} = \dfrac{ar^2}{ar} - \dfrac{ar^5}{ar^3} = r - r^2 = \dfrac{1}{4}$

$r^2 - r + \dfrac{1}{4} = \left(r - \dfrac{1}{2}\right)^2 = 0 \Rightarrow r = \dfrac{1}{2}$

$a_4 = ar^3 = 32 \times \left(\dfrac{1}{2}\right)^3 = 4$

답   4

018

$a_1 = \dfrac{1}{18}, \ \dfrac{a_4 a_5}{a_2 a_3} = \dfrac{ar^3 \times ar^4}{ar \times ar^2} = r^4 = 81 \Rightarrow r = 3$

(모든 항이 양수인 등비수열이므로 $r > 0$)

$ar^5 + ar^6 = ar^5(1 + r) = \dfrac{1}{18} \times 243 \times 4 = 54$

답   54

019

$a + ar = 2, \ ar^4 - ar^2 = 8$

$ar^2(r^2 - 1) = ar^2(r+1)(r-1) = a(r+1)(r^3 - r^2) = 8$

$a + ar = a(r+1) = 2$이므로 $r^3 - r^2 = 4$이다.

$r^3 - r^2 - 4 = 0 \Rightarrow (r-2)(r^2 + r + 2) = 0 \Rightarrow r = 2$

$a(r+1) = 2 \Rightarrow a = \dfrac{2}{3}$

$a_k = \dfrac{2}{3} \times 2^{k-1} = \dfrac{256}{3} \Rightarrow 2^k = 256 \Rightarrow k = 8$

답   8

020

$ar = 3, \ ar^5 = 8ar^2 \Rightarrow ar^2(r^3 - 8) = 0$

$ar \times (r^4 - 8r) = 0 \Rightarrow 3(r^4 - 8r) = 0 \Rightarrow r^4 = 8r \Rightarrow r^3 = 8$

$\therefore r = 2 \ (a_2 = ar = 3$ 이므로 $r \neq 0)$

$m = a_1 \times a_2 \times a_3 \times a_4 \times a_5$

$\quad = a \times ar \times ar^2 \times ar^3 \times ar^4 = a^5 r^{10}$

$a^5 r^{10} = a^5 r^5 \times r^5 = (ar)^5 \times r^5 = 3^5 \times 2^5 = (3 \times 2)^5 = 6^5$

따라서 $\log_6 m = \log_6 6^5 = 5$이다.

답   5

021

$\alpha + \beta = k, \ \alpha\beta = 45$

$\alpha\beta = (\beta - \alpha)^2 \Rightarrow \beta^2 + \alpha^2 - 3\alpha\beta = 0$

$\alpha^2 + \beta^2 = (\alpha + \beta)^2 - 2\alpha\beta \Rightarrow k^2 - 90 = \alpha^2 + \beta^2$

$\beta^2 + \alpha^2 - 3\alpha\beta = 0 \Rightarrow k^2 - 90 - 135 = 0 \Rightarrow k^2 = 225$

따라서 $k = 15 \ (k > 0)$ 이다.

답   15

022

$\cos\theta \sin\theta = \dfrac{1}{16}$ 이고 $\tan\theta = \dfrac{\sin\theta}{\cos\theta}$ 이므로

$\tan\theta + \dfrac{1}{\tan\theta}$

$= \dfrac{\sin\theta}{\cos\theta} + \dfrac{\cos\theta}{\sin\theta} = \dfrac{\sin^2\theta + \cos^2\theta}{\cos\theta \sin\theta} = \dfrac{1}{\cos\theta \sin\theta}$

$= 16$

답   16

023

$f(a) = \dfrac{k}{a}$, $f(b) = \dfrac{k}{b}$, $f(16) = \dfrac{k}{16}$ $\Rightarrow$ $\dfrac{k^2}{16a} = \dfrac{k^2}{b^2}$

$16a = b^2$ 이다.

$4 < a < b < 16$ 인 두 자연수 a, b라 했으므로

주어진 범위 안에서 $16a = b^2$ 을 만족하려면

$a = 9$, $b = 12$ 이어야 한다.

$a + b = 21$이므로 $f(a+b) = f(21) = \dfrac{k}{21} = 2$ 이다.

따라서 $k = 42$이다.

 답 42

024

수열 $a_n = 2^{3n-1}$은 $a = 4$, $r = 2^3$이므로

$a_1 + a_2 + a_3 + \cdots + a_{20} = \dfrac{a(r^{20} - 1)}{r - 1} = \dfrac{4(2^{60} - 1)}{7}$

$\qquad\qquad\qquad\qquad = \dfrac{2^{62} - 4}{7} = \dfrac{2^m - 4}{7}$

따라서 $m = 62$이다.

답 62

025

$S_n = \dfrac{a(r^n - 1)}{r - 1} = 15$, $S_{2n} = \dfrac{a(r^{2n} - 1)}{r - 1} = 45$

$S_{2n} = \dfrac{a(r^{2n} - 1)}{r - 1} = \dfrac{a(r^n - 1)}{r - 1} \times (r^n + 1) = 45$ 이므로

$15 \times (r^n + 1) = 45 \Rightarrow r^n = 2$

S_n 에 $r^n = 2$를 대입하면 $\dfrac{a}{r - 1} = 15$이다.

따라서 $S_{3n} = \dfrac{a(r^{3n} - 1)}{r - 1} = 15 \times (2^3 - 1) = 105$이다.

답 105

026

$a = 2$

$a_2 + a_4 + a_6 + \cdots + a_{2k}$에서 각항은

a_{2n} $(n = 1, 2, 3, \cdots, k)$이므로 총항의 개수는 k이고

공비는 r^2이다.

즉, $a_2 + a_4 + a_6 + \cdots + a_{2k} = \dfrac{ar((r^2)^k - 1)}{r^2 - 1}$

$\qquad\qquad\qquad\qquad\qquad = \dfrac{ar(r^{2k} - 1)}{r^2 - 1} = 340$

$a_1 + a_3 + a_5 + \cdots + a_{2k-1}$에서 각항은

a_{2n-1} $(n = 1, 2, 3, \cdots, k)$이므로 총항의 개수는 k이고

공비는 r^2이다.

$a_1 + a_3 + a_5 + \cdots + a_{2k-1} = \dfrac{a((r^2)^k - 1)}{r^2 - 1}$

$\qquad\qquad\qquad\qquad\qquad = \dfrac{a(r^{2k} - 1)}{r^2 - 1} = 170$

$\dfrac{ar(r^{2k} - 1)}{r^2 - 1} = \dfrac{a(r^{2k} - 1)}{r^2 - 1} \times r = 170 \times r = 340 \Rightarrow r = 2$

$a = 2$, $r = 2$이므로 $\dfrac{a(r^{2k} - 1)}{r^2 - 1} = \dfrac{2(4^k - 1)}{3} = 170$

$4^k - 1 = 255 \Rightarrow 4^k = 256 \Rightarrow k = 4$

답 4

027

$a_1 + a_2 + \cdots + a_{20} = 4$, $a_{21} + a_{22} + \cdots + a_{40} = 20$

$(a_1 + a_2 + \cdots + a_{20})r^{20} = 4r^{20} = 20 \Rightarrow r^{20} = 5$

$a_{41} + a_{42} + \cdots + a_{60} = (a_{21} + a_{22} + \cdots + a_{40})r^{20} = 20r^{20}$

$a_{61} + a_{62} + \cdots + a_{80} = (a_{41} + a_{42} + \cdots + a_{60})r^{20} = 20r^{40}$

$a_{41} + a_{42} + \cdots + a_{80} = 20r^{20} + 20r^{40} = 20(r^{20} + r^{40})$

$\qquad\qquad\qquad\qquad\qquad = 20(5 + 25) = 600$

답 600

28

$$a_1 + a_2 + a_3 + \cdots + a_{10} = \frac{a(r^{10}-1)}{r-1} = 32$$

$$\frac{1}{a_1} + \frac{1}{a_2} + \frac{1}{a_3} + \cdots + \frac{1}{a_{10}} = \frac{\frac{1}{a}\left(1-\frac{1}{r^{10}}\right)}{1-\frac{1}{r}} = 4$$

$$\frac{\frac{1}{a}\left(1-\frac{1}{r^{10}}\right)}{1-\frac{1}{r}} = \frac{\frac{1}{a}}{\frac{r-1}{r}}\left(\frac{r^{10}-1}{r^{10}}\right) = \frac{r}{a(r-1)}\left(\frac{r^{10}-1}{r^{10}}\right) = 4$$

$$\frac{a(r^{10}-1)}{r-1} = 32 \implies \frac{r^{10}-1}{r-1} = \frac{32}{a} \text{ 이므로}$$

$$\frac{r}{a(r-1)}\left(\frac{r^{10}-1}{r^{10}}\right) = 4 \implies \frac{32}{a^2 r^9} = 4 \implies a^2 r^9 = 8$$

$$\log_2 a_1 + \log_2 a_2 + \log_2 a_3 + \cdots + \log_2 a_{10}$$

$$= \log_2 a_1 a_2 \cdots a_{10} = \log_2 (a \times ar \times \cdots \times ar^9) = \log_2 (a^{10} r^{45})$$

$$= \log_2 (a^2 r^9)^5 = \log_2 8^5 = \log_2 2^{15} = 15$$

답 15

29

$$S_n - S_{n-1} = 2^{n-1} + 3 - (2^{n-2} + 3) = 2^{n-1} - 2^{n-2}$$
$$= 2^{n-2}(2-1) = 2^{n-2}$$

$a_n = 2^{n-2}$이다. $4 = S_1 \neq a_1 = \frac{1}{2}$ 이므로

$a_n = 2^{n-2} \ (n \geq 2), \ a_1 = 4$ 이다.

(Guide step에서 배운 것과 같이 $S_n = Ar^n + B$꼴에서
$A+B \neq 0$이기 때문에 a_2부터 등비수열이라고 판단해도 된다.)

$$a_6 = 2^4 = 16, \ a_1 = 4 \implies a_1 \times a_6 = 64$$

답 64

30

$$S_n - S_{n-1} = 3^{n+2} - 9 - (3^{n+1} - 9) = 3^{n+2} - 3^{n+1}$$
$$= 3^{n+1}(3-1) = 2 \times 3^{n+1}$$

$a_n = 2 \times 3^{n+1}$이므로

$$a_{2n} = 2 \times 3^{2n+1}, \ a_{3n} = 2 \times 3^{3n+1} \implies a_{2n} a_{3n} = 4 \times 3^{5n+2}$$

$$a_{2n} a_{3n} = 4 \times 3^{5n+2} = 4 \times 9 \times 243^n = 36 \times 243^n = p \times q^n$$

따라서 $p+q = 36 + 243 = 279$이다.

답 279

31

$$a_2 = ar = 2, \ a_5 = ar^4 = 16 \implies r^3 = 8 \implies r = 2, \ a = 1$$

$$a_n = 2^{n-1} \implies b_n = (a_{n+1})^2 - (a_n)^2 = (2^n)^2 - (2^{n-1})^2$$

$$= 2^{2n} - 2^{2n-2} = 2^{2n-2}(2^2 - 1) = 3 \times 2^{2n-2}$$

$$a_1 = 1, \ b_1 + b_2 + \cdots + b_6 = \frac{3(4^6 - 1)}{4-1} = 2^{12} - 1$$

따라서

$$\log_2 (a_1 + b_1 + b_2 + b_3 + b_4 + b_5 + b_6) = \log_2 2^{12} = 12 \text{이다.}$$

답 12

32	①	51	16
33	④	52	315
34	③	53	③
35	63	54	①
36	36	55	③
37	22	56	②
38	4	57	①
39	①	58	10
40	②	59	64
41	①	60	16
42	257	61	③
43	64	62	⑤
44	⑤	63	③
45	④	64	③
46	③	65	③
47	22	66	7
48	②	67	9
49	②	68	18
50	②	69	③

032

$$a_2 + a_4 = ar + ar^3 = ar(1+r^2) = 30$$

$$a_4 + a_6 = ar^3 + ar^5 = ar^3(1+r^2) = \frac{15}{2}$$

$$r^2 \times ar(1+r^2) = \frac{15}{2} \implies r^2 \times 30 = \frac{15}{2} \implies r^2 = \frac{1}{4}$$

$$\implies r = \frac{1}{2} \ (\because \ r > 0)$$

$$ar(1+r^2) = 30 \implies \frac{5}{8}a = 30 \implies a = 48$$

답 ①

033

$$a_1 + a_2 + a_3 = a + a + d + a + 2d = 3a + 3d = 15$$

$$a_3 + a_4 + a_5 = a + 2d + a + 3d + a + 4d = 3a + 9d = 39$$

$$6d = 24 \implies d = 4$$

답 ④

034

$$a_3 a_7 = 64 \implies (a+2d)(a+6d) = 64 \implies (a-6)(a-18) = 64$$

$$\implies a^2 - 24a + 44 = 0 \implies (a-22)(a-2) = 0$$

$$\implies a = 2 \ \text{or} \ a = 22$$

$$a_8 = a + 7d = a - 21 > 0 \implies a > 21$$

이므로 $a = 22$이다.

따라서 $a_2 = a + d = 22 - 3 = 19$이다.

답 ③

035

$$a = 7,$$

$$\frac{S_9 - S_5}{S_6 - S_2} = \frac{a_6 + a_7 + a_8 + a_9}{a_3 + a_4 + a_5 + a_6} = \frac{ar^5 + ar^6 + ar^7 + ar^8}{ar^2 + ar^3 + ar^4 + ar^5}$$
$$= r^3 = 3$$

따라서 $a_7 = ar^6 = 7 \times 3^2 = 63$ 이다.

답 63

036

$$\frac{a_{16}}{a_{14}} + \frac{a_8}{a_7} = \frac{ar^{15}}{ar^{13}} + \frac{ar^7}{ar^6} = r^2 + r = 12 \implies r^2 + r - 12 = 0$$

$$r^2 + r - 12 = (r+4)(r-3) = 0 \implies r = 3 \ (r > 0)$$

따라서 $\frac{a_3}{a_1} + \frac{a_6}{a_3} = \frac{ar^2}{a} + \frac{ar^5}{ar^2} = r^2 + r^3 = 9 + 27 = 36$이다.

답 36

037

$a = 6$이므로

$2a_4 = a_{10} \Rightarrow 2(a+3d) = a+9d$

$\Rightarrow 12+6d = 6+9d \Rightarrow 6 = 3d \Rightarrow d = 2$

따라서 $a_9 = a+8d = 6+16 = 22$

답   22

038

$a_n > 0$

$a_2 = 36 \Rightarrow ar = 36$

$a_7 = \dfrac{1}{3}a_5 \Rightarrow ar^6 = \dfrac{1}{3}ar^4 \Rightarrow r^2 = \dfrac{1}{3}$

따라서 $a_6 = ar^5 = ar \times r^4 = 36 \times \dfrac{1}{9} = 4$이다.

답   4

039

$a = b = 3$

$b_3 = -a_2 \Rightarrow br^2 = -a-d$

$\Rightarrow 3r^2 = -3-d \Rightarrow d = -3-3r^2 \cdots \bigcirc$

$a_2 + b_2 = a_3 + b_3 \Rightarrow a+d+br = a+2d+br^2$

$\Rightarrow 3r-3r^2 = d \cdots \bigcirc\!\!\!\!\bigcirc$

$\bigcirc$, $\bigcirc\!\!\!\!\bigcirc$을 연립하면 $3r = -3 \Rightarrow r = -1$

$d = -6$

따라서 $a_3 = a+2d = 3-12 = -9$이다.

답   ①

040

$a_1 = a_3+8 \Rightarrow a = a+2d+8 \Rightarrow d = -4$

$2a_4 - 3a_6 = 3 \Rightarrow 2(a+3d)-3(a+5d) = 3 \Rightarrow -a-9d = 3$

$a = 33, \ d = -4 \Rightarrow a_k = 33+(k-1)(-4) = -4k+37$

$a_k < 0 \Rightarrow -4k+37 < 0 \Rightarrow 37 < 4k$

따라서 자연수 k의 최솟값은 10이다.

답   ②

041

$a = -15, \ |a+2d| = a+3d$

만약 $a+2d > 0$이면 $a+2d = a+3d \Rightarrow d = 0$

$a+2d = -15 < 0$이므로 모순이다.

만약 $a+2d = 0$이면 $d = \dfrac{15}{2}$이고 $0 = a+3d$를

만족하지 않으므로 모순이다.

즉, $a+2d < 0$ 이어야 한다. $-(a+2d) = a+3d$

$-a-2d = a+3d \Rightarrow 2a = -5d \Rightarrow a = -15, \ d = 6$

따라서 $a_7 = a+6d = -15+36 = 21$이다.

답   ①

042

$f(2) = (1+2^4+2^8+2^{12})(1+2+2^2+2^3)$

$\qquad = \left(\dfrac{(2^4)^4-1}{2^4-1}\right)\left(\dfrac{2^4-1}{2-1}\right) = 2^{16}-1 = (2^8-1)(2^8+1)$

$f(1) = 16$

이므로

$\dfrac{f(2)}{\{f(1)-1\}\{f(1)+1\}} = \dfrac{(2^8-1)(2^8+1)}{(16-1)(16+1)}$

$\qquad\qquad\qquad = \dfrac{(2^8-1)(2^8+1)}{(2^4-1)(2^4+1)}$

$\qquad\qquad\qquad = 2^8+1 = 257$

답   257

043

$S_6 = \dfrac{a(r^6-1)}{r-1} = \dfrac{r^6-1}{r-1}$

$S_3 = \dfrac{a(r^3-1)}{r-1} = \dfrac{r^3-1}{r-1}$

이므로

$\dfrac{S_6}{S_3} = 2a_4-7 \Rightarrow \dfrac{r^6-1}{r^3-1} = 2r^3-7$

$\Rightarrow r^3+1 = 2r^3-7$

$\Rightarrow r^3 = 8 \Rightarrow r = 2$

따라서 $a_7 = ar^6 = 2^6 = 64$이다.

답   64

044

$$\frac{a_3 a_8}{a_6} = 12 \implies \frac{ar^2 \times ar^7}{ar^5} = 12 \implies ar^4 = 12$$

$$a_5 + a_7 = 36 \implies ar^4 + ar^6 = 36$$

$$\implies ar^4(1+r^2) = 36 \implies 12(1+r^2) = 36$$

$$\implies 1+r^2 = 3 \implies r^2 = 2$$

따라서 $a_{11} = ar^{10} = ar^4 \times r^6 = 12 \times 8 = 96$이다.

답 ⑤

045

$$S_4 - S_2 = 3a_4 \implies a_3 + a_4 = 3a_4$$

$$\implies a_3 = 2a_4 \implies ar^2 = 2ar^3$$

$$\implies r = \frac{1}{2} \quad (\because a_5 \neq 0$$이므로 $a \neq 0, \ r \neq 0)$$

$$a_5 = \frac{3}{4} \implies ar^4 = \frac{3}{4} \implies a = \frac{3}{4} \times 16 = 12$$

따라서 $a_1 + a_2 = a + ar = 12 + 6 = 18$이다.

답 ④

046

$$x^2 - nx + 4(n-4) = 0 \implies \{x - (n-4)\}(x-4) = 0$$
$x = n-4$ or $x = 4$이다.
만약 $\alpha = n-4, \ \beta = 4$이면 $\alpha < \beta$이므로
$n-4 < 4 \implies 0 < n < 8$이 되어야 한다. ($n$은 자연수)
$1, \ \alpha, \ \beta$가 순서대로 등차수열을 이루니 등차중항을 쓰면

$$1 + \beta = 2\alpha \implies 1 + 4 = 2(n-4) \implies 5 = 2n - 8 \implies n = \frac{13}{2}$$

이므로 n은 자연수가 아니므로 조건을 만족하지 않는다.

즉, $\alpha = 4, \ \beta = n-4$이고
$\alpha < \beta$이므로 $4 < n-4 \implies 8 < n$ 이 되어야 한다.
$1, \ \alpha, \ \beta$가 순서대로 등차수열을 이루니 등차중항을 쓰면
$1 + \beta = 2\alpha \implies 1 + n - 4 = 8 \implies n = 11$
따라서 n은 11이다.

답 ③

047

$$a_3 = a + 2d = 40, \ a_8 = a + 7d = 30 \implies a = 44, \ d = -2$$
$$a_n = 44 + (n-1)(-2) = -2n + 46$$이므로
$$a_2 = 42, \ a_{2n} = -4n + 46$$

$$|a_2 + a_4 + \cdots + a_{2n}| = \left| \frac{n(a_2 + a_{2n})}{2} \right| = \left| \frac{n(-4n + 88)}{2} \right|$$

절댓값을 씌운 값이 최소인 경우에는 0 이거나 0에
가장 가까운 값일 때이다.
따라서 최소가 되려면 $n = 22$이어야 한다.

답 22

048

(가) 조건에서 $ar^2 \times ar^4 \times ar^6 = 125$

$$\implies (ar^4)^3 = 5^3 \implies ar^4 = 5$$

(나) 조건에서 $\dfrac{ar^3 + ar^7}{ar^5} = \dfrac{13}{6}$

$$\implies \frac{1}{r^2} + r^2 = \frac{13}{6}$$

$r^2 = X$ 라 하면

$$X + \frac{1}{X} = \frac{13}{6}$$

$$\implies 6X^2 - 13X + 6 = 0$$

$$\implies (2X - 3)(3X - 2) = 0$$

$$\implies X = \frac{3}{2} \ \text{ or } \ X = \frac{2}{3}$$

$$\implies r^2 = \frac{3}{2} \quad (\because r > 1)$$

따라서 $a_9 = ar^8 = ar^4 \times r^4 = 5 \times \left(\frac{3}{2}\right)^2 = \frac{45}{4}$

답 ②

049

$$a = 2$$
$$a_6 = 2(S_3 - S_2) \implies a_6 = 2a_3 \implies a + 5d = 2(a + 2d)$$
$$\implies a = d$$
$a = 2, \ d = 2$이므로 $a_{10} = a + 9d = 2 + 18 = 20$

따라서 $S_{10} = \dfrac{10(a_1 + a_{10})}{2} = \dfrac{10(2 + 20)}{2} = 110$이다.

답 ②

050

$$2a = S_2 + S_3 \Rightarrow 2a = a + ar + a + ar + ar^2$$

$$\Rightarrow 2ar + ar^2 = 0 \Rightarrow ar(2+r) = 0 \Rightarrow r = -2 \ (\because \ a > 0)$$
($r = 0$이면 $r^2 = 64a^2$에서 $a = 0$이므로 모순이다.)

$$r^2 = 64a^2 \Rightarrow 4 = 64a^2 \Rightarrow a = \frac{1}{4} \ (\because \ a > 0)$$

따라서 $a_5 = ar^4 = \frac{1}{4} \times 16 = 4$이다.

답 ②

051

$a = \frac{1}{4}, \ r > 0$

$$a_3 + a_5 = \frac{1}{a_3} + \frac{1}{a_5} \Rightarrow a_3 + a_5 = \frac{a_3 + a_5}{a_3 a_5}$$

$$\Rightarrow (a_3 + a_5)(a_3 a_5 - 1) = 0 \Rightarrow a_3 a_5 = 1 \ (\because \ a_3 + a_5 > 0)$$

$$a_3 a_5 = 1 \Rightarrow ar^2 \times ar^4 = 1 \Rightarrow a^2 r^6 = 1 \Rightarrow r^6 = 16$$

$$\Rightarrow r^3 = 4 \ (\because \ r > 0)$$
따라서 $a_{10} = ar^9 = a \times (r^3)^3 = \frac{1}{4} \times 64 = 16$이다.

답 16

052

$y = a(x-1)$ 와 $y = x$의 함숫값의 차는
$a(x-1) - x = ax - a - x = (a-1)x - a$ 이다.
첫 번째 선분을 연장하여 직선으로 표현해서 $x = k$ 라 하자.
마찬가지로 두 번째 선분을 연장하여 직선으로 표현하면
등간격이므로 $x = k+d$ 라 나타낼 수 있다.
즉, 첫 번째 선분의 길이는 $(a-1)k - a$ 이고
두 번째 선분의 길이는 $(a-1)(k+d) - a$ 이다.
세 번째 선분의 길이는 $(a-1)(k+2d) - a$이다.
결국 선분의 길이는 공차가 $(a-1)d$ 인 등차수열과 같다.

따라서 등차수열의 합을 이용하면
$$\frac{14(3+42)}{2} = 7 \times 45 = 315$$

답 315

053

$\overline{BC} = \sqrt{k}, \ \overline{OC} = k, \ \overline{AC} = 3\sqrt{k}$ 이므로
등비중항을 쓰면 $3k = k^2$ 이다.
따라서 $k = 3 \ (k > 0)$이다.

답 ③

054

서로 다른 두 실수 $a, \ b$에 대하여
$a + 6 = 2b, \ ab = 36$이다.
$a = 2b - 6, \ ab = 36 \Rightarrow (2b-6)b = 36 \Rightarrow b^2 - 3b - 18 = 0$
$b^2 - 3b - 18 = 0 \Rightarrow (b-6)(b+3) = 0 \Rightarrow b = 6 \ or \ b = -3$
만약 $b = 6$ 이면 $a = 6$이므로 조건을 만족하지 않는다.
따라서 $b = -3, \ a = -12 \Rightarrow a + b = -15$ 이다.

답 ①

055

$a > 0, \ r < 0$
$a_2 a_6 = ar \times ar^5 = a^2 r^6 = 1,$

$$S_3 = 3a_3 \Rightarrow \frac{a(r^3 - 1)}{r - 1} = 3ar^2 \Rightarrow a(r^2 + r + 1) = 3ar^2$$

$r^2 + r + 1 = 3r^2 \ (\because \ a > 0) \Rightarrow 2r^2 - r - 1 = 0$

$$\Rightarrow (2r+1)(r-1) = 0$$

이므로 $r = -\frac{1}{2} (\because \ r < 0)$이다.

$a^2 r^6 = 1 \Rightarrow a^2 \times \frac{1}{64} = 1 \Rightarrow a = 8 \ (\because \ a > 0)$

따라서 $a_7 = ar^6 = 8 \times \frac{1}{64} = \frac{1}{8}$이다.

답 ③

056

$d = 6$
$a_2 + a_8 = 2a_k \Rightarrow a + d + a + 7d = 2\{a + (k-1)d\}$
$2a + 8d = 2a + 2(k-1)d \Rightarrow k = 5$
$a_1 a_k = (a_2)^2 \Rightarrow a\{a + (k-1)d\} = (a+d)^2$
$a^2 + (k-1)ad = a^2 + 2ad + d^2$
$k = 5$ 이므로 $a^2 + 4ad = a^2 + 2ad + d^2 \Rightarrow d(d - 2a) = 0$
$d = 6$이므로 $a = 3$이다.
따라서 $k + a_1 = 5 + 3 = 8$ 이다.

답 ②

$d > 0$

$a_6 + a_8 = 0 \Rightarrow a + 5d + a + 7d = 0 \Rightarrow a + 6d = 0$

$|a_6| = |a_7| + 3 \Rightarrow |a + 5d| = |a + 6d| + 3$

$a = -6d$ 이므로

$|a + 5d| = |a + 6d| + 3 \Rightarrow |-d| = 3 \Rightarrow d = 3 \, (d > 0)$

$a = -18, \ d = 3$ 이다.

따라서 $a_2 = a + d = -18 + 3 = -15$ 이다.

답 ①

058

$S_4 - S_3 = a_4 = ar^3 = 2, \quad S_6 - S_5 = a_6 = ar^5 = 50$

$\dfrac{a_6}{a_4} = \dfrac{ar^5}{ar^3} = r^2 = 25 \Rightarrow r = 5 \, (r > 0)$

따라서 $a_5 = a_4 \times r = 2 \times 5 = 10$ 이다.

답 10

$\dfrac{1}{4}$ 을 첫째항이라 하면 16은 제 $n+2$ 항이다.

등비수열의 일반항에 의해서 $16 = \dfrac{1}{4}r^{n+2-1} = \dfrac{1}{4}r^{n+1}$

$\therefore r^{n+1} = 64$

$\dfrac{1}{4}, \ a_1, \ a_2, \ a_3, \ \cdots, \ a_n, \ 16$ 은

$\dfrac{1}{4}, \ \dfrac{1}{4}r, \ \dfrac{1}{4}r^2, \ \cdots, \ \dfrac{1}{4}r^{n+1}$ 와 같으므로

모든 항의 곱은

$\left(\dfrac{1}{4}\right)^{n+2} r^{1+2+3+\cdots+(n+1)} = \left(\dfrac{1}{4}\right)^{n+2} r^{\frac{(n+1)(n+2)}{2}} = 1024$

이다.

$r^{n+1} = 64$ 이므로

$\left(\dfrac{1}{4}\right)^{n+2} \left(r^{n+1}\right)^{\frac{(n+2)}{2}} = \left(\dfrac{1}{4}\right)^{n+2} 64^{\frac{(n+2)}{2}} = \left(\dfrac{1}{4}\right)^{n+2} 8^{(n+2)}$

$\left(\dfrac{1}{4}\right)^{n+2} 8^{(n+2)} = \left(\dfrac{1}{4} \times 8\right)^{n+2} = 2^{n+2} = 1024 = 2^{10}$ 이다.

따라서 $n = 8$ 이므로 $r^{n+1} = r^9 = 64$ 이다.

답 64

060

수열 $\{S_{2n-1}\}$ 은 공차가 -3 인 등차수열이므로

$S_{2n-1} = S_1 + (n-1)(-3) = -3n + 3 + S_1$ 이고

수열 $\{S_{2n}\}$ 은 공차가 2 인 등차수열이므로

$S_{2n} = S_2 + (n-1)2 = 2n - 2 + S_2$ 이다.

$S_8 - S_7 = a_8$ 이므로

$S_8 - S_7 = (6 + S_2) - (-9 + S_1) = 15 + S_2 - S_1$

$\qquad\qquad = 15 + a_2 = a_8$

$a_2 = 1$ 이므로 $a_8 = 16$ 이다.

답 16

$a_{k-3}, \ a_{k-2}, \ a_{k-1}$ 이 순서대로 등차수열을 이루므로

a_{k-2} 는 a_{k-3} 과 a_{k-1} 의 등차중항이다.

$a_{k-2} = \dfrac{a_{k-3} + a_{k-1}}{2} = \dfrac{-24}{2} = -12$

$S_k = \dfrac{k(a_1 + a_k)}{2} = \dfrac{k(a_3 + a_{k-2})}{2}$

$\quad = \dfrac{k\{42 + (-12)\}}{2} = 15k$

따라서 $k^2 = 15k \Rightarrow k = 15 \, (\because k \neq 0)$ 이다.

답 ③

다르게 풀어보자.

$a_3 = a + 2d = 42 \ \cdots \ \bigcirc$

$a_{k-2} = \dfrac{a_{k-3} + a_{k-1}}{2} = -12$

$\Rightarrow a + (k-3)d = -12 \ \cdots \ \bigcirc$

$S_k = \dfrac{k\{2a + (k-1)d\}}{2} = k^2$ 이고 $k \neq 0$ 이므로

$2a + (k-1)d = 2k \ \cdots \ \bigcirc$

$\bigcirc$ 에서 $\bigcirc$ 을 빼면 $a + (k-3)d = 2k - 42 \ \cdots \ \bigcirc$

$\bigcirc, \bigcirc$ 를 연립하면 $-12 = 2k - 42 \Rightarrow k = 15$

062

$d =$ 자연수, $r =$ 자연수, $a_6 = b_6 = 9$

$a_7 = b_7 \Rightarrow a_6 + d = r b_6 \Rightarrow 9 + d = 9r \Rightarrow 1 + \dfrac{d}{9} = r$

r과 d가 자연수이므로 d는 9의 배수이다.

$94 < a_{11} < 109 \Rightarrow 94 < a_6 + 5d < 109$

$\Rightarrow 94 < 9 + 5d < 109 \Rightarrow 17 < d < 20$

$\therefore d = 18 \Rightarrow r = 3$

따라서 $a_7 + b_8 = a_6 + d + r^2 b_6 = 9 + 18 + 81 = 108$이다.

답 ⑤

063

$a_1,\ a_2,\ a_3,\ a_4$가 이 순서대로 등차수열을 이루므로
$a - 3d,\ a - d,\ a + d,\ a + 3d$라 하면
대칭성(y축에 대하여 대칭)에 의해서
$a - d + a + d = 2 \times 0 \Rightarrow a = 0$이므로
$a_3 = d,\ a_4 = 3d$라 할 수 있다.

$y = -x^2 + 9$에 $x = a_3 = d$를 대입하면
$-d^2 + 9 = k$이고
$y = x^2 - 9$에 $x = a_4 = 3d$를 대입하면
$9d^2 - 9 = k$이다.
이를 연립하면

$-d^2 + 9 = 9d^2 - 9 \Rightarrow 10d^2 = 18 \Rightarrow d^2 = \dfrac{9}{5}$ 이다.

따라서 $k = -d^2 + 9 = -\dfrac{9}{5} + 9 = \dfrac{45 - 9}{5} = \dfrac{36}{5}$ 이다.

답 ③

064

$a + b = 1$

(가) 조건에서 $(m + 2)$개의 수가
순서대로 등차수열을 이루므로
등차수열의 합공식에 의해서
$a + \log_2 c_1 + \log_2 c_2 + \cdots + \log_2 c_m + b$

$= \dfrac{(m + 2)(a + b)}{2} = \dfrac{m + 2}{2}$

(나) 조건에서 $c_1 c_2 c_3 \cdots c_m = 32$이므로

$a + \log_2 c_1 + \log_2 c_2 + \cdots + \log_2 c_m + b$

$= a + b + (\log_2 c_1 + \log_2 c_2 + \cdots + \log_2 c_m)$

$= a + b + \log_2 c_1 c_2 \cdots c_m$

$= 1 + \log_2 32 = 1 + 5 = 6$

따라서 $\dfrac{m + 2}{2} = 6 \Rightarrow m = 10$이다.

답 ③

065

$b_1 = \left(\dfrac{1}{2}\right)^{a_1},\ b_3 = \left(\dfrac{1}{2}\right)^{a_1 + a_3},\ b_5 = \left(\dfrac{1}{2}\right)^{a_1 + a_3 + a_5},\ \cdots$

$b_9 = \left(\dfrac{1}{2}\right)^{a_1 + a_3 + a_5 + a_7 + a_9}$

$b_2 = 2^{a_2},\ b_4 = 2^{a_2 + a_4},\ b_6 = 2^{a_2 + a_4 + a_6},\ \cdots$

$b_{10} = 2^{a_2 + a_4 + a_6 + a_8 + a_{10}}$

$b_1 \times b_2 = \left(\dfrac{1}{2}\right)^{a_1} \times 2^{a_2} = 2^{a_2 - a_1} = 2^d$

$b_3 \times b_4 = \left(\dfrac{1}{2}\right)^{a_1 + a_3} \times 2^{a_2 + a_4} = 2^{a_4 - a_3 + a_2 - a_1} = 2^{2d}$

$\vdots$

$b_9 \times b_{10} = \left(\dfrac{1}{2}\right)^{a_1 + a_3 + a_5 + a_7 + a_9} \times 2^{a_2 + a_4 + a_6 + a_8 + a_{10}}$

$\quad = 2^{a_{10} - a_9 + a_8 - a_7 + a_6 - a_5 + a_4 - a_3 + a_2 - a_1} = 2^{5d}$

$b_1 \times b_2 \times b_3 \times \cdots \times b_{10} = 2^{d + 2d + 3d + 4d + 5d} = 2^{15d} = 8 = 2^3$

따라서 $d = \dfrac{1}{5}$ 이다.

답 ③

066

$$S_k = \frac{k\{2a+(k-1)2\}}{2} = -16$$

$$\Rightarrow k\{a+(k-1)\} = -16$$

$$\Rightarrow a+k-1 = -\frac{16}{k}$$

$$\Rightarrow a = -k+1-\frac{16}{k} \quad \cdots \ \bigcirc$$

$$S_{k+2} = \frac{(k+2)\{2a+(k+1)2\}}{2} = -12$$

$$\Rightarrow (k+2)\{a+(k+1)\} = -12$$

$$\Rightarrow a+k+1 = -\frac{12}{k+2}$$

$$\Rightarrow a = -k-1-\frac{12}{k+2} \quad \cdots \ \bigcirc$$

$\bigcirc$, $\bigcirc$을 연립하면

$$-k+1-\frac{16}{k} = -k-1-\frac{12}{k+2}$$

$$\Rightarrow 1-\frac{8}{k}+\frac{6}{k+2} = 0$$

$$\Rightarrow k(k+2)-8(k+2)+6k = 0$$

$$\Rightarrow k^2 = 16$$

$$\Rightarrow k = 4 \ (\because k > 0)$$

$k=4$, $d=2$, $a=-7$이므로
$a_{2k} = a_8 = a+7d = -7+14 = 7$ 이다.

답 7

067

$$S_{n+3}-S_n = a_{n+1}+a_{n+2}+a_{n+3}$$

$$= ar^n + ar^{n+1} + ar^{n+2}$$

$$= (ar+ar^2+ar^3)r^{n-1} = 13 \times 3^{n-1}$$

이므로 $r=3$, $ar+ar^2+ar^3 = 13 \Rightarrow 3a+9a+27a = 13$

$$\Rightarrow 39a = 13 \Rightarrow a = \frac{1}{3}$$

따라서 $a_4 = ar^3 = \frac{1}{3} \times 3^3 = 9$이다.

답 9

$$a_1+a_8 = a+a+7d = 2a+7d = 8$$
$$b_2b_7 = br \times br^6 = b^2r^7 = 12$$
$$a_4 = b_4 \Rightarrow a+3d = br^3$$
$$a_5 = b_5 \Rightarrow a+4d = br^4$$

$a+3d = x$, $a+4d = y$라 하면 $xy = b^2r^7 = 12$
$x+y = 2a+7d = 8$이다.
연립하면
$$(8-x)x = 12 \Rightarrow x^2-8x+12 = 0 \Rightarrow (x-2)(x-6) = 0$$
$x=2$, $y=6$ or $x=6$, $y=2$이다.

만약 $x=2$, $y=6$ 이면 $2=br^3$, $6=br^4 \Rightarrow r=3$이므로
$r<1$ 조건을 만족하지 않는다.

$x=6$, $y=2$이면 $6=br^3$, $2=br^4 \Rightarrow r=\frac{1}{3}$이므로
조건을 만족한다.
$a+3d = 6$, $a+4d = 2 \Rightarrow a = 18$, $d = -4$

따라서 $a_1 = 18$이다.

답 18

중항적 관점에서 풀이를 해보자면
$a_1+a_8 = a_4+a_5 = 8$이고
$b_2b_7 = b_4b_5 = 12$이므로 $a_4a_5 = 12$이다.
공비가 1보다 작으므로 $a_4 = 6$, $a_5 = 2$이다.

069

$$S_nT_n = n^2(n^2-1)$$

ㄱ. $a_n = n \Rightarrow S_n = \frac{n(n+1)}{2}$ 이므로

$T_n = 2n(n-1) = 2n^2-2n \Rightarrow b_n = 4n-2-2 = 4n-4$
따라서 ㄱ은 참이다.

ㄴ. 등차수열의 합은 An^2+Bn 꼴 이므로

$S_n = An^2+Bn$, $T_n = Cn^2+Dn$이라 하면
$S_nT_n = n^2(n^2-1)$의 최고차항의 계수가 1이므로
$AC = 1$이다.

$S_n = An^2+Bn \Rightarrow a_n = 2An+B-A$
$T_n = Cn^2+Dn \Rightarrow b_n = 2Cn+D-C$
이므로 $d_1 = 2A$, $d_2 = 2C$이다.
따라서 $d_1d_2 = 4AC = 4$이므로 ㄴ은 참이다.

ㄷ. $S_n = An^2 + Bn$, $T_n = Cn^2 + Dn$이므로
S_n과 T_n은 반드시 n이라는 인수를 가지고 있어야 한다.

$S_n T_n = n^2(n^2 - 1) = n \times n \times (n+1) \times (n-1)$이므로
S_n은 $n(n+1)$ or $n(n-1)$을 인수로 가져야 한다.
그런데 $a_1 \neq 0 \Rightarrow S_1 \neq 0$이므로 S_n은 n과 $n+1$을
인수로 가져야한다.

여기서 조심해야 할 것은 $S_n = n(n+1)$ 이라고
보장할 수 없다는 것이다. 상수 k를 도입하면
$S_n = kn(n+1)$, $T_n = \dfrac{n(n-1)}{k}$ 로 나타낼 수 있다.
따라서 $a_n = 2kn + k - k = 2kn$ 이므로
ㄷ은 거짓이다. (a_n은 상수 k의 값에 따라 달라진다.)

답   ③

70	11	77	③
71	9	78	273
72	178	79	30
73	390	80	⑤
74	117	81	①
75	⑤	82	35
76	18	83	①

070

방정식 $\left(x^2 - 4x + m\right)\left(x^2 - 4x + n\right) = 0$ 의 실근 중 하나가
$\dfrac{1}{2}$ 이므로 임의로 방정식 $x^2 - 4x + m = 0$의 실근을 $\dfrac{1}{2}$ 라
하면 다른 실근은 근과 계수의 관계에 의해 $\dfrac{7}{2}$ 이다. (합=4)

방정식 $x^2 - 4x + n = 0$의 서로 다른 두 실근을
a, b $(b > a)$라 하면 $a + b = 4$, $ab = n$이다.

방정식 $\left(x^2 - 4x + m\right)\left(x^2 - 4x + n\right) = 0$ 의 서로 다른
네 실근이 첫째항이 $\dfrac{1}{2}$ 인 등차수열을 이루므로

가능한 case는 다음과 같다.

① $\dfrac{1}{2}$, a, b, $\dfrac{7}{2}$

② $\dfrac{1}{2}$, a, $\dfrac{7}{2}$, b

③ $\dfrac{1}{2}$, $\dfrac{7}{2}$, a, b

②번과 ③번은 $a + b = 4$를 만족시키지 않으므로 모순이다.

$\dfrac{1}{2}$, a, b, $\dfrac{7}{2}$ 이 등차수열을 이루면 $a = \dfrac{3}{2}$, $b = \dfrac{5}{2}$ 이므로
$ab = n = \dfrac{15}{4}$ 이다. $m = \dfrac{1}{2} \times \dfrac{7}{2} = \dfrac{7}{4}$ 이므로
$2(m + n) = 2\left(\dfrac{7}{4} + \dfrac{15}{4}\right) = 11$ 이다.

답   11

071

세 선분 AD, CD, AB의 길이가 이 순서대로 등차수열을 이루므로 순서대로 $a-d$, a, $a+d$ 라 둘 수 있다.

$\overline{AC}=\overline{AD}+\overline{CD}=2a-d$, $\overline{AB}=a+d$, $\overline{BC}=3\sqrt{5}$ 이고 삼각형 ABC가 직각삼각형이므로 피타고라스의 정리에 의해 $(\overline{AC})^2=(\overline{AB})^2+(3\sqrt{5})^2 \Rightarrow (2a-d)^2=(a+d)^2+45$ 이다.

$4a^2-4ad+d^2=a^2+2ad+d^2+45$

$a^2-2ad=15$

$\angle ACB=\angle ABD$ 이므로 삼각함수 같다 technic을 쓰면 $\sin(\angle ACB)=\sin(\angle ABD)$

$\sin(\angle ACB)=\dfrac{\overline{AB}}{\overline{AC}}=\dfrac{a+d}{2a-d}$

$\sin(\angle ABD)=\dfrac{\overline{AD}}{\overline{AB}}=\dfrac{a-d}{a+d}$

$\sin(\angle ACB)=\sin(\angle ABD) \Rightarrow \dfrac{a+d}{2a-d}=\dfrac{a-d}{a+d}$

$(a+d)^2=(a-d)(2a-d) \Rightarrow a^2-5ad=0$

$a^2-2ad=15$, $a^2-5ad=0 \Rightarrow ad=5$, $a^2=25$

$\overline{CD}=a>0$ 이므로 $a=5$, $d=1$ 이다.

따라서 $\overline{AC}=2a-d=10-1=9$ 이다.

답 9

072

$a=d \Rightarrow a_n=d+(n-1)d=dn$

$a_1=d$, $a_{2n-1}=d(2n-1)$

$a_1+a_3+a_5+\cdots+a_{2n-1}=\dfrac{n(a_1+a_{2n-1})}{2}=dn^2$

$2ka_n=2kdn$ 이므로

$dn^2=2kdn \Rightarrow n=2k$ (단, $a_1\neq 0 \Rightarrow a\neq 0$, $d\neq 0$)

$10\leq k\leq 99$ 이므로 n의 최솟값 $m=20$ 이고 n의 최댓값 $M=198$ 이다.

따라서 $M-m=178$ 이다.

답 178

073

$\sin X=\cos X$ 를 만족시키는 $X(X>0)$ 는 $\dfrac{\pi}{4}$, $\dfrac{5\pi}{4}$, $\dfrac{9\pi}{4}$, $\dfrac{13\pi}{4}$, $\cdots$ 이다.

$X=\dfrac{\pi}{2}x$ 이므로

$\sin\dfrac{\pi}{2}x=\cos\dfrac{\pi}{2}x$ 를 만족시키는 x 는 $\dfrac{1}{2}$, $\dfrac{5}{2}$, $\dfrac{9}{2}$, $\dfrac{13}{2}$, $\cdots$ 이다.

이는 첫째항이 $\dfrac{1}{2}$ 이고 공차가 2인 등차수열과 같으므로 $a_n=\dfrac{1}{2}+(n-1)2=2n-\dfrac{3}{2}$ 라 둘 수 있다.

$0<x<40$ 을 고려하면 $a_{20}=40-\dfrac{3}{2}<40$, $a_{21}=42-\dfrac{3}{2}>40$ 이므로 집합 A 의 모든 원소의 합은 $a_1+a_2+\cdots+a_{20}$ 과 같다.

$a_1+a_2+\cdots+a_{20}=\dfrac{20(a_1+a_{20})}{2}=\dfrac{20\left(\frac{1}{2}+40-\frac{3}{2}\right)}{2}=390$ 이다.

따라서 집합 A 의 모든 원소의 합은 390이다.

답 390

074

$a_1=a$, 공차$=d$, 모든 항이 자연수인 등차수열 $\{a_n\}$

(가) $a_1\leq d \Rightarrow a\leq d$

모든 항이 자연수이므로 a, d도 자연수이어야 한다. 즉, $0<a\leq d$

(나) 어떤 자연수 $k(k\geq 3)$ 에 대하여 세 항 a_2, a_k, a_{3k-1} 이 이 순서대로 등비수열

등비중항에 의해서 $(a_k)^2=a_2 a_{3k-1}$

$\Rightarrow \{a+(k-1)d\}^2=(a+d)\{a+(3k-2)d\}$

$\Rightarrow d(k^2-5k+3)=a(k+1)$ $\cdots$ ㉠

$a\leq d \Rightarrow a(k+1)\leq d(k+1)$

㉠에 의해서

$$d(k^2-5k+3) \le d(k+1)$$

$$\Rightarrow k^2-5k+3 \le k+1 \ (\because \ 0 < a \le d)$$

$$\Rightarrow k^2-6k+2 \le 0$$

$$\Rightarrow 3-\sqrt{7} \le k \le 3+\sqrt{7}$$

$k \ge 3$이므로 $k=3, \ 4, \ 5$

㉠에서 $a(k+1)>0$, $d>0$이므로 $k^2-5k+3>0$이 성립해야 한다. 즉, $k=5$, $d=2a$

$$90 \le a_{16} \le 100 \ \Rightarrow \ 90 \le a+15d \le 100$$

$$\Rightarrow \ 90 \le 31a \le 100 \ \Rightarrow \ a=3, \ d=6$$

따라서 $a_{20}=a+19d=3+114=117$이다.

답   117

075

$2, \ a_1, \ a_2, \ a_3, \ \cdots, \ a_n, \ 4$

ㄱ. n이 홀수이면 등차중항에 의해서 $\dfrac{2+4}{2}=3 \in A_n$이다.

ex) $n=3$이면 $2, \ a_1, \ a_2, \ a_3, \ 4 \ \Rightarrow \ a_2=3$

따라서 ㄱ은 참이다.

ㄴ. A_n의 경우 $2, \ a_1, \ a_2, \ \cdots, \ a_n, \ 4$가 등차수열을 이루고 제 $n+2$째항이 4이므로 $4=2+(n+2-1)d$ 이다. 따라서 $d=\dfrac{2}{n+1}$이다.

A_n의 원소는 다음과 같다.

$$2, \ 2+\frac{2}{n+1}, \ 2+\frac{4}{n+1}, \ \cdots, \ 2+\frac{2n}{n+1}, \ 4$$

A_{2n+1}의 경우 $2, \ a_1, \ a_2, \ \cdots, \ a_{2n+1}, \ 4$가 등차수열을 이루고 제 $2n+3$째항이 4이므로 $4=2+(2n+3-1)d$ 이다. 따라서 $d=\dfrac{1}{n+1}$이다.

A_{2n+1}의 원소는 다음과 같다.

$$2, \ 2+\frac{1}{n+1}, \ 2+\frac{2}{n+1}, \ \cdots, \ 2+\frac{2n+1}{n+1}, \ 4$$

따라서 모든 자연수 n에 대하여 $A_n \subset A_{2n+1}$이므로 ㄴ은 참이다.

ㄷ. $A_{2n+1}-A_n$의 원소는 다음과 같다.

$$2+\frac{1}{n+1}, \ 2+\frac{3}{n+1}, \ \cdots, \ 2+\frac{2n+1}{n+1} \text{ 이다.}$$

총 항의 개수가 $n+1$이므로

$$\begin{aligned} S_n &= 2(n+1)+\frac{1}{n+1}(1+3+5+\cdots+2n+1) \\ &= 2(n+1)+\frac{1}{n+1}\times\frac{(n+1)(1+2n+1)}{2} \\ &= 3(n+1) \end{aligned}$$

따라서 $S_6+S_{13}=21+42=63$이므로 ㄷ은 참이다.

답   ⑤

076

삼각형 AB_nC_n의 무게중심의 y좌표는

세 점 A, B_n, C_n의 y좌표를 다 더해서 3으로 나눠서

구할 수 있다.

A와 B_n의 y좌표가 1이므로 C_n의 y좌표만 구하면 된다.

$\angle B_nAC_n=60°$이므로

(직선 AC_n의 기울기가 $\sqrt{3}$, $\tan 60°=\sqrt{3}$)

점 C_n에서 직선 $y=1$에 내린 수선의

발을 D_n이라 할 때, $\overline{C_nD_n}=\overline{AC_n}\sin 60°$이다.

$\overline{AC_n}=n$이므로

C_n의 y좌표는 $1+\overline{AC_n}\sin 60°=1+\dfrac{\sqrt{3}}{2}n$이다.

편의상 세 점 A, B_n, C_n의 y좌표를 각각

A, B_n, C_n라 하면

$$\frac{A+B_n+C_n}{3}=\frac{1+1+1+\dfrac{\sqrt{3}}{2}n}{3}=1+\frac{\sqrt{3}}{6}n$$

따라서 $a_n=1+\dfrac{\sqrt{3}}{6}n$이다.

$a_n>6 \ \Rightarrow \ 1+\dfrac{\sqrt{3}}{6}n>6 \ \Rightarrow \ n>10\sqrt{3}$

$n^2>300$을 만족시키는 n의 최솟값은 18이다.

따라서 $a_n>6$을 만족시키는 n의 최솟값은 18이다.

답   18

077

점 P_n의 좌표가 (a, b)일 때,

$b < 2^a$이면 점 P_{n+1}의 좌표는 $(a, b+1)$이고

$b = 2^a$이면 점 P_{n+1}의 좌표는 $(a+1, 1)$이다.

$P_1 = (1, 1)$, $P_2 = (1, 2^1)$

$P_3 = (2, 1)$, $P_4 = (2, 2)$, $P_5 = (2, 3)$, $P_6 = (2, 2^2)$

$P_7 = (3, 1)$, $\cdots$, $P_{14} = (3, 2^3)$

규칙을 파악하면

$P_2 = (1, 2^1)$, $P_{2+2^2} = P_6 = (2, 2^2)$

$P_{2+2^2+2^3} = P_{14} = (3, 2^3)$ 임을 알 수 있다.

이를 바탕으로 $(10, 2^{10})$을 추론할 수 있다.

$P_{2+2^2+2^3+\cdots+2^{10}} = P_n = (10, 2^{10})$이다.

$n = 2 + 2^2 + 2^3 + \cdots + 2^{10} = \dfrac{2(2^{10}-1)}{2-1} = 2^{11} - 2$이다.

따라서 $n = 2^{11} - 2$이다.

답 ③

078

a_n이 등차수열이므로 $S_n = An^2 + Bn$이라 볼 수 있다.

$\left(\dfrac{n\{2a+(n-1)d\}}{2} = \dfrac{d}{2}n^2 + \left(\dfrac{2a-d}{2} \right)n = An^2 + Bn \right)$

S_n을 함수로 보면 $S_n = f(n) = An^2 + Bn$와 같다.

즉, $f(n)$은 이차함수이다.

$A < 0$라고 생각하고 그래프를 그려보자.

($A > 0$일 때라고 가정해도 풀이과정은 동일하다.)

$S_9 = S_{18}$

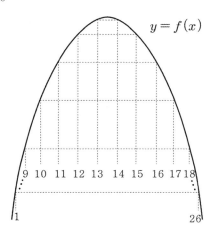

대칭성을 활용하면 $m + n = 27 \Rightarrow f(m) = f(n)$

예를 들어 $n = 14$라면 집합 T_n의 원소는

$S_1, S_2, S_3, \cdots, S_{13}, S_{14}$이지만 $S_{13} = S_{14}$이므로

$T_n = \{ S_1, S_2, S_3, \cdots, S_{13} \} \Rightarrow n(T_n) = 13$

(집합은 원소가 중복되면 하나로 취급한다.)

중복되는 것을 고려해서

집합 T_n의 원소의 개수가 13이 되도록 하려면

$n = 13, 14, 15, \cdots, 26$이다.

$\dfrac{14(13+26)}{2} = 7 \times 39 = 273$

따라서 조건을 만족하는 모든 n의 값의 합은 273이다.

답 273

079

a_n이 등차수열이므로 $S_n = An^2 + Bn$이라 볼 수 있다.

$\left(\dfrac{n\{2a+(n-1)d\}}{2} = \dfrac{d}{2}n^2 + \left(\dfrac{2a-d}{2} \right)n = An^2 + Bn \right)$

S_n을 함수로 보면 $S_n = f(n) = An^2 + Bn$와 같다.

즉, $f(n)$은 이차함수이다.

(가) 조건에 의하여 $A > 0$이고,

$f(x)$의 대칭축은 $x = \dfrac{15}{2}$이므로

$f'\left(\dfrac{15}{2} \right) = 0 \Rightarrow 2A \times \dfrac{15}{2} + B = 0 \Rightarrow 15A + B = 0$

$\Rightarrow B = -15A$

즉, $f(n) = An^2 - 15An = An(n-15)$

$|S_n| = |f(n)|$과 같으므로

$|S_m| = |S_{2m}| = 162 \Rightarrow |f(m)| = |f(2m)| = 162$ $(m > 8)$

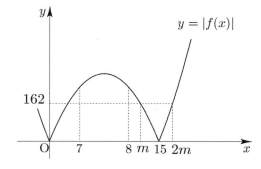

$|f(m)| = -f(m) = -Am(m-15)$

$|f(2m)| = f(2m) = 2Am(2m-15)$

$|f(m)| = |f(2m)|$

$\Rightarrow -Am(m-15) = 2Am(2m-15)$

$\Rightarrow -m + 15 = 4m - 30$

$\Rightarrow 5m = 45 \Rightarrow m = 9$

$|f(m)| = 162 \Rightarrow 54A = 162 \Rightarrow A = 3$

$f(n) = 3n^2 - 45n$이므로 $S_n = 3n^2 - 45n = 3n(n-15)$

즉, $a_n = 6n - 45 - 3 = 6n - 48$

(가이드스텝에서 $S_n = An^2 + Bn$ 꼴에서 a_n을 빨리 구하는 방법에 대해 학습한 바 있었다.)

따라서 $a_{13} = 78 - 48 = 30$이다.

답 30

080

등차수열 $\{a_n\}$의 공차를 d라 하면

$b_n = a_n + a_{n+1} = a + (n-1)d + a + nd = 2dn - d + 2a$

이므로 수열 $\{b_n\}$은 공차가 $2d$인 등차수열이다.

($\because$ n의 계수가 공차)

a_1		a_2		a_3		a_4		a_5
	d		d		d		d	

b_1		b_2		b_3		b_4		b_5
	$2d$		$2d$		$2d$		$2d$	

d의 부호에 따라 case분류하면

① $d > 0$일 때

$a_1 = a_2 - d = -4 - d < 0$

$a_2 = -4 < 0$

이므로

$b_1 = a_1 + a_2 = -8 - d < a_1$

$n(A \cap B) = 3$이려면

$b_2 = a_1$ or $b_3 = a_1$이어야 한다.

(수열 $\{b_n\}$의 공차가 수열 $\{a_n\}$의 공차의 2배인 상황에서 $n(A \cap B) = 3$인 상황은 집합 B의 3개의 원소가 a_1, a_3, a_5와 같은 값을 가지는 상황밖에 없으며, 이를 위해서는 $b_2 = a_1$ or $b_3 = a_1$이어야 한다.)

ⅰ) $b_2 = a_1$인 경우

b_1		b_2		b_3		b_4		b_5
	$2d$		$2d$		$2d$		$2d$	
		a_1		a_3		a_5		

$b_3 = a_3 \Rightarrow 5d + 2a = a + 2d \Rightarrow a = -3d$

$a_2 = -4 \Rightarrow a + d = -4$

$\Rightarrow -3d + d = -4 \Rightarrow d = 2$

즉, $a_{20} = a + 19d = -3d + 19d = 16d = 32$

ⅱ) $b_3 = a_1$인 경우

b_1		b_2		b_3		b_4		b_5
	$2d$		$2d$		$2d$		$2d$	
				a_1		a_3		a_5

$b_3 = a_1 \Rightarrow 5d + 2a = a \Rightarrow a = -5d$

$a_2 = -4 \Rightarrow a + d = -4$

$\Rightarrow -5d + d = -4 \Rightarrow d = 1$

즉, $a_{20} = a + 19d = -5d + 19d = 14d = 14$

② $d < 0$일 때

ⅰ) $a_1 > 0$인 경우

$a_1 = -4 - d > 0 \Rightarrow b_1 = -8 - d > -4 = a_2$이므로

$a_2 < b_1 < a_1$이다.

$a_2 - 2d < b_1 - 2d < a_1 - 2d$

$\Rightarrow a_4 < b_2 < a_3$

a_5		a_4		a_3		a_2		a_1
	d		d		d		d	
		b_2				b_1		

즉, $n(A \cap B) = 0$이므로 모순이다.

ⅱ) $a_1 = 0$인 경우

$a_1 = -4 - d = 0 \Rightarrow d = -4$

$b_1 = -8 - d = -4$

a_5		a_4		a_3		a_2		a_1
-16		-12		-8		-4		0
	-4		-4		-4		-4	
		b_2				b_1		

즉, $n(A \cap B) = 2$이므로 모순이다.

ⅲ) $a_1 < 0$인 경우

$a_1 = -4 - d < 0 \Rightarrow b_1 = -8 - d < -4 = a_2$이므로

$b_1 < a_2$이다.

a_5		a_4		a_3		a_2		a_1
	d		d		d		d	

$n(A \cap B)$의 최댓값은 $b_1 = a_3$이고, $a_5 = b_2$인 경우이다.

즉, $n(A \cap B) \leq 2$이므로 모순이다.

결국 주어진 조건을 만족시키는 a_{20}의 값은 ① $d > 0$일 때 $a_{20} = 32$ or $a_{20} = 14$이다.

따라서 a_{20}의 값의 합은 $32 + 14 = 46$이다.

답 ⑤

081

첫째항이 양수이므로 만약 공차 d가 양수이면 $|S_3| = |S_6|$을 만족시킬 수 없고 공차 d가 0이면 $|S_3| = |S_6| = |S_{11}| - 3$을 만족시킬 수 없다.
즉, 공차 d는 음수이다.

a_n이 등차수열이므로 $S_n = An^2 + Bn$이라 볼 수 있다.
$\left(\dfrac{n\{2a + (n-1)d\}}{2} = \dfrac{d}{2}n^2 + \left(\dfrac{2a-d}{2} \right)n = An^2 + Bn \right)$
S_n을 함수로 보면 $S_n = f(n) = An^2 + Bn$와 같다.
즉, $f(n)$은 이차함수이다.
$f(n) = An^2 + Bn = An\left(n + \dfrac{B}{A} \right)$
$d < 0$이므로 $A < 0$이다.

$|S_n| = |f(n)|$과 같으므로
$|S_3| = |S_6| = |S_{11}| - 3 \Rightarrow |f(3)| = |f(6)| = |f(11)| - 3$
를 만족시키는 함수를 찾으면 된다.

$|f(n)| = \left| An\left(n + \dfrac{B}{A} \right) \right|$에서 $-\dfrac{B}{A}$의 범위에 따라 **case**분류하면 다음과 같다.

① $-\dfrac{B}{A} = 0$

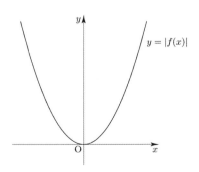

$|f(3)| = |f(6)|$을 만족시키지 않으므로
모순이다.

② $-\dfrac{B}{A} < 0$

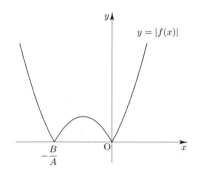

$|f(3)| = |f(6)|$을 만족시키지 않으므로
모순이다.

③- ⅰ) $6 < -\dfrac{B}{A}$인 경우

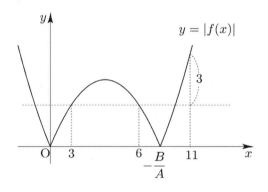

$|f(3)| = |f(6)|$이므로 이차함수의 대칭성에 의해서
$0 + \left(-\dfrac{B}{A} \right) = 3 + 6 \Rightarrow -\dfrac{B}{A} = 9 \Rightarrow B = -9A$

$|f(11)| - 3 = |f(3)| \Rightarrow -(121A + 11B) - 3 = 9A + 3B$
$\Rightarrow 130A + 14B = -3 \Rightarrow 130A - 126A = -3$
$\Rightarrow A = -\dfrac{3}{4}, \ B = \dfrac{27}{4}$

이때 $-\dfrac{B}{A} = 9$이므로 $-\dfrac{B}{A} > 0, \ 6 < -\dfrac{B}{A}$을 만족시킨다.

$S_n = -\dfrac{3}{4}n^2 + \dfrac{27}{4}n$이므로 $S_1 = \dfrac{24}{4} = 6$이다.

③-ii) $3 < -\dfrac{B}{2A} < -\dfrac{B}{A} < 6$인 경우

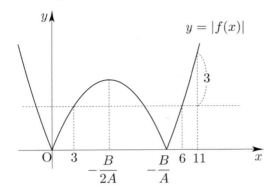

$|f(3)| = |f(6)| \Rightarrow 9A + 3B = -(36A + 6B)$

$\Rightarrow 45A = -9B \Rightarrow B = -5A$

$|f(3)| = |f(11)| - 3 \Rightarrow 9A + 3B = -(121A + 11B) - 3$

$\Rightarrow 130A + 14B = -3 \Rightarrow 130A - 70A = -3$

$\Rightarrow A = -\dfrac{1}{20}, \ B = \dfrac{1}{4}$

이때 $-\dfrac{B}{A} = 5$이므로 $3 < -\dfrac{B}{2A} < -\dfrac{B}{A} < 6$를
만족시키지 않아 모순이다.

③-iii) $-\dfrac{B}{2A} < 3 < -\dfrac{B}{A} < 6$인 경우

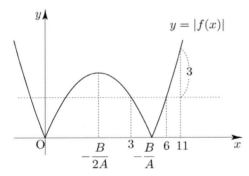

(③-ii)인 경우와 계산과정이 동일하다.)

$|f(3)| = |f(6)| \Rightarrow 9A + 3B = -(36A + 6B)$

$\Rightarrow 45A = -9B \Rightarrow B = -5A$

$|f(3)| = |f(11)| - 3 \Rightarrow 9A + 3B = -(121A + 11B) - 3$

$\Rightarrow 130A + 14B = -3 \Rightarrow 130A - 70A = -3$

$\Rightarrow A = -\dfrac{1}{20}, \ B = \dfrac{1}{4}$

이때 $-\dfrac{B}{A} = 5$이므로. $-\dfrac{B}{2A} < 3 < -\dfrac{B}{A} < 6$를
만족시킨다.

$S_n = -\dfrac{1}{20}n^2 + \dfrac{1}{4}n$이므로 $S_1 = \dfrac{4}{20} = \dfrac{1}{5}$이다.

따라서 조건을 만족시키는 모든 수열 $\{a_n\}$의 첫째항의
합은 $6 + \dfrac{1}{5} = \dfrac{31}{5}$이다.

답 ①

082

(가) $a_6 + a_7 = -\dfrac{1}{2} \Rightarrow 2a + 11d = -\dfrac{1}{2} \ \cdots \ \bigcirc$

(나) $a_l + a_m = 1 \Rightarrow 2a + (l + m - 2)d = 1 \ \cdots \ \bigcirc$

$\bigcirc$, $\bigcirc$에 의해 $(l + m - 13)d = \dfrac{3}{2}$이다.

$l, \ m \ (l < m)$은 자연수이므로 모든 순서쌍 $(l, \ m)$의
개수가 6이려면 $l + m = 14$이어야 한다.

$(l, \ m) = (1, \ 13), \ (2, \ 12), \ (3, \ 11), \ \cdots \ (6, \ 8)$

즉, $(l + m - 13)d = \dfrac{3}{2} \Rightarrow d = \dfrac{3}{2}$이므로

$\bigcirc$에서 $2a + \dfrac{33}{2} = -\dfrac{1}{2} \Rightarrow 2a = -\dfrac{34}{2} \Rightarrow a = -\dfrac{17}{2}$이다.

$S = \dfrac{14(a_1 + a_{14})}{2} = \dfrac{14(2a + 13d)}{2} = \dfrac{14\left(-17 + \dfrac{39}{2}\right)}{2} = \dfrac{35}{2}$

따라서 $2S = 2 \times \dfrac{35}{2} = 35$이다.

답 35

083

임의의 두 자연수 $i, \ j$에 대하여 $S_i \neq S_j \Rightarrow S_i - S_j \neq 0$

$S_i - S_j = (pi^2 - 36i + q) - (pj^2 - 36j + q)$

$= p(i^2 - j^2) - 36(i - j)$

$= (i - j)(pi + pj - 36) \neq 0$

이므로 $i + j \neq \dfrac{36}{p}$이다.

$p \leq 4$이면 $i + j = \dfrac{36}{p}$인 서로 다른 두 자연수 $i, \ j$가
존재하므로 조건을 만족시키지 않는다.

$p = 5$이면 $i + j = \dfrac{36}{p}$ 인 서로 다른 두 자연수 i, j가

존재하지 않으므로 조건을 만족시킨다.

즉, p의 최솟값은 5이므로 $p_1 = 5$이다.

$p = 5$이면 $S_n = 5n^2 - 36n + q$이므로

$a_1 = S_1 = q - 31$이고, $a_n = 10n - 36 - 5 = 10n - 41 \ (n \geq 2)$

이다.

(위 식이 이해가 잘되지 않는다면 가이드 스텝을

참고하도록 하자.)

$a_2 = -21$, $a_3 = -11$, $a_4 = -1$, $a_5 = 9$,

$a_6 = 19$, $a_7 = 29$, $\cdots$

$|a_k| < a_1$을 만족시키는 자연수 k의 개수가 3이므로

$k = 3, \ 4, \ 5$이다.

이를 만족시키는 a_1의 값의 범위는 다음과 같다.

$11 < a_1 \leq 19 \ \Rightarrow \ 11 < q - 31 \leq 19 \ \Rightarrow \ 42 < q \leq 50$

따라서 모든 q의 값의 합은 $\dfrac{8(43 + 50)}{2} = 372$이다.

답 ①

1	(1) $\sum_{k=1}^{10} 2k$ (2) $\sum_{k=1}^{n+1} 2^{k-1}$
2	(1) $6+11+16+21+26$ (2) $1+\dfrac{1}{2}+\dfrac{1}{2^2}+\dfrac{1}{2^3}$
3	(1) 23 (2) 61
4	(1) 204 (2) 1296
5	(1) $(n-1)n(2n+5)$ (2) $n(n+1)(n+2)$
6	(1) $\dfrac{8}{17}$ (2) $\dfrac{n}{n+2}$

개념 확인문제 1

답 (1) $\sum_{k=1}^{10} 2k$ (2) $\sum_{k=1}^{n+1} 2^{k-1}$

개념 확인문제 2

답 (1) $6+11+16+21+26$

(2) $1+\dfrac{1}{2}+\dfrac{1}{2^2}+\dfrac{1}{2^3}$

개념 확인문제 3

$\sum_{k=1}^{10} a_k = 2, \quad \sum_{k=1}^{10} b_k = 3$

(1) $\sum_{k=1}^{10}(a_k+7b_k) = \sum_{k=1}^{10} a_k + 7\sum_{k=1}^{10} b_k = 2+21 = 23$

(2) $\sum_{k=1}^{10}(10a_k-3b_k+5) = 10\sum_{k=1}^{10} a_k - 3\sum_{k=1}^{10} b_k + 50$

$= 20-9+50 = 61$

답 (1) 23 (2) 61

개념 확인문제 4

(1) $1^2+2^2+3^2+\cdots+8^2 = \sum_{k=1}^{8} k^2 = \dfrac{8\times9\times17}{6} = 204$

(2) $1^3+2^3+3^3+\cdots+8^3 = \sum_{k=1}^{8} k^3 = \left(\dfrac{8\times9}{2}\right)^2 = 1296$

답 (1) 204 (2) 1296

개념 확인문제 5

(1) $\sum_{k=1}^{n} 6(k+1)(k-1) = 6\sum_{k=1}^{n}(k^2-1)$

$= 6\left(\dfrac{n(n+1)(2n+1)}{6} - n\right)$

$= n(n+1)(2n+1) - 6n$

$= (n-1)n(2n+5)$

(2) $\sum_{k=1}^{n} 3(k^2+k) = 3\sum_{k=1}^{n} k(k+1) = 3\times\dfrac{n(n+1)(n+2)}{3}$

$= n(n+1)(n+2)$

답 (1) $(n-1)n(2n+5)$

(2) $n(n+1)(n+2)$

개념 확인문제 6

(1) $\dfrac{1}{1\times3}+\dfrac{1}{3\times5}+\dfrac{1}{5\times7}+\cdots+\dfrac{1}{15\times17}$

분모를 살펴보면 $1\times3,\ 3\times5,\ 5\times7\ \cdots$이므로
k번째 항의 분모는 $(2k-1)(2k+1)$이다. (초말유형)

$\sum_{k=1}^{8}\dfrac{1}{(2k-1)(2k+1)} = \sum_{k=1}^{8}\dfrac{1}{2}\left(\dfrac{1}{2k-1}-\dfrac{1}{2k+1}\right)$

$= \dfrac{1}{2}\left(1-\dfrac{1}{17}\right) = \dfrac{8}{17}$

(2) $\sum_{k=1}^{n}\dfrac{2}{k^2+3k+2} = \sum_{k=1}^{n}\dfrac{2}{(k+1)(k+2)}$

$\dfrac{2}{(k+1)(k+2)} = 2\left(\dfrac{1}{k+1}-\dfrac{1}{k+2}\right)$이므로 초말유형이다.

$\sum_{k=1}^{n}\dfrac{2}{(k+1)(k+2)} = 2\left(\dfrac{1}{2}-\dfrac{1}{n+2}\right) = \dfrac{n}{n+2}$

답 (1) $\dfrac{8}{17}$ (2) $\dfrac{n}{n+2}$

1	②	19	28
2	20	20	124
3	9	21	220
4	30	22	10
5	ㄱ, ㅂ	23	7
6	130	24	100
7	33	25	200
8	8	26	1771
9	45	27	690
10	130	28	15
11	57	29	20
12	10	30	18
13	340	31	79
14	6	32	256
15	25	33	50
16	441	34	11
17	95	35	6
18	10	36	115

001

$$\sum_{k=1}^{15} a_k = \alpha, \quad \sum_{k=1}^{15} b_k = \beta$$

ㄱ. $\sum_{k=1}^{15} (2a_k - 5b_k + 1) = 2\sum_{k=1}^{15} a_k - 5\sum_{k=1}^{15} b_k + 15$

$= 2\alpha - 5\beta + 15$

따라서 ㄱ은 거짓이다.

ㄴ. $\sum_{k=1}^{15} 3(a_k + b_k) = 3\sum_{k=1}^{15} a_k + 3\sum_{k=1}^{15} b_k = 3\alpha + 3\beta$

따라서 ㄴ은 참이다.

ㄷ. $\left(\sum_{k=1}^{15} b_k\right)^2 = \beta^2$ 이지 $\sum_{k=1}^{15} (b_k)^2 = \beta^2$ 라는 보장은 없다.

따라서 ㄷ은 거짓이다.

답 ②

002

$$\sum_{k=1}^{10} \frac{2k}{k+1} + \sum_{k=1}^{10} \frac{2}{k+1} = \sum_{k=1}^{10} \frac{2k+2}{k+1} = \sum_{k=1}^{10} 2 = 20$$

답 20

003

$$\sum_{k=1}^{n} (a_{2k-1} + a_{2k}) = 2n - 1$$

$$\sum_{k=1}^{5} (a_{2k-1} + a_{2k}) = \sum_{k=1}^{10} a_k = 10 - 1 = 9$$

답 9

004

$$\sum_{n=1}^{10} (a_n + 1)^2 = 100, \quad \sum_{n=1}^{10} a_n (2a_n + 1) = 60$$

$$\sum_{n=1}^{10} (a_n^2 + 2a_n + 1) = \sum_{n=1}^{10} (a_n)^2 + 2\sum_{n=1}^{10} a_n + 10 = 100$$

$$\sum_{n=1}^{10} a_n (2a_n + 1) = 2\sum_{n=1}^{10} (a_n)^2 + \sum_{n=1}^{10} a_n = 60$$

$\sum_{n=1}^{10} (a_n)^2 = a, \quad \sum_{n=1}^{10} a_n = b$ 라 하면

$a + 2b = 90, \quad 2a + b = 60$ 이고 연립하면

$a = 10, \quad b = 40$ 이다.

$$\sum_{n=1}^{10} (a_n - 1)(a_n + 2) = \sum_{n=1}^{10} \{(a_n)^2 + a_n - 2\}$$

$$= \sum_{n=1}^{10} (a_n)^2 + \sum_{n=1}^{10} a_n - 20 = a + b - 20 = 30$$

따라서 $\sum_{n=1}^{10} (a_n - 1)(a_n + 2) = 30$ 이다.

답 30

005

ㄱ. $\displaystyle\sum_{k=1}^{10}(3k-1)=2+5+8+\cdots+29$

$\displaystyle\sum_{i=2}^{11}(3i-4)=2+5+8+\cdots+29$

이므로 $\displaystyle\sum_{k=1}^{10}(3k-1)=\sum_{i=2}^{11}(3i-4)$ 이다.

따라서 ㄱ은 참이다.

ㄴ. $\displaystyle\sum_{k=1}^{n}(a_k)^2 \neq \left(\sum_{k=1}^{n}a_k\right)^2$

반드시 $\displaystyle\sum_{k=1}^{n}(a_k)^2 = \left(\sum_{k=1}^{n}a_k\right)^2$ 라는 보장이 없다.

따라서 ㄴ은 거짓이다.

ㄷ. $\displaystyle\sum_{k=1}^{n}a_{2k}=a_2+a_4+a_6+\cdots+a_{2n}$

$\displaystyle\sum_{k=1}^{2n}a_k=a_1+a_2+a_3+\cdots+a_{2n}$

$\displaystyle\sum_{k=1}^{n}a_{2k} \neq \sum_{k=1}^{2n}a_k$

따라서 ㄷ은 거짓이다.

ㄹ. $\displaystyle\sum_{k=1}^{n}a_k - \sum_{k=n-10}^{n}a_k=a_1+a_2+a_3+\cdots+a_{n-11}$

$\displaystyle\sum_{k=1}^{n-10}a_k=a_1+a_2+a_3+\cdots+a_{n-10}$

$\left(\displaystyle\sum_{k=1}^{n}a_k - \sum_{k=n-10}^{n}a_k \neq a_1+a_2+a_3+\cdots+a_{n-9} \text{ 조심}\right)$

$\displaystyle\sum_{k=1}^{n}a_k - \sum_{k=n-10}^{n}a_k \neq \sum_{k=1}^{n-10}a_k$

따라서 ㄹ은 거짓이다.

ㅁ. $\displaystyle\sum_{k=1}^{n}ka_n = \sum_{k=1}^{n}na_k$

$(1+2+\cdots+n)a_n \neq n(a_1+a_2+\cdots+a_n)$

따라서 ㅁ은 거짓이다.

ㅂ. $\displaystyle\sum_{k=1}^{n}3^{-k}=3^{-1}+3^{-2}+\cdots+3^{-n}$

$\displaystyle\sum_{k=0}^{n-1}3^{-k-1}=3^{-1}+3^{-2}+\cdots+3^{-n}$

$\displaystyle\sum_{k=1}^{n}3^{-k}=\sum_{k=0}^{n-1}3^{-k-1}$

따라서 ㅂ은 참이다.

답 ㄱ, ㅂ

$\displaystyle\sum_{k=1}^{n}a_k=2n^2, \quad \sum_{k=1}^{n}b_k=n$

$\displaystyle\sum_{k=6}^{10}a_k = \sum_{k=1}^{10}a_k - \sum_{k=1}^{5}a_k=200-50=150$

$\displaystyle 4\sum_{k=6}^{10}b_k = 4\left(\sum_{k=1}^{10}b_k - \sum_{k=1}^{5}b_k\right)=4(10-5)=20$

따라서

$\displaystyle\sum_{k=6}^{10}(a_k-4b_k)=\sum_{k=6}^{10}a_k - 4\sum_{k=6}^{10}b_k=150-20=130$ 이다.

답 130

(좌변) $=\displaystyle\sum_{k=1}^{33}(a_k-k)=\sum_{k=1}^{33}a_k - \sum_{k=1}^{33}k$

(우변) $=\displaystyle\sum_{k=1}^{32}(a_k+k-33)=\sum_{k=1}^{32}a_k + \sum_{k=1}^{32}k - 33 \times 32$ 이고,

$\displaystyle\sum_{k=1}^{33}(a_k-k)=\sum_{k=1}^{32}(a_k+k-33)$ 이므로

$\displaystyle\sum_{k=1}^{33}a_k - \sum_{k=1}^{33}k = \sum_{k=1}^{32}a_k + \sum_{k=1}^{32}k - 33 \times 32$

$\displaystyle a_{33} = \sum_{k=1}^{33}k + \sum_{k=1}^{32}k - 33 \times 32$

$\displaystyle = \frac{33 \times 34}{2} + \frac{32 \times 33}{2} - 33 \times 32 = 33(17+16-32)=33$

따라서 $a_{33}=33$ 이다.

답 33

$f(20) = 10, \ f(2) = 2$

$\displaystyle\sum_{k=0}^{17} f(k+3) = f(3) + f(4) + \cdots + f(20)$

$\displaystyle\sum_{k=4}^{21} f(k-2) = f(2) + f(3) + \cdots + f(19)$

따라서

$\displaystyle\sum_{k=0}^{17} f(k+3) - \sum_{k=4}^{21} f(k-2) = f(20) - f(2) = 10 - 2 = 8$

이다.

답 8

$\displaystyle\sum_{k=1}^{15} f\left(\frac{k}{4}\right) = f\left(\frac{1}{4}\right) + f\left(\frac{2}{4}\right) + f\left(\frac{3}{4}\right) + \cdots + f\left(\frac{15}{4}\right)$

$f(x) + f(4-x) = 6$ 이므로

$f\left(\dfrac{1}{4}\right) + f\left(\dfrac{15}{4}\right) = 6$

$f\left(\dfrac{2}{4}\right) + f\left(\dfrac{14}{4}\right) = 6$

$\vdots$

$f\left(\dfrac{7}{4}\right) + f\left(\dfrac{9}{4}\right) = 6$

$f\left(\dfrac{8}{4}\right) + f\left(\dfrac{8}{4}\right) = 6 \ \Rightarrow \ f\left(\dfrac{8}{4}\right) = 3$

따라서 $\displaystyle\sum_{k=1}^{15} f\left(\frac{k}{4}\right) = 7 \times 6 + 3 = 45$이다.

답 45

$\displaystyle\sum_{k=1}^{n} (2kn) = 2n \sum_{k=1}^{n} k = 2n \times \frac{n(n+1)}{2} = n^3 + n^2$

따라서

$\displaystyle\sum_{n=1}^{4} \left\{ \sum_{k=1}^{n} (2kn) \right\} = \sum_{n=1}^{4} (n^3 + n^2) = \left(\frac{4 \times 5}{2} \right)^2 + \frac{4 \times 5 \times 9}{6}$

$= 100 + 30 = 130$

이다.

답 130

$\displaystyle\sum_{k=1}^{n} 2^{n-k} = 2^n \sum_{k=1}^{n} 2^{-k} = 2^n \times \frac{\frac{1}{2}\left(1 - \left(\frac{1}{2}\right)^n\right)}{1 - \frac{1}{2}} = 2^n - 1$

따라서

$\displaystyle\sum_{n=1}^{5} \left\{ \sum_{k=1}^{n} 2^{n-k} \right\} = \sum_{n=1}^{5} (2^n - 1) = \sum_{n=1}^{5} 2^n - 5 = \frac{2(2^5 - 1)}{2 - 1} - 5$

$= 62 - 5 = 57$

이다.

답 57

$\displaystyle\sum_{i=1}^{n} \frac{i \cdot 2^n}{n(n+1)} = \frac{2^n}{n(n+1)} \sum_{i=1}^{n} i = \frac{2^n}{n(n+1)} \times \frac{n(n+1)}{2} = 2^{n-1}$

$\displaystyle\sum_{n=1}^{m+20} \left\{ \sum_{i=1}^{n} \frac{i \cdot 2^n}{n(n+1)} \right\} = \sum_{n=1}^{m+20} 2^{n-1} = \frac{1 \times (2^{m+20} - 1)}{2 - 1}$

$= 2^{m+20} - 1 = 4^{m+5} - 1 = 2^{2m+10} - 1$

$2^{m+20} = 2^{2m+10} \ \Rightarrow \ m + 20 = 2m + 10 \ \Rightarrow \ m = 10$

따라서 자연수 m은 10이다.

답 10

$\displaystyle\sum_{k=1}^{10} \frac{k^3}{k+1} + \sum_{k=1}^{10} \frac{1}{k+1} = \sum_{k=1}^{10} \frac{k^3 + 1}{k+1} = \sum_{k=1}^{10} (k^2 - k + 1)$

$= \displaystyle\sum_{k=1}^{10} k^2 - \sum_{k=1}^{10} k + 10 = \frac{10 \times 11 \times 21}{6} - \frac{10 \times 11}{2} + 10$

$= 385 - 55 + 10 = 340$

답 340

$$\sum_{k=1}^{n}(k^2+k+2)=\sum_{k=1}^{n-1}(k^2+k+2)+(n^2+n+2)$$

$$\sum_{k=1}^{n-1}(k^2+k+2)-\sum_{k=1}^{n-1}(k^2+k-3)$$

$$=\sum_{k=1}^{n-1}\{k^2+k+2-(k^2+k-3)\}=\sum_{k=1}^{n-1}5=5(n-1)$$

$$\therefore \sum_{k=1}^{n}(k^2+k+2)-\sum_{k=1}^{n-1}(k^2+k-3)=n^2+n+2+5(n-1)$$

$$=n^2+6n-3=69$$

$$n^2+6n-72=0 \Rightarrow (n+12)(n-6)=0 \Rightarrow n=6$$

따라서 n은 6이다.

답 6

$$\sum_{k=1}^{4}(k+p)^2=\sum_{k=1}^{4}(k^2+2kp+p^2)=\sum_{k=1}^{4}k^2+2p\sum_{k=1}^{4}k+4p^2$$

$$=\frac{4\times5\times9}{6}+2p\times\frac{4\times5}{2}+4p^2=30+20p+4p^2$$

$$=4\left(p+\frac{5}{2}\right)^2+5 \text{ 이므로}$$

$p=-\dfrac{5}{2}$ 일 때, 최솟값 5를 갖는다.

$a=-\dfrac{5}{2}$, $b=5$

따라서 $10(b+a)=10\left(5-\dfrac{5}{2}\right)=25$이다.

답 25

$$\sum_{k=1}^{6}k^2=1^2+2^2+3^2+4^2+5^2+6^2$$

$$\sum_{k=2}^{6}k^2=\qquad 2^2+3^2+4^2+5^2+6^2$$

$$\sum_{k=3}^{6}k^2=\qquad\qquad 3^2+4^2+5^2+6^2$$

$$\sum_{k=4}^{6}k^2=\qquad\qquad\qquad 4^2+5^2+6^2$$

$$\sum_{k=5}^{6}k^2=\qquad\qquad\qquad\qquad 5^2+6^2$$

$$\sum_{k=6}^{6}k^2=\qquad\qquad\qquad\qquad\qquad 6^2$$

$$\sum_{k=1}^{6}k^2+\sum_{k=2}^{6}k^2+\sum_{k=3}^{6}k^2+\cdots+\sum_{k=6}^{6}k^2$$

$$=1^2\times1+2^2\times2+3^2\times3+4^2\times4+5^2\times5+6^2\times6$$

$$=1^3+2^3+3^3+4^3+5^3+6^3=\sum_{k=1}^{6}k^3=\left(\frac{6\times7}{2}\right)^2=441$$

답 441

$x^2-3x-1=0$ 의 두 실근이 α, β이므로

근과 계수의 관계에 의해서 $\alpha+\beta=3$, $\alpha\beta=-1$이다.

$$\sum_{k=1}^{5}(k+\alpha)(k+\beta)=\sum_{k=1}^{5}(k^2+(\alpha+\beta)k+\alpha\beta)$$

$$=\sum_{k=1}^{5}k^2+3\sum_{k=1}^{5}k-5=\frac{5\times6\times11}{6}+3\times\frac{5\times6}{2}-5$$

$$=55+45-5=95$$

답 95

18

$3a_n+n^2=m$ 의 양변에 $\displaystyle\sum_{n=1}^{10}$ 를 걸면

$$(좌변)=\sum_{n=1}^{10}(3a_n+n^2)=3\sum_{n=1}^{10}a_n+\frac{10\times11\times21}{6}=3m+385$$

$$(우변)=\sum_{n=1}^{10}m=10m$$

$$\sum_{n=1}^{10}(3a_n+n^2)=\sum_{n=1}^{10}m \text{ 이므로}$$

$3m+385=10m \Rightarrow 7m=385 \Rightarrow m=55$이다.

$3a_n+n^2=m \Rightarrow 3a_5+25=55$

따라서 $a_5=10$이다.

답 10

$$(좌변)=\sum_{k=1}^{10}a_k=\sum_{k=1}^{7}a_k+a_8+a_9+a_{10}$$

$$(우변)=\sum_{k=1}^{7}(a_k+3k)=\sum_{k=1}^{7}a_k+3\times\frac{7\times8}{2}$$

$$\sum_{k=1}^{10} a_k = \sum_{k=1}^{7}(a_k + 3k) \Rightarrow a_8 + a_9 + a_{10} = 84$$

$a_8 + a_{10} = 2a_9$ 이므로 $3a_9 = 84$이다.

따라서 $a_9 = 28$이다.

답   28

020

$a_1 + a_6 = 0, \ a_3 = 1$

$2a + 5d = 0, \ a + 2d = 1$ 를 연립하면

$a = 5, \ d = -2$이다.

$a_k = 5 + (k-1)(-2) = -2k + 7$

$a_{k+1} = -2(k+1) + 7 = -2k + 5$ 이므로

$$\sum_{k=1}^{10} |a_k + a_{k+1}| = \sum_{k=1}^{10} |-4k + 12|$$

$= |8| + |4| + |0| + |-4| + |-8| + \cdots + |-28|$

$= 12 + \dfrac{7(4+28)}{2} = 124$

따라서 $\displaystyle\sum_{k=1}^{10} |a_k + a_{k+1}| = 124$이다.

답   124

021

$a_1 + a_2 + a_3 = a + a + d + a + 2d = 3a + 3d = 3$

$\Rightarrow a = 1 - d$

$|a_1| + |a_2| + |a_3| = |a| + |a+d| + |a+2d|$

$= |1-d| + 1 + |1+d| = |1-d| + 2 + d = 5 \ \ (d > 0)$

$|1-d| = 3 - d$

① $1 - d \geq 0 \Rightarrow 1 - d = 3 - d \Rightarrow 1 = 3$ 모순

② $1 - d < 0 \Rightarrow 1 < d \Rightarrow -1 + d = 3 - d \Rightarrow d = 2$

$a = 1 - d$이므로 $a = -1$이다.

$a_n = 2n - 3 \Rightarrow a_{2k} = 4k - 3$

$$\sum_{k=1}^{10}(a_{2k} + 3) = \sum_{k=1}^{10} a_{2k} + 30 = \sum_{k=1}^{10}(4k - 3) + 30$$

$= \dfrac{10(1 + 37)}{2} + 30 = 190 + 30 = 220$

답   220

022

$2^{-k-1}(2^{2k-1} + 1) = 2^{k-2} + 2^{-k-1}$ 이므로

$$\sum_{k=1}^{5} 2^{-k-1}(2^{2k-1} + 1) = \sum_{k=1}^{5}(2^{k-2} + 2^{-k-1})$$

$$= \sum_{k=1}^{5} 2^{k-2} + \sum_{k=1}^{5} 2^{-k-1} = \dfrac{\dfrac{1}{2}(2^5 - 1)}{2 - 1} + \dfrac{\dfrac{1}{4}\left(1 - \dfrac{1}{2^5}\right)}{1 - \dfrac{1}{2}}$$

$= 2^4 - \dfrac{1}{2} + \dfrac{1}{2} - \dfrac{1}{2^6} = 2^4 - 2^{-6} = 2^p - 2^{-q}$

$p = 4, \ q = 6$

따라서 $p + q = 4 + 6 = 10$이다.

답   10

023

$a_2 = 10, \ a_8 = 8a_5$

$ar = 10, \ ar^7 = 8ar^4 \Rightarrow r^3 = 8 \Rightarrow r = 2, \ a = 5(a \neq 0)$

$$\sum_{k=1}^{n} a_k = \dfrac{5(2^n - 1)}{2 - 1} = 5 \times (2^n - 1) \geq 500$$

따라서 n의 최솟값은 7이다.

답   7

024

$a = r = 4 \Rightarrow a_n = 4 \times 4^{n-1} = 4^n$

$$\sum_{n=1}^{24} \log_{64} a_n = \sum_{n=1}^{24} \log_{4^3} 4^n = \sum_{n=1}^{24} \dfrac{n}{3} = \dfrac{1}{3} \times \dfrac{24 \times 25}{2} = 100$$

답   100

025

$$\sum_{k=1}^{n} a_k = 2n^2 - n \Rightarrow a_n = 4n - 1 - 2 = 4n - 3$$

(등차수열의 합 꼴이므로 빠르게 계산할 수 있다.

물론 $S_n - S_{n-1}$로 처리해도 된다.)

$$\sum_{n=1}^{100}(-1)^n(4n - 3) = -1 + 5 - 9 + 13 \cdots - 393 + 397$$

두 개씩 묶어보면

$(-1+5)=4,\ (-9+13)=4,\ \cdots,\ (-393+397)=4$

이다. 총 50묶음이므로

$$\sum_{n=1}^{100}(-1)^n a_n = 50 \times 4 = 200 \text{이다.}$$

답 200

026

$$\sum_{k=1}^{n}a_k = n^2+1 \ \Rightarrow\ a_n = 2n-1 \ (n \ge 2),\ a_1 = 2$$

$a_k = 2k-1 \ \Rightarrow\ a_{2k-1} = 2(2k-1)-1 = 4k-3$라고 생각

하고 합을 계산한 뒤 잘못된 것$(a_1 = 1)$을 빼주고

원래의 것$(a_1 = 2)$을 더해준다.

$$\sum_{k=1}^{30}a_{2k-1} = \sum_{k=1}^{30}(4k-3) - 1 + 2 = \frac{30 \times (1+117)}{2} + 1$$

$$= 1771$$

답 1771

027

$$\sum_{k=1}^{n}k a_k = n(n+1)(n+2) = S_n$$

$$S_n - S_{n-1} = n(n+1)(n+2) - (n-1)n(n+1)$$

$$= n(n+1)(n+2-(n-1)) = 3n(n+1) = n a_n$$

$S_1 = 1 \times 2 \times 3 = 6$이고 $1 \times a_1 = 3 \times 1 \times 2 = 6$ 이므로

$n a_n = 3n(n+1) \ (n \ge 1)$이다.

┌─ **Tip** ──────────────

Guide step에서 배운

$$\sum_{k=1}^{n}k(k+1) = \frac{n(n+1)(n+2)}{3}$$ 을 외웠다면 양변에

3을 곱해 $\displaystyle\sum_{k=1}^{n}3k(k+1) = n(n+1)(n+2)$ 을

얻을 수 있고 $k a_k = 3k(k+1)$ 임을 바로 알 수 있다.

└──────────────────────

$a_n = 3n+3$이므로

$$\sum_{k=1}^{20}a_k = \sum_{k=1}^{20}(3k+3) = \frac{20(6+63)}{2} = 690 \text{이다.}$$

답 690

028

$$\sum_{k=1}^{25}\frac{S_{k+1}}{S_k} = 40 \text{일 때,}$$

$$\sum_{k=1}^{25}\frac{a_{k+1}}{S_k} = \sum_{k=1}^{25}\frac{S_{k+1}-S_k}{S_k} = \sum_{k=1}^{25}\left(\frac{S_{k+1}}{S_k}-1\right)$$

$$= \left(\sum_{k=1}^{25}\frac{S_{k+1}}{S_k}\right) - 25 = 40 - 25 = 15$$

따라서 $\displaystyle\sum_{k=1}^{25}\frac{a_{k+1}}{S_k} = 15$이다.

답 15

029

$$\sum_{k=1}^{n}a_k = 3^{n+1} - 3 = S_n$$

$$S_n - S_{n-1} = 3^{n+1} - 3 - (3^n - 3) = 3^{n+1} - 3^n = 3^n(3-1)$$

$$= 2 \times 3^n = a_n$$

$$(\text{좌변}) = \sum_{k=1}^{m}(a_k)^2 = \sum_{k=1}^{m}4 \times 3^{2k} = \frac{36(9^m-1)}{9-1} = \frac{9(9^m-1)}{2}$$

$$= \frac{9^{m+1}-9}{2} = \frac{3^{2m+2}-9}{2} = \frac{3^{42}-9}{2}$$

따라서 $m = 20$이다.

답 20

030

$$\sum_{k=1}^{n}a_k = \frac{3n^2+n}{2} \ \Rightarrow\ a_n = 3n + \frac{1}{2} - \frac{3}{2} = 3n-1$$

$$\sum_{k=1}^{n}a_k b_k = 2n^3 - n^2 - n = S_n$$

$$S_n - S_{n-1} = 2n^3 - n^2 - n - \left(2(n-1)^3 - (n-1)^2 - (n-1)\right)$$

$$= 2n^3 - n^2 - n - (2n^3 - 7n^2 + 7n - 2) = 6n^2 - 8n + 2$$

$$= 2(3n-1)(n-1) = a_n b_n$$

$$S_1 = 0 = 2(3-1)(1-1) = a_1 b_1$$

이므로

$$a_n b_n = 2(3n-1)(n-1) \ \Rightarrow\ (3n-1)b_n = 2(3n-1)(n-1)$$

따라서 $b_n = 2(n-1) \ \Rightarrow\ b_{10} = 18$이다.

답 18

031

$$\sum_{k=1}^{10} \frac{1}{(2k+1)(2k+3)} = \sum_{k=1}^{10} \frac{1}{2}\left(\frac{1}{2k+1} - \frac{1}{2k+3}\right)$$

$a_k = 2k+1$, $a_{k+1} = 2k+3$이므로 초말유형이다.

따라서 $\frac{1}{2}\left(\frac{1}{3} - \frac{1}{23}\right) = \frac{10}{69}$ 이므로 $p+q = 79$이다.

답 79

032

$$\frac{1}{k^2+6k+8} = \frac{1}{(k+2)(k+4)}$$

$$\sum_{k=4}^{18} \frac{1}{(k+2)(k+4)} = \sum_{k=4}^{18} \frac{1}{2}\left(\frac{1}{k+2} - \frac{1}{k+4}\right)$$

$a_k = k+2$, $a_{k+2} = k+4$이므로 초초말말유형이다.

따라서 $\frac{1}{2}\left(\frac{1}{6} + \frac{1}{7} - \frac{1}{21} - \frac{1}{22}\right) = \frac{25}{231}$ 이므로

$p+q = 256$이다.

답 256

033

$$\sum_{k=1}^{n} a_k = 3n^2 + 7n \implies a_n = 6n+7-3 = 6n+4$$

$$\sum_{k=1}^{15} \frac{12}{a_k a_{k+1}} = 12\sum_{k=1}^{15} \frac{1}{(6k+4)(6k+10)}$$

$$= 12\sum_{k=1}^{15} \frac{1}{6}\left(\frac{1}{6k+4} - \frac{1}{6k+10}\right) = 2\left(\frac{1}{10} - \frac{1}{100}\right) = \frac{9}{50}$$

$$\frac{9}{50} = \frac{1}{m} \implies m = \frac{50}{9}$$

따라서 $9m = 50$이다.

답 50

034

$$\sum_{k=1}^{n} \frac{a_k}{k+1} = n^2+n \implies \frac{a_n}{n+1} = 2n+1-1$$

$$\implies a_n = 2n(n+1)$$

$$\sum_{n=1}^{11} \frac{24}{a_n} = 12\sum_{n=1}^{11} \frac{1}{n(n+1)} = 12\sum_{n=1}^{11}\left(\frac{1}{n} - \frac{1}{n+1}\right)$$

$$= 12\left(\frac{1}{1} - \frac{1}{12}\right) = 12-1 = 11$$

답 11

035

$$a=4, \ d=1 \implies a_n = n+3$$

$$\sum_{k=1}^{60} \frac{1}{\sqrt{a_{k+1}} + \sqrt{a_k}} = \sum_{k=1}^{60} \frac{1}{\sqrt{k+4} + \sqrt{k+3}}$$

$$= \sum_{k=1}^{60} \left(\sqrt{k+4} - \sqrt{k+3}\right)$$

$$= \left(\sqrt{5} - \sqrt{4}\right) + \left(\sqrt{6} - \sqrt{5}\right) + \cdots + \left(\sqrt{64} - \sqrt{63}\right)$$

$$= \sqrt{64} - \sqrt{4} = 8-2 = 6$$

답 6

036

$$\sum_{k=1}^{11} \frac{a}{4k^2-1} = a\sum_{k=1}^{11} \frac{1}{(2k-1)(2k+1)}$$

$$= a\sum_{k=1}^{11} \frac{1}{2}\left(\frac{1}{2k-1} - \frac{1}{2k+1}\right) = \frac{a}{2}\left(\frac{1}{1} - \frac{1}{23}\right) = \frac{11}{23}a$$

$\sum_{k=1}^{11} \frac{a}{4k^2-1}$ 의 값이 자연수가 되려면 a는 23의 배수여야

한다.

따라서 100 이하의 자연수 a의 최솟값은 23, 최댓값은 92

이므로 최댓값과 최솟값의 합은 115이다.

답 115

따라서 $\sum_{k=1}^{10}(a_k)^2 = 67 - 56 = 11$이다.

답 ⑤

수열의 합 | Training - 2 step

37	⑤	62	③
38	9	63	②
39	8	64	34
40	88	65	201
41	9	66	200
42	12	67	58
43	⑤	68	25
44	④	69	②
45	②	70	①
46	13	71	③
47	22	72	③
48	①	73	9
49	②	74	①
50	①	75	①
51	160	76	⑤
52	④	77	③
53	④	78	①
54	91	79	①
55	④	80	⑤
56	4	81	③
57	502	82	④
58	③	83	②
59	7	84	19
60	②	85	③
61	③		

037

$$\sum_{k=1}^{10} a_k = 4, \quad \sum_{k=1}^{10}(a_k+2)^2 = 67$$

$$\sum_{k=1}^{10}(a_k+2)^2 = \sum_{k=1}^{10}(a_k^2 + 4a_k + 4)$$

$$= \sum_{k=1}^{10}(a_k)^2 + 4\sum_{k=1}^{10} a_k + \sum_{k=1}^{10} 4$$

$$= \sum_{k=1}^{10}(a_k)^2 + 16 + 40 = 67$$

038

$$\sum_{k=1}^{10} a_k = \sum_{k=1}^{10}(2b_k - 1) \;\Rightarrow\; \sum_{k=1}^{10} a_k = 2\sum_{k=1}^{10} b_k - 10$$

$$\sum_{k=1}^{10}(3a_k + b_k) = 33 \;\Rightarrow\; 3\sum_{k=1}^{10} a_k + \sum_{k=1}^{10} b_k = 33$$

$$\Rightarrow\; 3\left(2\sum_{k=1}^{10} b_k - 10\right) + \sum_{k=1}^{10} b_k = 33$$

$$\Rightarrow\; 7\sum_{k=1}^{10} b_k - 30 = 33 \;\Rightarrow\; 7\sum_{k=1}^{10} b_k = 63$$

따라서 $\sum_{k=1}^{10} b_k = 9$이다.

답 9

039

$$\sum_{k=1}^{10}(2k+1)^2 a_k = 100, \quad \sum_{k=1}^{10} k(k+1)a_k = 23$$

$$\sum_{k=1}^{10} a_k = \sum_{k=1}^{10}\{(2k+1)^2 - 4k(k+1)\}a_k$$

$$= \sum_{k=1}^{10}(2k+1)^2 a_k - 4\sum_{k=1}^{10} k(k+1)a_k$$

따라서 $\sum_{k=1}^{10} a_k = 100 - 4 \times 23 = 100 - 92 = 8$이다.

답 8

040

$$a_1 + a_{10} = 22 \;\Rightarrow\; 2a + 9d = 22$$

$$\sum_{k=2}^{9} a_k = \frac{8(a_2 + a_9)}{2} = \frac{8(a+d+a+8d)}{2} = 4(2a+9d)$$

$$= 88$$

답 88

041

$$\sum_{k=1}^{10}(a_k+2b_k)=45 \Rightarrow \sum_{k=1}^{10}a_k+2\sum_{k=1}^{10}b_k=45$$

$$\sum_{k=1}^{10}(a_k-b_k)=3 \Rightarrow \sum_{k=1}^{10}a_k-\sum_{k=1}^{10}b_k=3$$

두 식을 연립하면 $3\sum_{k=1}^{10}b_k=42 \Rightarrow \sum_{k=1}^{10}b_k=14$

따라서 $\sum_{k=1}^{10}\left(b_k-\dfrac{1}{2}\right)=\sum_{k=1}^{10}b_k-5=14-5=9$

답 9

042

$$\sum_{k=1}^{10}a_k-\sum_{k=1}^{7}\dfrac{a_k}{2}=56 \Rightarrow 2\sum_{k=1}^{10}a_k-\sum_{k=1}^{7}a_k=112$$

$$\sum_{k=1}^{10}2a_k-\sum_{k=1}^{8}a_k=100 \Rightarrow 2\sum_{k=1}^{10}a_k-\sum_{k=1}^{8}a_k=100$$

두 식을 연립하면 $\sum_{k=1}^{8}a_k-\sum_{k=1}^{7}a_k=12 \Rightarrow a_8=12$

따라서 $a_8=12$이다.

답 12

043

$$S_n=\dfrac{1}{n(n+1)}=\dfrac{1}{n}-\dfrac{1}{n+1}$$

$$\sum_{k=1}^{10}(S_k-a_k)=\sum_{k=1}^{10}S_k-\sum_{k=1}^{10}a_k=\left(1-\dfrac{1}{11}\right)-S_{10}$$

$$=1-\dfrac{1}{11}-\dfrac{1}{110}=\dfrac{99}{110}=\dfrac{9}{10}$$

따라서 $\sum_{k=1}^{10}(S_k-a_k)=\dfrac{9}{10}$이다.

답 ⑤

044

$$a_n=d+(n-1)d=dn$$

$$\sum_{k=1}^{15}\dfrac{1}{\sqrt{a_k}+\sqrt{a_{k+1}}}=\sum_{k=1}^{15}\dfrac{\sqrt{a_{k+1}}-\sqrt{a_k}}{a_{k+1}-a_k}$$

$$=\dfrac{1}{d}\sum_{k=1}^{15}\left(\sqrt{a_{k+1}}-\sqrt{a_k}\right)$$

$$=\dfrac{1}{d}\left(\sqrt{a_{16}}-\sqrt{a_1}\right)$$

$$=\dfrac{1}{d}\left(\sqrt{16d}-\sqrt{d}\right)=2$$

$$\Rightarrow \sqrt{16d}-\sqrt{d}=2d \Rightarrow 4\sqrt{d}-\sqrt{d}=2d$$

$$\Rightarrow 3\sqrt{d}=2d \Rightarrow 9d=4d^2 \Rightarrow d=\dfrac{9}{4}\ (\because\ d>0)$$

따라서 $a_4=4d=4\times\dfrac{9}{4}=9$이다.

답 ④

045

등비수열 $\{a_n\}$의 공비가 $\sqrt{3}$이고, 등비수열 $\{b_n\}$의 공비가 $-\sqrt{3}$이고, $a_1=b_1$이므로 $a_{2n}+b_{2n}=0$이고, $a_{2n+1}+b_{2n+1}=3(a_{2n-1}+b_{2n-1})$이다.

$$\sum_{n=1}^{8}a_n+\sum_{n=1}^{8}b_n=\sum_{n=1}^{8}(a_n+b_n)$$

$$=\sum_{n=1}^{4}(a_{2n-1}+b_{2n-1})$$

$$=\dfrac{(a_1+b_1)(3^4-1)}{3-1}=80a_1=160$$

$$\Rightarrow a_1=2$$

따라서 $a_3+b_3=3(a_1+b_1)=3\times 4=12$이다.

답 ②

046

$$\sum_{k=1}^{5} a_k = 10$$

$$\sum_{k=1}^{5} ca_k = 65 + \sum_{k=1}^{5} c \implies c\sum_{k=1}^{5} a_k = 65 + 5c$$

$$\implies 10c = 65 + 5c \implies c = 13$$

따라서 상수 $c = 13$이다.

답 13

047

$$\sum_{k=1}^{5} (3a_k + 5) = 55 \implies 3\sum_{k=1}^{5} a_k + 25 = 55 \implies \sum_{k=1}^{5} a_k = 10$$

$$\sum_{k=1}^{5} (a_k + b_k) = 32 \implies \sum_{k=1}^{5} a_k + \sum_{k=1}^{5} b_k = 32 \implies \sum_{k=1}^{5} b_k = 22$$

따라서 $\sum_{k=1}^{5} b_k = 22$이다.

답 22

048

모든 자연수 n에 대하여 $a_n + b_n = 10$이므로

$$\sum_{k=1}^{10} (a_k + 2b_k) = \sum_{k=1}^{10} (a_k + b_k + b_k) = \sum_{k=1}^{10} (10 + b_k)$$

$$= 100 + \sum_{k=1}^{10} b_k = 160$$

따라서 $\sum_{k=1}^{10} b_k = 60$이다.

답 ①

049

주어진 식 $\displaystyle\sum_{n=1}^{12} \frac{1}{a_n a_{n+1}}$ 은

한 끗차이므로 초말유형이다.

$$\sum_{n=1}^{12} \frac{1}{a_n a_{n+1}} = \sum_{n=1}^{12} \frac{1}{(2n+1)(2n+3)}$$

$$= \sum_{n=1}^{12} \frac{1}{2}\left(\frac{1}{2n+1} - \frac{1}{2n+3}\right)$$

$$= \frac{1}{2}\left(\frac{1}{3} - \frac{1}{27}\right) = \frac{4}{27}$$

답 ②

050

$$(n^2 + 6n + 5)x^2 - (n+5)x - 1 = 0$$

근과 계수의 관계에 의해서

$$a_n = \frac{n+5}{n^2 + 6n + 5} = \frac{n+5}{(n+5)(n+1)} = \frac{1}{n+1}$$ 이다.

따라서 $\displaystyle\sum_{k=1}^{10} \frac{1}{a_k} = \sum_{k=1}^{10} (k+1) = \frac{10(2+11)}{2} = 65$이다.

답 ①

051

$a = 3$이고 $\displaystyle\sum_{k=1}^{5} a_k = 55$이므로

$$\sum_{k=1}^{5} a_k = \frac{5(2a + 4d)}{2} = \frac{5(6 + 4d)}{2} = 15 + 10d = 55$$

$$\implies d = 4$$

$a_n = 4n - 1$이므로

$$\sum_{k=1}^{5} k(a_k - 3) = \sum_{k=1}^{5} k(4k - 4)$$

$$= 4\sum_{k=1}^{5} (k^2 - k)$$

$$= 4\left(\sum_{k=1}^{5} k^2 - \sum_{k=1}^{5} k\right)$$

$$= 4\left(\frac{5 \times 6 \times 11}{6} - \frac{5(1+5)}{2}\right)$$

$$= 4(55 - 15) = 160$$

답 160

052

$a_1 = -4$

$$\sum_{k=1}^{n} \frac{a_{k+1}-a_k}{a_k a_{k+1}} = \sum_{k=1}^{n}\left(\frac{1}{a_k}-\frac{1}{a_{k+1}}\right)=\frac{1}{a_1}-\frac{1}{a_{n+1}}=\frac{1}{n}$$

$$\Rightarrow -\frac{1}{4}-\frac{1}{n}=\frac{1}{a_{n+1}} \Rightarrow -\frac{n+4}{4n}=\frac{1}{a_{n+1}}$$

$$\Rightarrow a_{n+1}=-\frac{4n}{n+4}$$

따라서 $a_{13} = -\dfrac{48}{16} = -3$이다.

 ④

053

$$\sum_{n=1}^{20}(-1)^n n^2 = -1^2+2^2-3^2+4^2-\cdots-19^2+20^2$$

$$=\sum_{n=1}^{10}(2n)^2-\sum_{n=1}^{10}(2n-1)^2$$

$$=\sum_{n=1}^{10}(4n-1)=\frac{10(3+39)}{2}=210$$

답 ④

054

$2x^2-3x+1=(x-n)Q(x)+a_n$

$x=n$을 대입하면 $2n^2-3n+1=a_n$이다.

$$\sum_{n=1}^{7}\left(a_n-n^2+n\right)=\sum_{n=1}^{7}(n^2-2n+1)=\sum_{n=1}^{7}n^2-2\sum_{n=1}^{7}n+7$$

$$=\frac{7\times8\times15}{6}-2\times\frac{7\times8}{2}+7=91$$

답 91

055

$$\sum_{k=1}^{n}a_k=n^2-n \Rightarrow a_n=2n-1-1=2n-2$$

$a_{4k+1}=2(4k+1)-2=8k$

$$\sum_{k=1}^{10}ka_{4k+1}=8\sum_{k=1}^{10}k^2=8\times\frac{10\times11\times21}{6}=3080$$

답 ④

056

$$\sum_{k=1}^{n}a_k=\log_2(n^2+n)=S_n$$

$$S_n-S_{n-1}=\log_2 n(n+1)-\log_2(n-1)n$$

$$=\log_2\frac{n+1}{n-1}=a_n \ (n\geq2)$$

수열 $\{a_{2n+1}\}$ $(n=1,\ 2,\ 3,\ \cdots)$은 $a_3,\ a_5,\ a_7,\ \cdots$이므로

a_{2n+1}은 $a_n=\log_2\dfrac{n+1}{n-1}$ $(n\geq2)$에서 n에 $2n+1$을 대입해서 구할 수 있다.

$$a_{2n+1}=\log_2\frac{2n+1+1}{2n+1-1}=\log_2\frac{2n+2}{2n}=\log_2\frac{n+1}{n}$$

$$\sum_{n=1}^{15}a_{2n+1}=\sum_{n=1}^{15}\log_2\frac{n+1}{n}$$

$$=\log_2\frac{2}{1}+\log_2\frac{3}{2}+\cdots+\log_2\frac{16}{15}$$

$$=\log_2\left(\frac{2}{1}\times\frac{3}{2}\times\cdots\times\frac{16}{15}\right)=\log_2 16=4$$

 4

057

2^2의 양의 약수는 $1,\ 2,\ 2^2$이고

2^3의 양의 약수는 $1,\ 2,\ 2^2,\ 2^3$이고

2^4의 양의 약수는 $1,\ 2,\ 2^2,\ 2^3,\ 2^4$이다.

이를 바탕으로 2^{n-1}의 양의 약수를 구하면 다음과 같다.

$1,\ 2,\ 2^2,\ \cdots,\ 2^{n-1}$

$$a_n=1+2+2^2+\cdots+2^{n-1}=\frac{1\times(2^n-1)}{2-1}=2^n-1$$

$$\sum_{n=1}^{8}a_n=\sum_{n=1}^{8}(2^n-1)=\sum_{n=1}^{8}2^n-8=\frac{2(2^8-1)}{2-1}-8=502$$

답 502

$A_k = (k, \ 2^k + 4)$, $B_{k+1} = (k+1, \ k+1)$

직사각형의 높이는 $2^k + 4 - (k+1)$ 이고

직사각형의 밑변의 길이가 1이므로

$S_k = 2^k + 4 - (k+1)$ 이다.

$$\sum_{k=1}^{8} S_k = \sum_{k=1}^{8} \{2^k + 4 - (k+1)\} = \sum_{k=1}^{8} 2^k + 32 - \sum_{k=1}^{8} (k+1)$$

$$= \frac{2(2^8 - 1)}{2 - 1} + 32 - \frac{8(2+9)}{2} = 498$$

답 ③

(가) $a_{n+2} = \begin{cases} a_n - 3 & (n = 1, \ 3) \\ a_n + 3 & (n = 2, \ 4) \end{cases}$

$a_3 = a_1 - 3$, $a_4 = a_2 + 3$,

$a_5 = a_3 - 3 = a_1 - 6$, $a_6 = a_4 + 3 = a_2 + 6$

이므로

$$\sum_{k=1}^{6} a_k = a_1 + a_2 + (a_1 - 3) + (a_2 + 3) + (a_1 - 6) + (a_2 + 6)$$

$$= 3(a_1 + a_2)$$

(나) 모든 자연수 n에 대하여 $a_n = a_{n+6}$ 이 성립

$$\sum_{k=1}^{32} a_k = 5 \sum_{k=1}^{6} a_k + a_{31} + a_{32} = 5 \sum_{k=1}^{6} a_k + a_1 + a_2$$

$$= 16(a_1 + a_2) = 112$$

$$\Rightarrow a_1 + a_2 = 7$$

따라서 $a_1 + a_2 = 7$이다.

답 7

방정식 $x^2 - 14x + 24 = 0$의 두 근이 a_3, a_8이므로

근과 계수의 관계에 의해서 $a_3 + a_8 = 14$ 이다.

$$\sum_{n=3}^{8} a_n = \frac{6(a_3 + a_8)}{2} = 3 \times 14 = 42$$

답 ②

$a_3 = 4(a_2 - a_1) \Rightarrow ar^2 = 4(ar - a) \Rightarrow ar^2 - 4ar + 4a = 0$

$\Rightarrow a(r^2 - 4r + 4) = a(r-2)^2 = 0 \Rightarrow r = 2$

$\left(\sum_{k=1}^{6} a_k = 15 \text{ 이므로 } a \neq 0 \right)$

$$\sum_{k=1}^{6} a_k = 15 \Rightarrow \frac{a(r^6 - 1)}{r - 1} = 15 \Rightarrow \frac{a(64 - 1)}{2 - 1} = 15$$

$a = \dfrac{5}{21}$, $r = 2$이므로

$a_1 + a_3 + a_5 = a + ar^2 + ar^4 = a(1 + r^2 + r^4)$

$$= \frac{5}{21}(1 + 4 + 16) = 5$$

답 ③

$a = 1$

$S_n = \sum_{k=1}^{n} a_k$, $\quad T_n = \sum_{k=1}^{n} (-1)^k a_k$

$S_{10} = \dfrac{10 \times (2a + 9d)}{2} = 5(2 + 9d) = 10 + 45d$

$T_{10} = (-a_1 + a_2) + (-a_3 + a_4) + \cdots + (-a_9 + a_{10}) = 5d$

이므로

$$\frac{S_{10}}{T_{10}} = 6 \Rightarrow \frac{10 + 45d}{5d} = 6 \Rightarrow d = -\frac{2}{3}$$

따라서

$T_{37} = (-a_1 + a_2) + (-a_3 + a_4) + \cdots + (-a_{35} + a_{36}) - a_{37}$

$$= 18d - a_{37} = 18d - (a + 36d) = -a - 18d$$

$$= -1 + 12 = 11$$

이다.

답 ③

063

$a_5 = 5$ 이므로 $a_3 = 5 - 2d$, $a_4 = 5 - d$, $a_6 = 5 + d$, $a_7 = 5 + 2d$

$$\sum_{k=3}^{7} |2a_k - 10| = |2a_3 - 10| + |2a_4 - 10| + |2a_5 - 10|$$
$$+ |2a_6 - 10| + |2a_7 - 10|$$

$$= |-4d| + |-2d| + 0 + |2d| + |4d|$$

$$= 12d = 20 \implies d = \frac{5}{3}$$

따라서 $a_6 = a_5 + d = \dfrac{20}{3}$ 이다.

답 ②

064

$a_1 = 15$

$$\sum_{k=1}^{n} (a_{k+1} - a_k) = 2n + 1 = S_n$$

$$S_n - S_{n-1} = 2n + 1 - \{2(n-1) + 1\} = 2 = a_{n+1} - a_n \, (n \geq 2)$$

$S_1 = 2 \times 1 + 1 = 3 \neq 2 = a_2 - a_1$ 이므로

$a_{n+1} - a_n = 2 \; (n \geq 2)$, $a_2 - a_1 = 3$ 이다.

$a_1 = 15$ 이므로 $a_2 = 18$ 이고
제 2항부터 공차가 2인 등차수열을 이루므로
$a_n = 2n + 14 \; (n \geq 2)$ 이다.
따라서 $a_{10} = 34$ 이다.

답 34

065

$f(n) < k < f(n) + 1$

$$n^2 + n - \frac{1}{3} < k < n^2 + n + \frac{2}{3}$$

n은 자연수이므로 $n^2 + n$도 자연수이다.
따라서 $a_n = n^2 + n$이다.

$$\sum_{n=1}^{100} \frac{1}{a_n} = \sum_{n=1}^{100} \frac{1}{n(n+1)} = \sum_{n=1}^{100} \left(\frac{1}{n} - \frac{1}{n+1} \right)$$

$$= \left(\frac{1}{1} - \frac{1}{101} \right) = \frac{100}{101}$$

따라서 $p + q = 201$ 이다.

답 201

066

직선 l을 $y = Ax + B$라 두면
$a_n = An + B$이다.

$a_4 = \dfrac{7}{2}$, $a_7 = 5$

$4A + B = \dfrac{7}{2}$, $7A + B = 5 \implies A = \dfrac{1}{2}$, $B = \dfrac{3}{2}$

$a_n = \dfrac{1}{2}n + \dfrac{3}{2}$

따라서 $\displaystyle\sum_{k=1}^{25} a_k = \dfrac{25(2 + 14)}{2} = 200$ 이다.

답 200

067

$$\sum_{k=1}^{n} \frac{4k - 3}{a_k} = 2n^2 + 7n$$

$\dfrac{4n - 3}{a_n} = b_n$ 이라 하면

$b_n = 4n + 7 - 2 = 4n + 5$ 이다.
(등차수열 가이드스텝에서 S_n을 바탕으로
a_n을 빨리 구하는 방법에 대해 학습한 바 있다.)

$\dfrac{4n - 3}{a_n} = 4n + 5 \implies a_n = \dfrac{4n - 3}{4n + 5}$ 이므로

$a_5 \times a_7 \times a_9 = \dfrac{17}{25} \times \dfrac{25}{33} \times \dfrac{33}{41} = \dfrac{17}{41}$ 이다.

따라서 $p + q = 58$ 이다.

답 58

068

$d = $ 정수
$a_3 + a_5 = 0 \implies a + 2d + a + 4d = 0 \implies a + 3d = 0$
즉, $a_4 = 0$ 이다.

$a_1 = a_4 - 3d = -3d$

$a_2 = a_4 - 2d = -2d$

$a_3 = a_4 - d = -d$

$a_4 = 0$

$a_5 = a_4 + d = d$

$a_6 = a_4 + 2d = 2d$

d의 부호에 따라 case분류하면

① $d > 0$ 일 때

$$|a_1| = |-3d| = 3d$$

$$|a_2| = |-2d| = 2d$$

$$|a_3| = |-d| = d$$

$$|a_4| = 0$$

$$|a_5| = d$$

$$|a_6| = 2d$$

$$\sum_{k=1}^{6}(|a_k| + a_k) = 6d = 30 \Rightarrow d = 5$$

d는 양의 정수이므로 조건을 만족시킨다.

② $d = 0$ 일 때

$d = 0$이면 모든 항이 0이므로 $\sum_{k=1}^{6}(|a_k| + a_k) = 30$을 만족시키지 않는다.

③ $d < 0$ 일 때

$$|a_1| = |-3d| = -3d$$

$$|a_2| = |-2d| = -2d$$

$$|a_3| = |-d| = -d$$

$$|a_4| = 0$$

$$|a_5| = |d| = -d$$

$$|a_6| = |2d| = -2d$$

$$\sum_{k=1}^{6}(|a_k| + a_k) = -12d = 30 \Rightarrow d = -\frac{5}{2}$$

d는 정수가 아니므로 조건을 만족시키지 않는다.

$d = 5$이므로 $a_9 = a_4 + 5d = 0 + 25 = 25$이다.

답 25

$$\left|\left(n + \frac{1}{2}\right)^2 - m\right| < \frac{1}{2}$$

$$\Rightarrow -\frac{1}{2} < \left(n + \frac{1}{2}\right)^2 - m < \frac{1}{2}$$

$$\Rightarrow -\left(n + \frac{1}{2}\right)^2 - \frac{1}{2} < -m < -\left(n + \frac{1}{2}\right)^2 + \frac{1}{2}$$

$$\Rightarrow \left(n + \frac{1}{2}\right)^2 - \frac{1}{2} < m < \left(n + \frac{1}{2}\right)^2 + \frac{1}{2}$$

$$\Rightarrow n^2 + n - \frac{1}{4} < m < n^2 + n + \frac{3}{4}$$

n은 자연수이므로 $n^2 + n$도 자연수이다.

따라서 $a_n = n^2 + n$이다.

$$\sum_{k=1}^{5} a_k = \sum_{k=1}^{5}(k^2 + k) = \sum_{k=1}^{5} k^2 + \sum_{k=1}^{5} k$$

$$= \frac{5 \times 6 \times 11}{6} + \frac{5 \times 6}{2} = 70$$

답 ②

Tip

Guide step에서 배운

$$\sum_{k=1}^{n} k(k+1) = \frac{n(n+1)(n+2)}{3}$$ 을 외웠다면

바로 $\sum_{k=1}^{5}(k^2 + k) = \frac{5 \times 6 \times 7}{3} = 70$ 임을 알 수 있다.

$a > 0$, $r = -2$

$a_k > 0$ 이면 $|a_k| + a_k = 2a_k$ 이고

$a_k < 0$ 이면 $|a_k| + a_k = -a_k + a_k = 0$이다.

$a_1, a_3, a_5, \cdots > 0$이고 $a_2, a_4, a_6, \cdots < 0$이므로

$$\sum_{k=1}^{9}(|a_k| + a_k) = 2a_1 + 2a_3 + 2a_5 + 2a_7 + 2a_9$$

$$= 2(a_1 + a_3 + a_5 + a_7 + a_9) = 2 \times \frac{a(4^5 - 1)}{4 - 1}$$

$$= \frac{2a(4^5 - 1)}{3} = 66$$

따라서 $a = \frac{33}{341} = \frac{3}{31}$ 이다.

답 ①

071

첫째항이 1, 공차가 3이므로 $a_n = 3n - 2$

$|x - a_n| \geq |x - a_{n+1}|$

좌변, 우변 모두 양수이므로 양변에 제곱을 해도 부등호의
방향은 변하지 않는다.

$(x - a_n)^2 \geq (x - a_{n+1})^2$

$\Rightarrow x^2 - 2a_n x + (a_n)^2 \geq x^2 - 2a_{n+1} x + (a_{n+1})^2$

$\Rightarrow 2(a_{n+1} - a_n) x \geq (a_{n+1})^2 - (a_n)^2$

공차가 3이므로 $a_{n+1} - a_n = 3$이다.

따라서 양변을 $a_{n+1} - a_n = 3 > 0$으로 나누어도 부등호의
방향은 변하지 않는다.

$2x \geq a_{n+1} + a_n \Rightarrow x \geq \dfrac{a_{n+1} + a_n}{2}$

$\Rightarrow x \geq 3n - \dfrac{1}{2}$

따라서 $b_n = 3n - \dfrac{1}{2}$이다.

부등식 $|x - a_n| \geq |x - a_{n+1}|$을 풀 때,
두 함수 $y = |x - a_n| = |x - (3n - 2)|$

$\qquad y = |x - a_{n+1}| = |x - (3n + 1)|$
의 그래프를 이용하여 접근해도 된다.

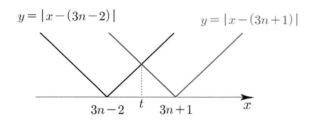

두 함수의 교점의 x좌표를 t라 하면
$|x - a_n| \geq |x - a_{n+1}|$의 해는
$x \geq t$ 이다.

두 함수 $y = x - (3n - 2)$, $y = -x + (3n + 1)$의 교점의
x좌표가 t이므로

$t - (3n - 2) = -t + 3n + 1 \Rightarrow t = \dfrac{6n - 1}{2} = 3n - \dfrac{1}{2}$

$x \geq 3n - \dfrac{1}{2}$이므로 $b_n = 3n - \dfrac{1}{2}$이다.

ㄱ. $b_n = \dfrac{a_{n+1} + a_n}{2}$이므로 $b_1 = \dfrac{a_1 + a_2}{2}$이다.

따라서 ㄱ은 참이다.

ㄴ. 수열 $\{b_n\}$은 공차가 3인 등차수열이다.
따라서 ㄴ은 거짓이다.

ㄷ. $\displaystyle\sum_{n=1}^{10} b_n = \sum_{n=1}^{10} \left(3n - \dfrac{1}{2}\right) = \dfrac{10\left(\dfrac{5}{2} + \dfrac{59}{2}\right)}{2} = 160$

따라서 ㄷ은 참이다.

 ③

$\sqrt{n}\, x = x^2 \Rightarrow x = \sqrt{n}$

(P_n은 제 1사분면 위의 점이므로 $x \neq 0$)

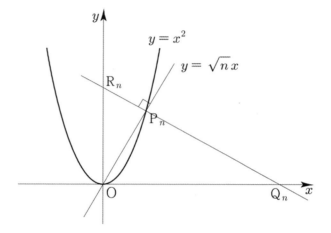

점 P_n을 지나고 직선 $y = \sqrt{n}\, x$와 수직인 직선의 식은

$y = -\dfrac{1}{\sqrt{n}} (x - \sqrt{n}) + n \Rightarrow y = -\dfrac{1}{\sqrt{n}} x + n + 1$이다.

$Q_n = (\sqrt{n}(n+1),\ 0)$, $R_n = (0,\ n+1)$ 이므로

$S_n = \dfrac{1}{2} \times (n+1) \times \sqrt{n}(n+1) = \dfrac{1}{2}(n+1)^2 \sqrt{n}$이다.

$\displaystyle\sum_{n=1}^{5} \dfrac{2S_n}{\sqrt{n}} = \sum_{n=1}^{5} \dfrac{(n+1)^2 \sqrt{n}}{\sqrt{n}} = \sum_{n=1}^{5} (n^2 + 2n + 1)$

$= \displaystyle\sum_{n=1}^{5} n^2 + 2\sum_{n=1}^{5} n + 5 = \dfrac{5 \times 6 \times 11}{6} + 2 \times \dfrac{5 \times 6}{2} + 5 = 90$

 ③

$x^2 - (2n-1)x + n(n-1) = (x-n)\{x - (n-1)\} = 0$

방정식 $x^2 - (2n-1)x + n(n-1) = 0$의 두 근이 α_n, β_n
이므로 $\alpha_n = n$, $\beta_n = n-1$ or $\alpha_n = n-1$, $\beta_n = n$
이다.

$$\sum_{n=1}^{81}\frac{1}{\sqrt{\alpha_n}+\sqrt{\beta_n}}=\sum_{n=1}^{81}\frac{1}{\sqrt{n}+\sqrt{n-1}}$$

$$=\sum_{n=1}^{81}\left(\sqrt{n}-\sqrt{n-1}\right)$$

$$=\left(\sqrt{1}-\sqrt{0}\right)+\left(\sqrt{2}-\sqrt{1}\right)+\cdots+\left(\sqrt{81}-\sqrt{80}\right)$$

$$=\sqrt{81}-\sqrt{0}=9$$

답   9

074

삼각형 OAB는 $\angle AOB=90°$ 인 직각삼각형이므로
빗변 AB가 원의 지름이 된다.

원의 중심이 직선 $y=\dfrac{n}{n+1}x$ 위에 있으므로

직선 $y=\dfrac{n}{n+1}x$와 선분 AB의 교점이 원의 중심이다.

원의 중심을 점 C라 하자.

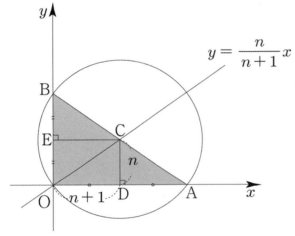

점 C에서 x축, y축에 내린 수선의 발을 각각 D, E라 하면
$\overline{OB}=2n \Rightarrow \overline{OE}=\overline{CD}=n$

$\overline{OD}=x$라 하면 $\dfrac{n}{n+1}x=n \Rightarrow x=n+1$이다.

$2\overline{OD}=\overline{OA}=2n+2$이다.

$$S_n=\frac{1}{2}\times 2n\times(2n+2)=2n(n+1)$$

$$\sum_{n=1}^{10}\frac{1}{S_n}=\frac{1}{2}\sum_{n=1}^{10}\frac{1}{n(n+1)}=\frac{1}{2}\sum_{n=1}^{10}\left(\frac{1}{n}-\frac{1}{n+1}\right)$$

$$=\frac{1}{2}\left(\frac{1}{1}-\frac{1}{11}\right)=\frac{5}{11}$$

답   ①

075

$r=1$이면 (가) 조건에서 $a=\dfrac{45}{4}$이고

(나) 조건에서 $a=\dfrac{63}{2}$이므로 모순이다.

따라서 $r\neq 1$이다.

$$\sum_{k=1}^{4}a_k=\frac{a(r^4-1)}{r-1}=45$$

$$\sum_{k=1}^{6}\frac{a_2\times a_5}{a_k}=(a_2\times a_5)\times\sum_{k=1}^{6}\frac{1}{a_k}$$

$$=ar\times ar^4\times\frac{\dfrac{1}{a}\left\{1-\left(\dfrac{1}{r}\right)^6\right\}}{1-\dfrac{1}{r}}$$

$$=a^2r^5\times\frac{r^6-1}{a(r^6-r^5)}$$

$$=\frac{a(r^6-1)}{r-1}=189$$

$$\frac{\dfrac{a(r^6-1)}{r-1}}{\dfrac{a(r^4-1)}{r-1}}=\frac{r^6-1}{r^4-1}=\frac{(r^2-1)(r^4+r^2+1)}{(r^2-1)(r^2+1)}$$

$$=\frac{r^4+r^2+1}{r^2+1}=\frac{189}{45}=\frac{21}{5}$$

이므로
$5r^4+5r^2+5=21r^2+21$

$\Rightarrow 5r^4-16r^2-16=0$

$\Rightarrow (5r^2+4)(r^2-4)=0$

$\Rightarrow r=2\ (\because r>0)$

$\dfrac{a(2^4-1)}{2-1}=15a=45$이므로 $a=3$

따라서 $a_3=3\times 2^2=12$이다.

답   ①

$\overline{P_nQ_n} = n - \dfrac{1}{20}n\left(n + \dfrac{1}{3}\right) = -\dfrac{1}{20}n^2 + \dfrac{59}{60}n$

$\overline{Q_nR_n} = \dfrac{1}{20}n\left(n + \dfrac{1}{3}\right)$

$\overline{P_nQ_n} \le \overline{Q_nR_n}$ 를 만족시키는 n의 값의 범위는

$\overline{P_nQ_n} \le \overline{Q_nR_n} \Rightarrow n - \dfrac{1}{20}n\left(n + \dfrac{1}{3}\right) \le \dfrac{1}{20}n\left(n + \dfrac{1}{3}\right)$

$\Rightarrow n \le \dfrac{1}{10}n\left(n + \dfrac{1}{3}\right) \Rightarrow 10n - n\left(n + \dfrac{1}{3}\right) \le 0$

$\Rightarrow n\left(10 - n - \dfrac{1}{3}\right) \le 0 \Rightarrow n\left(n - \dfrac{29}{3}\right) \ge 0$

$\Rightarrow n \ge \dfrac{29}{3} \ (\because \ n > 0)$

이므로 $\overline{P_nQ_n} \ge \overline{Q_nR_n}$ 를 만족시키는 n의 값의 범위는

$n \le \dfrac{29}{3}$ 이다.

즉, $a_n = \begin{cases} \dfrac{1}{20}n\left(n + \dfrac{1}{3}\right) & (1 \le n \le 9) \\ -\dfrac{1}{20}n^2 + \dfrac{59}{60}n & (n \ge 10) \end{cases}$

따라서 $\displaystyle\sum_{n=1}^{10} a_n = \sum_{n=1}^{9} a_n + a_{10}$

$\qquad = \displaystyle\sum_{n=1}^{9} \dfrac{1}{20}n\left(n + \dfrac{1}{3}\right) + \dfrac{29}{6}$

$\qquad = \dfrac{1}{20}\left(\displaystyle\sum_{n=1}^{9} n^2 + \dfrac{1}{3}\sum_{n=1}^{9} n\right) + \dfrac{29}{6}$

$\qquad = \dfrac{1}{20}\left(\dfrac{9 \times 10 \times 19}{6} + \dfrac{1}{3} \times 45\right) + \dfrac{29}{6}$

$\qquad = \dfrac{1}{20}(285 + 15) + \dfrac{29}{6} = \dfrac{119}{6}$

이다.

답 ⑤

077

(가) $a_5 \times a_7 < 0$

수열 $\{a_n\}$은 공차가 3인 등차수열이므로 $a_5 < a_7$이다.

즉, $a_5 < 0$, $a_7 > 0$이다.

(나) $\displaystyle\sum_{k=1}^{6} |a_{k+6}| = 6 + \sum_{k=1}^{6} |a_{2k}|$

$|a_7| + |a_8| + |a_9| + |a_{10}| + |a_{11}| + |a_{12}|$

$= 6 + |a_2| + |a_4| + |a_6| + |a_8| + |a_{10}| + |a_{12}|$

$\Rightarrow |a_7| + |a_9| + |a_{11}| = 6 + |a_2| + |a_4| + |a_6|$

$\Rightarrow a_7 + a_9 + a_{11} = 6 - a_2 - a_4 + |a_6|$

$\Rightarrow a + 18 + a + 24 + a + 30 = 6 - a - 3 - a - 9 + |a + 15|$

$\Rightarrow 5a + 78 = |a + 15|$

a의 범위에 따라 case분류하면

① $a \ge -15$

$5a + 78 = a + 15 \Rightarrow 4a = -63 \Rightarrow a = -\dfrac{63}{4}$

$-\dfrac{63}{4} < -15$이므로 모순이다.

② $a < -15$

$5a + 78 = -a - 15 \Rightarrow 6a = -93 \Rightarrow a = -\dfrac{31}{2}$

$-\dfrac{31}{2} < -15$이므로 조건을 만족시킨다.

따라서 $a_{10} = a + 27 = -\dfrac{31}{2} + 27 = \dfrac{23}{2}$이다.

답 ③

$\displaystyle\sum_{k=1}^{n} \dfrac{1}{(2k-1)a_k} = n^2 + 2n$

$\dfrac{1}{(2n-1)a_n} = b_n$이라 하면

$b_n = 2n + 2 - 1 = 2n + 1$이다.

$\dfrac{1}{(2n-1)a_n} = 2n + 1 \Rightarrow a_n = \dfrac{1}{(2n-1)(2n+1)}$이므로

$\displaystyle\sum_{n=1}^{10} a_n = \dfrac{1}{2}\sum_{n=1}^{10}\left(\dfrac{1}{2n-1} - \dfrac{1}{2n+1}\right) = \dfrac{1}{2}\left(1 - \dfrac{1}{21}\right) = \dfrac{10}{21}$이다.

따라서 $\displaystyle\sum_{n=1}^{10} a_n = \dfrac{10}{21}$이다.

답 ①

$|a_6| = a_8 \Rightarrow |a + 5d| = a + 7d$

$\Rightarrow a + 5d = a + 7d \ \text{or} \ a + 5d = -a - 7d$

$\Rightarrow a + 5d = -a - 7d \ (\because \ d \neq 0)$

$\Rightarrow a = -6d$

$\displaystyle \sum_{k=1}^{5} \frac{1}{a_k a_{k+1}} = \frac{5}{96} \Rightarrow \sum_{k=1}^{5} \frac{1}{d} \left(\frac{1}{a_k} - \frac{1}{a_{k+1}} \right) = \frac{5}{96}$

$\Rightarrow \dfrac{1}{d} \left(\dfrac{1}{a_1} - \dfrac{1}{a_6} \right) = \dfrac{5}{96} \Rightarrow \dfrac{1}{d} \left(\dfrac{1}{a} - \dfrac{1}{a+5d} \right) = \dfrac{5}{96}$

$\Rightarrow \dfrac{1}{d} \left(\dfrac{1}{-6d} - \dfrac{1}{-d} \right) = \dfrac{5}{96} \Rightarrow \dfrac{5}{6d^2} = \dfrac{5}{96} \Rightarrow d^2 = 16$

$a_8 > 0$이어야 하므로 $a_8 = a + 7d = d > 0$

즉, $d = 4$

따라서 $\displaystyle \sum_{k=1}^{15} a_k = \frac{15(2a + 14d)}{2} = 15(a + 7d) = 15d = 60$이다.

 ①

080

실수 전체의 집합에서 정의된 함수 $f(x)$가 구간 $(0, \ 1]$에서

$$f(x) = \begin{cases} 3 & (0 < x < 1) \\ 1 & (x = 1) \end{cases}$$

모든 실수 x에 대하여 $f(x+1) = f(x) \Rightarrow$ 주기 1

$f(x)$를 그리면 다음과 같다.

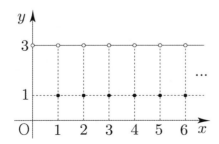

$\sqrt{k}$가 자연수일 때, $f(\sqrt{k}) = 1$이고,
$\sqrt{k}$가 자연수가 아닐 때, $f(\sqrt{k}) = 3$이다.

$\sqrt{k}$가 자연수일 때는 다음과 같다.

$k = 1 \Rightarrow \dfrac{1 \times f(1)}{3} = \dfrac{1}{3}$

$k = 4 \Rightarrow \dfrac{4 \times f(2)}{3} = \dfrac{4}{3}$

$k = 9 \Rightarrow \dfrac{9 \times f(3)}{3} = \dfrac{9}{3}$

$k = 16 \Rightarrow \dfrac{16 \times f(4)}{3} = \dfrac{16}{3}$

$\sqrt{k}$가 자연수가 아닐 때는 다음과 같다.

$\dfrac{k \times f(\sqrt{k})}{3} = \dfrac{k \times 3}{3} = k$

$\sqrt{k}$가 자연수일 때 $\dfrac{k \times f(\sqrt{k})}{3} = k$의 값을 빼주고,

원래 $\sqrt{k}$가 자연수일 때 $\dfrac{k \times f(\sqrt{k})}{3} = \dfrac{k}{3}$의 값을 더해줘서

$\displaystyle \sum_{k=1}^{20} \dfrac{k \times f(\sqrt{k})}{3}$ 를 구하면 된다.

따라서

$$\sum_{k=1}^{20} \frac{k \times f(\sqrt{k})}{3} = \sum_{k=1}^{20} k - (1 + 4 + 9 + 16) + \frac{1 + 4 + 9 + 16}{3}$$

$$= \frac{20 \times 21}{2} - 30 + 10 = 210 - 20 = 190$$

이다.

 ⑤

m^{12}의 n제곱근 중에서 정수가 존재한다는 의미는
$x^n = m^{12} \ (m \geq 2)$를 만족시키는 정수 x가 존재한다는
의미이다.

① $m = 2 \Rightarrow x^n = 2^{12}$

　　2 이상의 12의 약수는 5개이므로 $f(2) = 5$이다.

② $m = 3 \Rightarrow x^n = 3^{12}$

　　2 이상의 12의 약수는 5개이므로 $f(3) = 5$이다.

③ $m = 4 \Rightarrow x^n = 4^{12} = 2^{24}$

　　2 이상의 24의 약수는 7개이므로 $f(4) = 7$이다.

④ $m = 5 \Rightarrow x^n = 5^{12}$

2 이상의 12의 약수는 5개이므로 $f(5) = 5$이다.

⑤ $m = 6 \Rightarrow x^n = 6^{12}$

2 이상의 12의 약수는 5개이므로 $f(6) = 5$이다.

⑥ $m = 7 \Rightarrow x^n = 7^{12}$

2 이상의 12의 약수는 5개이므로 $f(7) = 5$이다.

⑦ $m = 8 \Rightarrow x^n = 8^{12} = 2^{36}$

2 이상의 36의 약수는 8개이므로 $f(8) = 8$이다.

⑧ $m = 9 \Rightarrow x^n = 9^{12} = 3^{24}$

2 이상의 24의 약수는 7개이므로 $f(9) = 7$이다.

따라서 $\displaystyle\sum_{m=2}^{9} f(m) = 5 \times 5 + 7 \times 2 + 8 = 25 + 14 + 8 = 47$이다.

답 ③

082

등차중항에 의해서 $a_6 + a_8 = 2a_7$

(가) 조건에서 $a_7 = 2a_7 \Rightarrow a_7 = 0$

d의 범위에 따라 case분류 하면

① $d > 0$ 일 때

$n \geq 7$인 자연수 n에 대하여

$S_n + T_n < S_{n+1} + T_{n+1}$이므로 (나) 조건을 만족시키지 않는다.

② $d = 0$ 일 때

모든 자연수 n에 대하여 $a_n = 0$이므로

$S_n + T_n = 0$이므로 (나) 조건을 만족시키지 않는다.

즉, $d < 0$이어야 한다.

③ $d < 0$ 일 때

$a_7 = a + 6d = 0 \Rightarrow a = -6d > 0$이므로

7 이하의 자연수 n에 대하여 $a_n \geq 0$, $S_7 = T_7$

(나) 조건에 의해서

$S_7 + T_7 = 84 \Rightarrow S_7 = T_7 = 42$

$S_7 = \dfrac{7(2a + 6d)}{2} = -21d = 42 \Rightarrow d = -2$

$a = 12, \ d = -2$

$S_{15} = \dfrac{15 \times (24 - 28)}{2} = -30$

$S_{15} + T_{15} = 84$

따라서 $T_{15} = 84 - (-30) = 114$이다.

답 ④

083

첫째항이 $-45 \Rightarrow a = -45$

공차 d(d는 자연수)인 등차수열 $\{a_n\}$

(가) $|a_m| = |a_{m+3}|$인 자연수 m이 존재

$|-45 + (m-1)d| = |-45 + (m+2)d|$

$\Rightarrow -45 + (m-1)d = 45 - (m+2)d \ (\because \ d는 \ 자연수)$

$\Rightarrow d(2m+1) = 90$

d는 자연수이고, m은 자연수이므로 $2m+1$은 홀수이므로 가능한 case는 다음과 같다.

$(d, \ m) = (2, \ 22)$ or $(6, \ 7)$ or $(10, \ 4)$ or $(18, \ 2)$ or $(30, \ 1)$

(나) 모든 자연수 n에 대하여 $\displaystyle\sum_{k=1}^{n} a_k > -100$

(나) 조건이 성립하려면 합의 최솟값이 -100보다 크면 된다. 첫째항이 -45이고, 공차 d가 자연수이므로 항이 점점 커진다. 합의 최솟값은 마지막 음수인 항까지의 합과 같다.

(가) 조건에 의해 a_m과 a_{m+3}은 부호가 서로 반대이고 절댓값이 같다. a_n은 등차수열이므로 $a_{m+1} + a_{m+2} = 0$이다.

$a_m < a_{m+1} < 0 < a_{m+2} < a_{m+3}$

즉, a_{m+1}이 마지막 음수이므로 합의 최솟값은

$\displaystyle\sum_{k=1}^{m+1} a_k = \dfrac{(m+1)(a_1 + a_{m+1})}{2} = \dfrac{(m+1)(-90 + md)}{2}$ 이다.

$$\frac{(m+1)(-90+md)}{2} > -100$$

$$\Rightarrow (m+1)(-90+md) > -200 \quad \cdots \quad \textcircled{\tiny ㄱ}$$

$(d, m) = (2, 22)$ or $(6, 7)$ or $(10, 4)$ or $(18, 2)$ or $(30, 1)$
에서 $\textcircled{\tiny ㄱ}$을 만족시키는 case는 다음과 같다.
$d = 18, m = 2$ or $d = 30, m = 1$

따라서 모든 자연수 d의 값의 합은 $18 + 30 = 48$이다.

답 ②

084

$$S_n = \frac{n\{2a+(n-1)d\}}{2} = \frac{d}{2}n^2 + \left(a - \frac{d}{2}\right)n$$

$\dfrac{d}{2} = A, \ a - \dfrac{d}{2} = B$라 하면

$S_n = An^2 + Bn$이고, $a_n = 2An + B - A$

a_7이 13의 배수이므로
$a_7 = 13N$ (N은 자연수)

$$\Rightarrow a + 6d = 13N \quad \cdots \quad \textcircled{\tiny ㄱ}$$

$$\sum_{k=1}^{7} S_k = 644 \Rightarrow \sum_{k=1}^{7}(Ak^2 + Bk) = 644$$

$$\Rightarrow A\sum_{k=1}^{7}k^2 + B\sum_{k=1}^{7}k = 644$$

$$\Rightarrow A \times \frac{7 \times 8 \times 15}{6} + B \times \frac{7 \times 8}{2} = 644$$

$$\Rightarrow 140A + 28B = 644$$

$$\Rightarrow 5A + B = 23$$

$$\Rightarrow \frac{5}{2}d + a - \frac{d}{2} = 23 \Rightarrow a + 2d = 23 \quad \cdots \quad \textcircled{\tiny ㄴ}$$

$\textcircled{\tiny ㄱ}$, $\textcircled{\tiny ㄴ}$에 의해
$a + 6d = 13N$

$$\Rightarrow a + 2d + 4d = 13N$$

$$\Rightarrow 4d + 23 = 13N$$

모든 항이 자연수이므로 d와 a 모두 자연수이어야 한다.
$a + 2d = 23$이므로 $d = 1, 2, \cdots, 11$이 가능하므로 이 중에서
$4d + 23 = 13N$(N은 자연수)를 만족시키는 $d = 4$이다.
따라서 $a_2 = a + 2d - d = 23 - 4 = 19$이다.

답 19

085

$$\sum_{k=1}^{2m+1} a_k < 0$$

$$\Rightarrow \frac{(2m+1)(2a + 2m \times 5)}{2} < 0$$

$$\Rightarrow (2m+1)(a+5m) < 0$$

$$\Rightarrow a + 5m = a_{m+1} < 0 \ (\because \ 2m+1 > 0)$$

모든 항이 정수이므로 a_{m+1} 역시 정수이다.

① $a_{m+1} = -1$인 경우
   $|a_m| + |a_{m+1}| + |a_{m+2}| = |-6| + |-1| + |4| = 11$
   이므로 (나) 조건을 만족시킨다.

   $a_{m+6} = 24, \ a_{m+7} = 29$이므로
   $24 < a_{21} < 29$인 a_{21}이 존재하지 않아 모순이다.

② $a_{m+1} = -2$인 경우
   $|a_m| + |a_{m+1}| + |a_{m+2}| = |-7| + |-2| + |3| = 12$
   이므로 (나) 조건을 만족시킨다.

   $a_{m+6} = 23, \ a_{m+7} = 28, \ a_{m+8} = 33$이므로
   $24 < a_{21} < 29$이려면 $m + 7 = 21 \Rightarrow m = 14$

③ $a_{m+1} \leq -3$인 경우

$|a_m|$	$|a_{m+1}|$	$|a_{m+2}|$	총합
8	3	2	13
9	4	1	14
10	5	0	15
11	6	1	18
⋮	⋮	⋮	⋮

$|a_m| + |a_{m+1}| + |a_{m+2}| \geq 13$이므로
(나) 조건을 만족시키지 않아 모순이다.

따라서 $m = 14$이다.

답 ③

86	5	93	8
87	①	94	100
88	243	95	④
89	162	96	282
90	①	97	④
91	④	98	678
92	11	99	117

086

$a_n = 2^{n+1}$

$$\sum_{k=1}^{10} \frac{1}{\log_{16} a_k \times \log_8 a_{k+1}} = \sum_{k=1}^{10} \frac{1}{\log_{2^4} 2^{k+1} \times \log_{2^3} 2^{k+2}}$$

$$= \sum_{k=1}^{10} \frac{1}{\frac{k+1}{4} \times \frac{k+2}{3}} = \sum_{k=1}^{10} \frac{12}{(k+1)(k+2)}$$

$$= 12 \sum_{k=1}^{10} \left(\frac{1}{k+1} - \frac{1}{k+2} \right) = 12 \left(\frac{1}{2} - \frac{1}{12} \right) = 6 - 1 = 5$$

답 5

087

$$\sum_{k=1}^{30} \frac{4^{k+1} + 8}{2^{k-1}} = \sum_{k=1}^{30} \frac{4^{k+1}}{2^{k-1}} + \sum_{k=1}^{30} \left\{ 8 \times \left(\frac{1}{2} \right)^{k-1} \right\}$$

$$= \sum_{k=1}^{30} 2^{2k+2-(k-1)} + \sum_{k=1}^{30} \left\{ 8 \times \left(\frac{1}{2} \right)^{k-1} \right\}$$

$$= \sum_{k=1}^{30} 2^{k+3} + \sum_{k=1}^{30} \left\{ 8 \times \left(\frac{1}{2} \right)^{k-1} \right\} = \frac{16(2^{30} - 1)}{2 - 1} + \frac{8 \left(1 - \frac{1}{2^{30}} \right)}{1 - \frac{1}{2}}$$

$$= 2^{34} - 16 + 16 - 2^{-26} = 2^{34} - 2^{-26} = 2^a - 2^{-b}$$

$a = 34, \ b = 26$

따라서 $2a + b = 68 + 26 = 94$이다.

답 ①

088

$$\log_3 a_n = \frac{1}{\sqrt{n} + \sqrt{n+1}} = \sqrt{n+1} - \sqrt{n}$$

$$a_n = 3^{\sqrt{n+1} - \sqrt{n}}$$

$$\sum_{k=1}^{35} \log_2 a_k = \log_2 a_1 + \log_2 a_2 + \cdots + \log_2 a_{35}$$

$$= \log_2 a_1 a_2 \cdots a_{35} = \log_2 3^{(\sqrt{2} - \sqrt{1}) + (\sqrt{3} - \sqrt{2}) + \cdots + (\sqrt{36} - \sqrt{35})}$$

$$= \log_2 3^{\sqrt{36} - \sqrt{1}} = \log_2 3^5 = \log_2 243$$

따라서 $2^{\sum_{k=1}^{35} \log_2 a_k} = 2^{\log_2 243} = 243$ 이다.

답 243

089

$a = 2, \ r = $ 정수

$a_2 + a_3 = 2r + 2r^2$

$4 < 2r + 2r^2 \leq 12 \Rightarrow 2 < r + r^2 \leq 6$

$\Rightarrow r^2 + r - 2 > 0, \ r^2 + r - 6 \leq 0$

$\Rightarrow (r+2)(r-1) > 0, \ (r+3)(r-2) \leq 0$

동시에 만족하는 범위는 $-3 \leq r < -2 \ \text{or} \ 1 < r \leq 2$

r은 정수이므로 $r = 2 \ \text{or} \ r = -3$

$$\sum_{k=1}^{m} a_k = \frac{2(r^m - 1)}{r - 1} = 122$$

만약 $r = 2$라면

$2(2^m - 1) = 122 \Rightarrow 2^m = 62$를 만족시키는

자연수 m은 존재하지 않으므로 모순이다.

$r = -3$이면

$$\frac{2\{(-3)^m - 1\}}{-4} = 122 \Rightarrow (-3)^m = -243 \Rightarrow m = 5$$

따라서 $a_m = a_5 = 2 \times (-3)^4 = 162$이다.

답 162

090

(가) $S_n = An^2 + Bn + C$는

　a_n이 등차수열임을 알려준다.

　($C = 0$이면 a_1부터 등차수열, $C \neq 0$이면 a_2부터 등차수열)

(나) $S_{10} = S_{50} = 10$

　$S_n = f(n)$으로 보면 (가) 조건에 의해서

　$f(n)$는 이차함수로 볼 수 있고

　$f(10) = f(50)$이므로 이차함수의 꼭짓점의 x좌표가

　$\dfrac{10+50}{2} = 30$인 것을 알 수 있다.

　이를 바탕으로 식을 세우면

　$f(n) = a(n-30)^2 + b$이다.

(다) S_n은 $n = 30$에서 최댓값 410을 가지므로

　$a < 0$, $b = 410$이다.

　$f(10) = 10$이므로 $a = -1$이다.

　따라서 $f(n) = -(n-30)^2 + 410$이다.

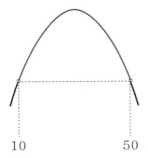

50보다 작은 자연수 m에 대하여 $S_m > S_{50}$을 만족시키는 m의 최솟값은 11, 최댓값은 49이다.

$S_n = -(n-30)^2 + 410$이므로

$$\sum_{k=p}^{q} a_k = \sum_{k=11}^{49} a_k = S_{49} - S_{10}$$
$$= (-19^2 + 410) - \{-(-20)^2 + 410\}$$
$$= 49 - 10 = 39$$

이다.

답 ①

$a = 50$, $d = -4$

$$S_n = \frac{n\{100 + (n-1)(-4)\}}{2} = n(-2n+52)$$

$S_n = f(n)$으로 보면 $f(n)$는 이차함수로 볼 수 있다.

$f(n) = -2n^2 + 52n$

$$\sum_{k=m}^{m+4} S_k = \sum_{k=m}^{m+4} f(k)$$
$$= f(m) + f(m+1) + f(m+2) + f(m+3) + f(m+4)$$

가 최대가 되려면 이차함수의 꼭짓점의 x좌표가 $m+2$이면 된다. 이차함수의 꼭짓점의 x좌표는 13이므로 $m = 11$이다.

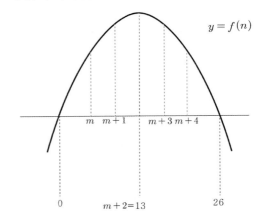

답 ④

자연수 n으로 나누었을 때 몫과 나머지가 같아지는 자연수를 구하기 위해서 몫=나머지=m이라 하면

자연수 n으로 나누었을 때
몫과 나머지가 같아지는 자연수는 $n \times m + m$이다.
여기서 나머지는 n보다 클 수 없고
몫은 0보다 크므로 $0 < m < n$이다.

(나머지정리에서 배웠듯이 x를 A로 나누었을 때
몫이 Q이고 나머지가 R이면 $x = AQ + R$라는 식을
세울 수 있다.)

예를 들어 $n = 4$이면
$4m + m = 5m$ $(0 < m < 4)$이므로 5, 10, 15이다.
따라서 $a_4 = 5 + 10 + 15 = 30$이다.

일반적으로 $n \times m + m = (n+1)m$ $(0 < m < n)$이므로
$$a_n = (n+1) + (n+1)2 + \cdots + (n+1)(n-1)$$

$$= (n+1)\{1 + 2 + \cdots + (n-1)\} = \frac{(n-1)n(n+1)}{2}$$

$$a_n > 500 \Rightarrow (n-1)n(n+1) > 1000$$
따라서 n의 최솟값은 11이다.

답   11

093

(i) A_0은 원점이다.

(ii) n이 자연수일 때, A_n은 점 A_{n-1}에서 점 P가

경로를 따라 $\dfrac{2n-1}{25}$만큼 이동한 위치에 있는 점이다.

A_0부터 A_n까지 경로를 따라 이동한 거리는
$$\sum_{k=1}^{n}\left(\frac{2k-1}{25}\right) = \frac{n^2}{25}$$이다.

점 A_n이 $y = x$ 위에 있으려면 이동거리가

2, 4, 6, 8, 10, $\cdots$이어야 한다.

즉, $2m$ (단, m은 자연수)이어야 한다.

만약 $m = 2$라면 이동거리가 4이고 $A_{10} = (2, 2)$이다.

$\dfrac{n^2}{25} = 2m \Rightarrow n^2 = 25 \times 2 \times m$

$25 \times 2 \times m$이 제곱수가 되려면

$m = 2 \times \alpha^2$ (단, α은 자연수)이어야 하므로

가장 작은 m은 $\alpha = 1$일 때인 $m = 2$이고

그 다음 작은 m은 $\alpha = 2$일 때인 $m = 8$이다.

결국 자연수 n에 대하여 점 A_n 중

직선 $y = x$ 위에 있는 점을 원점에서 가까운 순서대로

나열할 때, 두 번째 점은 $m = 8$일 때, $A_{20} = (8, 8)$이다.

따라서 $a = 8$이다.

답   8

094

$n = 2$일 때,

$\{3^1, 3^3\}$의 서로 다른 두 원소를 곱하여 나올 수 있는

모든 값만을 원소로 하는 집합 S는

$\{3^4\}$이다.

집합 $\{3^{2k-1} \mid k$는 자연수, $1 \leq k \leq n\}$의 원소는

모두 3^x 꼴이므로 원소의 곱들은 지수의 합으로 나타낼 수

있다.

① $n = 2$일 때,

    $\{1, 3\} \Rightarrow (1, 3) = 4 \Rightarrow f(2) = 1$

    cf) $(1, 3) = 4$은 원소 중 1, 3를 뽑아 서로 더한 값이

    4라는 뜻이다.

② $n = 3$일 때,

    $\{1, 3, 5\}$

    $n = 2$에서 원소 5가 추가되었다.

    따라서 $(5, 1) = 6$, $(5, 3) = 8$만 더해주면

    $f(3) = f(2) + 2 = 3$이다.

③ $n = 4$일 때,

    $\{1, 3, 5, 7\}$

    $n = 3$에서 원소 7이 추가되었다.

    따라서 $(7, 1) = 8$, $(7, 3) = 10$, $(7, 5) = 12$만 더해주면

    된다. $(5, 3) = (7, 1) = 8$이므로

    $f(4) = f(3) + 2 = 5$이다.

④ $n = 5$일 때,

    $\{1, 3, 5, 7, 9\}$

    $n = 4$에서 원소 9가 추가되었다.

    따라서

    $(9, 1) = 10$, $(9, 3) = 12$, $(9, 5) = 14$, $(9, 7) = 16$만

    더해주면 된다.

    $(7, 3) = (9, 1) = 10$, $(7, 5) = (9, 3) = 12$이므로

    $f(5) = f(4) + 2 = 7$이다.

규칙을 파악해보면 $f(n)$은 공차가 2인 등차수열과 같다.

따라서 $f(n) = 2n - 3$ $(n \geq 2)$ 이므로
$$\sum_{n=2}^{11} f(n) = \frac{10(1+19)}{2} = 100$$이다.

답   100

095

$$a_n = \log_2 \sqrt{\frac{2(n+1)}{n+2}} = \frac{1}{2}\log_2\left(\frac{2n+2}{n+2}\right)$$

$$\sum_{k=1}^{m} a_k = \sum_{k=1}^{m} \frac{1}{2}\log_2\left(\frac{2(k+1)}{k+2}\right) = \frac{1}{2}\sum_{k=1}^{m}\log_2\left(\frac{2(k+1)}{k+2}\right)$$

$$= \frac{1}{2}\left(\log_2\frac{2\times 2}{3} + \log_2\frac{2\times 3}{4} + \log_2\frac{2\times 4}{5} + \right.$$

$$\cdots + \log_2\frac{2\times(m-1)}{m} + \log_2\frac{2\times m}{m+1}$$

$$\left. + \log_2\frac{2\times(m+1)}{m+2}\right)$$

$$= \frac{1}{2}\left(\log_2\frac{2^{m+1}}{m+2}\right)$$

$$= \frac{m+1-\log_2(m+2)}{2}$$

$\dfrac{m+1-\log_2(m+2)}{2}$ 가 자연수가 되기 위해서는

$m+2 = 2^N$ 꼴이어야 한다.

(m은 자연수이므로 N은 2 이상인 자연수이다.)

N에 따라 case분류하면

① $N=2$

$m+2=4 \Rightarrow m=2$

$\dfrac{m+1-\log_2(m+2)}{2} = \dfrac{3-2}{2} = \dfrac{1}{2}$ 이므로

조건을 만족시키지 않는다.

② $N=3$

$m+2=8 \Rightarrow m=6$

$\dfrac{m+1-\log_2(m+2)}{2} = \dfrac{7-3}{2} = 2$ 이므로

조건을 만족시킨다.

③ $N=4$

$m+2=16 \Rightarrow m=14$

$\dfrac{m+1-\log_2(m+2)}{2} = \dfrac{15-4}{2} = \dfrac{11}{2}$ 이므로

조건을 만족시키지 않는다.

④ $N=5$

$m+2=32 \Rightarrow m=30$

$\dfrac{m+1-\log_2(m+2)}{2} = \dfrac{31-5}{2} = 13$ 이므로

조건을 만족시킨다.

⑤ $N=6$

$m+2=64 \Rightarrow m=62$

$\dfrac{m+1-\log_2(m+2)}{2} = \dfrac{63-6}{2} = \dfrac{57}{2}$ 이므로

조건을 만족시키지 않는다.

⑥ $N=7$

$m+2=128 \Rightarrow m=126$

$\dfrac{m+1-\log_2(m+2)}{2} = \dfrac{127-7}{2} = 60$ 이므로

조건을 만족시킨다.

⑦ $N=8$

$m+2=256 \Rightarrow m=254$

$\dfrac{m+1-\log_2(m+2)}{2} = \dfrac{255-8}{2} = \dfrac{247}{2}$ 이므로

조건을 만족시키지 않는다.

⑧ $N=9$

$m+2=512 \Rightarrow m=510$

$\dfrac{m+1-\log_2(m+2)}{2} = \dfrac{511-9}{2} = \dfrac{502}{2} = 251 > 100$

이므로

조건을 만족시키지 않는다.

$N \geq 10$일 때는 $\displaystyle\sum_{k=1}^{m} a_k$의 값이 자연수이더라도

100보다 크기 때문에 조건을 만족시키지 않는다.

따라서 조건을 만족시키는 모든 자연수 m의 값의 합은

$6+30+126 = 162$이다.

답 ④

096

$$\sum_{k=1}^{n} a_k = n^2 + cn \Rightarrow a_n = 2n + c - 1$$

$a_1 = c+1$
$a_2 = c+3$
$a_3 = c+5$
$a_4 = c+7$
$a_5 = c+9$
$a_6 = c+11$
$a_7 = c+13$

$\vdots$

수열 $\{a_n\}$의 각 항중에서 3의 배수가 아닌 수를 찾는 것이므로 c를 3으로 나눈 나머지로 case분류해보자.

① c를 3으로 나눈 나머지가 1일 때
$c = 3n+1$ (n은 음이 아닌 정수)으로 나타낼 수 있다.
($c=1$이어도 3으로 나눈 나머지가 1이기 때문에
$n=0$을 포함시킨 것이다.)
$a_1 = c+1 = 3n+2$
$a_2 = c+3 = 3n+4$
$a_3 = c+5 = 3n+6$
$a_4 = c+7 = 3n+8$
$a_5 = c+9 = 3n+10$
$a_6 = c+11 = 3n+12$
$a_7 = c+13 = 3n+14$
$\vdots$

3의 배수가 아닌 수를 작은 것부터 크기순으로 나열하면
$b_1 = 3n+2$
$b_2 = 3n+4$
$b_3 = 3n+8$
$b_4 = 3n+10$
$b_5 = 3n+14$
$b_6 = 3n+16$
$\vdots$

b_{20}항을 구해야 하므로 짝수항들의 규칙을 살펴보면
다음과 같은 관계식이 성립한다.
$3n+6k-2 = b_{2k}$

$k=10$을 대입하면
$3n+58 = b_{20} \Rightarrow 3n+58 = 199 \Rightarrow n = 47$
$c = 3n+1$이므로 $c=142$이다.

② c를 3으로 나눈 나머지가 2일 때
$c = 3n+2$ (n은 음이 아닌 정수)으로 나타낼 수 있다.
($c=2$이어도 3으로 나눈 나머지가 2이기 때문에
$n=0$을 포함시킨 것이다.)

$a_1 = c+1 = 3n+3$
$a_2 = c+3 = 3n+5$
$a_3 = c+5 = 3n+7$
$a_4 = c+7 = 3n+9$
$a_5 = c+9 = 3n+11$
$a_6 = c+11 = 3n+13$
$a_7 = c+13 = 3n+15$
$a_8 = c+15 = 3n+17$
$a_9 = c+17 = 3n+19$
$\vdots$

3의 배수가 아닌 수를 작은 것부터 크기순으로 나열하면
$b_1 = 3n+5$
$b_2 = 3n+7$
$b_3 = 3n+11$
$b_4 = 3n+13$
$b_5 = 3n+17$
$b_6 = 3n+19$
$\vdots$

b_{20}항을 구해야 하므로 짝수항들의 규칙을 살펴보면
다음과 같은 관계식이 성립한다.
$3n+6k+1 = b_{2k}$

$k=10$을 대입하면
$3n+61 = b_{20} \Rightarrow 3n+61 = 199 \Rightarrow n = 46$
$c = 3n+2$이므로 $c=140$이다.

③ c를 3으로 나눈 나머지가 0일 때
$c = 3n$ (n은 자연수)으로 나타낼 수 있다.

$a_1 = c+1 = 3n+1$
$a_2 = c+3 = 3n+3$
$a_3 = c+5 = 3n+5$
$a_4 = c+7 = 3n+7$
$a_5 = c+9 = 3n+9$
$a_6 = c+11 = 3n+11$
$a_7 = c+13 = 3n+13$
$a_8 = c+15 = 3n+15$
$a_9 = c+17 = 3n+17$
$\vdots$

3의 배수가 아닌 수를 작은 것부터 크기순으로 나열하면
$b_1 = 3n+1$
$b_2 = 3n+5$
$b_3 = 3n+7$
$b_4 = 3n+11$
$b_5 = 3n+13$
$b_6 = 3n+17$
$\vdots$

b_{20}항을 구해야 하므로 짝수항들의 규칙을 살펴보면
다음과 같은 관계식이 성립한다.
$3n+6k-1 = b_{2k}$

$k=10$을 대입하면
$3n+59 = b_{20} \Rightarrow 3n+59 = 199 \Rightarrow n = \dfrac{140}{3}$
n은 자연수가 아니므로 모순이다.

따라서 $b_{20} = 199$가 되도록 하는 모든 c의 값의 합은
$142 + 140 = 282$이다.

답 282

097

(가) $\displaystyle\sum_{n=1}^{2m-1} a_n = \frac{(2m-1)\{2a+(2m-2)d\}}{2}$

$\qquad = (2m-1)\{a+(m-1)d\} = 0$

$\qquad \Rightarrow a+(m-1)d = 0 \ (2m-1 \neq 0)$

$a+(m-1)d = a_m$이므로 $a_m = 0$이다.

(나) $\displaystyle\sum_{n=1}^{15} a_n = 45, \ \sum_{n=1}^{15} |a_n| = 90$

$\displaystyle\sum_{n=1}^{2m-1} a_n = 0$ 이므로 $\displaystyle\sum_{n=1}^{15} a_n = 45$에 의해서

$a_{2m} + a_{2m+1} + \cdots + a_{15} = 45$이다.

a_n이 공차가 양수인 등차수열이고

$a_m = 0, \ \displaystyle\sum_{n=1}^{2m-1} a_n = 0$ 이므로

$A > 0$ 라 하면

$a_1 + a_2 + \cdots + a_{m-1} = -A$

$a_{m+1} + a_{m+2} + \cdots + a_{2m-1} = A$

이다.

$\displaystyle\sum_{n=1}^{15} |a_n| = 90$ 이므로 $2A + 45 = 90 \Rightarrow A = \dfrac{45}{2}$

$a_m = 0$이고 공차를 d라 하면 다음과 같다.

$a_1 + \cdots + a_m + a_{m+1} + \cdots + a_{2m-1} + a_{2m} + \cdots + a_{15}$
$\qquad\quad \| \qquad\quad \| \qquad\qquad \| \qquad\quad \| \qquad\quad \|$
$\qquad\quad 0 \qquad\quad d \qquad\quad (m-1)d \quad md \quad (15-m)d$

$a_{m+1} + a_{m+2} + \cdots + a_{2m-1} = \dfrac{45}{2}$

$\Rightarrow \dfrac{(m-1)\{d+(m-1)d\}}{2} = \dfrac{45}{2} \Rightarrow (m-1)md = 45$

$a_{2m} + a_{2m+1} + \cdots + a_{15} = 45$

$\Rightarrow \dfrac{(16-2m)\{md+(15-m)d\}}{2} = 45 \Rightarrow (8-m)d = 3$

$(m-1)md = 45, \ (8-m)d = 3$ 를 연립하면

$m^2 + 14m - 120 = (m+20)(m-6) = 0 \Rightarrow m = 6$

따라서 $m = 6, \ d = \dfrac{3}{2}$ 이므로

$a_{14} = (14-m)d = 8 \times \dfrac{3}{2} = 12$이다.

답 ④

098

(가) $|a_1| = 2$

(나) 모든 자연수 n에 대하여 $|a_{n+1}| = 2|a_n|$

$|a_1| = 2, \ |a_2| = 4, \ |a_3| = 8, \ |a_4| = 16, \ |a_5| = 32, \ |a_6| = 64,$

$|a_7| = 128, \ |a_8| = 256, \ |a_9| = 512, \ |a_{10}| = 1024$

(다) $\displaystyle\sum_{n=1}^{10} a_n = -14$

(다) 조건을 만족시키도록 $+$ $-$를 선택하는 것이 포인트인
문제이다.

이때 합이 -14이므로 절댓값이 가장 큰 a_{10}를 고정한 후
절댓값이 작은 초반 항들의 $+$ $-$를 조정하는 것이
바람직하다.

① $a_{10} = 1024$

$\displaystyle\sum_{n=1}^{10} a_n = -14$이므로 $\displaystyle\sum_{n=1}^{9} a_n = -1038$이어야 한다.

$2 + 2^2 + 2^3 + \cdots + 2^9 = \dfrac{2(2^9-1)}{2-1} = 1022$이므로

첫째항부터 아홉째항까지 모두 음수이더라도

$\displaystyle\sum_{n=1}^{9} a_n = -1022$이므로 조건을 만족시키지 않는다.

② $a_{10} = -1024$

$\displaystyle\sum_{n=1}^{10} a_n = -14$이므로 $\displaystyle\sum_{n=1}^{9} a_n = 1010$이어야 한다.

$2 + 2^2 + 2^3 + \cdots + 2^9 = \dfrac{2(2^9-1)}{2-1} = 1022$이므로

$a_1 = -2, \ a_2 = -4$이면

$\displaystyle\sum_{n=1}^{9} a_n = 1022 + 2(a_1 + a_2) = 1022 - 12 = 1010$이다.

(위 식에 쓰인 사고의 예를 들면 아래와 같다.
$a_1 = 2$라고 계산했는데 원래 $a_1 = -2$이므로
잘못된 2를 제거해주기 위해서 -2를 더해주고
원래의 -2를 더해야 하니 $2 + 2a_1 = -2$이다.)

따라서 $a_1 + a_3 + a_5 + a_7 + a_9 = -2 + 8 + 32 + 128 + 512 = 678$
이다.

답 678

099

등차수열 $\{a_n\}$
첫째항 a는 자연수, 공차 $d < 0$인 정수
등비수열 $\{b_n\}$
첫째항 b는 자연수, 공비 $r < 0$인 정수

(가) $\displaystyle\sum_{n=1}^{5} (a_n + b_n) = 27$

(나) $\displaystyle\sum_{n=1}^{5} (a_n + |b_n|) = 67$

(다) $\displaystyle\sum_{n=1}^{5} (|a_n| + |b_n|) = 81$

(나) $-$ (가)를 하면

$\displaystyle\sum_{n=1}^{5} (a_n + |b_n|) - \sum_{n=1}^{5} (a_n + b_n) = \sum_{n=1}^{5} (|b_n| - b_n) = 40$이다.

$b_n \geq 0 \Rightarrow |b_n| - b_n = 0$

$b_n < 0 \Rightarrow |b_n| - b_n = -2b_n$

$b > 0, \ r < 0$이므로

$b_2, \ b_4$만 음수이다.

$\displaystyle\sum_{n=1}^{5} (|b_n| - b_n) = -2(br + br^3) = 40$

$b(r + r^3) = -20$

b는 자연수이므로 가능한 case는 다음과 같다.

$b = 1, \ 2, \ 4, \ 5, \ 10, \ 20$

위의 case 중 r이 음의 정수가 나올 수 있는 것은

$b = 2, \ r = -2 \ \text{or} \ b = 10, \ r = -1$이다.

① $b = 10, \ r = -1$일 때,

$\displaystyle\sum_{n=1}^{5} b_n = 10 + (-10) + 10 + (-10) + 10 = 10$

$\displaystyle\sum_{n=1}^{5} (a_n + b_n) = 27 \Rightarrow \sum_{n=1}^{5} a_n = 17$

a_n은 등차수열이므로 등차중항에 의해

$a_1 + a_5 = 2a_3, \ a_2 + a_4 = 2a_3$이다.

$a_1 + a_2 + a_3 + a_4 + a_5 = (a_1 + a_5) + (a_2 + a_4) + a_3 = 5a_3$

따라서 $\displaystyle\sum_{n=1}^{5} a_n = 5a_3 = 17 \Rightarrow a_3 = \frac{17}{5}$이다.

그런데 a_n의 첫째항이 자연수이고 공차가 음의 정수이므로

$a_3 = \frac{17}{5}$이 나올 수 없으니 모순이다.

② $b = 2, \ r = -2$

$\displaystyle\sum_{n=1}^{5} b_n = \frac{2\{1 - (-2)^5\}}{1 - (-2)} = 22$

$\displaystyle\sum_{n=1}^{5} (a_n + b_n) = 27 \Rightarrow \sum_{n=1}^{5} a_n = 5$

(다) $-$ (나)를 하면

$\displaystyle\sum_{n=1}^{5} (|a_n| + |b_n|) - \sum_{n=1}^{5} (a_n + |b_n|) = \sum_{n=1}^{5} (|a_n| - a_n) = 14$

$\displaystyle\sum_{n=1}^{5} a_n = 5$ 이므로 $\displaystyle\sum_{n=1}^{5} |a_n| = 19$이다.

$a_1 + a_2 + a_3 + a_4 + a_5 = 5a_3 = 5$이므로 $a_3 = 1$이다.

공차 d가 음의 정수이므로 다음과 같은 부등호가 성립한다.

$$\begin{array}{ccccccccc} a_5 & < & a_4 & \leq & 0 & < & a_3 & < & a_2 & < & a_1 \\ \| & & \| & & & & \| & & \| & & \| \\ 1+2d & & 1+d & & & & 1 & & 1-d & & 1-2d \end{array}$$

$\displaystyle\sum_{n=1}^{5} |a_n| = -(1 + 2d) - (1 + d) + 1 + (1 - d) + (1 - 2d)$

$= 1 - 6d = 19 \Rightarrow d = -3$

$a = 7, \ d = -3$ 이다.

따라서
$a_7 + b_7 = a + 6d + br^6 = 7 - 18 + 2(-2)^6 = 117$이다.

(만약 실전이었다면 $\displaystyle\sum_{n=1}^{5} |a_n| = 19$가 되도록 하는 음의 정수인
d를 $d = -1, \ -2, \ -3, \ \cdots$ 차례로 대입해보는 것도 좋은
전략일 수 있다. 19가 그렇게 큰 숫자는 아니니 말이다.)

답 117

수학적 귀납법 | Guide step

1	(1) 15 (2) 2
2	10
3	42

개념 확인문제   1

(1) $\begin{cases} a_1 = 1 \\ a_{n+1} = a_n + n^2 \quad (n=1,\ 2,\ 3,\ \cdots) \end{cases}$

$a_2 = a_1 + 1 \implies a_2 = 2$

$a_3 = a_2 + 4 \implies a_3 = 6$

$a_4 = a_3 + 9 \implies a_4 = 15$

(2) $\begin{cases} a_1 = 12 \\ a_{n+1} = \dfrac{a_n}{n} \quad (n=1,\ 2,\ 3,\ \cdots) \end{cases}$

$a_2 = \dfrac{a_1}{1} \implies a_2 = 12$

$a_3 = \dfrac{a_2}{2} \implies a_3 = 6$

$a_4 = \dfrac{a_3}{3} \implies a_4 = 2$

답 (1) 15 (2) 2

개념 확인문제   2

$a_{n+1} - a_n = 4n$

$a_n = a_1 + \sum_{k=1}^{n-1} 4k = a_1 + \dfrac{(n-1)(4+4(n-1))}{2}$

$= a_1 + 2n(n-1)$

$a_{10} = a_1 + 180 = 190$

따라서 $a_1 = 10$이다.

답 10

개념 확인문제   3

$a_{n+1} = 2a_n + n,\ a_1 = 1$

$a_2 = 2a_1 + 1 \implies a_2 = 3$

$a_3 = 2a_2 + 2 \implies a_3 = 8$

$a_4 = 2a_3 + 3 \implies a_4 = 19$

$a_5 = 2a_4 + 4 \implies a_5 = 42$

답 42

1	39	**11**	30
2	6	**12**	16
3	85	**13**	120
4	31	**14**	2
5	64	**15**	21
6	50	**16**	11
7	19	**17**	15
8	32	**18**	17
9	6	**19**	10
10	37		

001

$a_1 = 1$, $a_{n+1} - a_n = 2$ $(n = 1,\ 2,\ 3,\ \cdots)$

a_n은 첫째항이 1이고 공차가 2인 등차수열이므로

$a_{20} = a + 19d = 1 + 38 = 39$

답 39

002

$a_1 = 8$, $\dfrac{a_{n+1}}{a_n} = \dfrac{1}{2}$ $(n = 1,\ 2,\ 3,\ \cdots)$

a_n은 첫째항이 8이고 공비가 $\dfrac{1}{2}$인 등비수열이므로

$a_{10} = ar^9 = 8\left(\dfrac{1}{2}\right)^9 = 2^3 \times 2^{-9} = 2^{-6}$

$\log_{\frac{1}{2}} a_{10} = \log_{2^{-1}} 2^{-6} = \dfrac{-6}{-1} \log_2 2 = 6$

답 6

003

$a_{n+2} + a_n = 2a_{n+1}$ $(n = 1,\ 2,\ 3,\ \cdots)$

a_n은 등차수열이고 (등차중항)

$a_4 = 5$, $a_7 = 20$ 이므로

$a + 3d = 5$, $a + 6d = 20 \Rightarrow a = -10,\ d = 5$

$a_{20} = a + 19d = -10 + 95 = 85$

답 85

004

방정식 $4a_n x^2 - 2a_{n+1}x + a_n = 0$이 중근을 가지려면

판별식 $D = 0 \Rightarrow (a_{n+1})^2 - 4(a_n)^2 = 0$

$\Rightarrow (a_{n+1} - 2a_n)(a_{n+1} + 2a_n) = 0$

모든 항이 양수이므로 $a_{n+1} = 2a_n$ 이다.

$a = 1$, $r = 2$이므로

$\displaystyle\sum_{k=1}^{5} a_k = \dfrac{1 \times (2^5 - 1)}{2 - 1} = 31$

답 31

Tip

만약 모든 항이 양수라는 말이 없다면 조심해야 한다.
$(a_{n+1} - 2a_n)(a_{n+1} + 2a_n) = 0$ 이라는 말은
$a_{n+1} = 2a_n$ or $a_{n+1} = -2a_n$ 이다.

즉, 모든 자연수 n에 대하여 $a_{n+1} = 2a_n$
(공비가 2인 등비수열) 아니면
$a_{n+1} = -2a_n$ (공비가 -2인 등비수열) 가 아니라,
$a_1 = 1$, $a_2 = 2$, $a_3 = -4$, $a_4 = -8$, $\cdots$와 같이
규칙적이지 않은 수열도 가능하다.
<흑색 or 백색이 아니라 회색 같은 느낌-_-;;>

005

$\dfrac{a_3}{a_6} = 8$, $(a_{n+1})^2 = a_n a_{n+2}$ $(n = 1,\ 2,\ 3,\ \cdots)$

a_n은 등비수열이고 $\dfrac{a_3}{a_6} = \dfrac{ar^2}{ar^5} = \dfrac{1}{r^3} = 8 \Rightarrow r = \dfrac{1}{2}$

$\dfrac{a_2 + a_3 + a_4 + a_5}{a_8 + a_9 + a_{10} + a_{11}} = \dfrac{ar + ar^2 + ar^3 + ar^4}{ar^7 + ar^8 + ar^9 + ar^{10}}$

$= \dfrac{ar + ar^2 + ar^3 + ar^4}{r^6(ar + ar^2 + ar^3 + ar^4)} = \dfrac{1}{r^6} = 64$

답 64

006

$a_1 = 1,\ a_{n+1} - a_n = 2n-1\,(n=1,\ 2,\ 3,\ \cdots)$

$a_8 = a_1 + \displaystyle\sum_{k=1}^{7}(2k-1) = 1 + \dfrac{7(1+13)}{2} = 50$

답 50

007

$a_1 = \dfrac{1}{9},\ \ a_{n+1} = 3^n a_n\,(n=1,\ 2,\ 3,\ \cdots)$

$a_2 = 3a_1$
$a_3 = 3^2 a_2 = 3^{2+1}a_1$
$a_4 = 3^3 a_3 = 3^{3+2+1}a_1$
$\ \vdots$
$a_7 = 3^6 a_6 = 3^{6+5+4+3+2+1}a_1 = 3^{21}a_1 = 3^{19}$

답 19

008

$\dfrac{a_{n+1}}{a_n} = 2,\ b_{n+1} - b_n = a_n$

a_n 은 공비가 2인 등비수열이고 $a_3 = 8$ 이므로

$ar^2 = 8\ \Rightarrow\ 4a = 8\ \Rightarrow\ a=2,\ r=2$

$a_n = 2^n$

$b_{n+1} - b_n = 2^n,\ a_1 = b_1 = 2$

$b_n = b_1 + \displaystyle\sum_{k=1}^{n-1}2^k = 2 + \dfrac{2(2^{n-1}-1)}{2-1} = 2^n$

따라서 $\dfrac{b_{10}}{a_5} = \dfrac{2^{10}}{2^5} = 32$ 이다.

답 32

009

$a_n a_{n+1} = n^2$

$a_1 a_2 = 1,\ a_2 a_3 = 4,\ a_3 a_4 = 9,\ a_4 a_5 = 16$

$a_3 = x$ 라 하면

$a_2 = \dfrac{4}{x}\ \Rightarrow\ a_1 = \dfrac{x}{4}$

$a_4 = \dfrac{9}{x}\ \Rightarrow\ a_5 = \dfrac{16x}{9}$

$\dfrac{a_1 a_5}{a_2} = \dfrac{\dfrac{x}{4} \times \dfrac{16x}{9}}{\dfrac{4}{x}} = \dfrac{x^3}{9} = 24\ \Rightarrow\ x = 6$

따라서 $a_3 = 6$ 이다.

답 6

010

$a_{n+2} - a_{n+1} = 2a_n,\ a_1 = 5,\ a_3 = 19$

$a_3 - a_2 = 2a_1\ \Rightarrow\ 19 - a_2 = 10\ \Rightarrow\ a_2 = 9$

$a_4 - a_3 = 2a_2\ \Rightarrow\ a_4 - 19 = 18\ \Rightarrow\ a_4 = 37$

답 37

011

$a_1 = 1$

$a_{n+1} = \begin{cases} (a_n)^2 + a_n & (a_n \text{이 홀수인 경우}) \\ 2a_n + 1 & (a_n \text{이 짝수인 경우}) \end{cases}$

$a_2 = 1^2 + 1 = 2$

$a_3 = 2^2 + 1 = 5$

$a_4 = 5^2 + 5 = 30$

답 30

012

$a_1 = \dfrac{1}{7}$

$a_{n+1} = \begin{cases} 2a_n & (a_n \leq 1) \\ a_n - 1 & (a_n > 1) \end{cases}$

$a_2 = 2a_1 = \dfrac{2}{7}$
$a_3 = 2a_2 = \dfrac{4}{7}$
$a_4 = 2a_3 = \dfrac{8}{7}$
$a_5 = 2a_4 = \dfrac{1}{7}$

4개의 묶음으로 $\dfrac{1}{7},\ \dfrac{2}{7},\ \dfrac{4}{7},\ \dfrac{8}{7}$ 가 반복된다.

31을 4로 나누면 몫이 7이고 나머지가 3이므로

$$\sum_{n=1}^{31} a_n = 7\left(\frac{1}{7} + \frac{2}{7} + \frac{4}{7} + \frac{8}{7}\right) + \left(\frac{1}{7} + \frac{2}{7} + \frac{4}{7}\right) = 16$$

답 16

013

$a_1 = 3$, $a_{n+1} + a_n = 2n + 3$

$a_2 + a_1 = 5$

$a_3 + a_2 = 7$

$\Rightarrow (a_3 + a_2) - (a_2 + a_1) = 2 \Rightarrow a_3 - a_1 = 2$

$a_4 + a_3 = 9$

$a_5 + a_4 = 11$

$\Rightarrow (a_5 + a_4) - (a_4 + a_3) = 2 \Rightarrow a_5 - a_3 = 2$

일반적으로 모든 자연수 n에 대하여

$a_{n+1} + a_n = 2n + 3 \quad \cdots \quad$ ㉠

$a_{n+2} + a_{n+1} = 2(n+1) + 3 = 2n + 5 \quad \cdots \quad$ ㉡이므로

㉡ − ㉠을 하면 $a_{n+2} - a_n = 2$이므로

홀수항끼리는 공차가 2인 등차수열을 이룬다.

$a_1 = 3$, $a_3 = 5$, $a_5 = 7$, $\cdots$

$a_{2k-1} = 2k + 1$ 이므로

$$\sum_{k=1}^{10} a_{2k-1} = \sum_{k=1}^{10} (2k+1) = \frac{10(3+21)}{2} = 120$$이다.

답 120

014

$a_1 = 4$, $a_{n+1} = $ (11a_n을 9로 나누었을 때의 나머지)

a_2은 $11a_1 = 44$을 9로 나누었을 때의 나머지이므로

$a_2 = 8$이다.

a_3은 $11a_2 = 88$을 9로 나누었을 때의 나머지이므로

$a_3 = 7$이다.

a_4은 $11a_3 = 77$을 9로 나누었을 때의 나머지이므로

$a_4 = 5$이다.

a_5은 $11a_4 = 55$을 9로 나누었을 때의 나머지이므로

$a_5 = 1$이다.

a_6은 $11a_5 = 11$을 9로 나누었을 때의 나머지이므로

$a_6 = 2$이다.

a_7은 $11a_6 = 22$을 9로 나누었을 때의 나머지이므로

$a_7 = 4$이다.

따라서 6개의 묶음으로 4, 8, 7, 5, 1, 2가 반복된다.

2022은 6으로 나누어 떨어지므로

$a_{2022} = 2$이다.

답 2

015

$a_1 = 8$, $a_2 = 16$

$a_{n+2} = |a_{n+1} - a_n|$

$a_3 = |a_2 - a_1| \Rightarrow a_3 = 8$

$a_4 = |a_3 - a_2| \Rightarrow a_4 = 8$

$a_5 = |a_4 - a_3| \Rightarrow a_5 = 0$

$a_6 = |a_5 - a_4| \Rightarrow a_6 = 8$

$a_7 = |a_6 - a_5| \Rightarrow a_7 = 8$

a_3부터 8, 8, 0이 반복된다.

$a_3 + a_4 + a_5 = 16$

$a_6 + a_7 + a_8 = 16$

$a_9 + a_{10} + a_{11} = 16$

$a_1 + a_2 = 24$이므로 $a_3 + a_4 + \cdots + a_m = 48$이다.

$a_3 + a_4 + \cdots + a_{11} = 48$이므로 $m = 11$이다.

$a_{11} = 0$이므로 $a_3 + a_4 + \cdots + a_{10} = 48$이다.

즉, $m = 10$도 가능하다. 따라서 m의 값의 합은 21이다.

답 21

016

$a_1 = 8$

$$a_{n+1} = \begin{cases} 4 - \dfrac{8}{a_n} & (a_n\text{이 정수인 경우}) \\[2mm] -3a_n + 2 & (a_n\text{이 정수가 아닌 경우}) \end{cases}$$

$a_1 = 8$, $a_2 = 3$, $a_3 = \dfrac{4}{3}$, $a_4 = -2$,

$a_5 = 8$, $a_6 = 3$, $a_7 = \dfrac{4}{3}$, $a_8 = -2$,

$a_9 = 8$, $a_{10} = 3$, $\cdots$

따라서 $a_9 + a_{10} = 8 + 3 = 11$이다.

답 11

0 17

$a_1 = 0$

$$\begin{cases} a_{2n} = a_n \\ a_{2n+1} = a_n + 1 \end{cases}$$

$a_2 = a_1 = 0$
$a_3 = a_1 + 1 = 1$
$a_4 = a_2 = 0$
$a_5 = a_2 + 1 = 1$
$a_6 = a_3 = 1$
$a_7 = a_3 + 1 = 2$
$a_8 = a_4 = 0$
$a_9 = a_4 + 1 = 1$
$a_{10} = a_5 = 1$

$a_k = 1 \ (k \le 50)$ 이 되려면 두 가지 case가 존재한다.

① $a_k = 0$ 이므로 $a_{2k+1} = a_k + 1 = 1$ 임을 이용한다.

② $a_k = 1$ 이므로 $a_{2k} = 1$ 임을 이용한다.

$a_1 = a_2 = a_4 = a_8 = a_{16} = a_{32} = 0$ 이므로
각각 $a_{2k+1} = a_k + 1 = 1$ 임을 이용하면
$a_3 = a_5 = a_9 = a_{17} = a_{33} = 1$ 을 얻을 수 있다.

$a_3 = a_6 = a_{12} = a_{24} = a_{48} = 1$

$a_5 = a_{10} = a_{20} = a_{40} = 1$

$a_9 = a_{18} = a_{36} = 1$

$a_{17} = a_{34} = 1$

$a_{33} = 1$

따라서 $a_k = 1$ 인 자연수 k의 개수는 15이다.

답 15

0 18

$$\sum_{k=1}^{m+1} (2k-1)(2m+3-2k)^2$$

$$= \sum_{k=1}^{m} (2k-1)(2m+3-2k)^2 + \boxed{(가)}$$

$(2k-1)(2m+3-2k)^2 = a_k$ 라 하면

$$\sum_{k=1}^{m+1} a_k = \sum_{k=1}^{m} a_k + a_{m+1}$$ 이므로

(가) 에 들어갈 식은 a_{m+1}이다.

$$a_{m+1} = \{2(m+1)-1\}\{2m+3-2(m+1)\}^2 = 2m+1$$

따라서 (가) $= 2m+1$ 이다.

$2m+1-2k = X, \ 2 = Y$ 라 보고
$(X+Y)^2 = X^2 + 2XY + Y^2$ 을 이용해서 전개하면

$$\sum_{k=1}^{m} (2k-1)(2m+3-2k)^2 = \sum_{k=1}^{m} (2k-1)(2m+1-2k+2)^2$$

$$= \sum_{k=1}^{m} (2k-1)\{(2m+1-2k)^2 + 4(2m+1-2k) + 4\}$$

$$= \sum_{k=1}^{m} (2k-1)(2m+1-2k)^2 + \sum_{k=1}^{m} (2k-1)\{8m+4-8k+4\}$$

$$= \sum_{k=1}^{m} (2k-1)(2m+1-2k)^2 + 8\sum_{k=1}^{m} (2k-1)\{m+1-k\}$$

$$\sum_{k=1}^{m} (2k-1)(2m+3-2k)^2 + \boxed{(가)}$$

$$= \sum_{k=1}^{m} (2k-1)(2m+1-2k)^2$$

$$+ \boxed{(나)} \times \sum_{k=1}^{m} (2k-1)(m+1-k) + \boxed{(가)}$$

따라서 (나) $= 8$ 이다.

$f(m) = 2m+1, \quad p = 8 \ \Rightarrow \ f(8) = 17$

답 17

0 19

$$1 + \frac{1}{2} + \frac{1}{3} + \cdots + \frac{1}{k} > \frac{2k}{k+1}$$

양변에 $\frac{1}{k+1}$ 을 더하면

$$1 + \frac{1}{2} + \frac{1}{3} + \cdots + \frac{1}{k} + \frac{1}{k+1} > \boxed{(가)}$$

(가)$= \frac{2k}{k+1} + \frac{1}{k+1} = \frac{2k+1}{k+1}$ 이다.

$$\frac{2k+1}{k+1} - \boxed{(나)} > 0$$ 이므로

$$1 + \frac{1}{2} + \frac{1}{3} + \cdots + \frac{1}{k+1} > \frac{2(k+1)}{k+2}$$ 이다.

Guide step에서도 언급했듯이 나무를 보지 말고 숲을 봐야한다.
큰 틀은 $n = k$일 때 성립한다고 가정하고 $n = k+1$일 때
주어진 부등식이 성립함을 보이는 것이다.

결국은

$1+\dfrac{1}{2}+\dfrac{1}{3}+\cdots+\dfrac{1}{k}>\dfrac{2k}{k+1}$ $(n=k)$을 변형해서

$1+\dfrac{1}{2}+\dfrac{1}{3}+\cdots+\dfrac{1}{k}+\dfrac{1}{k+1}>\dfrac{2k+1}{k+1}$ 을 얻었고

$1+\dfrac{1}{2}+\dfrac{1}{3}+\cdots+\dfrac{1}{k}+\dfrac{1}{k+1}>\dfrac{2k+1}{k+1}$ 임을 가지고

$1+\dfrac{1}{2}+\dfrac{1}{3}+\cdots+\dfrac{1}{k+1}>\dfrac{2(k+1)}{k+2}$ $(n=k+1)$

을 보이는 것이다.

$1+\dfrac{1}{2}+\dfrac{1}{3}+\cdots+\dfrac{1}{k}+\dfrac{1}{k+1}>\dfrac{2k+1}{k+1}>\dfrac{2(k+1)}{k+2}$

임을 보이면 되므로

$\dfrac{2k+1}{k+1}>\dfrac{2(k+1)}{k+2}\ \Rightarrow\ \dfrac{2k+1}{k+1}-\dfrac{2(k+1)}{k+2}>0$

따라서 (나) $=\dfrac{2(k+1)}{k+2}$ 이다.

$f(k)=\dfrac{2k+1}{k+1},\ g(k)=\dfrac{2(k+1)}{k+2}$

$\Rightarrow f(5)=\dfrac{11}{6},\ g(9)=\dfrac{20}{11}$

따라서 $3f(5)g(9)=10$이다.

답 10

수학적 귀납법 | Training - 2 step

20	③	38	④
21	④	39	13
22	②	40	⑤
23	②	41	⑤
24	256	42	70
25	8	43	③
26	①	44	①
27	33	45	180
28	④	46	⑤
29	②	47	④
30	③	48	⑤
31	②	49	①
32	①	50	⑤
33	④	51	②
34	②	52	①
35	64	53	⑤
36	③	54	①
37	③		

020

$a_1=6,\ a_{n+1}=a_n+3^n\ (n=1,\ 2,\ 3,\ \cdots)$

$a_4=a_1+\displaystyle\sum_{k=1}^{3}3^k=6+\dfrac{3(3^3-1)}{3-1}=45$

답 ③

021

$a_1=1,\ a_{n+1}+(-1)^n\times a_n=2^n$

$a_2-a_1=2\ \Rightarrow\ a_2=3$

$a_3+a_2=4\ \Rightarrow\ a_3=1$

$a_4-a_3=8\ \Rightarrow\ a_4=9$

$a_5+a_4=16\ \Rightarrow\ a_5=7$

답 ④

. 수학적 귀납법 • 267

022

$a_n a_{n+1} = 2n$, $a_3 = 1$

$a_1 a_2 = 2$, $a_2 a_3 = 4$, $a_3 a_4 = 6$, $a_4 a_5 = 8$

$a_2 = 4$

$a_4 = 6 \Rightarrow a_5 = \dfrac{4}{3}$

따라서 $a_2 + a_5 = 4 + \dfrac{4}{3} = \dfrac{16}{3}$ 이다.

답 ②

023

$a_1 = 2$

$a_{n+1} = \begin{cases} a_n - 1 & (a_n \text{이 짝수인 경우}) \\ a_n + n & (a_n \text{이 홀수인 경우}) \end{cases}$

$a_2 = a_1 - 1 = 1$

$a_3 = a_2 + 2 = 3$

$a_4 = a_3 + 3 = 6$

$a_5 = a_4 - 1 = 5$

$a_6 = a_5 + 5 = 10$

$a_7 = a_6 - 1 = 9$

답 ②

024

$a_1 = a_2 + 3$

$a_{n+1} = -2a_n$ $(n \geq 1)$

$a_2 = -2a_1$ 이므로 $a_1 = a_2 + 3$ 와 연립하면 $a_1 = 1$ 이다.

a_n 은 공비가 -2 인 등비수열이므로
$a_9 = 1 \times (-2)^8 = 256$ 이다.

답 256

025

$a_{n+1} + a_n = 3n - 1$, $a_3 = 4$

$a_2 + a_1 = 2$, $a_3 + a_2 = 5$, $a_4 + a_3 = 8$, $a_5 + a_4 = 11$

$a_2 = 1 \Rightarrow a_1 = 1$

$a_4 = 4 \Rightarrow a_5 = 7$

따라서 $a_1 + a_5 = 8$ 이다.

답 8

026

$a_1 = 1$, $a_2 = 2$, $a_3 = 4$, $a_4 = 8$, $a_5 = 1$, $a_6 = 2$, $a_7 = 4$, $a_8 = 8$

이므로 $\displaystyle\sum_{k=1}^{8} a_k = 2 \times (1 + 2 + 4 + 8) = 30$ 이다.

답 ①

027

$a_1 = 9$, $a_2 = 3$

$a_{n+2} = a_{n+1} - a_n$ 이므로

$a_3 = a_2 - a_1 = 3 - 9 = -6$

$a_4 = a_3 - a_2 = -6 - 3 = -9$

$a_5 = a_4 - a_3 = -9 + 6 = -3$

$a_6 = a_5 - a_4 = -3 + 9 = 6$

$a_7 = a_6 - a_5 = 6 + 3 = 9$

$a_8 = a_7 - a_6 = 9 - 6 = 3$

$a_9 = a_8 - a_7 = 3 - 9 = -6$

$a_{10} = a_9 - a_8 = -6 - 3 = -9$

$a_{11} = a_{10} - a_9 = -9 + 6 = -3$

9, 3, -6, -9, -3, 6이 반복된다.
100을 6으로 나누면 몫이 16 나머지가 4이므로
9, 3, -6, -9, -3, 6이 16번 반복되고
$a_{97} = 9$, $a_{98} = 3$, $a_{99} = -6$, $a_{100} = -9$이다.

따라서 $|a_k|=3$을 만족시키는 100 이하의 자연수 k의 개수는
$16 \times 2 + 1 = 33$이다.

답 33

028

$a_1 = 12$

$a_{n+1} + a_n = (-1)^{n+1} \times n$

$a_2 + a_1 = 1 \Rightarrow a_2 = -11$

$a_3 + a_2 = -2 \Rightarrow a_3 = 9$

$a_4 + a_3 = 3 \Rightarrow a_4 = -6$

$a_5 + a_4 = -4 \Rightarrow a_5 = 2$

$a_6 + a_5 = 5 \Rightarrow a_6 = 3$

$a_7 + a_6 = -6 \Rightarrow a_7 = -9$

$a_8 + a_7 = 7 \Rightarrow a_8 = 16$

따라서 $a_k > a_1$인 자연수 k의 최솟값은 8이다.

답 ④

029

$a_1 = 1$

$\displaystyle\sum_{k=1}^{n} (a_k - a_{k+1}) = -n^2 + n$

$a_n - a_{n+1} = -2n + 1 + 1 = -2n + 2$

$\Rightarrow a_{n+1} - a_n = 2n - 2$

$a_n = a_1 + \displaystyle\sum_{k=1}^{n-1}(2k-2)$ 이므로

$a_{11} = 1 + \displaystyle\sum_{k=1}^{10}(2k-2) = 1 + \dfrac{10(0+18)}{2} = 91$

답 ②

030

$a_1 = 1$

$a_{n+1} = \begin{cases} 2^{a_n} & (a_n \le 1) \\ \log_{a_n} \sqrt{2} & (a_n > 1) \end{cases}$

$a_2 = 2^{a_1} = 2$

$a_3 = \log_{a_2} \sqrt{2} = \dfrac{1}{2}$

$a_4 = 2^{a_3} = \sqrt{2}$

$a_5 = \log_{a_4} \sqrt{2} = 1$

$a_6 = 2^{a_5} = 2$

$1, \ 2, \ \dfrac{1}{2}, \ \sqrt{2}$ 가 반복되므로 $a_{12} = \sqrt{2}$, $a_{13} = 1$이다.

따라서 $a_{12} \times a_{13} = \sqrt{2}$ 이다.

답 ③

031

$a_1 = \dfrac{3}{2}$

$a_{2n-1} + a_{2n} = 2a_n$

$a_1 + a_2 = 2a_1$

$a_3 + a_4 = 2a_2$

$a_5 + a_6 = 2a_3$

$a_7 + a_8 = 2a_4$

$\vdots$

$a_{15} + a_{16} = 2a_8$

이므로

$\displaystyle\sum_{n=1}^{16} a_n = 2\sum_{n=1}^{8} a_n = 2^2 \sum_{n=1}^{4} a_n = 2^3 \sum_{n=1}^{2} a_n$

$\qquad = 8(a_1 + a_2) = 16a_1 = 24$

이다.

답 ②

$a_1 = 2$

$$a_{n+1} = \begin{cases} \dfrac{a_n}{2-3a_n} & (n\text{이 홀수인 경우}) \\ 1+a_n & (n\text{이 짝수인 경우}) \end{cases}$$

$a_2 = \dfrac{a_1}{2-3a_1} = -\dfrac{1}{2}$

$a_3 = 1+a_2 = \dfrac{1}{2}$

$a_4 = \dfrac{a_3}{2-3a_3} = 1$

$a_5 = 1+a_4 = 2$

$a_6 = \dfrac{a_5}{2-3a_5} = -\dfrac{1}{2}$

$2,\ -\dfrac{1}{2},\ \dfrac{1}{2},\ 1$이 반복된다.

따라서 $\displaystyle\sum_{n=1}^{40} a_n = 10\left(2 - \dfrac{1}{2} + \dfrac{1}{2} + 1\right) = 30$이다.

답 ①

$$f(n) = \begin{cases} \log_3 n & (n\text{이 홀수}) \\ \log_2 n & (n\text{이 짝수}) \end{cases}$$

$a_n = f(6^n) - f(3^n)$

6^n은 짝수이므로

$f(6^n) = \log_2 6^n = n\log_2 6 = n(1+\log_2 3)$

3^n은 홀수이므로

$f(3^n) = \log_3 3^n = n$

$a_n = f(6^n) - f(3^n) = n\log_2 3$

$\displaystyle\sum_{n=1}^{15} a_n = \log_2 3 \times \sum_{n=1}^{15} n = \log_2 3 \times \dfrac{15 \times 16}{2} = 120\log_2 3$

답 ④

034

① $1 \le n \le 10$인 경우

$a_1 = 20,\ a_{n+1} = a_n - 2 \Rightarrow a_n = -2n + 22$

이므로 $\displaystyle\sum_{n=1}^{10} a_n = \sum_{n=1}^{10}(-2n+22) = 110$

② $11 \le n \le 30$인 경우

$a_{10} = 2 \Rightarrow a_n = \begin{cases} 0 & (n\text{이 홀수인 경우}) \\ -2 & (n\text{이 짝수인 경우}) \end{cases}$

이므로 $\displaystyle\sum_{n=11}^{30} a_n = (-2) \times 10 = -20$

따라서 $\displaystyle\sum_{n=1}^{30} a_n = 110 + (-20) = 90$이다.

답 ②

$a_{2n} = 2a_n,\ a_{2n+1} = 3a_n$

$a_1 = 1$

$a_2 = 2$

$a_3 = 3$

$a_4 = 4$

$a_5 = 6$

$a_6 = 6$

$a_7 = 9$

$a_8 = 8$

$a_{16} = 16$

$a_7 + a_k = 73 \Rightarrow a_k = 64$

k가 홀수이면 a_k는 3의 배수이어야 하는데

$a_k = 64$이므로 모순이다.

즉, k는 짝수이어야 한다.

$a_{32} = 32,\ a_{64} = 64$이므로 $k = 64$이다.

답 64

$a_1 = 4$

$$a_{n+1} = \begin{cases} \dfrac{a_n}{2-a_n} & (a_n > 2) \\[2mm] a_n + 2 & (a_n \le 2) \end{cases}$$

$a_2 = \dfrac{a_1}{2-a_1} = -2$

$a_3 = a_2 + 2 = 0$

$a_4 = a_3 + 2 = 2$

$a_5 = a_4 + 2 = 4$

a_1부터 4, -2, 0, 2가 반복된다.

$4 - 2 + 0 + 2 = 4$이므로

$a_1 + a_2 + \cdots + a_8 = 4 \times 2 = 8$

따라서 $\displaystyle\sum_{n=1}^{m} a_n = 12$인 m의 최솟값은 9이다.

답 ③

$a_1 = 1$

$$\begin{cases} a_{3n-1} = 2a_n + 1 \\ a_{3n} = -a_n + 2 \\ a_{3n+1} = a_n + 1 \end{cases}$$

$a_2 = 2a_1 + 1 = 3$

$a_3 = -a_1 + 2 = 1$

$a_4 = a_1 + 1 = 2$

$a_{11} = 2a_4 + 1 = 5$

$a_{12} = -a_4 + 2 = 0$

$a_{13} = a_4 + 1 = 3$

이므로 $a_{11} + a_{12} + a_{13} = 8$이다.

답 ③

$a_{n+1} = \displaystyle\sum_{k=1}^{n} k a_k$

$a_{n+1} = a_1 + 2a_2 + 3a_3 + \cdots + na_n$

$a_n = a_1 + 2a_2 + 3a_3 + \cdots + (n-1)a_{n-1} \ (n \ge 2)$

이므로

$a_{n+1} - a_n = na_n \ (n \ge 2)$

$\Rightarrow a_{n+1} = (n+1)a_n \ (n \ge 2)$

$\Rightarrow \dfrac{a_{n+1}}{a_n} = n+1 \ (n \ge 2)$

$a_2 = a_1 = 2$

$\dfrac{a_{51}}{a_{50}} = 51$이므로 $a_2 + \dfrac{a_{51}}{a_{50}} = 2 + 51 = 53$이다.

답 ④

> **Tip**
>
> $\dfrac{a_{n+1}}{a_n} = n+1$은 $n \ge 2$일 때 성립하므로
>
> $\dfrac{a_2}{a_1} = 2$가 성립하지 않는다.
>
> $S_n - S_{n-1} = a_n \ (n \ge 2)$를 할 때에는
>
> $S_1 = a_1$를 항상 확인하도록 하자.

039

$S_n + S_{n+1} = (a_{n+1})^2 \ (n \ge 1)$이므로

$S_{n+1} + S_{n+2} = (a_{n+2})^2 \ (n \ge 1)$가 성립한다.

$S_{n+1} + S_{n+2} = (a_{n+2})^2$에서 $S_n + S_{n+1} = (a_{n+1})^2$를 빼면

$a_{n+1} + a_{n+2} = (a_{n+2})^2 - (a_{n+1})^2$이다.

$(a_{n+2} - a_{n+1})(a_{n+2} + a_{n+1}) - (a_{n+2} + a_{n+1}) = 0$

$(a_{n+2} + a_{n+1})(a_{n+2} - a_{n+1} - 1) = 0$

각 항이 양수이므로 $a_{n+2} + a_{n+1} = 0$일 수는 없다.

따라서 $a_{n+2} - a_{n+1} = 1 \ (n \ge 1)$이어야 한다.

a_2부터 공차가 1인 등차수열이다.

$$S_n + S_{n+1} = (a_{n+1})^2$$

$$S_1 + S_2 = (a_2)^2 \implies a_1 + a_1 + a_2 = (a_2)^2$$

$$\implies (a_2)^2 - a_2 - 20 = 0 \implies (a_2 - 5)(a_2 + 4) = 0$$

$$\implies a_2 = 5 \ (\because a_n > 0)$$

$a_n = n + 3 \ (n \geq 2)$이므로 $a_{10} = 13$이다.

답 13

040

$$a_{12} = \frac{1}{2}$$

$$a_{n+1} = \begin{cases} \dfrac{1}{a_n} & (n\text{이 홀수인 경우}) \\[2mm] 8a_n & (n\text{이 짝수인 경우}) \end{cases}$$

$$a_{12} = \frac{1}{a_{11}} = \frac{1}{2} \implies a_{11} = 2$$

$$a_{11} = 8a_{10} \implies a_{10} = \frac{1}{4}$$

$$a_{10} = \frac{1}{a_9} = \frac{1}{4} \implies a_9 = 4$$

$$a_9 = 8a_8 = 4 \implies a_8 = \frac{1}{2}$$

$$a_8 = \frac{1}{a_7} = \frac{1}{2} \implies a_7 = 2$$

$2, \ \dfrac{1}{4}, \ 4, \ \dfrac{1}{2}$ 가 반복되므로

$a_7 = 2, \ a_6 = \dfrac{1}{4}, \ a_5 = 4, \ a_4 = \dfrac{1}{2}, \ a_3 = 2, \ a_2 = \dfrac{1}{4}, \ a_1 = 4$
이다.

따라서 $a_1 + a_4 = 4 + \dfrac{1}{2} = \dfrac{9}{2}$ 이다.

답 ⑤

041

$$a_1 = a$$

$$a_{n+1} = \begin{cases} a_n + (-1)^n \times 2 & (n\text{이 3의 배수가 아닌 경우}) \\ a_n + 1 & (n\text{이 3의 배수인 경우}) \end{cases}$$

$$a_2 = a_1 - 2 = a - 2$$

$$a_3 = a_2 + 2 = a$$

$$a_4 = a_3 + 1 = a + 1$$

$$a_5 = a_4 + 2 = a + 3$$

$$a_6 = a_5 - 2 = a + 1$$

$$a_7 = a_6 + 1 = a + 2$$

$$a_8 = a_7 - 2 = a$$

$$a_9 = a_8 + 2 = a + 2$$

$$a_{10} = a_9 + 1 = a + 3$$

$$a_{11} = a_{10} + 2 = a + 5$$

$$a_{12} = a_{11} - 2 = a + 3$$

$$a_{13} = a_{12} + 1 = a + 4$$

$$a_{14} = a_{13} - 2 = a + 2$$

$$a_{15} = a_{14} + 2 = a + 4$$

$$a + 4 = 43 \implies a = 39$$

답 ⑤

042

$1 < a_1 < 2$이므로 $a_2 = a_1 - 2 < 0$

$a_3 = -2a_2 = -2(a_1 - 2) > 0$

$a_4 = a_3 - 2 = -2(a_1 - 2) - 2 = -2(a_1 - 1) < 0$

$a_5 = -2a_4 = 4(a_1 - 1) > 0$

$a_6 = a_5 - 2 = 4(a_1 - 1) - 2 = 4a_1 - 6$

만약 $a_6 < 0$이면 $a_7 = -2a_6 > 0$이므로 $a_7 = -1$에
모순이다. 즉, $a_6 \geq 0$이다.

$a_7 = a_6 - 2 = (4a_1 - 6) - 2 = 4a_1 - 8 = -1$

$$\implies a_1 = \frac{7}{4}$$

따라서 $40 \times a_1 = 40 \times \dfrac{7}{4} = 70$이다.

답 70

043

조건 (가)에 의해

$$\sum_{n=1}^{8} a_n = (a_1 + a_5) + (a_2 + a_6) + (a_3 + a_7) + (a_4 + a_8)$$
$$= 15 \times 4 = 60$$

$\sum_{n=1}^{4} a_n = 6$이므로 $\sum_{n=5}^{8} a_n = \sum_{n=1}^{8} a_n - \sum_{n=1}^{4} a_n = 60 - 6 = 54$
이다.

조건 (나)에 의해
$a_6 = a_5 + 5$

$a_7 = a_6 + 6 = a_5 + 11$

$a_8 = a_7 + 7 = a_5 + 18$
이다.

$\sum_{n=5}^{8} a_n = 54 \Rightarrow 4a_5 + 34 = 54 \Rightarrow a_5 = 5$

따라서 $a_5 = 5$이다.

답 ③

$a_1 = a_2 = 1, \ b_1 = k$
$a_{n+2} = (a_{n+1})^2 - (a_n)^2$

$a_3 = (a_2)^2 - (a_1)^2 = 0$

$a_4 = (a_3)^2 - (a_2)^2 = -1$

$a_5 = (a_4)^2 - (a_3)^2 = 1$

$a_6 = (a_5)^2 - (a_4)^2 = 0$

$a_7 = (a_6)^2 - (a_5)^2 = -1$

$a_1 = 1$을 제외하고 a_2부터 $1, \ 0, \ -1$이 반복된다.

$b_{n+1} = a_n - b_n + n$

$b_2 = a_1 - b_1 + 1$

$b_3 = a_2 - b_2 + 2 = a_2 - a_1 + b_1 - 1 + 2$

$b_4 = a_3 - b_3 + 3 = a_3 - a_2 + a_1 - b_1 + 1 - 2 + 3$

$b_5 = a_4 - b_4 + 4 = a_4 - a_3 + a_2 - a_1 + b_1 - 1 + 2 - 3 + 4$

이를 바탕으로
b_{20}을 추론하면 다음과 같다.
$b_{20} = a_{19} - a_{18} + \cdots + - a_2 + a_1 - b_1 + 1 - 2 + \cdots + 19$

$a_{19} - a_{18} + a_{17} - a_{16} + a_{15} - a_{14} + \cdots - a_2 + a_1$ 을
구하기 위해서 짝수와 홀수를 분리하면

$a_1 + a_3 + a_5 + \cdots + a_{19}$
$= 1 + 0 + 1 - 1 + 0 + 1 - 1 + 0 + 1 - 1 = 1$
$a_2 + a_4 + \cdots + a_{18}$
$= 1 - 1 + 0 + 1 - 1 + 0 + 1 - 1 + 0 = 0$

$a_{19} - a_{18} + a_{17} - a_{16} + a_{15} - a_{14} + \cdots - a_2 + a_1 = 1$

$1 - 2 + 3 - 4 + \cdots - 18 + 19 = 10$이므로

$b_{20} = a_{19} - a_{18} + \cdots + - a_2 + a_1 - b_1 + 1 - 2 + \cdots + 19$
$= 1 - b_1 + 10 = 11 - b_1 = 14$

따라서 $b_1 = k = -3$이다.

답 ①

045

조건 (가)에 의해
$$a_{2n-1} + a_{2n} = \sum_{k=1}^{2n} a_k - \sum_{k=1}^{2(n-1)} a_k$$
$$= 17n - 17(n-1) = 17 \ (n \geq 2)$$

조건 (나)에 의해
$|a_{2n} - a_{2n-1}| = 2(2n-1) - 1 = 4n - 3 \ (n \geq 1)$

① $n = 2$인 경우
  $a_3 + a_4 = 17$이고 $|a_4 - a_3| = 5$이므로
  $(a_3, \ a_4) = (6, \ 11)$ or $(a_3, \ a_4) = (11, \ 6)$이다.

조건 (나)에 의해

$|a_3 - a_2| = |a_3 - 9| = 3$이므로

$a_3 = 6$, $a_4 = 11$이다.

② $n = 3$인 경우

$a_5 + a_6 = 17$이고 $|a_6 - a_5| = 9$이므로

$(a_5, \ a_6) = (4, \ 13)$ or $(a_5, \ a_6) = (13, \ 4)$이다.

조건 (나)에 의해

$|a_5 - a_4| = |a_5 - 11| = 7$이므로

$a_5 = 4$, $a_6 = 13$이다.

①, ②와 마찬가지로 방법을 반복하면

$a_8 = 15$, $a_{10} = 17$, $\cdots$ $a_{20} = 27$이므로

$\sum\limits_{n=1}^{10} a_{2n}$의 값은 첫째항이 9이고 공차가 2인

등차수열의 첫째항부터 제10항까지의 합과 같다.

따라서 $\sum\limits_{n=1}^{10} a_{2n} = \dfrac{10(9+27)}{2} = 180$이다.

답 180

046

$(m+2)S_{m+1} - \sum\limits_{k=1}^{m+1} S_k$

$= \boxed{(가)} S_{m+1} - \sum\limits_{k=1}^{m} S_k$

$= \boxed{(가)} S_m + \boxed{(나)} - \sum\limits_{k=1}^{m} S_k$

$(m+2)S_{m+1} - \sum\limits_{k=1}^{m+1} S_k = (m+2)S_{m+1} - \left(\sum\limits_{k=1}^{m} S_k + S_{m+1} \right)$

$= (m+1)S_{m+1} - \sum\limits_{k=1}^{m} S_k$

따라서 (가) $= m+1$이다.

$a_n = n^2 \Rightarrow S_n = \dfrac{n(n+1)(2n+1)}{6}$

$S_{m+1} = \dfrac{(m+1)(m+2)(2m+3)}{6}$

$(m+1)S_{m+1} = (m+1)S_m + $(나)

$\dfrac{(m+1)^2(m+2)(2m+3)}{6} = \dfrac{m(m+1)^2(2m+1)}{6} + $(나)

(나) $= \dfrac{(m+1)^2}{6}\{(m+2)(2m+3) - m(2m+1)\}$

$\qquad = \dfrac{(m+1)^2}{6}(6m+6) = (m+1)^3$

또는 $S_{m+1} = S_m + a_{m+1}$이므로

$(m+1)S_{m+1} = (m+1)S_m + (m+1)a_{m+1}$

$\qquad\qquad\quad = (m+1)S_m + (m+1)^3$

$\therefore$ (나) $= (m+1)^3$

$f(m) = m+1$, $g(m) = (m+1)^3$ 이므로

$f(2) + g(1) = 3 + 8 = 11$

답 ⑤

047

$a_m = (2^{2m} - 1) \times 2^{m(m-1)} + (m-1) \times 2^{-m}$

$\sum\limits_{k=1}^{m} a_k = 2^{m(m+1)} - (m+1) \times 2^{-m}$

$\sum\limits_{k=1}^{m+1} a_k = 2^{m(m+1)} - (m+1) \times 2^{-m}$

$\qquad\qquad + (2^{2m+2} - 1) \times \boxed{(가)} + m \times 2^{-m-1}$

$\qquad = \boxed{(가)} \times \boxed{(나)} - \dfrac{m+2}{2} \times 2^{-m}$

$\qquad = 2^{(m+1)(m+2)} - (m+2) \times 2^{-(m+1)}$

$\sum\limits_{k=1}^{m+1} a_k = \sum\limits_{k=1}^{m} a_k + a_{m+1}$이므로

(가) $= 2^{(m+1)m}$

(가) $\times$ (나) $= 2^{(m+1)(m+2)}$

$2^{m^2+m} \times$ (나) $= 2^{m^2+3m+2} \Rightarrow$ (나) $= 2^{2m+2}$

따라서 $\dfrac{g(7)}{f(3)} = \dfrac{2^{16}}{2^{12}} = 2^4 = 16$이다.

답 ④

048

점 P_n의 좌표를 $(a_n, 0)$

$P_1 = (1, 0) \Rightarrow a_1 = 1$

$\overline{OP_n} = a_n$, $\overline{P_nQ_n} = \sqrt{3a_n}$, $\overline{P_nP_{n+1}} = a_{n+1} - a_n$ 이므로

$\overline{OP_n} : \overline{P_nQ_n} = \overline{P_nQ_n} : \overline{P_nP_{n+1}}$

$\Rightarrow a_n : \sqrt{3a_n} = \sqrt{3a_n} : a_{n+1} - a_n$

$\Rightarrow 3a_n = a_n(a_{n+1} - a_n)$

$\Rightarrow a_{n+1} - a_n = 3 \; (\because \; a_n > 0)$

$\overline{P_nP_{n+1}} = \boxed{(\text{가})}$

$(\text{가}) = 3$

$a_{n+1} - a_n = 3$ 이고 $a_1 = 1$ 이므로 $a_n = 3n - 2$ 이다.

$A_n = \dfrac{1}{2} \times (\boxed{(\text{나})}) \times \sqrt{9n-6}$

$A_n = \dfrac{1}{2} \times \overline{OP_{n+1}} \times \overline{P_nQ_n} = \dfrac{1}{2} \times a_{n+1} \times \sqrt{3a_n}$

$\qquad = \dfrac{1}{2} \times (3n+1) \times \sqrt{9n-6}$

$(\text{나}) = 3n + 1$

따라서 $p + f(8) = 3 + 25 = 28$ 이다.

답 ⑤

049

$a_1 = 1$, $a_2 = 2$

$(\text{가}) \; a_{2n+1} = -a_n + 3a_{n+1}$

$(\text{나}) \; a_{2n+2} = a_n - a_{n+1}$

$(\text{가}) + (\text{나})$ 하면 $a_{2n+1} + a_{2n+2} = 2a_{n+1}$

$a_3 + a_4 = 2a_2$

$a_5 + a_6 = 2a_3$

$a_7 + a_8 = 2a_4$

$a_9 + a_{10} = 2a_5$

$\vdots$

$a_{15} + a_{16} = 2a_8$

이므로

$\displaystyle\sum_{n=1}^{16} a_n = a_1 + a_2 + 2(a_2 + a_3 + a_4 + a_5 + a_6 + a_7 + a_8)$

$\qquad = 3 + 2(a_2 + 2a_2 + 2a_3 + 2a_4)$

$\qquad = 3 + 2\{3a_2 + 2(2a_2)\}$

$\qquad = 3 + 2(7a_2) = 3 + 14a_2 = 31$

이다.

 ①

050

$\displaystyle\sum_{k=1}^{n} \dfrac{S_k}{k!} = \dfrac{1}{(n+1)!}$

$\dfrac{S_n}{n!} = \displaystyle\sum_{k=1}^{n} \dfrac{S_k}{k!} - \sum_{k=1}^{n-1} \dfrac{S_k}{k!}$

$\qquad = \dfrac{1}{(n+1)!} - \dfrac{1}{n!} = \dfrac{1-(n+1)}{(n+1)!} = \dfrac{-n}{(n+1)!}$

$\qquad = -\dfrac{\boxed{(\text{가})}}{(n+1)!}$

$(\text{가}) = n$

$S_n = -\dfrac{\boxed{(\text{가})}}{n+1} = -\dfrac{n}{n+1}$ 이므로

$a_n = S_n - S_{n-1} = -\dfrac{n}{n+1} + \dfrac{n-1}{n}$

$\qquad = \dfrac{-n^2 + n^2 - 1}{n(n+1)} = \dfrac{-1}{n(n+1)} = -(\boxed{(\text{나})})$

$$(\text{나}) = \frac{1}{n(n+1)}$$

$$\sum_{k=3}^{n} k(k+1) = -8 + \sum_{k=1}^{n} k(k+1)$$

$$\sum_{k=1}^{n} \frac{1}{a_k} = \frac{8}{7} - \sum_{k=3}^{n} k(k+1)$$

$$= \frac{8}{7} - \left(-8 + \sum_{k=1}^{n} k(k+1) \right)$$

$$= \frac{64}{7} - \sum_{k=1}^{n} (k^2 + k)$$

$$= \frac{64}{7} - \sum_{k=1}^{n} k - \sum_{k=1}^{n} k^2$$

$$= \frac{64}{7} - \frac{n(n+1)}{2} - \sum_{k=1}^{n} \boxed{(\text{다})}$$

$$= -\frac{1}{3}n^3 - n^2 - \frac{2}{3}n + \frac{64}{7}$$

$$(\text{다}) = k^2$$

따라서 $f(5) \times g(3) \times h(6) = 5 \times \dfrac{1}{12} \times 36 = 15$이다.

답 ⑤

051

$$\sum_{k=1}^{n} \frac{_{2k}P_k}{2^k} \le \frac{(2n)!}{2^n}$$

$$(\text{우변}) = \frac{2!}{2^1} = 1 = \boxed{(\text{가})}$$

$$(\text{가}) = 1$$

$$\sum_{k=1}^{m+1} \frac{_{2k}P_k}{2^k} = \sum_{k=1}^{m} \frac{_{2k}P_k}{2^k} + \frac{_{2m+2}P_{m+1}}{2^{m+1}}$$

$$= \sum_{k=1}^{m} \frac{_{2k}P_k}{2^k} + \frac{1}{2^{m+1}} \times \frac{(2m+2)!}{(2m+2-m-1)!}$$

$$= \sum_{k=1}^{m} \frac{_{2k}P_k}{2^k} + \frac{1}{2^{m+1}} \times \frac{(2m+2)!}{(m+1)!}$$

$$= \sum_{k=1}^{m} \frac{_{2k}P_k}{2^k} + \frac{\boxed{(\text{나})}}{2^{m+1} \times (m+1)!}$$

$$(\text{나}) = (2m+2)!$$

$$\frac{(2m)!}{2^m} + \frac{(2m+2)!}{2^{m+1} \times (m+1)!}$$

$$= \frac{(2m+2)!}{2^{m+1}} \times \left\{ \frac{2}{(2m+2)(2m+1)} + \frac{1}{(m+1)!} \right\}$$

$$= \frac{(2m+2)!}{2^{m+1}} \times \left\{ \frac{1}{\boxed{(\text{다})}} + \frac{1}{(m+1)!} \right\}$$

$$< \frac{(2m+2)!}{2^{m+1}}$$

$$(\text{다}) = (m+1)(2m+1)$$

따라서 $p + \dfrac{f(2)}{g(4)} = 1 + \dfrac{6!}{45} = 1 + 16 = 17$이다.

답 ②

052

$$(n+1)S_{n+1} - nS_n$$

$$= \log_2(n+2) - \log_2(n+1) + \sum_{k=1}^{n} S_k - \sum_{k=1}^{n-1} S_k \,(n \ge 2)$$

$$\Rightarrow (n+1)S_{n+1} - nS_n = \log_2 \frac{n+2}{n+1} + S_n \,(n \ge 2)$$

$$\Rightarrow (n+1)S_{n+1} - (n+1)S_n = \log_2 \frac{n+2}{n+1} \,(n \ge 2)$$

$$\Rightarrow (n+1)(S_{n+1} - S_n) = \log_2 \frac{n+2}{n+1} \,(n \ge 2)$$

$$\Rightarrow (n+1) \times a_{n+1} = \log_2 \frac{n+2}{n+1} \,(n \ge 2)$$

이므로
$$(\text{가}) = n+1$$

$$2S_2 = \log_2 3 + a_1$$

$$\Rightarrow 2a_1 + 2a_2 = \log_2 3 + a_1$$

$$\Rightarrow 2a_2 = \log_2 3 - a_1 = \log_2 3 - \log_2 2$$

$$\Rightarrow 2a_2 = \log_2 \frac{3}{2} \quad \cdots \ \text{㉠}$$

$$(n+1)a_{n+1} = \log_2 \frac{n+2}{n+1} \,(n \ge 2)$$

㉠에 의해 $n=1$일 때도 성립하고,
$a_1 = \log_2 2$이므로

모든 자연수 n에 대하여 $na_n = \log_2 \dfrac{n+1}{n}$ 이다.

$(나) = \log_2 \dfrac{n+1}{n}$

$\displaystyle\sum_{k=1}^{n} ka_k = \sum_{k=1}^{n} \log_2 \dfrac{k+1}{k} = \log_2 \dfrac{2}{1} + \log_2 \dfrac{3}{2} + \cdots + \log_2 \dfrac{n+1}{n}$

$\qquad\qquad = \log_2\left(\dfrac{2}{1} \times \dfrac{3}{2} \times \cdots \times \dfrac{n+1}{n}\right) = \log_2(n+1)$

$(다) = \log_2(n+1)$

$f(n) = n+1, \ g(n) = \log_2 \dfrac{n+1}{n}, \ h(n) = \log_2(n+1)$

따라서 $f(8) - g(8) + h(8) = 9 - \log_2 \dfrac{9}{8} + \log_2 9 = 12$이다.

답 ①

053

$a_{n+1} - a_n = d$

$d \neq 0 \ (\because a_n < a_{n+1})$

$2^{a_{n+1} - a_n} = k(a_{n+1} - a_n) + 1 \Rightarrow 2^d = kd + 1$

$A_n = \dfrac{1}{2}(a_{n+1} - a_n)(2^{a_{n+1}} - 2^{a_n})$

$\dfrac{A_3}{A_1} = \dfrac{\frac{1}{2}(a_4 - a_3)(2^{a_4} - 2^{a_3})}{\frac{1}{2}(a_2 - a_1)(2^{a_2} - 2^{a_1})} = \dfrac{2^{a_4} - 2^{a_3}}{2^{a_2} - 2^{a_1}}$

$\qquad = \dfrac{2^{1+3d} - 2^{1+2d}}{2^{1+d} - 2} = \dfrac{2^{3d} - 2^{2d}}{2^d - 1}$

$\qquad = \dfrac{2^{2d}(2^d - 1)}{2^d - 1} = 2^{2d} \ (\because d \neq 0)$

$\qquad = 16$

이므로 $2^{2d} = 16 \Rightarrow d = 2$

$(가) = 2$

$a_1 = 1, \ a_{n+1} - a_n = d = 2$이므로 $a_n = 2n - 1$

$(나) = 2n - 1$

$A_n = \dfrac{1}{2}(a_{n+1} - a_n)(2^{a_{n+1}} - 2^{a_n})$

$\qquad = \dfrac{1}{2} \times 2 \times (2^{2n+1} - 2^{2n-1})$

$\qquad = 2^{2n-1}(2^2 - 1)$

$\qquad = 3 \times 2^{2n-1}$

$(다) = 3 \times 2^{2n-1}$

따라서 $p + \dfrac{g(4)}{f(2)} = 2 + \dfrac{3 \times 2^7}{3} = 2 + 128 = 130$이다.

답 ⑤

054

$a_4 = \begin{cases} a_3 + 1 & (a_3\text{이 홀수인 경우}) \\ \dfrac{1}{2}a_3 & (a_3\text{이 짝수인 경우}) \end{cases}$

① a_3가 홀수인 경우

$\quad a_2 + a_4 = 40 \Rightarrow a_2 + a_3 + 1 = 40 \Rightarrow a_2 + a_3 = 39$

$\quad a_3 = \begin{cases} a_2 + 1 & (a_2\text{이 홀수인 경우}) \\ \dfrac{1}{2}a_2 & (a_2\text{이 짝수인 경우}) \end{cases}$

①- ⅰ) a_2가 홀수인 경우

$a_3 = a_2 + 1$이므로

$a_2 + a_2 + 1 = 39 \Rightarrow 2a_2 = 38 \Rightarrow a_2 = 19$

$a_2 + a_3 = 39 \Rightarrow a_3 = 20$

a_3이 짝수이므로 a_3가 홀수라는 가정에 모순이다.

①- ⅱ) a_2가 짝수인 경우

$a_3 = \dfrac{1}{2}a_2$이므로

$a_2 + \dfrac{1}{2}a_2 = 39 \Rightarrow a_2 = 26$

$a_2 = \begin{cases} a_1 + 1 & (a_1\text{이 홀수인 경우}) \\ \dfrac{1}{2}a_1 & (a_1\text{이 짝수인 경우}) \end{cases}$

$\therefore a_1 = 25 \ \text{or} \ a_1 = 52$

② a_3가 짝수인 경우

$$a_2 + a_4 = 40 \Rightarrow a_2 + \frac{1}{2}a_3 = 40$$

$$a_3 = \begin{cases} a_2 + 1 & (a_2\text{이 홀수인 경우}) \\ \dfrac{1}{2}a_2 & (a_2\text{이 짝수인 경우}) \end{cases}$$

②- ⅰ) a_2가 홀수인 경우

$a_3 = a_2 + 1$이므로

$$a_2 + \frac{1}{2}a_3 = 40 \Rightarrow \frac{3}{2}a_2 + \frac{1}{2} = 40 \Rightarrow a_2 = \frac{79}{3}$$

a_1이 자연수이고, a_1가 홀수이든 짝수이든
a_2도 자연수이므로 모순이다.

②- ⅱ) a_2가 짝수인 경우

$a_3 = \dfrac{1}{2}a_2$이므로

$$a_2 + \frac{1}{2}a_3 = 40 \Rightarrow a_2 + \frac{1}{4}a_2 = 40 \Rightarrow a_2 = 32$$

$$a_2 = \begin{cases} a_1 + 1 & (a_1\text{이 홀수인 경우}) \\ \dfrac{1}{2}a_1 & (a_1\text{이 짝수인 경우}) \end{cases}$$

$$\therefore \ a_1 = 31 \ \text{or} \ a_1 = 64$$

따라서 모든 a_1의 값의 합은 $25 + 52 + 31 + 64 = 172$이다.

답 ①

55	142	63	④
56	5	64	①
57	13	65	①
58	③	66	②
59	②	67	③
60	④	68	⑤
61	③	69	②
62	17	70	③

055

a_1은 짝수

$$a_{n+1} = \begin{cases} a_n + 3 & (a_n\text{이 홀수인 경우}) \\ \dfrac{a_n}{2} & (a_n\text{이 짝수인 경우}) \end{cases}$$

$$a_5 = \frac{a_4}{2} = 5 \quad (a_4\text{가 짝수}) \Rightarrow a_4 = 10$$

$$a_5 = a_4 + 3 = 5 \quad (a_4\text{가 홀수}) \Rightarrow a_4 = 2$$

a_4가 홀수인데 $a_4 = 2$이므로 모순이다.
따라서 $a_4 = 10$이다.

$$a_4 = \frac{a_3}{2} = 10 \quad (a_3\text{가 짝수}) \Rightarrow a_3 = 20$$

$$a_4 = a_3 + 3 = 10 \quad (a_3\text{가 홀수}) \Rightarrow a_3 = 7$$

① $a_3 = 20$일 때,

$$a_3 = \frac{a_2}{2} = 20 \quad (a_2\text{가 짝수}) \Rightarrow a_2 = 40$$

$$a_3 = a_2 + 3 = 20 \quad (a_2\text{가 홀수}) \Rightarrow a_2 = 17$$

② $a_3 = 7$일 때,

$$a_3 = \frac{a_2}{2} = 7 \quad (a_2\text{가 짝수}) \Rightarrow a_2 = 14$$

$$a_3 = a_2 + 3 = 7 \quad (a_2\text{가 홀수}) \Rightarrow a_2 = 4$$

a_2가 홀수인데 $a_2 = 4$이므로 모순이다.
따라서 $a_2 = 14$이다.

①- ⅰ) $a_2 = 40$일 때,

$$a_2 = \frac{a_1}{2} = 40 \quad (a_1\text{가 짝수}) \Rightarrow a_1 = 80$$

① - ii) $a_2 = 17$ 일 때,

$$a_2 = \frac{a_1}{2} = 17 \quad (a_1 \text{가 짝수}) \Rightarrow a_1 = 34$$

② $a_2 = 14$

$$a_2 = \frac{a_1}{2} = 14 \quad (a_1 \text{가 짝수}) \Rightarrow a_1 = 28$$

$a_1 = 80, \ 34, \ 28$이므로

수열 $\{a_n\}$의 첫째항이 될 수 있는 모든 수의 합은

$80 + 34 + 28 = 142$이다.

답 142

056

a_1이 자연수

$$a_{n+1} = \begin{cases} a_n - 2 & (a_n \geq 0) \\ a_n + 5 & (a_n < 0) \end{cases}$$

$a_{15} < 0$이 되도록 하는 a_1의 최솟값을 구하는 것이므로
a_1에 따라 case분류하여 구해보자.

① $a_1 = 1$일 때

$a_1 \geq 0 \Rightarrow a_2 = a_1 - 2 = -1$

$a_2 < 0 \Rightarrow a_3 = a_2 + 5 = 4$

$a_3 \geq 0 \Rightarrow a_4 = a_3 - 2 = 2$

$a_4 \geq 0 \Rightarrow a_5 = a_4 - 2 = 0$

$a_5 \geq 0 \Rightarrow a_6 = a_5 - 2 = -2$

$a_6 < 0 \Rightarrow a_7 = a_6 + 5 = 3$

$a_7 \geq 0 \Rightarrow a_8 = a_7 - 2 = 1 = a_1$

이므로 수열 $\{a_n\}$이 모든 자연수 n에 대하여
$a_{n+7} = a_n$이다.
$a_{15} = a_8 = a_1 = 1 > 0$이므로 조건을 만족시키지 않는다.

② $a_1 = 2$일 때

같은 방법으로 구하면 수열 $\{a_n\}$이 모든 자연수 n에 대하여
$a_{n+7} = a_n$이다.
$a_{15} = a_8 = a_1 = 2 > 0$이므로 조건을 만족시키지 않는다.

③ $a_1 = 3$일 때

같은 방법으로 구하면 수열 $\{a_n\}$이 모든 자연수 n에 대하여

$a_{n+7} = a_n$이다.
$a_{15} = a_8 = a_1 = 3 > 0$이므로 조건을 만족시키지 않는다.

④ $a_1 = 4$일 때

같은 방법으로 구하면 수열 $\{a_n\}$이 모든 자연수 n에 대하여
$a_{n+7} = a_n$이다.
$a_{15} = a_8 = a_1 = 4 > 0$이므로 조건을 만족시키지 않는다.

⑤ $a_1 = 5$일 때

$a_1 \geq 0 \Rightarrow a_2 = a_1 - 2 = 3$

$a_2 \geq 0 \Rightarrow a_3 = a_2 - 2 = 1$

$a_3 \geq 0 \Rightarrow a_4 = a_3 - 2 = -1$

$a_4 < 0 \Rightarrow a_5 = a_4 + 5 = 4$

$a_5 \geq 0 \Rightarrow a_6 = a_5 - 2 = 2$

$a_6 \geq 0 \Rightarrow a_7 = a_6 - 2 = 0$

$a_7 \geq 0 \Rightarrow a_8 = a_7 - 2 = -2$

$a_8 < 0 \Rightarrow a_9 = a_8 + 5 = 3 = a_2$

이므로 수열 $\{a_n\}$이 2 이상의 자연수 n에 대하여
$a_{n+7} = a_n$이다.
$a_{15} = a_8 = -2 < 0$이므로 조건을 만족시킨다.

따라서 $a_{15} < 0$이 되도록 하는 a_1의 최솟값은 5이다.

답 5

057

$d \neq 0$인 등차수열 a_n

$b_1 = a_1$

$n \geq 2$에 대하여

$$b_n = \begin{cases} b_{n-1} + a_n & (n\text{이 } 3\text{의 배수가 아닌 경우}) \\ b_{n-1} - a_n & (n\text{이 } 3\text{의 배수인 경우}) \end{cases}$$

$b_2 = b_1 + a_2 = a_1 + a_2$

$b_3 = b_2 - a_3 = a_1 + a_2 - a_3$

$b_4 = b_3 + a_4 = a_1 + a_2 - a_3 + a_4$

$b_5 = b_4 + a_5 = a_1 + a_2 - a_3 + a_4 + a_5$

$b_6 = b_5 - a_6 = a_1 + a_2 - a_3 + a_4 + a_5 - a_6$

$b_7 = b_6 + a_7 = a_1 + a_2 - a_3 + a_4 + a_5 - a_6 + a_7$

$b_8 = b_7 + a_8 = a_1 + a_2 - a_3 + a_4 + a_5 - a_6 + a_7 + a_8$

$b_9 = b_8 - a_9 = a_1 + a_2 - a_3 + a_4 + a_5 - a_6 + a_7 + a_8 - a_9$

$b_{10} = b_9 + a_{10} = a_1 + a_2 - a_3 + a_4 + a_5 - a_6 + a_7 + a_8 - a_9 + a_{10}$

$b_{10} = a_{10}$이므로

$a_{10} = a_1 + a_2 - a_3 + a_4 + a_5 - a_6 + a_7 + a_8 - a_9 + a_{10}$

$\Rightarrow 3a + 6d = 0 \Rightarrow a = -2d$

$$\frac{b_8}{b_{10}} = \frac{a_1 + a_2 - a_3 + a_4 + a_5 - a_6 + a_7 + a_8}{a_1 + a_2 - a_3 + a_4 + a_5 - a_6 + a_7 + a_8 - a_9 + a_{10}}$$

$$= \frac{4a + 14d}{4a + 15d} = \frac{6d}{7d} = \frac{6}{7}$$

따라서 $p + q = 13$이다.

답 13

058

(가) $a_{2n} = a_2 \times a_n + 1$

(나) $a_{2n+1} = a_2 \times a_n - 2$

(나)$-$(가)를 하면 $a_{2n+1} - a_{2n} = -3$

$a_7 = 2$

$a_7 - a_6 = -3 \Rightarrow a_6 = 5$

(가) 조건에 $n = 3$을 대입하면

$a_6 = a_2 \times a_3 + 1 \Rightarrow a_2 \times a_3 = 4 \cdots \ominus$

$a_{2n+1} - a_{2n} = -3$에 $n = 1$을 대입하면

$a_3 - a_2 = -3 \cdots \ominus$

$\ominus$과 $\ominus$을 연립하면

$a_2^2 - 3a_2 - 4 = 0 \Rightarrow (a_2 + 1)(a_2 - 4) = 0$

$\Rightarrow a_2 = -1 \text{ or } a_2 = 4$

① $a_2 = -1$일 때,

(가) 조건에 $n = 1$을 대입하면

$a_2 = a_2 a_1 + 1 \Rightarrow -1 = -a_1 + 1 \Rightarrow a_1 = 2$ 이므로

$0 < a_1 < 1$ 라는 조건에 모순이다.

② $a_2 = 4$

(가) 조건에 $n = 1$을 대입하면

$a_2 = a_2 a_1 + 1 \Rightarrow 4 = 4a_1 + 1 \Rightarrow a_1 = \frac{3}{4}$이므로

$0 < a_1 < 1$ 라는 조건을 만족시킨다.

즉, $a_1 = \frac{3}{4}$, $a_2 = 4$, $a_3 = 1$

$a_{2n+1} - a_{2n} = -3$

$a_{25} - a_{24} = -3 \Rightarrow a_{25} = -3 + a_{24}$

(가) 조건에서 $n = 12$를 대입하면

$a_{24} = a_2 a_{12} + 1 = 4a_{12} + 1$

(가) 조건에서 $n = 6$를 대입하면

$a_{12} = a_2 a_6 + 1 = 4a_6 + 1$

(가) 조건에서 $n = 3$를 대입하면

$a_6 = a_2 a_3 + 1 = 4a_3 + 1 = 5$이므로

$a_{12} = 21 \Rightarrow a_{24} = 85$

따라서 $a_{25} = -3 + a_{24} = -3 + 85 = 82$이다.

답 ③

$$a_{n+2} = \begin{cases} 2a_n + a_{n+1} & (a_n \le a_{n+1}) \\ a_n + a_{n+1} & (a_n > a_{n+1}) \end{cases}$$

$a_3 = 2, \ a_6 = 19$

$$a_3 = 2 = \begin{cases} 2a_1 + a_2 & (a_1 \le a_2) \\ a_1 + a_2 & (a_1 > a_2) \end{cases}$$

$$a_4 = \begin{cases} 2a_2 + 2 & (a_2 \le 2) \\ a_2 + 2 & (a_2 > 2) \end{cases}$$

$$a_5 = \begin{cases} 4 + a_4 & (2 \le a_4) \\ 2 + a_4 & (2 > a_4) \end{cases}$$

$$a_6 = 19 = \begin{cases} 2a_4 + a_5 & (a_4 \le a_5) \\ a_4 + a_5 & (a_4 > a_5) \end{cases}$$

① $a_4 \le a_5$일 때

$2a_4 + a_5 = 19 \ \Rightarrow \ a_5 = 19 - 2a_4$

①-(1) $a_5 = 4 + a_4 \ (2 \le a_4)$이면

$19 - 2a_4 = 4 + a_4 \ \Rightarrow \ a_4 = 5, \ a_5 = 9$

$2 \le a_4$이고 $a_4 \le a_5$이므로 조건을 만족한다.

$$a_4 = \begin{cases} 2a_2 + 2 & (a_2 \le 2) \\ a_2 + 2 & (a_2 > 2) \end{cases}$$

$a_2 = 3 \ \text{or} \ a_2 = \dfrac{3}{2}$

①-(1)-❶ $a_2 = 3$일 때

$$a_3 = 2 = \begin{cases} 2a_1 + 3 & (a_1 \le 3) \\ a_1 + 3 & (a_1 > 3) \end{cases}$$

이므로 $a_1 = -\dfrac{1}{2}$이다.

①-(1)-❷ $a_2 = \dfrac{3}{2}$일 때

$$a_3 = 2 = \begin{cases} 2a_1 + \dfrac{3}{2} & \left(a_1 \le \dfrac{3}{2}\right) \\ a_1 + \dfrac{3}{2} & \left(a_1 > \dfrac{3}{2}\right) \end{cases}$$

이므로 $a_1 = \dfrac{1}{4}$이다.

①-(2) $a_5 = 2 + a_4 \ (2 > a_4)$이면

$19 - 2a_4 = 2 + a_4 \ \Rightarrow \ a_4 = \dfrac{17}{3}$

$a_4 < 2$라는 조건을 만족시키지 않으므로 모순이다.

② $a_4 > a_5$일 때

$a_4 + a_5 = 19 \ \Rightarrow \ a_5 = 19 - a_4$

②-(1) $a_5 = 4 + a_4 \ (2 \le a_4)$이면

$a_4 > a_5$라는 조건을 만족시키지 않으므로 모순이다.

②-(2) $a_5 = 2 + a_4 \ (2 > a_4)$이면

$a_4 > a_5$라는 조건을 만족시키지 않으므로 모순이다.

따라서 $a_3 = 2, \ a_6 = 19$가 되도록 하는 모든 a_1의 값의

합은 $\left(-\dfrac{1}{2}\right) + \dfrac{1}{4} = -\dfrac{1}{4}$이다.

답 ②

$a > 0, \ d < -1$이므로

$n \le k$일 때, $a_n \ge 0$, $n \ge k+1$일 때, $a_n < 0$인

자연수 k가 유일하게 존재한다.

① $n \le k$일 때,

$a_n \ge 0, \ b_n = a_{n+1} - \dfrac{n}{2}$이므로

$b_1 = a_2 - \dfrac{1}{2}, \ b_2 = a_3 - 1, \ \cdots, \ b_k = a_{k+1} - \dfrac{k}{2}$

따라서 수열 $\{b_n\}$은 $n = 1, \ 2, \ 3, \ \cdots, \ k-1$일 때,

$b_{n+1} - b_n = d - \dfrac{1}{2}$을 만족시킨다.

② $n \ge k+1$일 때,

$a_n < 0, \ b_n = a_n + \dfrac{n}{2}$이므로

$b_{k+1} = a_{k+1} + \dfrac{k+1}{2}, \ b_{k+2} = a_{k+2} + \dfrac{k+2}{2},$

$b_{k+3} = a_{k+3} + \dfrac{k+3}{2}, \ \cdots$

따라서 수열 $\{b_n\}$은 $n = k+1, \ k+2, \ k+3, \ \cdots$ 일 때,

$b_{n+1} - b_n = d + \dfrac{1}{2}$을 만족시킨다.

즉, $n \leq k-1$일 때, $d - \dfrac{1}{2} < 0$이므로 $b_n > b_{n+1}$,

$n \geq k+1$일 때, $d + \dfrac{1}{2} < 0$이므로 $b_n > b_{n+1}$,

$n = k$일 때,

$b_{k+1} - b_k = \left(a_{k+1} + \dfrac{k+1}{2} \right) - \left(a_{k+1} - \dfrac{k}{2} \right)$

$\qquad\qquad = k + \dfrac{1}{2} > 0$

이므로 $b_n < b_{n+1}$

따라서 $n = k$일 때만 $b_n < b_{n+1}$이다.

(가) 조건에서 $b_5 < b_6$이므로 $k = 5$이다.

$$b_n = \begin{cases} a_{n+1} - \dfrac{n}{2} & (n \leq 5) \\[2mm] a_n + \dfrac{n}{2} & (n \geq 6) \end{cases}$$

(나) 조건에서

$S_5 = b_1 + b_2 + b_3 + b_4 + b_5$

$\quad = \dfrac{5(b_1 + b_5)}{2} = \dfrac{5}{2} \times \left\{ \left(a_2 - \dfrac{1}{2} \right) + \left(a_6 - \dfrac{5}{2} \right) \right\}$

$\quad = \dfrac{5}{2} \times (2a + 6d - 3) = 0$

$2a + 6d - 3 = 0 \ \cdots \ \bigcirc$

$S_9 - S_5 = 0$

$\Rightarrow b_6 + b_7 + b_8 + b_9 = 0$

$\Rightarrow \dfrac{4(b_6 + b_9)}{2} = 0$

$\Rightarrow \dfrac{4}{2} \times \left\{ (a_6 + 3) + \left(a_9 + \dfrac{9}{2} \right) \right\} = 0$

$\Rightarrow 2a + 13d + \dfrac{15}{2} = 0$

$2a + 13d + \dfrac{15}{2} = 0 \ \cdots \ \bigcirc$

$\bigcirc$, $\bigcirc$을 연립하면

$a = 6$, $d = -\dfrac{3}{2}$이므로 $a_n = -\dfrac{3}{2}n + \dfrac{15}{2}$

$S_9 = 0$, $b_{10} = a_{10} + 5 = -\dfrac{15}{2} + 5 = -\dfrac{5}{2}$

$n \geq 6$일 때, 수열 $\{b_n\}$은

$b_{n+1} - b_n = d + \dfrac{1}{2} = -1$을 만족시키므로

$S_n = S_9 + (b_{10} + b_{11} + b_{12} + \cdots + b_n)$

$\quad = 0 + \dfrac{(n-9)\{-5 + (n-10)(-1)\}}{2}$

$\quad = -\dfrac{(n-5)(n-9)}{2} \quad (n \geq 10)$

$S_n \leq -70$을 만족시키는 n의 값의 범위는 $n \geq 19$이므로
자연수 n의 최솟값은 19이다.

답 ④

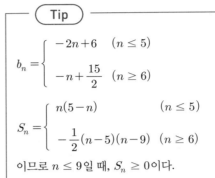

Tip

$$b_n = \begin{cases} -2n + 6 & (n \leq 5) \\[2mm] -n + \dfrac{15}{2} & (n \geq 6) \end{cases}$$

$$S_n = \begin{cases} n(5-n) & (n \leq 5) \\[2mm] -\dfrac{1}{2}(n-5)(n-9) & (n \geq 6) \end{cases}$$

이므로 $n \leq 9$일 때, $S_n \geq 0$이다.

061

(가) $a_5 = 5$

(나) $a_{n+1} = \begin{cases} a_n - 6 & (a_n \geq 0) \\[2mm] -2a_n + 3 & (a_n < 0) \end{cases}$

$\displaystyle\sum_{k=1}^{100} a_k$의 최댓값과 최솟값을 각각 M, m이라 할 때,
$M - m$의 값을 구하는 문제이다.

$n \geq 5$이면 a_n이 하나의 값으로 정해지므로

$\displaystyle\sum_{k=5}^{100} a_k = A$는 상수이다.

즉, $\displaystyle\sum_{k=1}^{100} a_k = \sum_{k=1}^{4} a_k + A$이므로 최댓값과 최솟값을 결정하는

것은 $\displaystyle\sum_{k=1}^{4} a_k$이다.

Tip

a_1부터 미지수로 놓고 풀면 case가 굉장히 복잡하므로 역으로
a_5부터 출발하는 방법을 택하는 게 유리하다.

$a_5 = 5 = \begin{cases} a_4 - 6 & (a_4 \geq 0) \\ -2a_4 + 3 & (a_4 < 0) \end{cases}$ 이므로

$a_4 = 11$ or $a_4 = -1$

① $a_4 = 11$일 때

$a_4 = 11 = \begin{cases} a_3 - 6 & (a_3 \geq 0) \\ -2a_3 + 3 & (a_3 < 0) \end{cases}$ 이므로

$a_3 = 17$ or $a_3 = -4$

①-(1) $a_3 = 17$일 때

$a_3 = 17 = \begin{cases} a_2 - 6 & (a_2 \geq 0) \\ -2a_2 + 3 & (a_2 < 0) \end{cases}$ 이므로

$a_2 = 23$ or $a_2 = -7$

①-(1)-❶ $a_2 = 23$일 때

$a_2 = 23 = \begin{cases} a_1 - 6 & (a_1 \geq 0) \\ -2a_1 + 3 & (a_1 < 0) \end{cases}$ 이므로

$a_1 = 29$ or $a_1 = -10$

①-(1)-❷ $a_2 = -7$

$a_2 = -7 = \begin{cases} a_1 - 6 & (a_1 \geq 0) \\ -2a_1 + 3 & (a_1 < 0) \end{cases}$ 를

만족시키는 a_1는 존재하지 않는다.

①-(2) $a_3 = -4$일 때

$a_3 = -4 = \begin{cases} a_2 - 6 & (a_2 \geq 0) \\ -2a_2 + 3 & (a_2 < 0) \end{cases}$ 이므로

$a_2 = 2$

$a_2 = 2 = \begin{cases} a_1 - 6 & (a_1 \geq 0) \\ -2a_1 + 3 & (a_1 < 0) \end{cases}$ 이므로

$a_1 = 8$

② $a_4 = -1$일 때

$a_4 = -1 = \begin{cases} a_3 - 6 & (a_3 \geq 0) \\ -2a_3 + 3 & (a_3 < 0) \end{cases}$ 이므로

$a_3 = 5$

$a_3 = 5 = \begin{cases} a_2 - 6 & (a_2 \geq 0) \\ -2a_2 + 3 & (a_2 < 0) \end{cases}$ 이므로

$a_2 = 11$ or $a_2 = -1$

②-(1) $a_2 = 11$일 때

$a_2 = 11 = \begin{cases} a_1 - 6 & (a_1 \geq 0) \\ -2a_1 + 3 & (a_1 < 0) \end{cases}$ 이므로

$a_1 = 17$ or $a_1 = -4$

②-(2) $a_2 = -1$일 때

$a_2 = -1 = \begin{cases} a_1 - 6 & (a_1 \geq 0) \\ -2a_1 + 3 & (a_1 < 0) \end{cases}$ 이므로

$a_1 = 5$

따라서 서로 다른 $\sum_{k=1}^{4} a_k$의 값은 다음과 같다.

ⅰ) $a_4 + a_3 + a_2 + a_1 = 11 + 17 + 23 + 29 = 80$
ⅱ) $a_4 + a_3 + a_2 + a_1 = 11 + 17 + 23 + (-10) = 41$
ⅲ) $a_4 + a_3 + a_2 + a_1 = 11 + (-4) + 2 + 8 = 17$
ⅳ) $a_4 + a_3 + a_2 + a_1 = (-1) + 5 + 11 + 17 = 32$
ⅴ) $a_4 + a_3 + a_2 + a_1 = (-1) + 5 + 11 + (-4) = 11$
ⅵ) $a_4 + a_3 + a_2 + a_1 = (-1) + 5 + (-1) + 5 = 8$

$M = 80 + \sum_{k=5}^{100} a_k = 80 + A$, $m = 8 + \sum_{k=5}^{100} a_k = 8 + A$ 이므로

$M - m = 72$이다.

 ③

062

a_1은 자연수

$a_{n+1} = \begin{cases} a_n - d & (a_n \geq 0) \\ a_n + d & (a_n < 0) \end{cases}$ (d는 자연수)

만약 a_1이 5이고 d가 2라고 가정해보자.

$a_2 = a_1 - 2 = 3$
$a_3 = a_2 - 2 = 1$
$a_4 = a_3 - 2 = -1$
$a_5 = a_4 + 2 = 1$

처음 음수가 나오는 항은 a_4이고 $a_3 = a_5 = 1$,
$a_4 = a_6 = -1$, …
계속 1, -1이 반복된다.

a_1, a_2, …, a_{m-1}, a_m, a_{m+1}, …
조건에서 $a_n < 0$인 자연수 n의 최솟값을 m라고 했으므로

a_m에서 처음으로 음수가 되고

$a_{m-1} = a_{m+1}, \ a_m = a_{m+2}, \ \cdots$ 이다.

(가) $a_{m-2} + a_{m-1} + a_m = 3$

　　첫째항부터 제 m항까지 공차가 $-d$인 등차수열을 이루므로
　　등차중항에 의해 $a_{m-2} + a_m = 2a_{m-1}$

$$a_{m-2} + a_{m-1} + a_m = 3 \Rightarrow 3a_{m-1} = 3 \Rightarrow a_{m-1} = 1$$

(나) $a_1 + a_{m-1} = -9(a_m + a_{m+1})$

　　$a_{m-1} = 1, \ a_m = 1 - d, \ a_{m+1} = a_{m-1} = 1$이므로
　　$a_1 + 1 = -9(1 - d + 1) \Rightarrow a_1 = 9d - 19$

(다) $\displaystyle\sum_{k=1}^{m-1} a_k = 45$

$$\sum_{k=1}^{m-1} a_k = \frac{(m-1)(a_1 + a_{m-1})}{2} = \frac{(m-1)(a_1 + 1)}{2}$$

$$= \frac{(m-1)(9d-18)}{2} = 45$$

$(m-1)(d-2) = 10$

$m \, (m \geq 3), \ d$는 자연수이므로 다음과 같은 case가
가능하다.

① $m = 3, \ d = 7$

　　$a_1 = 9d - 19 = 44$이므로
　　$a_{m-1} = a_2 = a_1 + (-d) = 44 - 7 = 37$
　　$a_{m-1} = 1$을 만족하지 않으므로 모순이다.

② $m = 6, \ d = 4$

　　$a_1 = 9d - 19 = 36 - 19 = 17$
　　$a_{m-1} = a_5 = a_1 + 4(-d) = 17 - 16 = 1$
　　$a_{m-1} = 1$을 만족한다.

③ $m = 11, \ d = 3$

　　$a_1 = 9d - 19 = 27 - 19 = 8$
　　$a_{m-1} = a_{10} = a_1 + 9(-d) = 8 - 27 = -19$
　　$a_{m-1} = 1$을 만족하지 않으므로 모순이다.

따라서 ② $m = 6, \ d = 4$ 일 때, $a_1 = 17$이다.

답 17

063

(가) $a_{2n} = a_n - 1$
(나) $a_{2n+1} = 2a_n + 1$

$a_2 = a_1 - 1$
$a_3 = 2a_1 + 1$
$a_4 = a_2 - 1$
$a_5 = 2a_2 + 1 = 2(a_1 - 1) + 1 = 2a_1 - 1$
$a_6 = a_3 - 1 = 2a_1$
$a_7 = 2a_3 + 1 = 2(2a_1 + 1) + 1 = 4a_1 + 3$
$\vdots$
$a_{10} = a_5 - 1 = 2a_1 - 2$
$\vdots$
$a_{20} = a_{10} - 1 = 2a_1 - 3$

$a_{20} = 1 \Rightarrow a_1 = 2$

(가)+(나) 하면 $a_{2n} + a_{2n+1} = 3a_n$

$a_2 + a_3 = 3a_1$
$a_4 + a_5 = 3a_2$
$\vdots$
$a_{62} + a_{63} = 3a_{31}$
위 식을 모두 더하면
$a_2 + a_3 + \cdots + a_{62} + a_{63} = 3(a_1 + a_2 + \cdots + a_{31})$
이므로
$\displaystyle\sum_{n=1}^{63} a_n = a_1 + 3(a_1 + \cdots \ a_{31})$ 이다.

마찬가지 방법으로 $a_1 + \cdots + a_{31}$ 을 구하면
$a_1 + \cdots + a_{31} = a_1 + 3(a_1 + \cdots + a_{15})$ 이고
$a_1 + \cdots + a_{15}$ 를 구하면
$a_1 + \cdots + a_{15} = a_1 + 3(a_1 + \cdots + a_7)$ 이다.

$a_1 = 2$ 이므로
$a_2 = a_1 - 1 = 1$
$a_3 = 2a_1 + 1 = 5$
$a_4 = a_2 - 1 = 0$
$a_5 = 2a_2 + 1 = 2(a_1 - 1) + 1 = 2a_1 - 1 = 3$
$a_6 = a_3 - 1 = 2a_1 = 4$
$a_7 = 2a_3 + 1 = 2(2a_1 + 1) + 1 = 4a_1 + 3 = 11$

$a_1 + a_2 + \cdots + a_7 = 2 + 1 + 5 + 0 + 3 + 4 + 11 = 26$

$a_1 + \cdots + a_{15} = a_1 + 3(a_1 + \cdots + a_7) = 2 + 78 = 80$
$a_1 + \cdots + a_{31} = a_1 + 3(a_1 + \cdots + a_{15}) = 2 + 240 = 242$

따라서 $\sum_{n=1}^{63} a_n = a_1 + 3(a_1 + \cdots a_{31}) = 2 + 726 = 728$ 이다.

답 ④

064

(가) 수열 $\{a_n\}$의 모든 항은 정수
(나) 모든 자연수 n에 대하여

$$a_{2n} = a_3 \times a_n + 1, \quad a_{2n+1} = 2a_n - a_2$$

$a_2 = a_3 a_1 + 1, \; a_3 = 2a_1 - a_2$

$\Rightarrow a_2 = (2a_1 - a_2)a_1 + 1$

$\Rightarrow a_2 = 2(a_1)^2 - a_2 a_1 + 1$

$\Rightarrow a_2 = \dfrac{2(a_1)^2 + 1}{a_1 + 1} = 2a_1 - 2 + \dfrac{3}{a_1 + 1}$

(가) 조건에 의해서 $a_1 + 1$은 3의 약수이어야 한다.

$a_1 + 1 = 1 \Rightarrow a_1 = 0$

$a_1 + 1 = 3 \Rightarrow a_1 = 2$

$a_1 + 1 = -1 \Rightarrow a_1 = -2$

$a_1 + 1 = -3 \Rightarrow a_1 = -4$

이므로 a_1의 최솟값 $m = -4$이다.

$a_1 = -4 \Rightarrow a_2 = \dfrac{33}{-3} = -11$

따라서 $a_9 = 2a_4 - a_2 = 2(a_3 a_2 + 1) - a_2$

$= 2(2a_1 - a_2)a_2 + 2 - a_2$

$= 2(-8 + 11) \times (-11) + 2 + 11$

$= -66 + 13 = -53$

이다.

답 ①

065

$-1 \le a_1 \le 1$

$$a_{n+1} = \begin{cases} -2a_n - 2 & \left(-1 \le a_n < -\dfrac{1}{2}\right) \\ 2a_n & \left(-\dfrac{1}{2} \le a_n \le \dfrac{1}{2}\right) \\ -2a_n + 2 & \left(\dfrac{1}{2} < a_n \le 1\right) \end{cases}$$

$a_5 + a_6 = 0 \Rightarrow a_6 = -a_5$

a_6에 따라 case분류하면

① $a_6 = -2a_5 - 2 \left(-1 \le a_5 < -\dfrac{1}{2}\right)$일 때

$-a_5 = -2a_5 - 2 \Rightarrow a_5 = -2$이므로 모순이다.

② $a_6 = 2a_5 \left(-\dfrac{1}{2} \le a_5 \le \dfrac{1}{2}\right)$일 때

$-a_5 = 2a_5 \Rightarrow a_5 = 0$이므로 조건을 만족시킨다.

③ $a_6 = -2a_5 + 2 \left(\dfrac{1}{2} < a_5 \le 1\right)$일 때

$-a_5 = -2a_5 + 2 \Rightarrow a_5 = 2$이므로 모순이다.

함수의 관점에서 살펴보자.

$$f(x) = \begin{cases} -2x - 2 & \left(-1 \le x < -\dfrac{1}{2}\right) \\ 2x & \left(-\dfrac{1}{2} \le x \le \dfrac{1}{2}\right) \\ -2x + 2 & \left(\dfrac{1}{2} < x \le 1\right) \end{cases}$$

$f(a_n) = a_{n+1}$

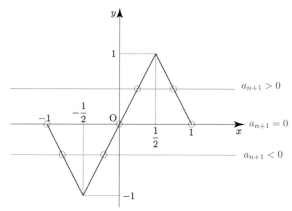

$a_{n+1} > 0 \implies a_n > 0$

$a_{n+1} = 0 \implies a_n = -1 \text{ or } a = 0 \text{ or } a = 1$

$a_{n+1} < 0 \implies a_n < 0$

$a_5 = 0$이므로 a_4를 구하면

$a_4 = -1 \text{ or } a_4 = 0 \text{ or } a_4 = 1$이다.

❶ $a_4 = -1$일 때

$a_4 < 0 \implies a_3 < 0 \implies a_2 < 0 \implies a_1 < 0$

이므로 $\displaystyle\sum_{k=1}^{5} a_k > 0$를 만족시키지 않는다.

❷ $a_4 = 0$일 때

$a_3 = -1 \text{ or } a_3 = 0 \text{ or } a_3 = 1$

❷-(i) $a_3 = -1$일 때

$a_2 < 0 \implies a_1 < 0$ 이므로 $\displaystyle\sum_{k=1}^{5} a_k > 0$를 만족시키지 않는다.

❷-(ii) $a_3 = 0$일 때

　㉠ $a_2 = -1$일 때

　$a_1 < 0$이므로 $\displaystyle\sum_{k=1}^{5} a_k > 0$를 만족시키지 않는다.

　㉡ $a_2 = 0$일 때

　$a_1 = -1$이면 $\displaystyle\sum_{k=1}^{5} a_k > 0$를 만족시키지 않는다.

　$a_1 = 0$이면 $\displaystyle\sum_{k=1}^{5} a_k > 0$를 만족시키지 않는다.

　$a_1 = 1$이면 $\displaystyle\sum_{k=1}^{5} a_k > 0$을 만족시킨다.

　㉢ $a_2 = 1$일 때

　$a_1 = \dfrac{1}{2}$이므로 $\displaystyle\sum_{k=1}^{5} a_k > 0$을 만족시킨다.

❷-(iii) $a_3 = 1$일 때

$a_2 = \dfrac{1}{2} \implies a_1 = \dfrac{1}{4} \text{ or } a_1 = \dfrac{3}{4}$이므로

$\displaystyle\sum_{k=1}^{5} a_k > 0$을 만족시킨다.

❸ $a_4 = 1$일 때

$a_3 = \dfrac{1}{2} \implies a_2 = \dfrac{1}{4} \text{ or } a_2 = \dfrac{3}{4}$

　㉠ $a_2 = \dfrac{1}{4}$일 때

　$a_1 = \dfrac{1}{8}$이면 $\displaystyle\sum_{k=1}^{5} a_k > 0$을 만족시킨다.

　$a_1 = \dfrac{7}{8}$이면 $\displaystyle\sum_{k=1}^{5} a_k > 0$을 만족시킨다.

　㉡ $a_2 = \dfrac{3}{4}$일 때

　$a_1 = \dfrac{3}{8}$이면 $\displaystyle\sum_{k=1}^{5} a_k > 0$을 만족시킨다.

　$a_1 = \dfrac{5}{8}$이면 $\displaystyle\sum_{k=1}^{5} a_k > 0$을 만족시킨다.

따라서 조건을 만족시키는 모든 a_1의 값의 합은

$1 + \dfrac{1}{2} + \dfrac{1}{4} + \dfrac{3}{4} + \dfrac{1}{8} + \dfrac{7}{8} + \dfrac{3}{8} + \dfrac{5}{8}$

$= \dfrac{8 + 4 + 2 + 6 + 1 + 7 + 3 + 5}{8}$

$= \dfrac{36}{8} = \dfrac{9}{2}$

이다.

답 ①

066

k는 자연수, $a_1 = 0$

$$a_{n+1} = \begin{cases} a_n + \dfrac{1}{k+1} & (a_n \le 0) \\ a_n - \dfrac{1}{k} & (a_n > 0) \end{cases}$$

$a_2 = \dfrac{1}{k+1}$

$a_3 = \dfrac{1}{k+1} - \dfrac{1}{k}$

$a_4 = \dfrac{2}{k+1} - \dfrac{1}{k}$

$\dfrac{2}{k+1} > \dfrac{1}{k} \implies 2k > k+1 \implies k > 1$

만약 $k = 1$이면 $a_1 = 0$, $a_4 = 0$, $\cdots$ $a_{3n-2} = 0$이다.

$a_{22} = 0$이므로 조건을 만족시킨다.

$k \geq 2$인 경우

$a_5 = \dfrac{2}{k+1} - \dfrac{2}{k}$

$a_6 = \dfrac{3}{k+1} - \dfrac{2}{k}$

$\dfrac{3}{k+1} > \dfrac{2}{k} \Rightarrow 3k > 2k+2 \Rightarrow k > 2$

만약 $k=2$이면 $a_1 = 0$, $a_6 = 0$, $\cdots$ $a_{5n-4} = 0$이다.

$a_{22} \neq 0$이므로 조건을 만족시키지 않는다.

$k \geq 3$인 경우

$a_7 = \dfrac{3}{k+1} - \dfrac{3}{k}$

$a_8 = \dfrac{4}{k+1} - \dfrac{3}{k}$

$\dfrac{4}{k+1} > \dfrac{3}{k} \Rightarrow 4k > 3k+3 \Rightarrow k > 3$

만약 $k=3$이면 $a_1 = 0$, $a_8 = 0$, $\cdots$ $a_{7n-6} = 0$이다.

$a_{22} = 0$이므로 조건을 만족시킨다.

같은 방법을 반복하면

$a_{12} = \dfrac{6}{k+1} - \dfrac{5}{k}$

$k=5$일 때 $a_{11n-10} = 0$이다.

$a_{22} \neq 0$이므로 조건을 만족시키지 않는다.

$a_{14} = \dfrac{7}{k+1} - \dfrac{6}{k}$

$k=6$일 때 $a_{13n-12} = 0$이다.

$a_{22} \neq 0$이므로 조건을 만족시키지 않는다.

$a_{16} = \dfrac{8}{k+1} - \dfrac{7}{k}$

$k=7$일 때 $a_{15n-14} = 0$이다.

$a_{22} \neq 0$이므로 조건을 만족시키지 않는다.

$a_{18} = \dfrac{9}{k+1} - \dfrac{8}{k}$

$k=8$일 때 $a_{17n-16} = 0$이다.

$a_{22} \neq 0$이므로 조건을 만족시키지 않는다.

$a_{20} = \dfrac{10}{k+1} - \dfrac{9}{k}$

$k=9$일 때 $a_{19n-18=0}$이다.

$a_{22} \neq 0$이므로 조건을 만족시키지 않는다.

$a_{22} = \dfrac{11}{k+1} - \dfrac{10}{k}$

$k=10$일 때 $a_{21n-20} = 0$이다.

$a_{22} = 0$이므로 조건을 만족시킨다.

따라서 $a_{22} = 0$이 되도록 하는 모든 k의 값의 합은
$1+3+10 = 14$이다.

답 ②

067

조건 (가)에 의해
$a_4 = r \ (-1 < r < 1, \ r \neq 0)$

조건 (나)에 의해
$a_4 = a_3 + 3$ or $a_4 = -\dfrac{1}{2} a_3$이다.

만약 $a_4 = -\dfrac{1}{2} a_3 \Rightarrow r = -\dfrac{1}{2} a_3 \ (|a_3| \geq 5)$이면

$-\dfrac{1}{2} a_3 \leq -\dfrac{5}{2}$ or $-\dfrac{1}{2} a_3 \geq \dfrac{5}{2} \Rightarrow r \leq -\dfrac{5}{2}$ or $r \geq \dfrac{5}{2}$

이므로 $0 < |r| < 1$를 만족시키지 않아 모순이다.

즉, $a_4 = a_3 + 3 \Rightarrow a_3 = r - 3$이다.

$a_3 = r - 3$이므로 $a_2 = r - 6$ or $a_2 = -2r + 6$이다.

만약 $a_2 = r - 6 \, (|a_2| < 5)$이면 $1 < r < 11$이므로

$0 < |r| < 1$를 만족시키지 않아 모순이다.

즉, $a_2 = -2r + 6$이다.

$a_2 = -2r + 6$이므로 $a_1 = -2r + 3$ or $a_1 = 4r - 12$이다.

만약 $a_1 = -2r + 3 \, (|a_1| < 5)$이면

$4 < -2r + 6 < 8 \ (-2r + 6 \neq 6) \Rightarrow 1 < a_1 < 5$이므로

$a_1 < 0$을 만족시키지 않아 모순이다.

즉, $a_1 = 4r - 12$이다.

$a_n \, (n \leq 4)$를 구했으니 이번에는 $a_n \, (n \geq 5)$를 구해보자.

$a_5 = r + 3$

$a_6 = r + 6$

$a_7 = -\dfrac{1}{2}r - 3 \left(-\dfrac{7}{2} < a_7 < -\dfrac{5}{2},\ a_7 \neq -3 \right)$

$a_8 = -\dfrac{1}{2}r$

조건 (가)에 의해

$a_8 = r^2 \Rightarrow -\dfrac{1}{2}r = r^2 \Rightarrow r = -\dfrac{1}{2}\ (\because\ r \neq 0)$이다.

$a_6 = -\dfrac{1}{2} + 6,\ a_7 = \dfrac{1}{4} - 3,\ a_8 = \dfrac{1}{4},\ a_9 = \dfrac{1}{4} + 3$

$a_{10} = \dfrac{1}{4} + 6,\ a_{11} = -\dfrac{1}{8} - 3,\ a_{12} = -\dfrac{1}{8},\ a_{13} = -\dfrac{1}{8} + 3$

$a_{14} = -\dfrac{1}{8} + 6,\ a_{15} = \dfrac{1}{16} - 3,\ a_{16} = \dfrac{1}{16},\ a_{17} = \dfrac{1}{16} + 3$

$a_{18} = \dfrac{1}{16} + 6,\ \cdots$

$m \geq 6$일 때 $|a_m| \geq 5$를 만족시키는 100 이하의
자연수 m은 6, 10, 14, 18, $\cdots$, $4k+2$, $\cdots$, 98이므로
개수는 24이다.

$m \leq 5$일 때, $|a_m| \geq 5$를 만족시키는 100 이하의
자연수 m은 1, 2이므로 개수는 2이다.

즉, $p = 24 + 2 = 26$이고,
$a_1 = 4r - 12 = -2 - 12 = -14$이다.
따라서 $p + a_1 = 26 - 14 = 12$이다.

답 ③

068

$a_7 = 40$이고, 조건 (나)를 이용하여 a_6를 구하기 위해
a_6를 3으로 나눈 나머지로 **case**분류하면 다음과 같다.

① $a_6 = 3k$

$a_6 = 3 \times 40 = 120$

$a_7 = 40$

$a_8 = 120 + 40 = 160$

$a_9 = 40 + 160 = 200$

② $a_6 = 3k + 1$

$a_5 = 40 - (3k+1) = 39 - 3k$

$a_6 = 3k + 1$

$a_7 = 40$

$a_8 = 3k + 1 + 40 = 3k + 41$

$a_9 = 40 + 3k + 41 = 3k + 81$

a_5는 3의 배수이므로
$a_6 = \dfrac{1}{3}a_5 \Rightarrow 3k + 1 = 13 - k \Rightarrow k = 3$이다.
즉, $a_9 = 3k + 81 = 9 + 81 = 90$이다.

③ $a_6 = 3k + 2$

$a_5 = 40 - (3k+2) = 38 - 3k$

$a_4 = 3k + 2 - (38 - 3k) = 6k - 36$

$a_6 = 3k + 2$

$a_7 = 40$

$a_8 = 3k + 42$

$a_9 = k + 14$

a_4는 3의 배수이므로
$a_5 = \dfrac{1}{3}a_4 \Rightarrow 38 - 3k = 2k - 12 \Rightarrow k = 10$이다.
즉, $a_9 = k + 14 = 24$이다.

따라서 $M + m = 200 + 24 = 224$이다.

답 ⑤

069

$a_1 = k$ (k는 자연수)

$a_{n+1} = \begin{cases} a_n + 2n - k & (a_n \leq 0) \\ a_n - 2n - k & (a_n > 0) \end{cases}$

$a_3 \times a_4 \times a_5 \times a_6 < 0$이려면
$a_3 \neq 0,\ a_4 \neq 0,\ a_5 \neq 0,\ a_6 \neq 0$이어야 한다.

$a_2 = k - 2 - k = -2$

$a_3 = a_2 + 4 - k = 2 - k$

① $a_3 < 0 \Rightarrow 2-k < 0 \Rightarrow k > 2$

$a_4 = a_3 + 6 - k = 2 - k + 6 - k = 8 - 2k$

①- ⅰ) $a_4 < 0 \Rightarrow 8 - 2k < 0 \Rightarrow k > 4$

$a_5 = a_4 + 8 - k = 8 - 2k + 8 - k = 16 - 3k$

①- ⅰ) - ❶ $a_5 = 16 - 3k < 0 \Rightarrow k > \dfrac{16}{3}$

$a_6 = a_5 + 10 - k = 16 - 3k + 10 - k = 26 - 4k$

$a_3 < 0$, $a_4 < 0$, $a_5 < 0$ 이므로

$a_3 \times a_4 \times a_5 \times a_6 < 0$이려면 $a_6 > 0$이어야 한다.

$26 - 4k > 0 \Rightarrow k < \dfrac{13}{2}$

즉, $\dfrac{16}{3} < k < \dfrac{13}{2}$

$\therefore k = 6$

①- ⅰ) - ❷ $a_5 = 16 - 3k > 0 \Rightarrow 4 < k < \dfrac{16}{3}$

(①- ⅰ)의 전제조건이 $k > 4$임을 잊어서는 안 된다.)

$k = 5$이므로

$a_6 = a_5 - 10 - k = 16 - 3k - 10 - k = -14$

$a_3 < 0$, $a_4 < 0$, $a_5 > 0$, $a_6 < 0$이므로

$a_3 \times a_4 \times a_5 \times a_6 < 0$를 만족한다.

$\therefore k = 5$

①- ⅱ) $a_4 > 0 \Rightarrow 8 - 2k > 0 \Rightarrow 2 < k < 4$

$k = 3$이므로

$a_5 = a_4 - 8 - k = 2 - 8 - 3 = -9$

$a_6 = a_5 + 10 - k = -9 + 10 - 3 = -2$

$a_3 < 0$, $a_4 > 0$, $a_5 < 0$, $a_6 < 0$이므로

$a_3 \times a_4 \times a_5 \times a_6 < 0$를 만족한다.

$\therefore k = 3$

② $a_3 > 0 \Rightarrow 2 - k > 0 \Rightarrow k < 2 \Rightarrow k = 1$

$a_3 = 2 - k = 1$

$a_4 = a_3 - 6 - k = 1 - 6 - 1 = -6$

$a_5 = a_4 + 8 - k = -6 + 8 - 1 = 1$

$a_6 = a_5 - 10 - k = 1 - 10 - 1 = -10$

$a_3 > 0$, $a_4 < 0$, $a_5 > 0$, $a_6 < 0$이므로

$a_3 \times a_4 \times a_5 \times a_6 < 0$를 만족시키지 않는다.

따라서 모든 k의 값의 합은 $6 + 5 + 3 = 14$이다.

답 ②

070

$a_{n+1} = \begin{cases} 2^{a_n} & (a_n \text{이 홀수인 경우}) \\ \dfrac{1}{2}a_n & (a_n \text{이 짝수인 경우}) \end{cases}$

a_1이 자연수이므로 나머지 모든 항도 자연수이다.

($\because a_n$이 홀수일 때 $a_{n+1} = 2^{a_n}$은 자연수이고,

a_n이 짝수일 때 $a_{n+1} = \dfrac{1}{2}a_n$은 자연수)

$a_7 = \begin{cases} 2^{a_6} & (a_6 \text{이 홀수인 경우}) \\ \dfrac{1}{2}a_6 & (a_6 \text{이 짝수인 경우}) \end{cases}$

① a_6가 홀수인 경우

$a_6 + a_7 = 3 \Rightarrow a_6 = 1$, $a_7 = 2$

$a_6 = \begin{cases} 2^{a_5} & (a_5 \text{이 홀수인 경우}) \\ \dfrac{1}{2}a_5 & (a_5 \text{이 짝수인 경우}) \end{cases}$

$a_5 = 2$

$a_5 = \begin{cases} 2^{a_4} & (a_4 \text{이 홀수인 경우}) \\ \dfrac{1}{2}a_4 & (a_4 \text{이 짝수인 경우}) \end{cases}$

$a_4 = 1$ or $a_4 = 4$

		$a_2 = 1$	$a_1 = 2$
$a_4 = 1$	$a_3 = 2$		
		$a_2 = 4$	$a_1 = 8$
$a_4 = 4$	$a_3 = 8$	$a_2 = 3$	$a_1 = 6$
		$a_2 = 16$	$a_1 = 32$

② a_6가 짝수인 경우

$a_6 + a_7 = 3 \implies a_6 = 2, \ a_7 = 1$

$$a_6 = \begin{cases} 2^{a_5} & (a_5 \text{이 홀수인 경우}) \\ \dfrac{1}{2}a_5 & (a_5 \text{이 짝수인 경우}) \end{cases}$$

$a_5 = 1 \ \text{or} \ a_5 = 4$

$a_5 = 1$	$a_4 = 2$	$a_3 = 1$	$a_2 = 2$	$a_1 = 1$
				$a_1 = 4$
		$a_3 = 4$	$a_2 = 8$	$a_1 = 3$
				$a_1 = 16$
$a_5 = 4$	$a_4 = 8$	$a_3 = 3$	$a_2 = 6$	$a_1 = 12$
		$a_3 = 16$	$a_2 = 32$	$a_1 = 5$
				$a_1 = 64$

따라서 모든 a_1의 값의 합은

$(2+8+6+32)+(1+4+3+16+12+5+64)$

$= 48 + 105 = 153$

이다.

답 ③

la Vida 기출문제집은 기출 문제와 자작 문제로 이루어져 있습니다.
기출 문제는 2014학년도 이후 평가원 모의평가 및 수능(예비시행 포함), 교육청 학력평가 문제 중 선별한 문제입니다.
자작 문제는 기출 문제에서 학습한 논리를 적용/응용할 수 있는 문제와 미출제 요소를 담은 문제들로 이루어져 있습니다.

단순 개념 문항의 경우 기출 문제 중 필수적이거나 한 번은 접해봐야 할 문항들로 선별해 250문항입니다.
이외에 유전/전도/근수축 문항은 처음 공부하는 학생들을 고려하여 유의미한 문항들은 모두 수록하여
기출 문제는 360문항, 자작 문제는 107문항으로 총 467문항입니다. (무의미할 정도로 쉬운 문항만 제외했습니다.)

개념 문항의 경우, 문제 풀이에 필요한 개념을 모두 수록하였습니다.
유전/전도/근수축 문항의 경우 실전 개념을 간단히 정리했고, 해설지에 심화 개념을 녹여두었습니다.

해설지의 풀이 과정은 일관된 사고의 흐름을 담고 있으며, 처음 공부하는 학생들도 이해할 수 있도록 상세합니다.
필요한 경우 시각적으로 이해를 돕는 풀컬러 손글씨 해설과 문제와 관련된 팁이나 심화 개념을 담은 comment를 수록했습니다.
또한, 가독성을 높이기 위해 한 줄로 길게 해설하기보다는 줄 바꿈을 많이 했고, 핵심적인 내용에는 색을 입혀 강조했습니다.

과탐 4 Grade
'24 ce Alize

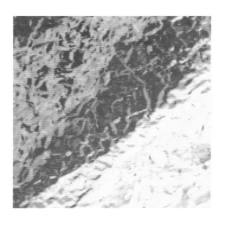  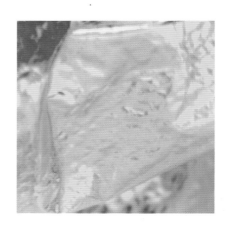

 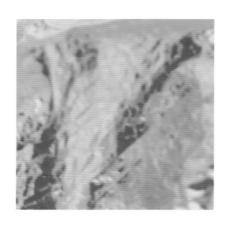 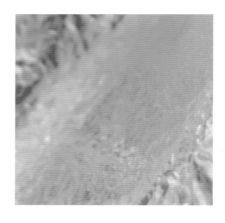

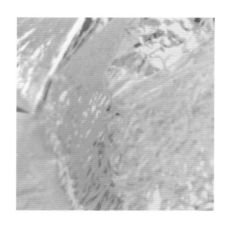 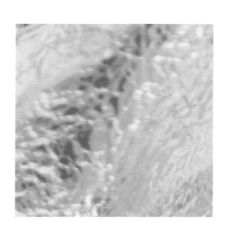 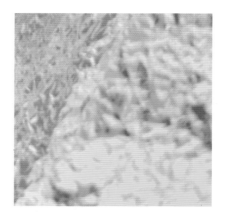

값 33000 원
54470

9 791167 028785
ISBN 979-11-6702-878-5
ISBN 979-11-6702-025-3 (세트)

본 교재의 정오표 및 첨부파일은 atom.ac 의 본 교재 페이지에서 다운로드 하실 수 있습니다.